• 大数据优秀产品和应用解决方案案例系列丛书（2019年）

大数据优秀产品和应用解决方案案例集

（2019）

产品及政务卷

国家工业信息安全发展研究中心　编著

人民出版社

出版工作委员会

主　　编： 尹丽波

副 主 编： 李新社

编写组成员： 邱惠君　杨　玫　乔亚倩　李　玮　孙　璐
刘　巍　李向前　张禹衡　杨　柳　辛晓华

参与编写人员：（按姓氏笔画排序）

于辰涛　马小宁　马正祥　马　达　王仲远
王宏波　王　炜　王栋梁　王　峰　王　涛
王崇正　王　琳　王慧凝　王　瀚　文　斌
冯登明　吕　琨　朱明华　朱佳文　伍亚光
刘大成　刘现亮　刘　凯　刘险峰　刘艳清
刘　博　刘福龙　刘　聪　孙长明　孙文正
孙德和　纪胜龙　严志民　李　文　李庄庄
李　钊　李　硕　李维东　吴　昊　吴俊宏
吴培培　吴静媛　吴　霆　吴薇薇　何业盛
何章艳　谷　牧　邹永强　邹岳琳　邹　鹏
应志红　沈少仪　张成胜　陆　薇　陈　伟
陈　坚　陈　婧　邵树力　林诗美　周志忠
周超男　周道华　庞天枫　孟昭庆　孟艳青
赵　明　赵　勇　赵海舟　胡奇豪　姜　霄
姚小龙　秦峰剑　袁　智　聂国健　聂　晶
夏　虹　夏　勇　顾飞舟　郭　庆　隋少春
董启江　舒孝忠　温柏坚　谢晓冉　靳　展
蔡锐涛　裴智勇　滕逸龙　颜　星　潘　银
戴德明　魏堂胜　魏谭甲

序

近年来，大数据理念逐步深入人心，“用数据说话、用数据决策、用数据管理、用数据创新”已成为民生改善和国家治理的重要原则，是国家重要的基础性战略资源。党中央、国务院高度重视大数据的发展和应用。党的十九大报告指出，“加快建设制造强国，加快发展先进制造业，推动互联网、大数据、人工智能和实体经济深度融合”。习近平总书记在2017年12月8日中央政治局第二次集体学习时强调，“大数据发展日新月异，我们应该审时度势、精心谋划、超前布局、力争主动”。李克强总理在2019年政府工作报告中指出，“促进新兴产业加快发展，深化大数据、人工智能等研发应用，培育新一代信息技术、高端装备、生物医药、新能源汽车、新材料等新兴产业集群，壮大数字经济”。

2019年是新中国成立70周年，也是全面建成小康社会、实现第一个百年奋斗目标的关键之年。随着国家大数据战略的深入实施，数据资源的汇聚、打通以及关键技术和应用的不断成熟发展，大数据已成数字经济的关键生产要素及核心内容，通过对数据进行有效采集、存储、处理、分析，挖掘数据价值、释放数据红利，为数字经济持续增长和永续发展提供可能；已成为强化民生服务的有效抓手，利用大数据可有效弥补民生短板，推进教育、就业、社保、医药卫生、住房、交通等领域大数据普及应用；已成为制造业转型升级的重要驱动力，可促进生产效率提升、产品质量改进、资源消耗节约、生产安全保障、销售服务优化；大数据还将与人工智能、移动互联网、云计算及物联网等技术协同发展，并将深度融合到实体经济中，成为推动实体经济和数字经济融合发展的关键引擎。

当前大数据发展在经历了政策热、资本热之后，已进入了稳步发展阶段，我国大数据产业生态逐步完备，产业发展进入加速期：围绕大数据全生命周期的关键技术攻关取得积极进展，大数据工具、平台和系统产品体系逐步完善，国内骨干大数据企业已具备自主开发建设和运维超大规模大数据平台的能力；大数据在工业、政务、民生等领域应用不断创新，新产品、新模式、新业态不断涌现；产业集聚效应加快，国家设立了贵州、京津冀、珠三角、上海、河南、重庆、沈阳、内蒙古8个国家大数据综合试验区，区域特色逐渐显现；产业支撑能力显著增强，法律法规逐步健全，国际及国家相关标准研制稳步推进、一批大数据测试认证及公共服务平台加速形成，产业发展环境日益完善。

但是由于我国大数据产业发展起步较晚，加之关键核心技术发展相对滞后，行业发展仍面临着许多亟待解决的问题，其突出表现为：政府数据开放度低，“数据孤岛”和碎片化导致数据存在准确性、真实性、完整性、一致性问题，数据商业价值不高；数据立法不够完善，数据交易和流通的合法性、及时性、可用性等边界不清，数据安全和隐私保护问题凸显；技术创新与支撑能力不足，在新型计算平台，分布式计算架构，大数据处理、分析和呈现方面与国外仍存在较大差距，对开源技术和相关生态系统影响力弱；大数据专业人才匮乏；等等。

当前，我国经济正处在转变发展方式、优化经济结构、转换增长动力的重要时期，为深入贯彻国家大数据战略，促进大数据产业高质量发展，有必要系统性地加强相关工作：一是统筹推进大数据基础设施建设，实现大数据基础设施跨越式发展；二是抓住重点领域、关键环节和核心问题，找准着力点和突破口，提高关键核心技术的自主研发创新能力，形成一批满足重大应用需求的先进产品、服务和应用解决方案；三是积极开展数据确权、资产管理、市场监管、跨境流动等数据治理的重大问题研究，协调有关部门共同推进数据治理的法治化进程，加强对敏感政务数据、企业商业秘密和个人数据的保护；四是充分发挥市场在大数据发展要素配置上起决定作用，促进大数据在工业、能源、政务、民生等各领域深入应用；五是创新人才培养和海外人才引进政策、管理方式，打造多层次数字人才队伍；等等。

为深入实施落实国家大数据战略，全面掌握我国大数据产业的发展和应用情况，指导和帮助地方、企业和用户交流学习、提高认识、开拓思路，切实推动大数据与实体经济深度融合，国家工业信息安全发展研究中心在工业和信息化部信息化和软件服务业司指导下已连续三年在全国范围内征集大数据产品和应用解决方案领域的优秀案例，累计征集有效案例3200余个，案例在产品技术创新性及功能先进性、应用领域广度和深度方面逐年提升，为我国数字经济乃至实体经济的蓬勃发展打下了坚实基础。

希望这套《大数据优秀产品和应用解决方案案例集（2019）》能够产生预期的效果，为我国大数据产业创新发展提供良好的借鉴和参考。

2019年4月16日于北京

目录

第三部分　大数据应用解决方案篇——政务

前言

大数据作为国家重要基础性战略资源，已成为数字经济发展的关键生产要素。大数据环境下的数字技术颠覆了传统技术创新理论，深刻地改变着技术创新发展路径，已成为驱动新一轮科技变革的新引擎。数据的加速流动驱动传统产业向数字化和智能化方向转型升级，服务型制造、网络化协同、个性化定制等新型生产模式不断涌现，已成为驱动实体经济高质量发展的重要途径。

习近平总书记在中央政治局集体学习时指出，大数据发展日新月异，我们要推动实施国家大数据战略，加快完善数字基础设施，推进数据资源整合和开放共享，保障数据安全，加快建设数字中国，更好服务我国经济社会发展和人民生活改善。在2019年两会政府工作报告中，李克强总理指出，“深化大数据、人工智能等研发应用，培育新一代信息技术、高端装备、生物医药、新能源汽车、新材料等新兴产业集群，壮大数字经济”。这为新时期推动大数据产业发展提供了根本遵循。

近年来，国家和地方大数据系列政策密集落地，完备的产业生态基本形成。一是顶层设计不断加强，政策机制日益健全。《促进大数据发展行动纲要》《大数据产业发展规划（2016—2020年）》等国家层面的政策已经进入推进实施的关键阶段，各地陆续颁布百余份大数据相关政策文件，相继成立大数据专门管理机构，推动大数据与实体经济深度融合。二是大数据的应用已经从互联网、营销、广告等领域，逐步向工业、政务、交通、金融、医疗等领域广泛渗透，大型骨干企业以数据为核心驱动力的创新能力持续增强，应用大数据的能力逐步提升。三是围绕数据的产生、汇聚、处理、应用等环节的产业生态从无到有，不断壮大，龙头企业引领、上下游企业互动的产业格局初步形成。

为进一步贯彻落实国家大数据战略，全面掌握现阶段我国大数据产业发展和应用情况，国家工业信息安全发展研究中心连续三年支撑工业和信息化部信息化和软件服务业司在全国开展大数优秀案例征集工作，逐步建立了较为完备的全国大数据企业库、案例库、专家库。与此同时，我中心在此基础上结合国家大数据战略及“十三五”规划在全国范围内面向政府、行业、企业等主体开展政策宣贯、巡展、问诊式培训等多种形式的推广活动。以典型示范效应促进推广应用，激发了产业界利用大数据进行深度商业价值挖掘的潜能，提高了民众获取数据、分析数据、运用数据的意识，对于提升政府治理能力，优化民生公共服务，推动创新创业，促进经济转型方面发挥了积极作用。

三年来，各地高度重视大数据优秀案例征集工作，申报企业数量逐年增长、案例应用领域更加多元、融合应用程度不断深入。2019年的案例征集工作，在地方主管部门、中央单位和企业的大力支持下，共征集相关案例1706个，申报数量同比增长62%。本次征集工作在组织三十余位业内专家，经过两轮严格评审基础上，评选出94个优秀案例，编撰形成了《大数据优秀产品和应用解决方案案例集(2019)》。该丛书分为两册，分别为《大数据优秀产品和应用解决方案案例集(2019)产品及政务卷》《大数据优秀产品和应用解决方案案例集（2019）工业、能源、民生卷》，按照产品和行业应用解决方案将入选案例划分为产品、政务、工业、能源、民生五大类，从关键技术、应用需求等若干方面进行了阐释。

希望本丛书可为地方发展大数据产业提供重要的参考和指导，进一步推进国家大数据综合试验区和集聚区建设，为企业、科研单位开展大数据业务提供可借鉴的经验和模式。

国家工业信息安全发展研究中心主任

尹丽波

2019年4月23日

第一部分

总体态势篇

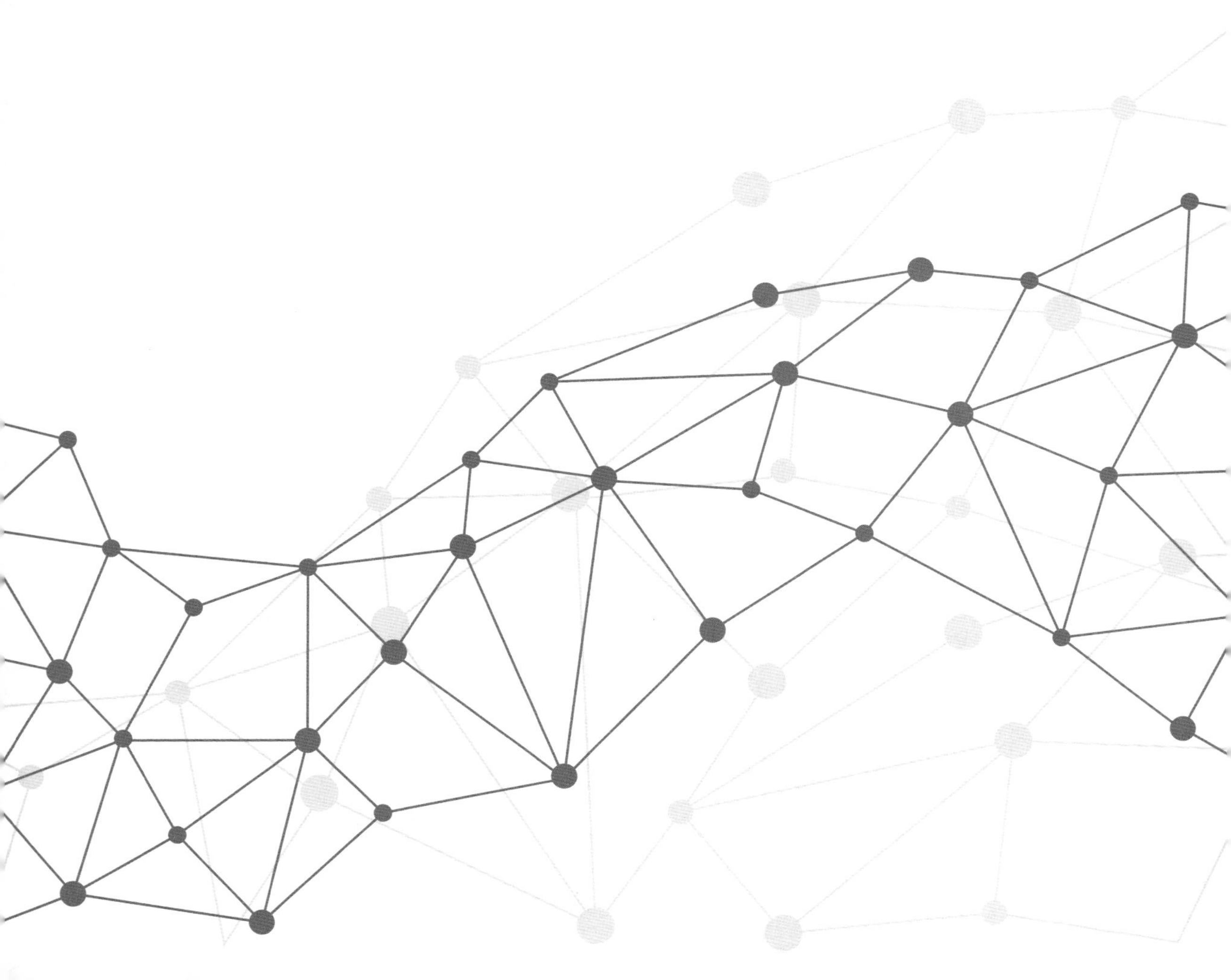

第一章　国内外大数据产业发展态势

大数据是信息化发展的新阶段，数据已成为继土地、劳动力、资本、技术之后最活跃的关键生产要素，对经济发展、社会生活和国家治理产生着深刻影响。当前，全球大数据已进入加速发展时期，数据总量每年增长 50%，呈现出海量集聚、爆发增长、创新活跃、融合变革、引领转型的新特征。

一、全球大数据发展态势

（一）规模效益

全球大数据规模效益凸显，大数据为各国经济赋值能力显著提升。2018 年，全球大数据市场结构继续向服务型转变，企业数量迅速增多，技术门槛逐步降低，服务模式不断多元化，市场竞争越发激烈。据互联网数据中心（Internet Data Center，IDC）统计，2018 年全球大数据产业市场规模达 1660 亿美元，比 2017 年增加 11.4%。其中美国为 880 亿美元，西欧为 350 亿美元，两者之和占全世界市场规模的 3/4，到 2020 年，大数据可带动美国 GDP 提升 2%—4%，创造 3800 亿—6900 亿美元的价值。据统计，2018 年我国大数据产业规模（包括大数据硬件、大数据软件、大数据服务及相关融合产业）已超过 6000 亿元。

（二）资本市场

国内外大数据领域投融资市场活跃，未来仍有较大发展空间。根据 IDC 预测，作为 90%企业数字化转型的重心，数据分析成为投资热点，71%的受访者表示有增加支出的计划。2018 年，美国大数据初创企业的总融资额达到 1660 亿美元，同比增长 11.7%。大型技术公司纷纷收购大数据初创企业，如 IBM 先后出资 160 亿美元收购了超过 30 家数据挖掘和数据分析领域内的企业。英国初创企业获得投资总额超过 77 亿美元，成为仅次于美国和中国的第三大数字科技投资目的地。据统计，2018 年我国大数据领域已发生融资事件 300 多起，募集资金近 7000

亿元，随着大数据在行业应用价值的不断增加，大数据应用企业将获得更多融资机构青睐。

（三）人力资本

全球大数据人才处于短缺状态，各国对大数据人才的需求强劲。据麦肯锡预测，未来6年仅在美国本土就可能面临缺乏14万至19万具备数据深入分析能力人才的情况。美国教育系统正根据市场需求作出调整，很多大学相继设置大数据研究院和相关专业。澳大利亚《公共服务大数据战略》、法国《政府大数据五项支持计划》、英国《英国数据能力发展战略》中均强调要扩充从事大数据应用开发的人员数量，通过奖学金鼓励、联合培养等方式强化人才储备。我国大数据产业起步晚、发展速度快，目前大数据人才已经不能满足市场需求，未来几年大数据人才需求将会持续升高。截至2018年年底，教育部已批准全国283所高校开办数据科学与大数据技术本科专业，而更完备的大数据人才培养体系还在探讨阶段，以培养出更贴合国情需求、服务于中国市场的大数据应用人才。

（四）企业竞争

当前，大数据已成为信息技术及融合应用领域企业核心竞争力的重要组成部分，也是公司的软实力。由于大数据在国外起步较早，技术积累较为完备，国外厂商如IBM、HP（惠普）、SAP、Oracle（甲骨文）、亚马逊、微软、谷歌等公司依其雄厚的资金实力和研发能力，在大数据市场占有率方面遥遥领先。我国具有代表性的大数据企业是互联网公司BAT（百度、阿里巴巴和腾讯）、电信运营商、传统行业信息化厂商等。新兴的大数据产品、服务和解决方案提供厂商在大数据处理 / 分析技术方面，具有较强的后发优势，具有较好的数据资源获取能力，可以进一步提升该类公司的竞争力，但是其在技术产品化和变现能力方面仍存在一定的发展瓶颈。

（五）技术创新

世界各国围绕大数据技术路线主导权的竞争日益激烈，纷纷布局大数据技术研发。英国以数据共享为根本积极推动大数据平台建设，先后建设Hartree大数据中心、艾伦图灵研究所，开展大数据科学与技术研究。瑞典于2017年启动国家重点科研计划（NFP），其中大数据专项计划投入资金2.5亿瑞士法郎。目前，美国在大数据核心技术方面居于领先地位，涌现出许多世界领先的大数据技术龙头企业，这些企业将创新成果通过开源形式进行完善并向全球辐射，在国际上形成了一套高效运转的研发产业化体系。相较之下，我国大数据在新型计算平台，分布式计算架构，大数据处理、分析和呈现等相关核心技术方面与国外相比仍存在较大差距。

（六）应用现状

大数据应用前景广阔，产业应用创新产生巨大经济社会价值。美国将大数据应用于科研教学、环境保护、工程技术、国土安全、生物医药等领域，其特点是以实际应用为牵引，持续支持相关关键技术的研发及集成，大数据平台的建设、开放和示范引领。英国更加注重跨领域应用，以点到面地进行案例推广。日本则主要以务实的应用开发为主，将大数据应用于抗灾救灾和核电站事故等领域。我国大数据应用领域较广，在政务、金融、交通等行业的应用水平全球领先。

（七）产业生态

国内外大数据创新从开源走向产品化，产业体系趋于成熟。为建立大数据创新生态体系，美国政府发布了《联邦大数据研究与发展战略计划》，重点强调大数据与日俱增的发展潜力，为联邦大数据研发的发展和扩张提供指导。目前美国大数据市场主导企业主要分布在美国加利福尼亚州硅谷地区，该地区本身高新产业云集，同时拥有高校等做支撑，形成了良好的产业生态。我国大数据产业集聚地区主要是经济比较发达的东部地区，北京市、上海市、广东省是大数据发展的核心区域，这些地区拥有知名互联网及技术企业、高端科技人才以及国家强有力政策支撑等良好的信息技术产业发展基础，已经形成了较为完备的产业生态。

二、我国大数据产业发展态势

（一）产业政策持续完善

党中央、国务院高度重视大数据和数字经济的发展。党的十九大报告明确提出，要"加快建设制造强国，加快发展先进制造业，推动互联网、大数据、人工智能和实体经济深度融合"[①]。在中央政治局第二次集体学习时，习近平总书记强调，实施国家大数据战略，加快建设数字中国，构建以数据为关键要素的数字经济。李克强总理在2019年政府工作报告中指出，"深化大数据、人工智能等研发应用，培

---

① 习近平：《决胜全面建成小康社会　夺取新时代中国特色社会主义伟大胜利——在中国共产党第十九次全国代表大会上的报告》，人民出版社2017年版，第30页。

育新一代信息技术、高端装备、生物医药、新能源汽车、新材料等新兴产业集群，壮大数字经济”①。

为深入贯彻落实国家大数据战略，2015 年 8 月，国务院发布《促进大数据发展行动纲要》，系统部署大数据发展工作，强化顶层设计。中央各部委纷纷出台针对细分领域大数据应用的支持政策。2016 年 12 月，工业和信息化部印发《大数据产业发展规划（2016—2020 年）》，统筹推动大数据产业发展。2017 年 5 月，水利部印发《关于推进水利大数据发展的指导意见》，提出深化水利大数据应用。2017 年 9 月，公安部印发《关于深入开展“大数据 + 网上督察”工作的意见》，计划到 2020 年年底，建成基于公安云计算平台的全国公安机关警务督察一体化应用平台。2018 年 7 月，国家卫生健康委员会印发《国家健康医疗大数据标准、安全和服务管理办法（试行）》，加强健康医疗大数据服务管理，促进“互联网 + 医疗健康”发展。2019 年 2 月，自然资源部印发《智慧城市时空大数据平台建设技术大纲（2019 年版）》，进一步指导智慧城市时空大数据平台建设（见表 1–1）。

各省（自治区、直辖市）大数据产业推进力度不断加强，陆续出台 200 余份大数据规划、指导意见等政策文件，覆盖 31 个省级行政区域。此外，“大数据”已成为省级机构改革中的一大亮点，大数据局的设立，可进一步提高各级政府增强利用数据推进各项工作的本领，不断提高对大数据发展规律的把握能力，使大数据在各项工作中发挥更大作用。据统计，当前全国已有 14 个省级大数据局（见表 1–2）、26 个市级大数据局成立（见表 1–3）。

表 1–1　我国各部委发布大数据相关政策

时间	发文单位	政策	大数据相关内容
2015 年 12 月	原农业部	《农业部关于推进农业农村大数据发展的实施意见》	立足我国国情和现实需要，未来 5—10 年内，实现农业数据的有序共享开放，初步完成农业数据化改造
2016 年 3 月	原环境保护部	《生态环境大数据建设总体方案》	完成生态环境大数据基础设施、保障体系建设和试点示范建设，基本形成大数据采集、管理和应用格局
2016 年 3 月	商务部	《2016 年电子商务和信息化工作要点》	开展商务大数据试点工作。在内贸领域开展商务大数据试点工作，运用大数据创新流通管理与公共服务。构建商务大数据资源库和应用平台，建立健全指标体系，全面提升商务数据采集处理能力和共享使用水平。各地商务主管部门要整合内外部资源，进行大数据应用工作的有益探索

① 李克强：《政府工作报告——2019 年 3 月 5 日在第十三届全国人民代表大会第二次会议上》，人民出版社 2019 年版，第 22 页。

续表

时间	发文单位	政策	大数据相关内容
2016年7月	原国土资源部	《关于促进国土资源大数据应用发展实施意见》	到2018年年底，在统筹规划和统一标准的基础上，丰富与完善统一的国土资源数据资源体系。初步建成国土资源数据共享平台和开放平台，实现一定范围的数据共享与开放
2016年7月	原国家林业局	《关于加快中国林业大数据发展的指导意见》	林业大数据主要任务是建设林业大数据采集体系、应用体系、开放共享体系和技术体系四大体系；要充分利用大数据技术，建设生态大数据共享开放服务体系项目、京津冀一体化林业数据资源协同共享平台、"一带一路"林业数据资源协同共享平台、长江经济带林业数据资源协同共享平台、生态服务大数据智能决策平台五大示范工程
2016年11月	人力资源社会保障部	《"互联网＋人社"2020行动计划的通知》	实施人力资源和社会保障大数据战略，规范数据采集和应用标准，拓展数据采集范围，强化数据质量，积极与公安、税务、民政、教育、卫生计生等部门共享数据资源，探索引入社会机构、互联网的数据资源，构建多领域集成融合的大数据应用平台
2016年12月	工信和信息化部	《大数据产业发展规划（2016—2020年）》	到2020年，技术先进、应用繁荣、保障有力的大数据产业体系基本形成。大数据相关产品和服务业务收入突破1万亿元，年均复合增长率保持在30%左右，加快建设数据强国，为实现制造强国和网络强国提供强大的产业支撑
2017年5月	水利部	《关于推进水利大数据发展的指导意见》	按照实施国家大数据战略要求，立足水利工作发展需要，健全水利数据资源体系，实现水利数据有序共享、适度开放，深化水利大数据应用，促进新业态发展，支撑水治理体系和治理能力现代化
2017年5月	国家发展和改革委员会	《"十三五"国家政务信息化工程建设规划》	到"十三五"末，要形成共建共享的一体化政务信息公共基础设施大平台，总体满足政务应用需要；形成国家政务信息资源管理和服务体系，政务数据共享开放及社会大数据融合应用取得突破性进展，显著提升政务治理和公共服务的精准性和有效性；建成跨部门、跨地区协同治理大系统，在支撑国家治理创新上取得突破性进展；形成线上线下相融合的公共服务模式，显著提升社会公众办事创业的便捷度。推进政务信息化可持续发展，有力促进网络强国建设，显著提升宏观调控科学化、政府治理精准化、公共服务便捷化、基础设施集约化水平
2017年9月	公安部	《关于深入开展"大数据＋网上督察"工作的意见》	到2018年年底，全国各级公安机关要完成网上督察系统优化升级，实现全警种数据对网上督察系统的开放共享，满足"大数据＋网上督察"需要。到2020年年底，建成基于公安云计算平台的全国公安机关警务督察一体化应用平台，相关运行机制进一步健全完善，警务督察部门的动态监督和预警预测能力进一步提升
2018年3月	交通运输部办公厅、原国家旅游局办公室	《关于加快推进交通旅游服务大数据应用试点工作的通知》	在部分省（自治区、直辖市）开展相关试点，试点主题重点但不限于运游一体化服务、旅游交通市场协同监管、景区集疏运监测预警、旅游交通精准信息服务4个方向
2018年4月	教育部	《教育信息化2.0行动计划》	实施教育大资源共享计划。拓展完善国家数字教育资源公共服务体系，推进开放资源汇聚共享，打破教育资源开发利用的传统壁垒，利用大数据技术采集、汇聚互联网上丰富的教学、科研、文化资源，为各级各类学校和全体学习者提供海量、适切的学习资源服务，实现从"专用资源服务"向"大资源服务"的转变

续表

时间	发文单位	政策	大数据相关内容
2018 年 7 月	国家卫生健康委员会	《国家健康医疗大数据标准、安全和服务管理办法（试行）》	加强健康医疗大数据服务管理，促进“互联网 + 医疗健康”发展，充分发挥健康医疗大数据作为国家重要基础性战略资源的作用，就健康医疗大数据标准、安全和服务管理，制定本办法
2018 年 9 月	生态环境部	《生态环境信息基本数据集编制规范》	通过生态环境信息元数据注册管理方式，推动生态环境管理部门根据实际需要组织编制与各类业务活动相关的基本数据集并普及应用，为建设生态环境大数据、大平台、大系统，形成生态环境信息“一张图”奠定基础
2019 年 1 月	司法部	《全面深化司法行政改革纲要（2018—2022 年）》	司法部将深化监狱体制和机制改革，建设“重新犯罪大数据监测分析平台”
2019 年 2 月	自然资源部	《智慧城市时空大数据平台建设技术大纲（2019 年版）》	在数字城市地理空间框架的基础上，依托城市云支撑环境，实现向智慧城市时空大数据平台的提升，开发智慧专题应用系统，为智慧城市时空大数据平台的全面应用积累经验

资料来源：国家工业信息安全发展研究中心整理。

表 1–2　我国省级大数据管理局设立情况

编号	机构	机构性质
1	北京市大数据管理局	政府机构
2	天津市大数据管理中心	事业单位
3	山东省大数据局	政府机构
4	福建省大数据管理局	政府机构
5	浙江省大数据发展管理局	政府机构
6	贵州省大数据发展管理局	事业单位
7	广西壮族自治区大数据发展局	政府机构
8	吉林省政务服务和数字化建设管理局	政府机构
9	河南省大数据管理局	政府机构
10	江西省大数据中心	事业单位
11	内蒙古自治区大数据发展管理局	事业单位
12	重庆市大数据应用发展管理局	政府机构
13	上海市大数据中心	事业单位

资料来源：国家工业信息安全发展研究中心整理。

表 1–3　我国市级大数据管理局设立情况

序号	省份	地市	名称
1	河北省	石家庄市	石家庄大数据中心
2	内蒙古自治区	乌兰察布市	乌兰察布大数据局
3	辽宁省	沈阳市	沈阳市大数据管理局

续表

序号	省份	地市	名称
4	湖北省	黄石市	黄石市政务服务和大数据管理局
5	广东省	广州市	广州市大数据管理局
6	广东省	中山市	中山市大数据管理科
7	广东省	惠州市	惠州市大数据管理科
8	广东省	东莞市	东莞市大数据管理科
9	广东省	东莞市	长安镇大数据发展管理局
10	广东省	佛山市	佛山市数字政府建设管理局
11	四川省	成都市	成都市大数据管理局
12	贵州省	贵阳市	贵阳市大数据发展管理委员会
13	贵州省	贵阳市	贵阳国家高新区大数据发展办公室
14	贵州省	黔东南州	黔东南州大数据管理局
15	云南省	保山市	保山市大数据管理局
16	陕西省	咸阳市	咸阳市大数据管理局
17	甘肃省	兰州市	兰州市大数据社会服务管理局
18	甘肃省	兰州市	兰州新区大数据管理局筹备办公室
19	甘肃省	酒泉市	酒泉市大数据管理局
20	宁夏回族自治区	银川市	银川市大数据管理服务局
21	浙江省	杭州市	杭州市数据资源管理局
22	浙江省	宁波市	宁波市大数据发展管理局
23	重庆市	重庆市	重庆市经济和信息化委员会大数据发展局（软件和信息服务业处）
24	江苏省	南通市	南通市大数据管理局
25	江苏省	徐州市	徐州市大数据管理局
26	江苏省	常州市	常州市大数据管理局

资料来源：国家工业信息安全发展研究中心整理。

（二）核心技术不断突破

近年来，我国大数据企业围绕数据采集存储、清洗加工、分析挖掘、交易流通、安全保障、可视化展示等领域关键技术攻关取得积极进展。数据存储可通过热存储、冷存储以及光存储等多种存储模式实现 PB、EB 级数据量的存储；数据分析挖掘可通过对万亿级海量数据的运行计算，实现分析结果秒级返回；基于 Hadoop、MapReduce、Spark 等开源技术的大数据平台的计算性能进一步提升，与各种数据库的融合能力继续增强，利用大数据实现硬件功能的拓展以及对超大规模大数据平台的运维能力进一步加强；在运算智能方面，深度学习、推理预测、知识图谱等人工智能技术与大数据平台的结合更加紧密。总体来看，我国创新型大数据独角兽企业迅速崛起，涌现出一批优秀技术、产品和应用解决方案。

为研究大数据龙头企业在规模和行业影响力方面的相互关系，特将此次大数据案例最终入选的94家企业按照规模和影响力两个维度划分四个象限进行散点排序：即规模大、影响力高为领导者行列；规模大、影响力一般为转型者行列；规模小、影响力大为创新者行列；规模小、影响力一般为潜力者行列，这94家企业的分布如图1-1所示。根据象限分布可以看出腾讯、360、苏宁、京东云等互联网巨头企业多数为业内领导者地位；江南造船、长虹电器、中国煤矿机械设备等行业应用企业处于转型升级区域；威讯柏睿、新华三、数梦工厂等高新科技企业多数分布于创新者区域；北京百分点、山东亿云、智业软件、武大吉奥等企业，虽然规模较小，但是在细分技术领域具有较强的竞争力，因此属于潜力者。该分布结果也说明了我国互联网类企业在大数据行业中具有举足轻重的地位，以大数据软硬件产品和服务为主营业务的企业在人员规模、技术研发和商业模式创新方面尚有较大进步空间。

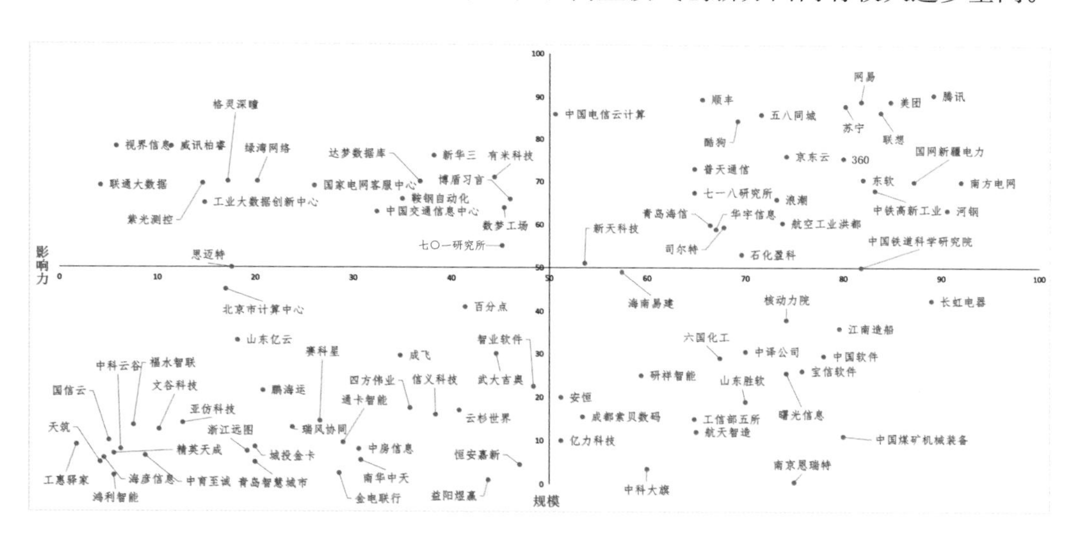

图1-1 案例入选企业四象限分类图

资料来源：国家工业信息安全发展研究中心整理。

（三）行业应用不断深入

1. 大数据行业应用总体情况

当前，大数据应用已由互联网、金融、电信等数据资源基础较好的领域，逐步向工业、政务、民生等领域拓展。工业大数据在制造业全生命周期和全产业链的应用不断深入，网络化协同、个性化定制、服务型制造的新型工业生产模式加速普及。大数据在政务、民生等领域深化应用，涌现出诸如浙江“最多只跑一次”、贵州“大数据助力精准扶贫”等一批惠及民生、增进人民福祉的大数据应用解决方案，数据红利不断释放，群众幸福感和获得感持续增强。

为进一步分析大数据在各行业领域应用过程中的具体特征，研究抽样选取此次申报大数据应用解决方案的工业领域、能源电力、交通物流、金融财税、政府服务、医疗健康、农林畜牧七个典型行业的相同数量企业进行分类统计，从“产业规模、研发能力、技术应用能力、社会效益、应用推广度”5个维度进行打分评判，得分情况如图1-2所示。

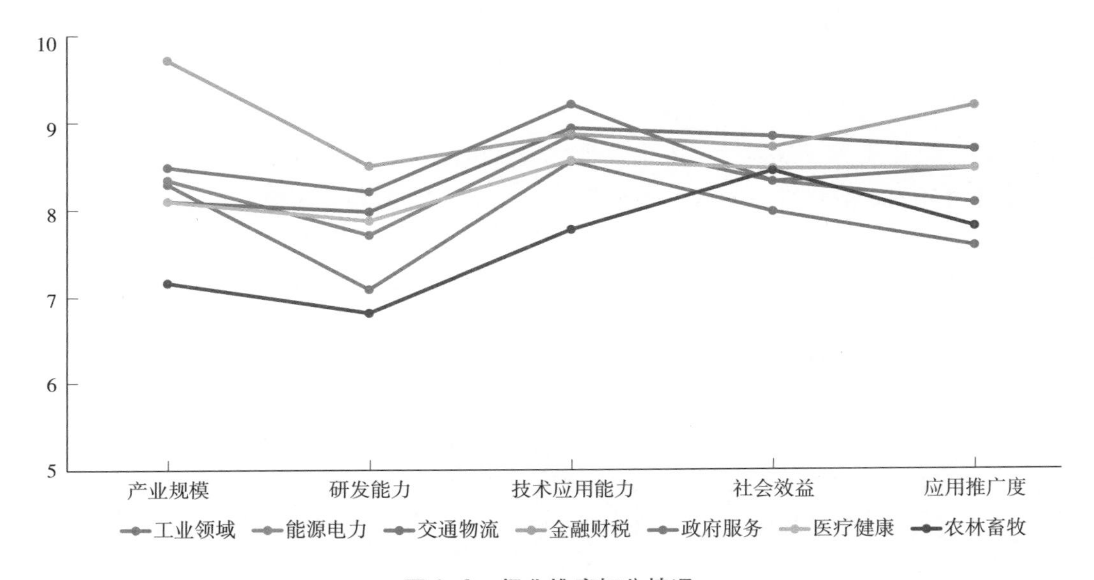

图1-2　行业维度打分情况

从产业规模得分来看，金融行业表现最佳。金融机构是天然的数据生产者，金融行业相较其他领域信息化应用较为成熟，大数据应用由贷前资质审核、贷后风险管控逐步向融投资对接、理财产品精准营销、实时业务智能决策等多环节纵深发展，因此，大数据应用到金融领域所产生的融合效应及行业应用产值也就相对较大。

从研发能力得分来看，金融财税和政府服务得分较高。金融领域大数据的广泛应用离不开企业在大数据领域的研发资金和人才的投入，金融财税企业研发机构资金雄厚，盈利能力较强，变现方式灵活，在投资大数据方面呈现出良性循环效应。政府服务方面，在建设开放型、服务型、现代型政府的背景下，为政府服务的大数据企业得到了众多的支持，为“智慧城市”建设提供相应的产品和解决方案。

从技术应用角度分析，能源电力的表现最佳。我国的能源企业性质主要为央企集团，电力市场呈现“国家电网”+“南方电网”占据半壁江山的格局。在技术应用能力方面，央企组织架构层层递进，有利于在其下属企业内推动大数据技术应用的标准化及规范化，大数据技术得到了较好的应用。

从社会效益来看，交通物流的表现最佳。交通物流大数据往往通过大数据在路网监测、供应链物流、智慧机场、公交调度等与人民生活及出行息息相关的应用推广，为民众生活、出行提供便利，为社会其他产业提供更多的生产和消费性服务，极大地提升了整个社会的劳动生产率和国民经济效益。

从应用推广度来看，工业的表现排名较为靠后。这是因为在工业领域，不同公司甚至是部门之间的需求差异较大，对大数据产品的模型、算法差异性较高，使得工业应用解决方法可复制性低、可迁移性差、开发成本高。同时，制造业利润率相对较低，致使工业企业的大数据付费应用积极性不高，这也是阻碍工业大数据推广的重要原因。

2. 分领域雷达图分析

上文将各行业应用领域之间的应用特征进行了比对，研究了各领域大数据在近年来的应用变化规律。接下来将继续以工业领域、能源电力、交通物流、金融财税、政府服务、医疗健康、农林畜牧七个行业为研究对象，选取其 2017—2019 年三年的产业规模、研发能力、技术应用能力、社会效益、应用推广度数据进行比对，各领域雷达图分析规律如图 1–3 所示。

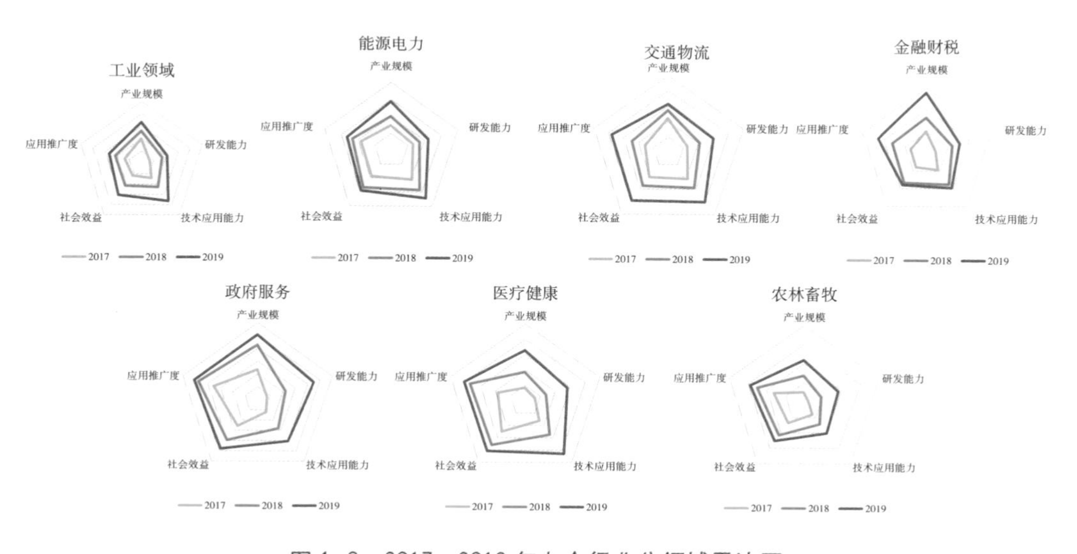

图 1–3 2017—2019 年七个行业分领域雷达图

可以看出，工业领域在研发能力方面基础较为薄弱，在技术应用方面进展良好；能源电力领域的技术应用得到了长足进步；交通物流大数据的社会效益表现优异；金融财税领域产业规模不断扩大；政府服务领域大数据企业的社会效益及研发能力进步显著；医疗健康领域，随着信息化集成的逐步完善，其在大数据技术推广和场景应用方面也取得了进步；农业领域的大数据发展还较为落后，进步潜力巨大。

（四）生态体系日益完善

根据大数据行业上下游及数据价值实现流程，可以将大数据产业分为基础设施层、数据资源层、数据技术层、数据应用层和安全层，每一层均包含相应的 IT 硬件设施、大数据软件产品和技术服务，以及支撑保障系统（见图 1-4）。

基础设施层包含硬件基础层和网络基础层。硬件基础层主要包括服务器主机、

图 1-4 大数据产业生态地图

资料来源：国家工业信息安全发展研究中心整理。

网络硬件设施、智能终端和大数据采集设备等；网络基础层主要包括多台服务器主机内的局域网和网络供应商提供的国际互联网接入服务。当前，我国大数据产业在该层级已逐步涌现出一批具有世界影响力的基础设施厂商，如：华为、中国联通、中兴、东方通信、中科曙光等。

数据资源层方面主要包括具备数据资源并进行数据相关交易、流通、接入的大数据企业。这些企业往往是具备政府数据、企业数据、互联网数据、网络运营商数据和由第三方数据服务企业提供的数据等。我国的数据规模体量巨大，随着国家顶层设计的不断完善以及对数据源资产的进一步重视和数据权属立法工作的推进，数据源的市场规模会进一步扩大。

数据技术层方面主要指围绕大数据生命周期的相关技术，包括数据预处理、数据存储管理、数据分析挖掘和数据可视化等方面。阿里巴巴、百度、腾讯等一大批技术型创新企业快速成长，大数据平台处理能力已处于世界领先水平。

数据应用层则是指利用大数据技术与传统产业广泛渗透融合，促进产出增加和效率提升，改进运营模式、服务模式和商业模式，同时催生新产业、新业态、新模式的有关内容，包括：工业、能源、政务、交通、金融等各行业企业。

数据安全层贯穿大数据产业链各层级，为数据的采集存储、清洗加工、分析挖掘、交易流通、可视化展示等数据全生命周期提供安全保障。我国一批大数据安全企业，如启明星辰、绿盟科技、深信服等企业数据安全技术在防火墙、网络隔离、入侵检测 / 入侵防御、统一威胁管理、数据库安全、数据防泄漏、漏洞扫描和安全运维服务等领域技术发展较为先进，为大数据产业安全运行打下了坚实基础。

三、我国大数据产业发展存在的问题

近年来，我国大数据产业在政策、技术、应用、生态等各方面都取得了积极进展，但是仍然存在一些问题，主要体现在：一是统计体系尚不完善，大数据产业边界难以明确界定，导致各地统计口径不一致，产业规模、增速和企业数量等数据统计结果差异较大，难以反映产业发展全貌。二是法律法规亟待健全，对大数据的收集、传输、存储、应用、安全管理等权责不明，部分企业和个人单纯为追求经济利益铤而走险，大量收集和滥用个人数据，不顾及个人隐私保护和数据所有者的权益保护等问题屡见不鲜。三是核心技术先进性有待提升，新型计算平台，分布式计算架构，大数据处理、分析和呈现等关键基础共性技术研发能力亟待加强。四是安全风险日渐凸显，安全技术应用不足，数据资产管理体系尚未建立，数据安全意识有待进一步加强。

四、推动大数据产业发展的措施建议

（一）建立大数据领域统计口径

一是梳理分析大数据产业生态及产业链环节，为统计工作奠定基础。二是调研分析本地大数据企业，掌握统计对象数量及特征。三是制定科学的统计方法和统计口径，并将统计结果进行横纵向对照分析，与产业定性分析结果相互验证，把握大数据产业发展动态，发挥优势，补齐短板。

（二）健全相关政策法规制度

一是完善数据确权、开放、流通、交易、产权保护等制度，加强重要基础设施和关键领域的法律监管。二是研究制定工业、电信、互联网领域数据使用和安全保护办法。三是推进《网络安全法》配套政策制定与实施，推进《电信法》等法律法规制定与实施。四是加强数据安全相关的法律的宣传和推广，增强团体和个人保护数据安全的意识，自觉守法。

（三）加强核心技术研发力度

一是持续加快大数据关键共性技术研发，支持前沿技术创新，提升数据存储、理论算法、模型分析、技术引擎等核心竞争力。二是推进大数据、云计算、人工智能交叉融合，培育面向大数据的开源软件生态系统。三是推进产学研用协同攻关，支持创新型企业开发专业化的数据处理分析技术和工具，创新技术服务模式，形成技术先进、生态完备的技术产品体系。

（四）推动与实体经济加速融合

一是围绕制造业全产业链、全生命周期以及企业研发、生产、销售各个环节，培育一批大数据与产业深度融合典型示范项目，促进网络化协同、个性化定制、服务型制造的新模式、新生态培育。二是针对企业转型发展需求，形成一批创新应用解决方案，培育一批解决方案服务商，以应用带动产业，以产业支撑应用。三是大力提升产业公共服务能力和覆盖范围，激发融合转型活力，增强平台支撑水平。四是深挖融合应用潜力，拓展大数据在农业、能源、交通、医疗、金融等领域应用，促进生产技术更新、商业模式创新和产品供给革新。

（五）提升产业服务支撑能力

一是进一步开放数据、计算能力等基础资源，引导中小微企业深耕细分市场，营造公平有序的发展环境。二是建设开放平台生态，推进相关领域关键技术标准的研制工作。三是积极围绕产业链部署创新链，围绕创新链完善资金链，实现技术创新与金融发展的有效衔接，为大数据产业提供强有力的支撑。四是以政府数据共享开放推进为基础，建设数据流通交易平台试点，形成顶层数据交易规则与标准体系，提高数据流通的公平、透明、安全程度。

（六）建设多层次人才队伍

一是深化产教合作，探索产教互动新做法、新模式，协同攻克产业技术难题，共同培养前沿技术人才，加快打造一流的大数据人才队伍。二是鼓励创新，充分挖掘大数据人才的创新潜能，把科学精神、创新思维、创造动能和社会责任感的培养贯彻到大数据人才培养的全过程。三要持续优化人才工作机制，把造就高素质人才队伍，推动人才工作科学发展作为加快大数据产业创新发展的重要支撑。四是采用培养与引进相结合的原则，进一步加强专业人才培养，多渠道引进大数据人才，构筑灵活人才机制，激发人才创新潜能和活力。

（七）促进国际交流合作进程

一是推进建立多层次的国际合作体系，加快建立和完善大数据国际合作与交流平台。二是逐步完善国际合作机制，利用国际创新经验促进我国大数据产业的发展。三是营造良好的政策环境，完善相应的配套设施，积极引导国内企业与国际企业研发合作，并支持国内企业参与国际竞争，拓宽海外市场渠道，提高企业国际市场拓展能力。

第二章　2019 年大数据案例征集总体情况

为深入实施国家大数据战略，落实《国务院关于印发促进大数据发展行动纲要的通知》（国发〔2015〕50 号）和《大数据产业发展规划（2016—2020 年）》（工信部规〔2016〕412 号），全面掌握我国大数据产业发展和应用情况，指导和帮助地方、企业和用户交流学习、提高认识、开拓思路，科学务实推进大数据产业融合创新发展，工信部在前两年大数据优秀案例征集活动的基础上，继续开展大数据优秀产品和应用解决方案征集活动。国家工业信息安全发展研究中心（以下简称“国家工信安全中心”）作为本次征集活动的支撑单位，开展相关工作。

一、案例征集情况

（一）申报案例情况

大数据案例征集活动于 2019 年 3 月 5 日截止申报，各地大数据产业主管部门、央企和相关单位踊跃上报，共收集到 31 个省（自治区、直辖市）地方大数据产业主管部门推荐案例 691 个（香港、澳门、台湾未推荐），5 个计划单列市及沈阳市（国家大数据综合试验区）推荐上报案例 114 个，46 家中央单位和企业推荐案例数量 112 个，加上各地区企业自主申报 789 个，今年共征集案例数量为 1706 个，较去年 1055 个同比增长 61.7%（见图 2–1）。其中，产品为 682 个，占比为 40.0%；解决方案为 1024 个，占比为 60.0%。

按照申报主体所在地，对 1706 个案例进行统计分析，各地区案例分布情况如图 2–2 所示。从案例的地域分布来看，案例申报主要集中在长三角、珠三角和京津冀等区域以及贵州、云南、重庆、河南等中西部地区。

大数据产品案例主要涉及数据采集存储、分析挖掘、交易流通、清洗加工、安全保障、可视化展示和其他，申报数量较多的类别为数据采集存储、分析挖掘，数量分别为 304 个、189 个，各类别产品数量分布如图 2–3 所示。

大数据应用解决方案案例主要涉及工业、交通、能源、医疗、金融、农业、教

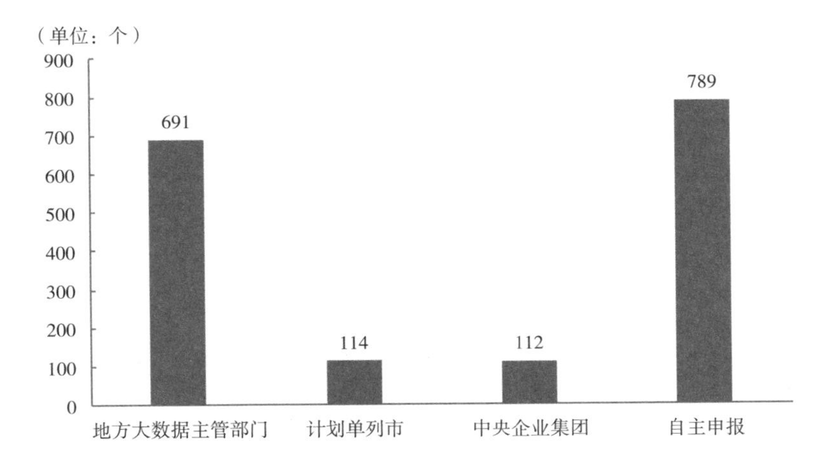

图 2-1　各主体推荐案例数量

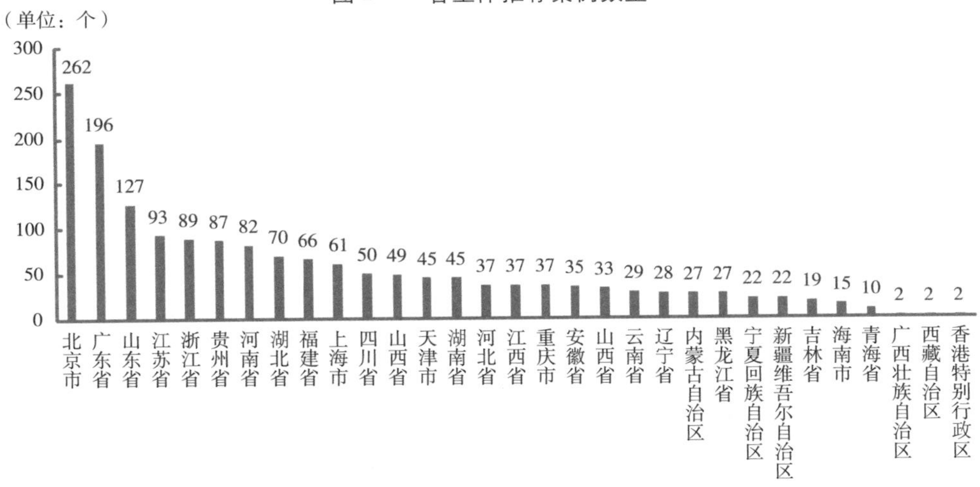

图 2-2　大数据案例地区分布

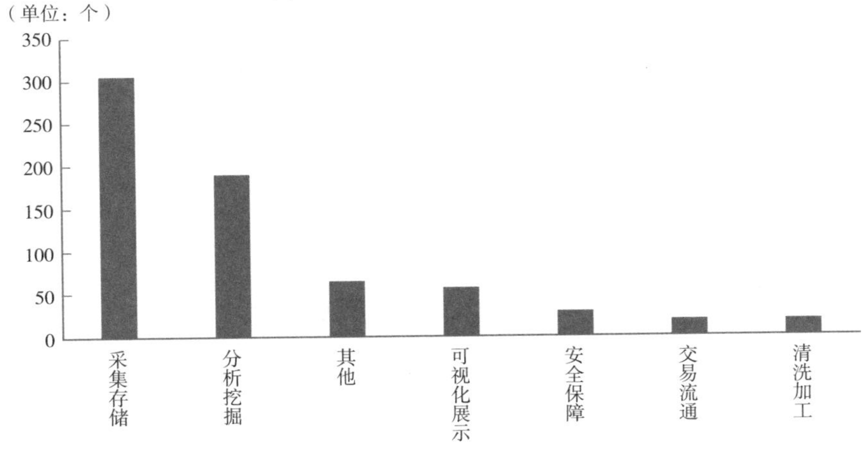

图 2-3　大数据产品类别分布

育、安防、旅游、营销、电信、物流、食品安全和其他领域，共涉及行业领域20多类。各类别数量分布如图2-4所示。

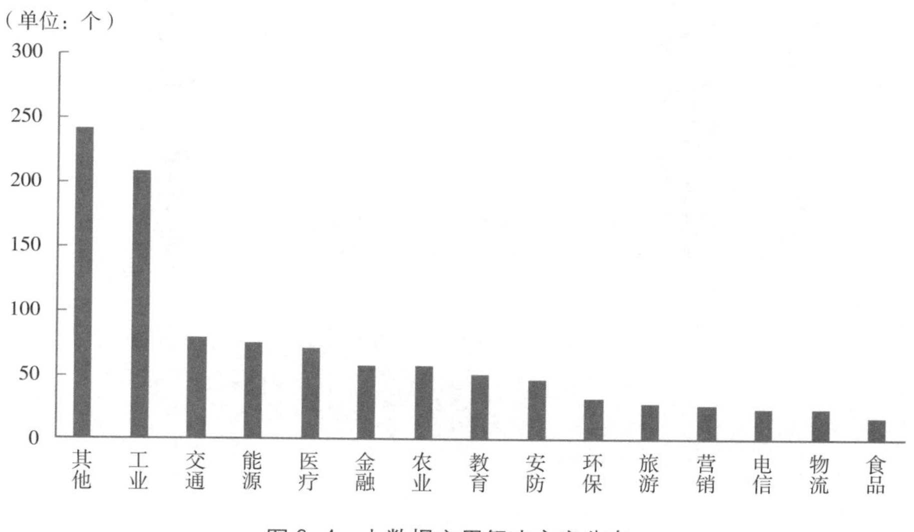

图2-4 大数据应用解决方案分布

（二）申报企业情况

据国家工信安全中心统计，2019年大数据优秀案例征集参与申报企业/单位数量为1648家。从企业性质来看，民营企业1198家、国有企业229家、国有控股企业97家、合资企业35家、国有参股企业34家、事业单位31家，各类别企业性质数量分布如图2-5所示。

从企业规模来看，申报单位总人数在100人以下的企业822家，占比为50%；单位总人数为100—300人的企业379家，占比为23%；单位总人数在300—1000人之间的企业228家，占比为14%；单位总人数为1000—5000人的企业138家，占比为8%；单位总人数为5000—10000人的企业36家，占比为2%；单位总人数为10000—100000人的企业45家，占比为3%（见图2-6）。

从企业上市情况来看，在1648家企业中，上市企业数量为218家，占比为13.2%，如图2-7所示。企业上市主要分布在新三板、上海证券交易所和深圳证券交易所，除此之外，还有个别中国大数据企业在美国纳斯达克和美国纽约证券交易所进行上市交易。

从研发人员数量来看，研发人员不足100人的申报企业有1194家；研发人员在100—200人的申报企业有171家；研发人员在200—300人的申报企业有55家；

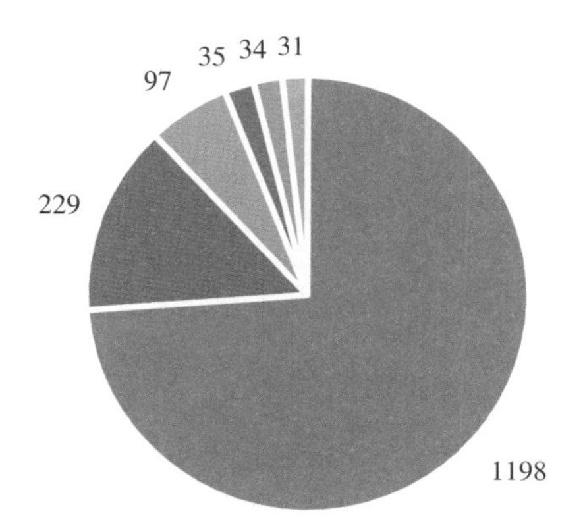

图 2-5　申报企业性质数量分布图（单位：家）

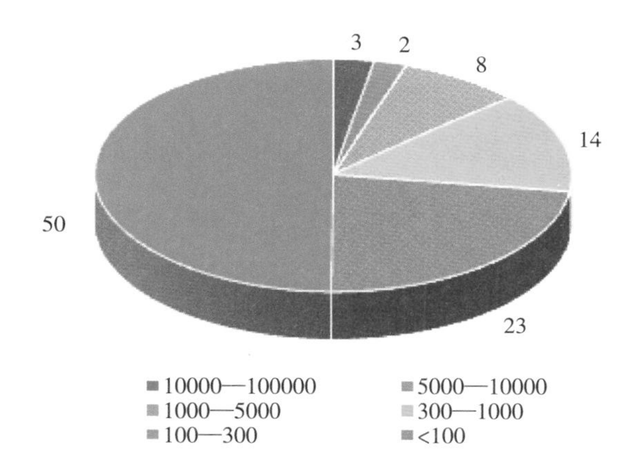

图 2-6　申报企业单位总人数占比情况（单位：%）

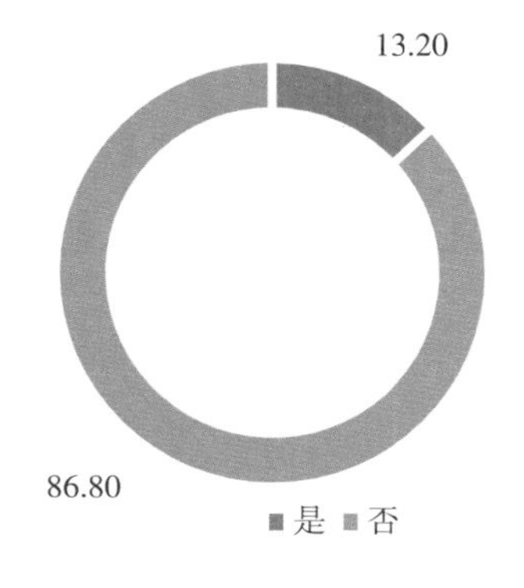

图 2-7　申报企业上市情况（单位：%）

研发人员在 300—400 人的申报企业有 60 家；研发人员大于 500 人的申报企业有 168 家（见图 2-8）。

根据收集到的 1706 个案例，我们将其按照地区和领域对比了研发人员占比和研发投入占比两个方面（见图 2-9、图 2-10、图 2-11 和图 2-12）。

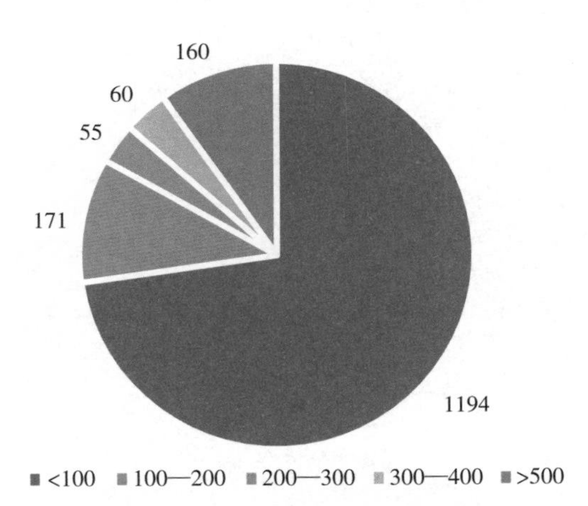

图 2-8 申报企业研发人员分布（单位：家）

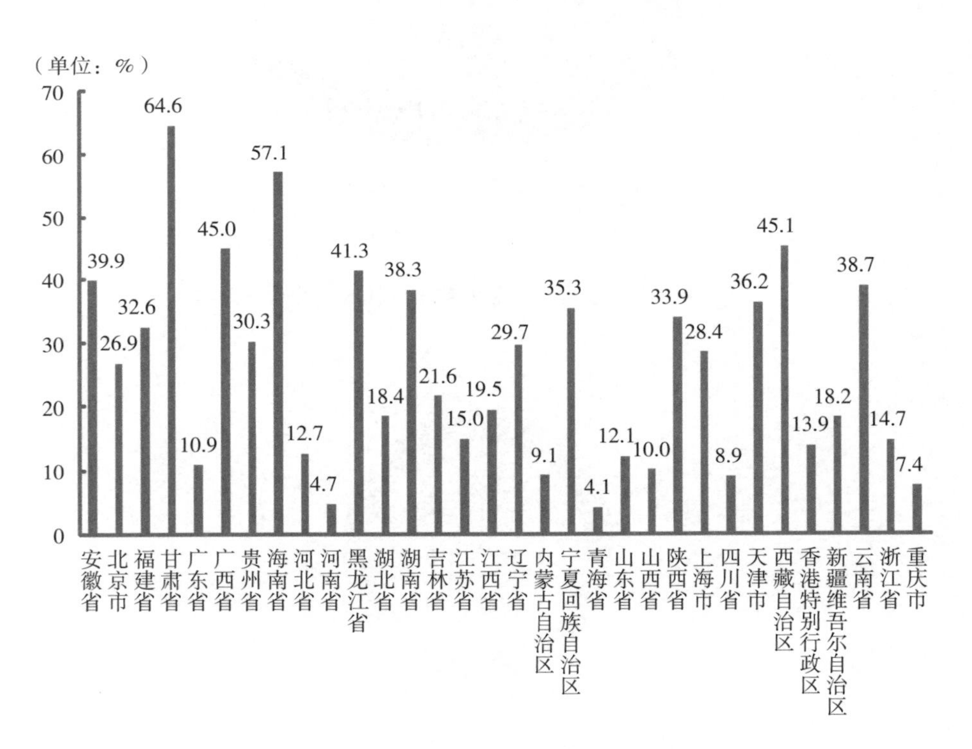

图 2-9 申报企业研发人员占比情况（按地区对比）

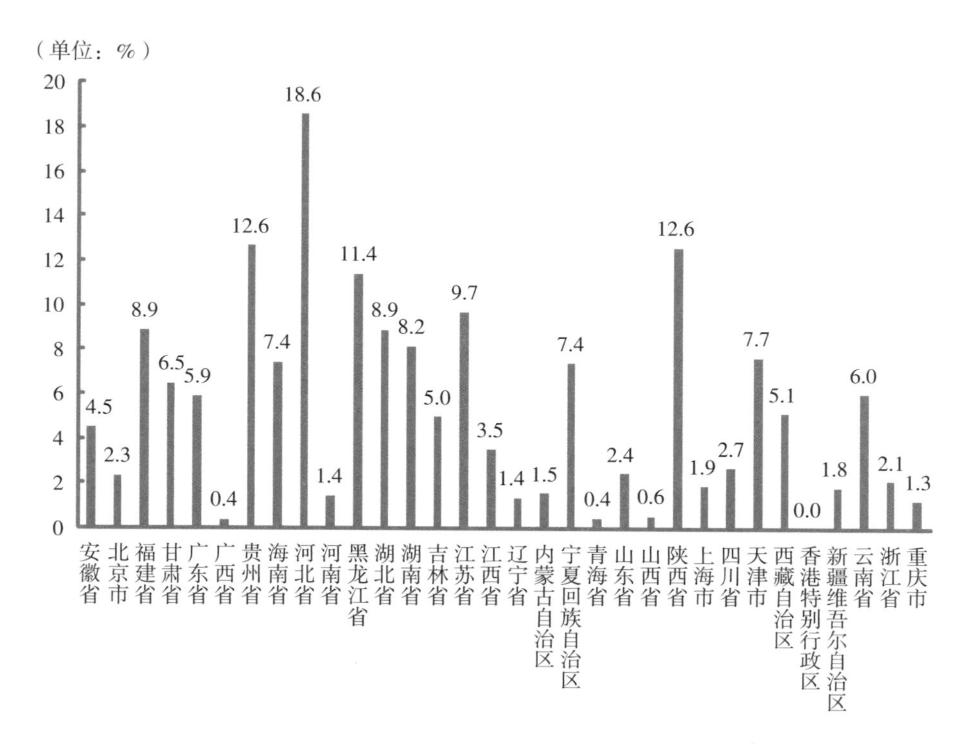

图 2-10　申报企业研发投入占比情况（按地区对比）

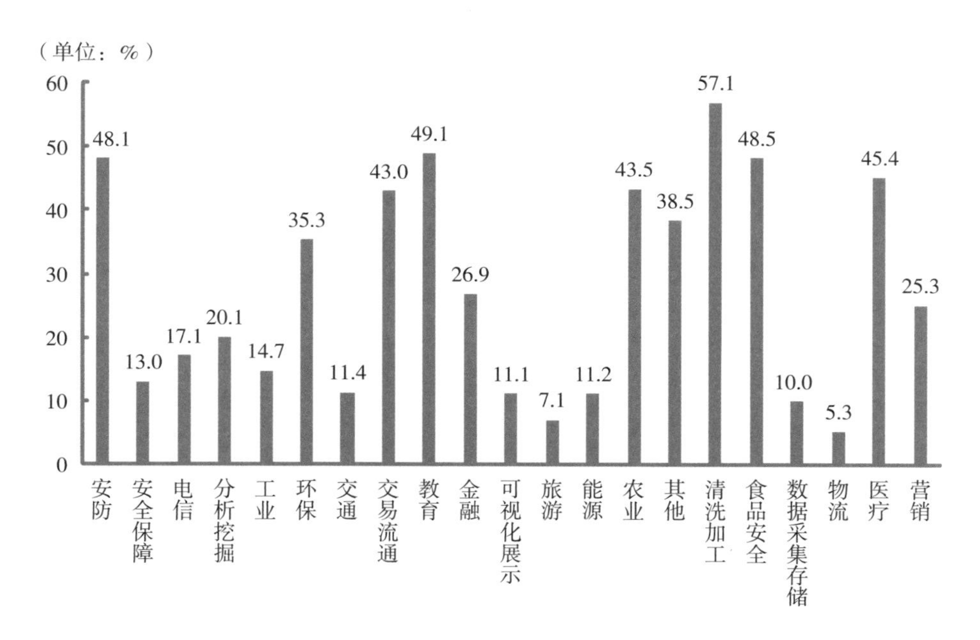

图 2-11　申报企业研发人员占比情况（按领域对比）

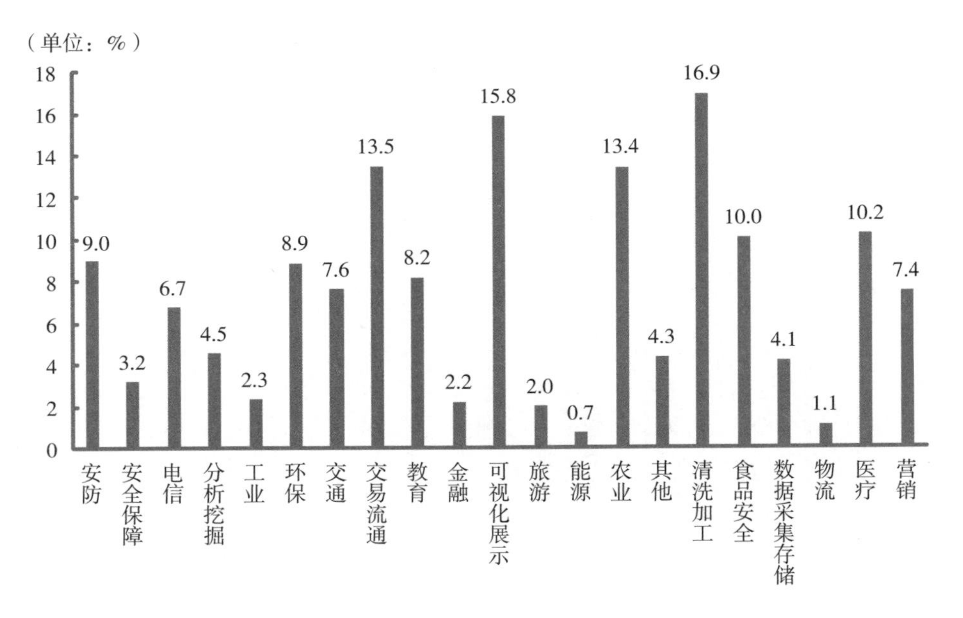

图 2-12　申报企业研发投入占比情况（按领域对比）

二、案例入围情况

本着“公平公正、竞争择优、技术先进、示范导向”的原则，国家工信安全中心对申报案例进行了汇总、整理和资质审查，并组织行业内有关专家进行初期、终期两轮专家评审，最终遴选出 94 个优秀案例入选，入选名单详见附录。

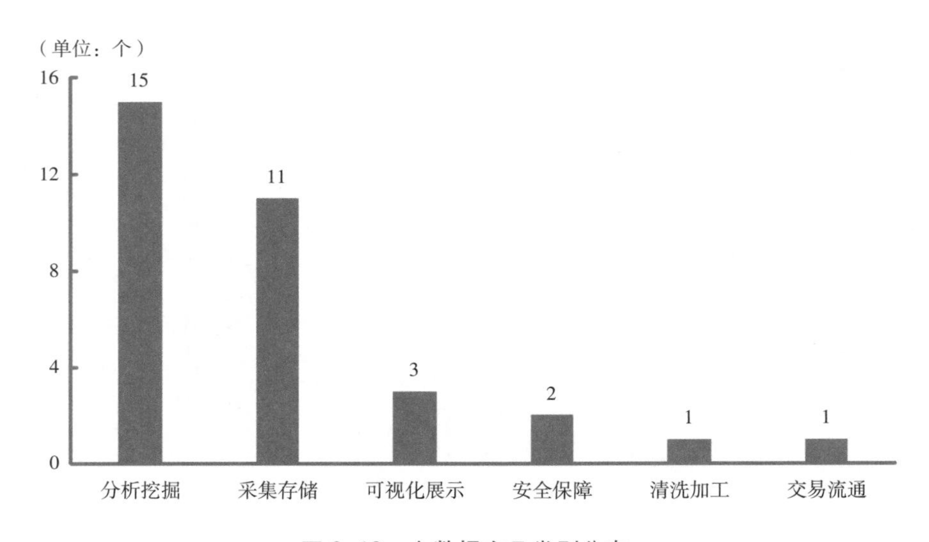

图 2-13　大数据产品类别分布

通过终审的 94 个案例，按照产品和解决方案分类，产品为 33 个，占比为 35.1%，解决方案为 61 个，占比为 64.9%。通过对各类型的案例进行分析，发现大数据产品案例主要涉及数据分析挖掘、数据采集存储、可视化展示等类别（见图 2-13）；大数据应用解决方案涉及工业领域、政府服务、能源电力等领域（见图 2-14）。

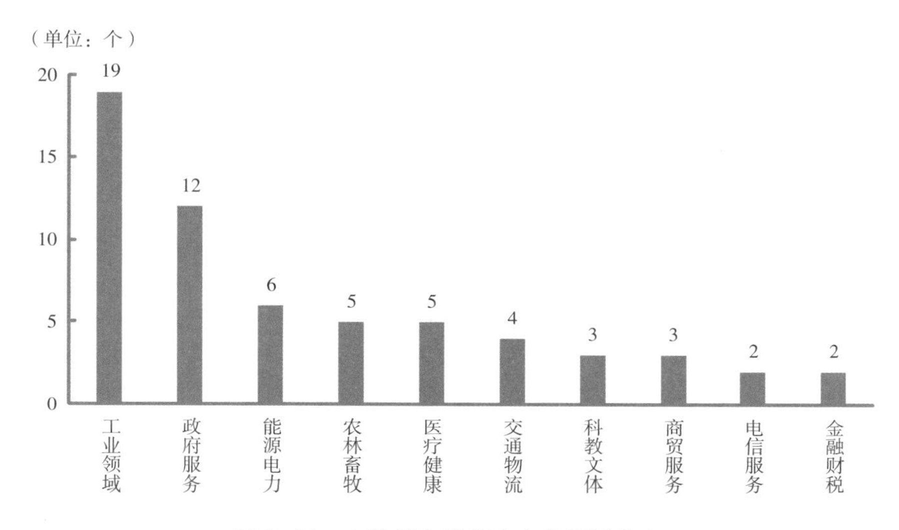

图 2-14　大数据应用解决方案领域分布

入选的 94 个案例所涉及的企业，按照上市与否进行统计，共涉及上市企业 23 家，占比为 24.5%。按照企业性质进行分类，共涉及民营企业 50 家，占比为 53.2%；国有企业 21 家，占比为 23%（见图 2-15）。

为进一步宣传推广此次案例征集的优秀成果，特将入选的 94 个大数据优秀案

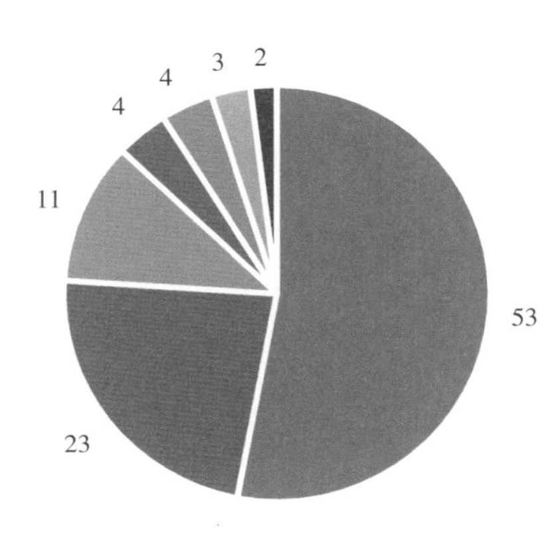

图 2-15　案例入选企业类型情况占比（单位：%）

例内容汇编成册，出版《大数据优秀产品和应用解决方案案例集（2019）》，分为产品及政务卷和工业、能源、民生卷两册，较为全面地展示我国大数据领域的最新成果和最佳实践，为相关地区、行业、企业发展和应用大数据提供有益的借鉴和思考，切实推动大数据与实体经济深度融合，促进“政、产、学、研、用”深度合作。

第二部分

大数据产品篇

第三章　数据采集存储

大数据

01

H3C DataEngine HDP 大数据平台
——新华三大数据技术有限公司

H3C DataEngine HDP 大数据平台采用流式计算引擎、离线计算引擎和分布式数据库引擎混搭的计算框架，为用户提供一套完整的大数据平台解决方案，包括数据采集转换、计算存储、分析挖掘、数据可视化以及运维管理等。相比开源的 Hadoop 平台，DataEngine HDP 大数据平台在安全性、易用性、稳定性与兼容性等多方面，进行内核级优化与外围加固，为用户提供更贴心、更适合的大数据平台方案。此外，通过云计算与大数据平台融合的先进架构，提升业务上线的效率和资源的利用率，帮助用户构建海量数据处理系统，发现数据的内在价值，获取新的市场机会。

大数据平台以 DataEngine 为基础，提供统一、规范的数据接入方法，支持从外部数据源向平台导入结构化数据（如关系型数据库数据、应用系统数据、生产实时数据等）、半结构化数据（如日志、邮件等）、非结构化数据，并提供这些数据的整合方式。通过平台上建立数据采集、数据存储、数据处理及加载、数据治理与管控、数据交换和数据统计分析，最终实现业务整体情况的全方位展示，并对数据进行统一管理、统一分析、统一应用，为市场营销业务提供决策支持。

一、应用需求

（一）经济社会背景

近几年来，随着信息技术与互联网技术的高速发展和普及应用，行业应用系统的规模迅速扩大，随之产生的数据呈爆炸性指数级增长。根据 IDC 预测：全世界数据量将从 2009 年的 0.8ZB 增长到 2020 年的 35ZB，年均增长率为 40%。而如此大规模的数据存储与计算需求，已远超出现有的信息技术处理能力。大数据带来巨大技术挑战的同时，也带来巨大的技术创新与商业价值。目前围绕 Hadoop 为核心的大数据软件产品日趋成熟，包括数据采集、数据治理、数据可视化与机器学习等相关大数据软件产品都有可观的市场前景。2016 年，中国大数据软件市场规模为 8.1 亿美元，复合增长率超过 10%。在政策驱动、资本支持、技术创新、厂商推广的共同驱动下，大数据软件市场在最近 3 年仍将保持高速增长。

（二）解决行业痛点

海量数据的背后隐藏巨大的商业价值，但在挖掘价值的同时也伴随着各行业痛点的产生。

1. 解决多源异构数据采集痛点

数据资源迅猛增长，呈现明显的非结构化、多来源特征。利用多种可视化数据处理引擎，运用分布式流数据处理技术，为用户提供高效便捷的数据抽取、清洗、转换、加载等能力，实现海量多源异构数据的采集与数据治理，提升数据质量与数据集成效率。

2. 解决海量数据存储与计算痛点

采用 Hadoop+MPP 技术架构，支持对半结构化、非结构化数据并行计算和低成本存储，提供低时延、高并发的查询和分析功能。把数据按照不同阶段分为 ODS 数据、轻度汇总数据、信息子层数据和应用数据，并按照在线数据、历史数据等来实现数据生命周期管理，满足在线数据的高性能存储与计算的需求。

3. 解决数据应用与挖掘痛点

基于大规模机器学习、算法库等大数据相关技术，提供各类应用开发的套件。为应用开发者提供一站式开发能力，并通过在线资源更新，让开发者实时获取开发数据集、开发知识库等资源。提升智能应用开发的能力和效率，简化机器学习算法的使用成本，从而帮助企业实现数据驱动的商业模式。

4. 解决数据运营痛点

提供完整的大数据业务流程和用户体系，包括集群部署和运维、租户及资源管理、数据管理及数据处理等。与云平台对接，统一认证，通过运营中心的多租户与分组分域管理，实现大数据的全流程数据管控与运营。

（三）市场应用前景

在大数据浪潮中，政务、教育、公安、医疗等行业都提高了信息化程度，为大数据应用奠定了基础。在政务领域，政府从政务云建设迈向数据资源挖掘，依托充分的数据交互与沉淀，规划城市数据引擎方案，实现民生改善、产业调整、政务高效决策。在教育领域，采用高校数据治理与应用产品，如学业分析、师资评判等，同时专注大数据实训方案、浸入式创新开发教学环境，助力高校大数据人才培养。在公安领域，利用公安信息资源服务平台与公安网络流量大数据分析管控系统，实现数据共享，提升侦查破案能力与重点应用系统保障能力。在医疗领域，利用医疗科研大数据平台，协助医生完成病理分析、遗传疾病研究等科研工作。

二、平台架构

DataEngine 大数据平台技术架构主要由五部分组成，整体架构如图 3-1 所示。

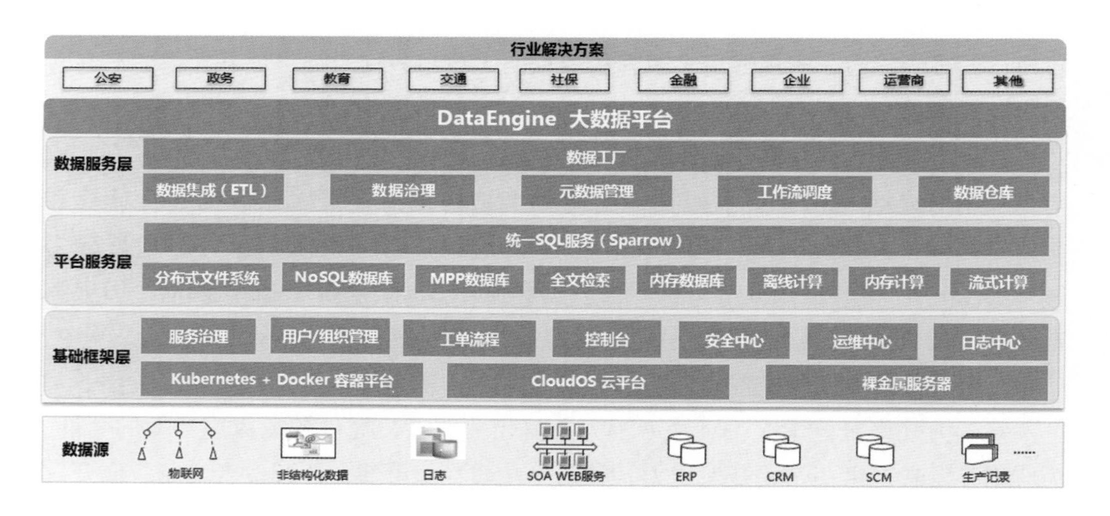

图 3-1　DataEngine 大数据平台技术架构图

（一）数据源

大数据平台可对接结构化数据、非结构化数据与半结构化数据等各种类型的数据源，包括但不限于关系型数据库、日志、流量、物联网数据、图片等。

（二）基础框架层

DataEngine 大数据平台提供多种部署方式，容器化、云平台与裸金属服务器。结合实际应用场景，对于性能、稳定性与可靠性有高要求的场景，推荐裸金属服务器部署方式。此外，还提供统一的用户管理、可视化运维管理、多租户管理、日志中心等。

（三）平台服务层

提供丰富的大数据组件即服务，包括但不限于分布式文件系统、NoSQL 数据库服务、内存数据库服务、离线计算、流式计算、内存计算等服务，并通过自研统一 SQL 服务，兼容标准 SQL，对外提供统一的数据查询、分析服务，提升平台的整体易用性。

（四）数据服务层

在数据存储与计算服务之上，还需要提供数据集成、数据治理、数据仓库等增值服务，形成统一数据标准规范，满足上层应用的数据要求。

三、关键技术

（一）云化大数据服务

采用基于云计算平台的大数据服务，用户通过云端申请大数据集群，H3C CloudOS 云平台（见图 3–2）会为大数据集群分配和管理主机资源，用户只需专注于自己的业务层面，按需购买大数据服务，并为大数据集群提供扩容、缩容的功能。提供虚拟化和裸金属两种部署方式。虚拟化部署适合小数据量、性能要求不高的应用场景，提升服务器资源利用率；裸金属部署适合大数据量、高性能场景，提升用户业务能力。

（二）统一 SQL 服务

大数据平台提供自研 Sparrow 组件，对外提供统一的 SQL 访问服务（见图 3–3）。兼容通用标准 SQL，从数据库平滑过渡到大数据平台，提升 SQL 兼容性，可对接 ES、HBase、Hive 等数据源，降低平台使用门槛；提供增强型统一 SQL on Hadoop 方案，支持图计算与机器学习 SQL，大幅度提升平台易用性。

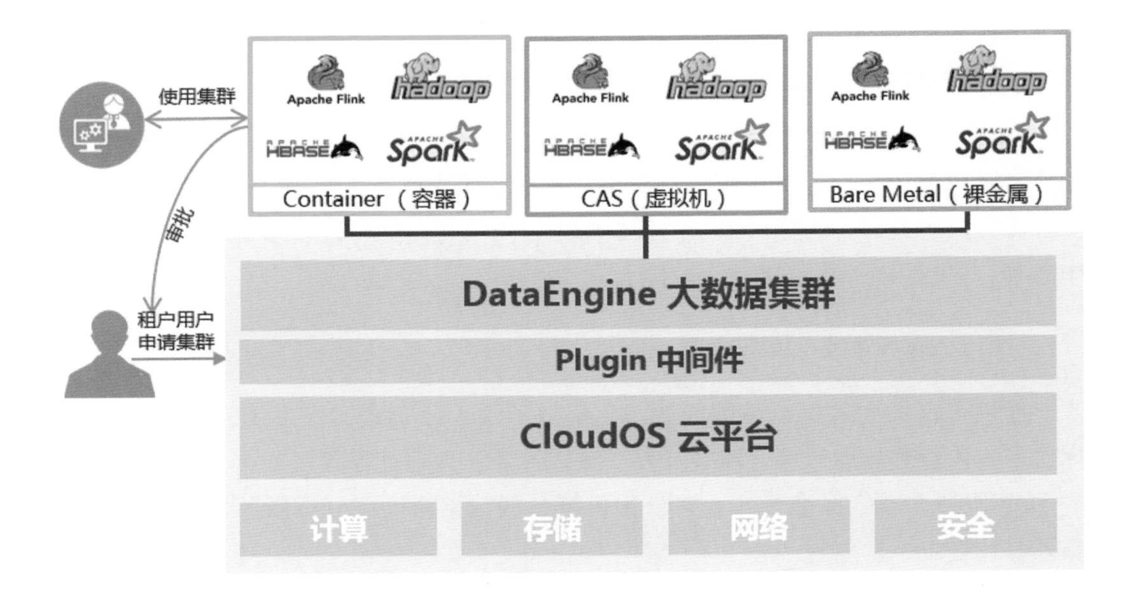

图 3–2　云数平台深度融合

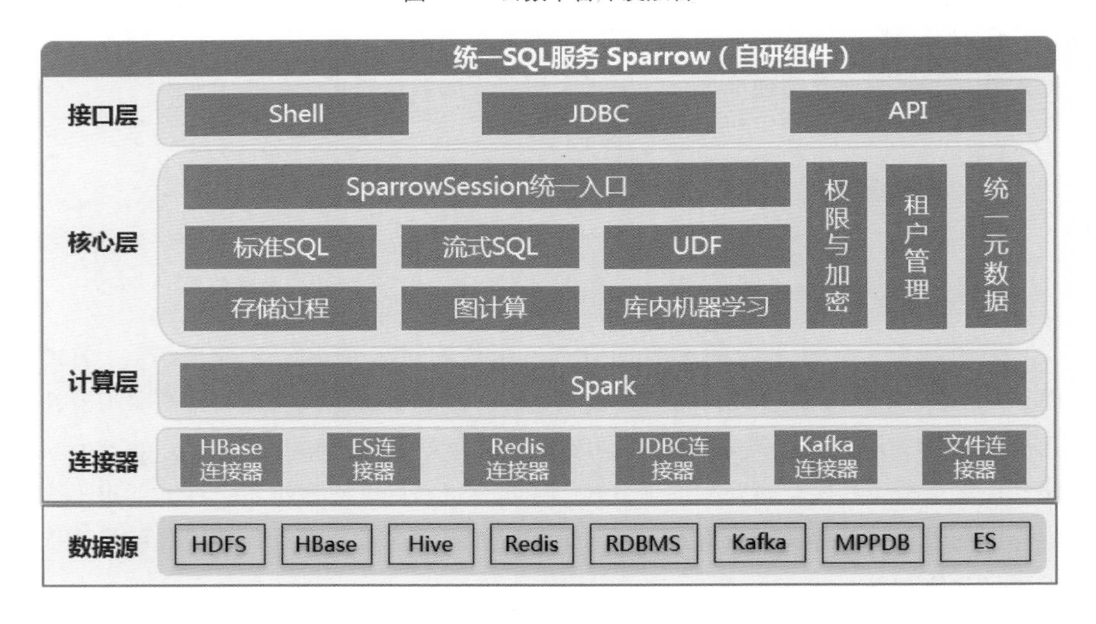

图 3–3　统一 SQL 服务

（三）多租户资源隔离

为了满足资源的集约，又满足各个厅局委办数据存储计算的安全隔离，DataEngine 大数据平台提供多租户管理服务（见图 3–4）。提供大数据统一租户管理，实现集群内租户间物理/逻辑资源的动态配置和管理、资源隔离、资源使用统计等，为用户提供安全可靠的多租户服务。

图 3-4 多租户资源隔离

（四）统一流批处理引擎

统一流批处理，即一个计算引擎可同时满足流计算业务和批处理业务，提升平台易用性与计算性能，支持自实现状态管理，具有极佳的吞吐量及低延迟性能，支持 CEP 功能，极大地简化复杂实时业务的开发，提供统一用户管理、租户管理以及安全环境下的任务提交和执行（见图 3-5）。

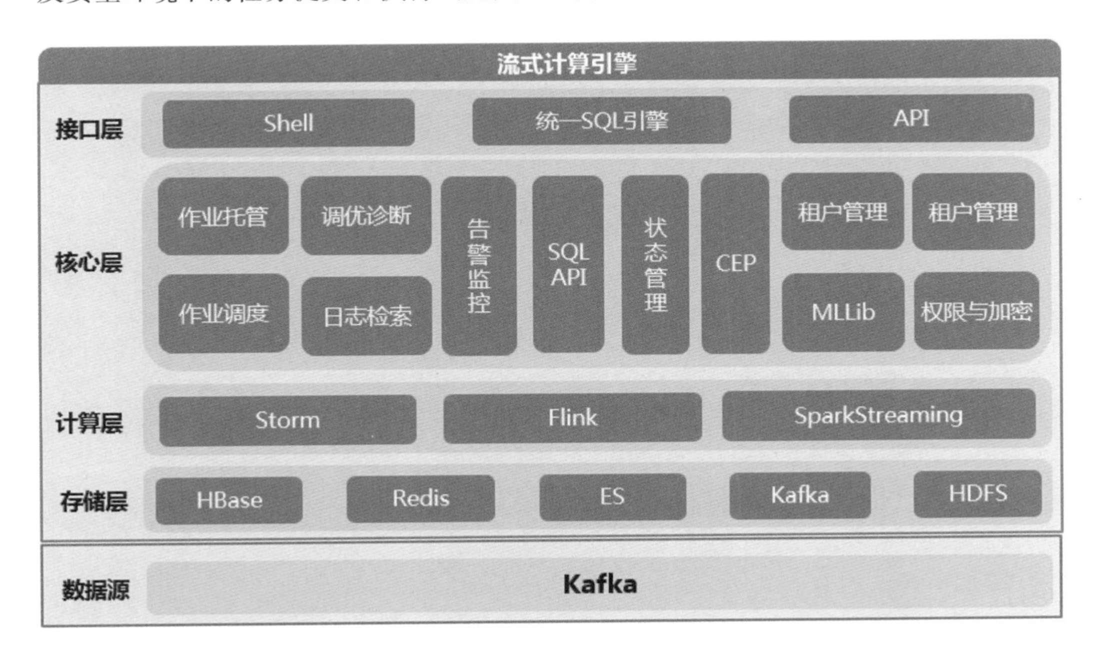

图 3-5 统一流批处理引擎

四、应用效果

（一）应用案例一：政务大数据——广东省网上效能分析监测系统

为贯彻落实国家及省委、省政府工作部署，广东省信息中心大力推进“互联网 + 政务服务”建设，运用云计算、大数据等新一代信息技术，加快广东省网上办事大厅建设。按照《广东省人民政府办公厅关于印发加强省网上办事大厅行政审批在线监管工作方案的通知》（粤办函〔2016〕225 号）的要求，结合“一门式、一网式”政务服务改革，围绕网上办事全局、全流程的数据监测，实现监测数据汇聚，明确绩效评价职责分工和工作机制，建立健全在线评价和线下抽查相结合的监督机制。

通过对广东省 22 个地市、120 个区县、近 9 万个政府服务事项、数亿笔业务数据深度挖掘，推进李克强总理关于“放管服”的重要指示。简政放权，重塑行政审批流程；公正监管，促进公平竞争，通过三率一数、星级评价等指标督察督办、透明监管；高效服务，营造便利环境，主动推送企业 / 个人政府服务，分析热点事项，辅助公共决策。

通过对 9 万多个事项，5600 个部门单位（省、市、县）的政府网上办事流程进行多维度、高效的及时监察、分析，从而对办事效率低下的职能部门和审批人员实现高效监督；找出设置不合理的办事流程，促进政府办事流程的优化。实现政府

图 3–6 网上效能分析监测系统

部门网上办事多维度的数据分析挖掘，秒级展现效果，让决策者一目了然地发现问题，提升政府的服务水平（见图 3–6）。

（二）应用案例二：教育大数据——西安电子科技大学智慧校园

教育大数据解决方案已成功应用于国内多所 985/211 高校。在西安电子科技大学，新华三为智慧校园建设提供了强大的基础平台、数据治理以及上层应用支撑，同时为教学、科研和管理提供智慧化服务。为西安电子科技大学规划了完整的智慧校园解决方案蓝图，在传统数据中心基础上完成了大数据技术及架构赋能，最终实现网络畅通、数据共享、业务协同及服务融合，进而提升了信息化服务能力以及学校综合管理能力。

围绕高校核心业务，新华三为西安电子科技大学规划了校级大数据综合服务平台（见图 3–7），同时服务信息化、人才培养及科学研究。在本次建设中实现了各业务系统数据高度融合，新华三与校方共同制定数据标准，进行数据治理，将全量

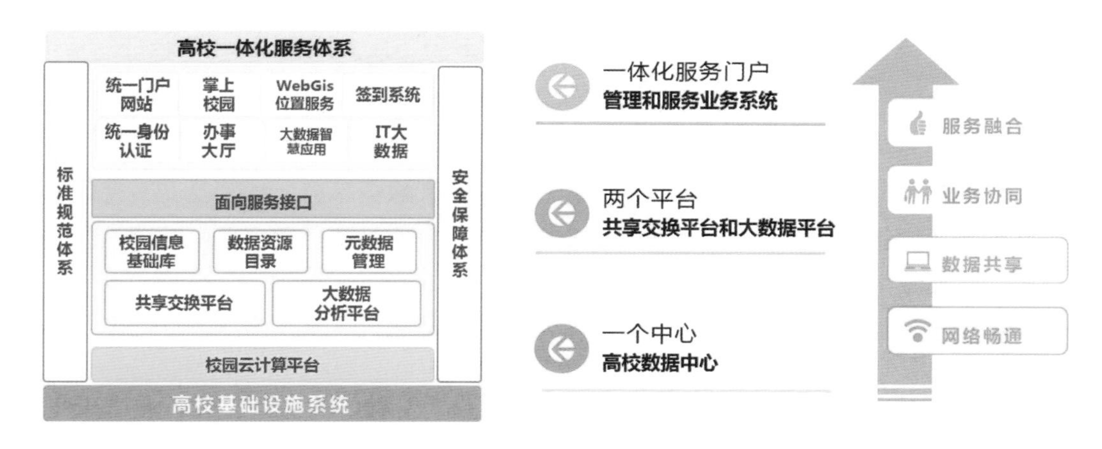

图 3–7　教育大数据架构图

数据持久化存入大数据平台。根据上层业务需求，完成数据仓库、各类主题库的建立，通过接口发布的形式对外提供数据服务，为上层应用构建提供便利；在人才培养方面，大数据集群中部分节点为院系提供大数据实训环境；在科研创新方面，校级大数据综合服务平台屏蔽底层平台细节，帮助校内科研团队降低科研成本，并为其提供科研数据集、企业项目交付知识库，加速大数据相关科研成果转化。

解决数据打通及融合的历史难题，将数据价值最大化，提升信息化服务能力；通过数据思维驱动业务变革，使用多维、海量数据分析手段解决了学工、教务、科研、资产等业务部门面临的管理问题；改变传统 IT 运维模式，通过对 IT 系统日志

全量存储及分析，实现校内网络态势感知及故障预测；通过将互联网数据与校内其他数据有机结合，实现教学质量、就业质量以及双一流建设客观评价体系，助力校方综合竞争力提升。

企业简介

新华三大数据技术有限公司（以下简称“新华三”）是优秀的数据化解决方案提供商。新华三拥有计算、存储、网络、安全等方面的数字化基础设施整体能力，能够提供云计算、大数据、信息安全、安防、物联网、边缘计算、人工智能、5G在内的一站式、全方位数字化平台解决方案，以及端到端的技术服务。

专家点评

新华三定位于为用户提供企业级一体化大数据平台服务，是卓越的数据引擎提供商。新华三的 H3C DataEngine HDP 大数据平台提供数据采集、存储、计算、分析与可视化服务，能为各行各业提供稳定、可靠的大数据平台，特别是在平台的易用性与开源优化方面做了较深的研究，能够帮助行业客户打通数据壁垒、积累数据资产，实现数字化转型。

黄罡（北京大学软件研究所副所长）

大数据

02 InglorBDP 大数据平台产品——山东亿云信息技术有限公司

InglorBDP 大数据平台产品是基于自主研发的 Hadoop 商业版 EDP（Evay Data Platform）组件，融合集群管理与监控、数据安全等功能，为政府和企业用户提供集大数据“采、存、管、析、用”等功能于一体的统一平台。它以海量异构数据存储、离线与实时数据处理为核心，针对政府和企业数据汇集、数据计算、大数据治理、数据挖掘、图像及文本分析等需求，打造易用、高效和安全的大数据平台软件。该产品已被广泛应用于中国中医科学院中药资源中心、山东省商务厅商务风向标、山东出版集团画报图片库等项目，让政府和企业打破“数据孤岛”，从繁杂无序的数据中发现新的价值，辅助用户决策。

一、应用需求

在信息化时代，政府机构职能的有效发挥、企事业单位的正确决策均依赖于高效、实时的信息系统，尤其是大数据的支持。政府掌握着大量的、关键的数据，是数据时代财富的拥有者，但以往由于信息技术、体制机制等限制，各级政府及各部门之间的信息网络往往自成体系、相互割裂，数据难以实现互通与共享，导致目前政府掌握的数据大多数处于割裂和休眠状态。同时由于政府各部门信息系统分割，许多数据往往需要重复采集，采集成本较高。

随着大数据和云计算技术的发展，建设统一的政府信息系统平台成为可能。通过统一的信息平台，实现数据的标准、格式的统一和共享，利用大数据技术，数据获取、处理及分析响应时间大幅降低，工作效率明显提高，有利于压缩政府开支，降低行政成本；同时，对于数据统一和共享所产生的大数据，通过数据挖掘等技术，能够增强政府社会管理水平。大数据在政府和公共服务领域的应用，可以有效推动政务工作的开展，提高政府部门科学化决策水平和社会管理水平，提升服务效率。

二、平台架构

InglorvBDP 通过构建大数据在“采、存、管、析、用”五个环节的基础支撑，能够让用户在基础设施上弹性部署大数据平台。它由数据采集与集成、数据存储计算、数据管理、数据服务、数据分析挖掘引擎、管理平台和行业应用七个部分组成，各部分功能如图 3-8 所示。

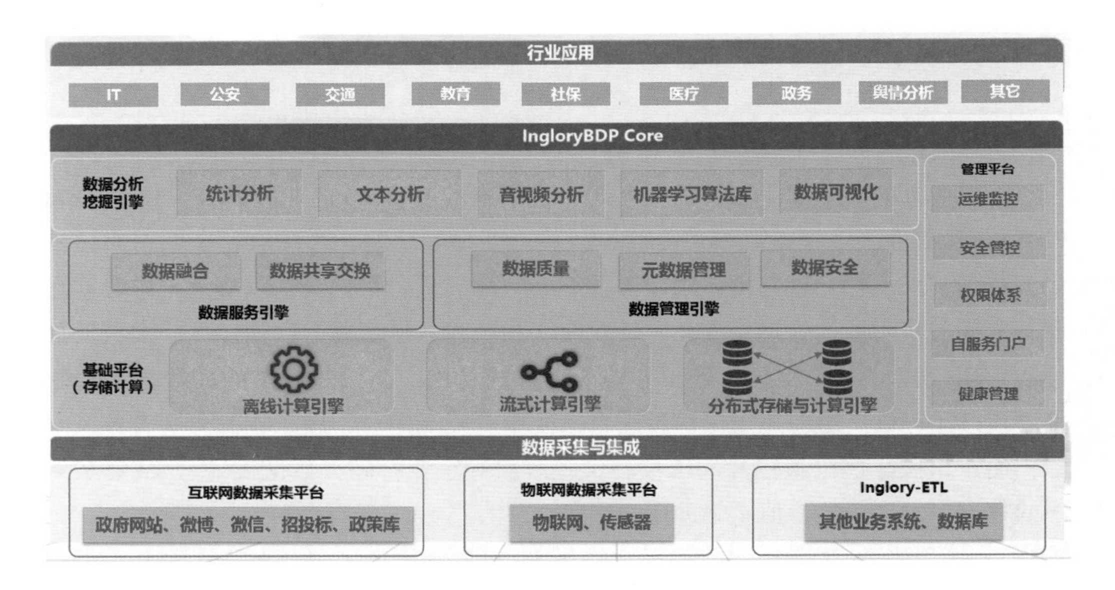

图 3-8　InglorvBDP 大数据平台架构图

（一）数据采集与集成

提供对各类业务系统、互联网（网站、论坛、微信公众号等）和物联网数据的采集并集成其他业务系统的数据，使得用户所需要的多源异构数据有机融合，解决“数据孤岛”和信息片面问题。

（二）数据存储计算

以标准接口提供分布式数据存储服务，它像一个“黑盒”，方便地存储结构化、非结构化和半结构化数据，用户可以不关心数据库或者文件系统的选择。支持海量数据存储，支持通过大数据操作系统进行平滑扩容，针对不同的应用场景，提供不同的计算组件与模型，支持分布式内存计算、离线计算、实时计算、流式实时计算等。

（三）数据管理

对数据进行数据质量管理、元数据管理、数据安全管理，构建完整的数据管理体系，保障企业系统的稳定运行。

（四）数据服务

通过数据交换共享通道，为其他系统提供数据服务。

（五）数据分析挖掘引擎

以存储计算基础平台等为支撑，具有统计分析、文本分析、音视频分析、机器学习算法库等功能。通过数据分析挖掘引擎可以实现客户流失分析、风险分析、信用评价、关联推荐、预测、社会网络分析、图像识别等各类数据深入分析应用。

（六）管理平台

包括运维监控、安全监控、权限体系、自服务门户、健康管理等，实时监控平台的运行状况，保证整个平台稳定运行。

（七）行业应用

IngloryBDP 已经应用于政务、智慧园区等行业，同时也可应用于公安、交通、教育、医疗等行业。

三、关键技术

（一）Inglory 数据采集

Inglory 数据采集是一个分布式的云采集系统。支持门户网站数据采集、搜索引擎数据采集、论坛贴吧采集、微博采集、微信公众号数据采集、日志数据采集以及物联网数据采集和通过 API 定制化对接业务数据。Inglory 数据采集通过可视化、流程式的操作配置，即可轻松完成多种异构数据源的数据采集，几乎不需要操作人员具有数据采集相关的专业技术。

系统提供人工的数据分类入口，可以通过构建与客户业务更吻合的数据分类体系，并将其作为采集数据的标签，便于用户对数据进行综合管理和运用。Inglory 数据采集主要包括数据源管理配置、智能解析引擎、索引配置管理和云采集引擎，具备可视化配置、智能解析、云采集、支持多租户、增量索引和任务监控等功能。

（二）Inglory 数据集成

基于 Kettle 和 Sqoop 自主研发了 Inglory-ETL，实现了业务系统的结构化和非结构化的历史数据抽取、清洗、转换，并进行集中存储，为用户提供数据优化整合服务，为数据分析提供前期支撑。

（三）Inglory 分布式存储技术

Inglory 分布式存储实现对各类结构化、非结构化和半结构化数据的整合存储。Inglory 分布式存储默认提供优化后的关系型数据库、分布式文件系统、列式存储及内存数据库的支持。满足用户对各类数据类型的基本存储，同时支撑离线存储和实时存储的需求。

（四）Inglory 数据计算

数据计算采用不同的组件实现，包括基于磁盘的离线分布式计算、基于内存的迭代计算和在线实时流处理计算。

（五）Inglory 数据分析挖掘引擎

数据分析挖掘引擎以大数据分布式存储、分布式计算、内存计算、流式计算等为支撑，使用大数据技术、机器学习、深度学习技术实现图形化数据探索、可视化建模、深度学习建模、模型应用、模型评价等功能。进而实现客户流失分析、风险分析、信用评价、关联推荐、预测、社会网络分析、自然语言处理、图像识别、音视频分析等各类数据深入分析应用。

四、应用效果

（一）应用案例一：某化工园区环保和监测应用

IngloryBDP 大数据平台为某化工园区中越来越大的吞吐量和监控数据、越来越高的数据存储和处理需求、越来越多的面向互联网应用，提供强有力的大数据处理支撑。为该化工园区环保和安全的预防提供服务，同时促进企业发展、园区发展，促进新旧动能转换，提高政府对安全生产的监控，满足环境保护的要求，并以信息技术和服务助力化工产业高质量发展（见图 3–9）。

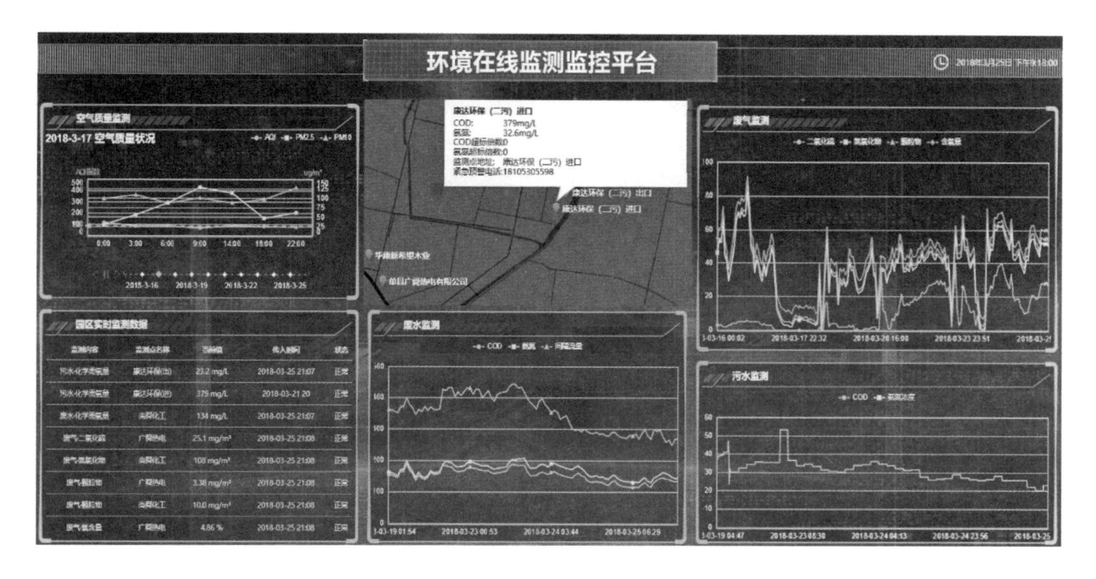

图 3-9　某化工园区环保和监测应用案例图

（二）应用案例二：易览资讯应用

InglorүBDP 大数据平台为易览资讯（ELAN NEWS）提供后台服务支撑。易览资讯是由亿云信息（EVAY INFO）推出的政策类资讯高端阅读平台，致力于服务广大政务人员、科技领域研究人员以及创新创业者。利用互联网平台，为政府及科技创新提供专业、极具价值的信息和服务。易览资讯平台汇聚众多政务、科技及技术领域的信息资源，帮助广大用户及时获取行业资讯，并通过大数据分析，洞察行业趋势（见图 3-10）。

（三）应用案例三：全媒体检索应用

IngloryBDP 大数据平台为 ×× 电力公司建设基于大数据平台的全媒体检索系统，实现图片、音频、视频等资源的整理和治理，同时实现资源批量导入、统计分析、快速检索等功能，最终达到素材资源统一管理、快速检索的目标（见图 3-11）。

图 3–10　易览资讯应用案例图

图 3-11 全媒体检索应用案例图

（四）应用案例四：山东出版集团图片库应用

IngloryBDP 大数据平台为山东出版集团建立了基于大数据的管理和交易平台，主要针对旗下的期刊资源和图片进行管理，将以往分散在个人和各处的资源进行汇聚，通过在线交易，增加了集团营收，提升了珍贵照片的利用价值（见图 3-12）。

图 3–12　图片库应用案例图

企业简介

山东亿云信息技术有限公司专注于政务信息化建设及运营，在数字政府、人才服务、大数据支撑应用及云服务等领域为政府及企事业单位提供全方位的解决方案。公司现有员工 75%以上为研发人员，同时依托山东省科学院、山东省计算中心（国家超级计算济南中心）及多个科技创新平台，研发出一系列自主可控、安全可信的生态平台和大数据产品，为行业大数据资源的汇聚、共享、应用提供了基础支撑。

专家点评

山东亿云信息技术有限公司基于自主研发的 Hadoop 商业版组件，集“采、存、管、析、用”等功能于一体，为政府和企业用户提供数据采集、存储、管理、分析等服务。该平台覆盖大数据从采集存储到分析应用的多项功能，助力政府和企业打破各个环节的“数据孤岛”问题，从杂乱无章的数据中发现新的价值，为用户决策提供支持。

黄罡（北京大学软件研究所副所长）

大数据

03

腾讯大数据处理套件 TBDS
——深圳市腾讯计算机系统有限公司

腾讯大数据处理套件 TBDS（Tencent Big Data Suite）是可靠、安全、易用的大数据处理平台型产品，集实时 / 离线场景高性能分析引擎、数据开发以及数据治理功能于一体，其核心包含 TBDS 运维管理平台、高性能数据分析引擎、任务调度系统、可视化机器学习、元数据管理、数据质量管理等。TBDS 已被应用于数字广东、云南公安、江苏国安、中国银行、中国航信、永辉超市、三一重工等多家政企的大数据项目，为泛政府、泛企业客户海量数据处理提供一站式大数据解决方案。

一、应用需求

自 2008 年起，随着 Web2.0、移动互联网、物联网等信息化技术的快速发展，政府、企业获取的业务数据持续高速膨胀，特别是自 2015 年国务院印发《国务院关于积极推进“互联网 +”行动的指导意见》以来，各行业积极拥抱互联网，越来越多的业务数据信息化，单个企业的数据从数 TB 到数 PB 规模不等。企业获取足够充分的数据后，一方面可以进行供应链优化、生产效率提升、经营风控管理来降低成本，同时通过对数据各个维度分析可以进行商业战略优化、运营精准决策、针对不同特征的客户提供差异化服务等进行业务创新。

如何存储、管理、用好大数据，成为大数据时代企业亟待解决的问题。很多企业的现状是 IT 设施陈旧，无法存储如此大量的数据；多数企业或机构缺乏既懂业务也懂大数据思维的人员；大数据涉及技术较多，完全从零开始构建企业大数据平台耗费巨大，周期较长。

TBDS 是基于腾讯多年海量数据处理经验，对外提供的可靠、安全、易用的大数据处理平台，可以帮助企业构建自己的大数据处理平台，进行存储和分析海量数据。同时结合内外部生态合作，可以为政务、企业客户提供“大数据平台 + 应用 +

服务”的一站式大数据解决方案。

政府客户可以借助 TBDS 打通各职能部门数据，构建政务数据仓库，监测公共服务或政策效率和效果，及时制定合理政策，提升公众满意度。公安客户可以借助 TBDS 存储分析海量业务数据以及社会数据，通过对人、事、地、物、组织的数据建模实现集数据整合、信息共享、数据研判于一体的数据实战应用平台，可以应用于情报分析、碰撞分析、轨迹刻画、布控预警等业务场景。金融客户可以借助 TBDS 构建金融数仓、消费者画像、风控模型等，提升客户营销效率以及资金运营效率。零售客户可以借助 TBDS 收集客户消费数据，分析消费者画像，优化进货结构，降低库存，针对不同偏好消费者推荐不同产品，提升获客能力。设备制造客户可以借助 TBDS 对生产过程中的设备运行状态进行实时监控或预测性维保。

二、平台架构

腾讯大数据处理套件 TBDS 平台结构上分为四部分，第一部分是平台运维和管理能力，为大数据平台基础的运维、监控、告警、审计、安全管控等基础能力；第二部分是高性能数据分析引擎，基于分布式存储和资源调度能力，分析引擎覆盖了在线数据计算、离线数据分析、近线数据分析、流式数据分析等大数据分析场景；第三部分是数据开发微服务，提供包含实时 / 离线数据集成、数据自由探索、数据开发 IDE 以及可视化机器学习等大数据开发工具支持，使数据开发者能高效进行大数据开发；第四部分是数据治理微服务，提供了技术 / 业务层面的元数据管理、数据生命周期管理、数据血缘管理、数据地图、数据质量以及数据访问审计等能力，使业务数据能得到有效组织和管理，具体平台架构如图 3-13 所示。

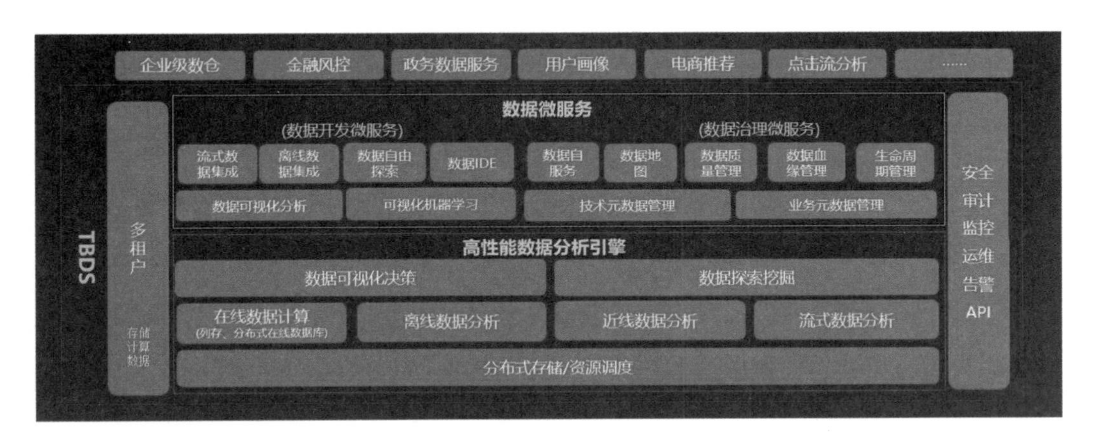

图 3-13　腾讯大数据处理套件 TBDS 平台架构图

三、关键技术

（一）核心技术——自主研发的秒级分析平台 HERMES

提供腾讯针对交互式海量数据分析需求而自主研发的秒级分析平台 HERMES，可以进行 PB 级海量数据存储、万级列存储、万亿级海量数据实时检索、万亿级海量数据分析、秒级返回结果。在平台关键技术上利用通分词处理，结合列存储、位运算等技术，实现高效的数据探索和全文检索能力，以及对数据结构的重新组织，结合分析系统的特点，实现嵌套列存储，充分避开随机读，采用块读取 + 位图计算大幅度降低耗时弊病，在计算过程中仅加载必要数据，使大数据的统计分析计算耗时缩短至毫秒级。同时核心引擎自动启动全索引技术进行海量数据的索引创建流程，当数据流式接入后，引擎自动启动全索引技术进行海量数据的索引创建流程，用户无须关注索引细节即可实现对数据的快速分析。

（二）核心功能及性能指标

1. 技术开放

存储标准兼容开源 Hadoop 标准，使历史构建在 hadoop 上的大数据平台可以平滑迁移。支持多驱动接入、完美兼容社区标准，支持 Sql2003 标准的内存迭代运算引擎 SparkSQL。

2. 安全可靠

数据节点分布式部署，可选多份备份，所有系统控制节点主从热备，故障秒级切换，经受腾讯 95%业务考验，可用性为 99.999%。支持数据加密传输、存储，全平台单点登录，统一策略管控中心。基于角色的数据管控体系，支持列级粒度权限控制。完善的访问审计及预警模型。

3. 性能卓越

高性能数据接入引擎，内部业务日接入 5 万亿条数据。性能全面超越社区方案，数据处理能力提升 30%左右。支持上千维度、千亿规模数据的秒级交互式多维分析。

4. 简单易用

支持一键式部署；支持数据接入、处理、存储、分析、机器学习的拖拽式全链路大数据开发，开箱即用的数据治理工具集，数据开发者只需专注于业务开发。

四、应用效果

（一）应用案例一：警务系统

某市在 TBDS 大数据平台上整合分析历史案件信息、涉案人员资金流向、涉案人员物流信息、涉案人员空间轨迹信息等警务数据，实现了警务处理突发现场的警务资源高效调度。

与合作伙伴明略数据基于 TBDS 所构建的关系网络情报分析领域应用，可以实现对嫌疑人进行极速的关系分析，大幅提升了警务分析的能力（见图 3–14）。

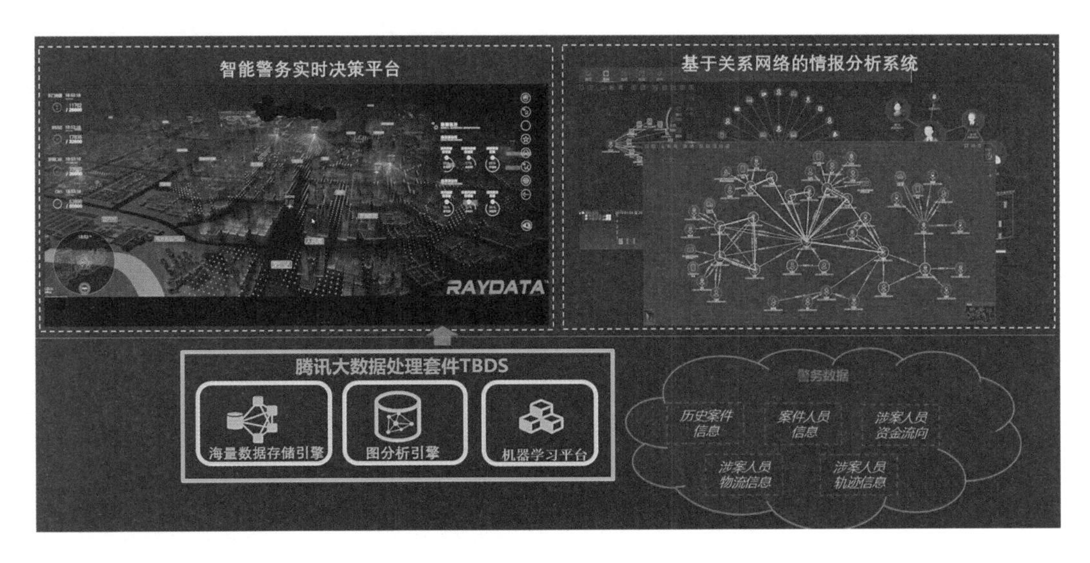

图 3–14　警务系统解决方案

（二）应用案例二：银行系统

某银行基于 TBDS 构建全行数据仓库，行内领导、数据分析师、产品经理等多角色可借助于 TBDS 产品快速洞见数据价值。同时，该银行还借助于 TBDS 整合内部数据源及腾讯云网络安全数据服务，以构建全球金融风控指挥中心，可以实现对高风险异常交易实现毫秒级实时阻断，大幅提升了金融风控水平（见图 3–15 ）。

（三）应用案例三：工业系统

某重工企业是工程设备制造商，将超过 30 万台工程设备每个时刻的温度、湿度、用量数据传输存储到 TBDS，一方面通过实时多维分析引擎对 1000+ 传感器实

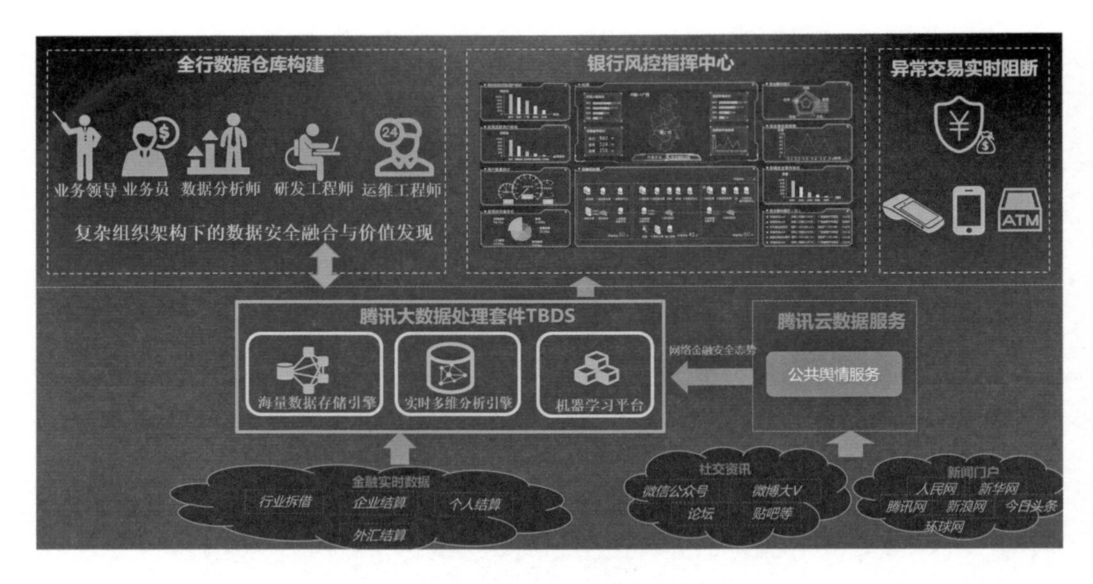

图 3–15　金融业务系统解决方案

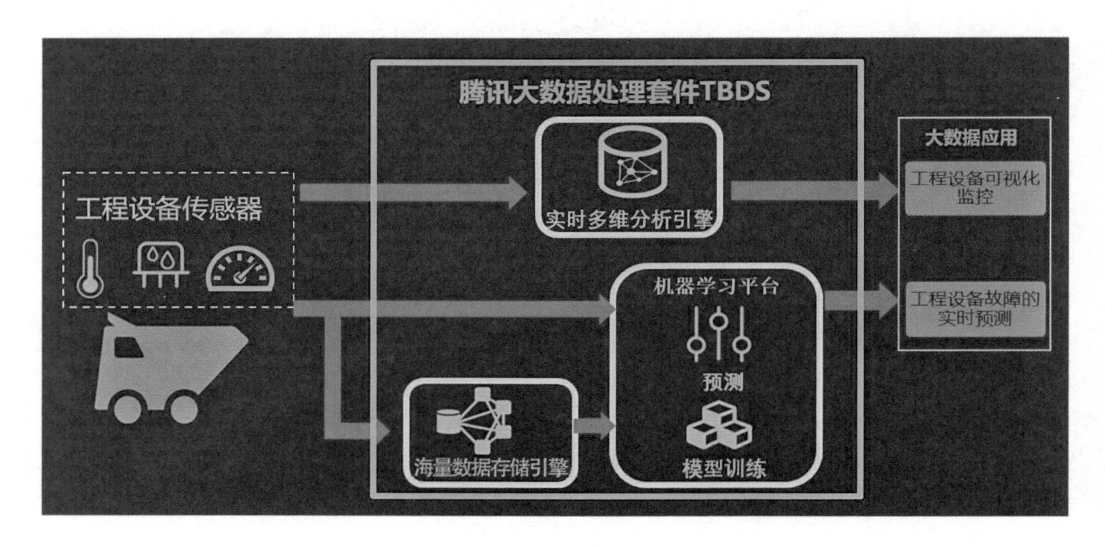

图 3–16　工业系统解决方案

时分析；另一方面通过可视化机器学习平台，对所有设备的数据进行建模分析，可以发现故障设备的特征，提前对故障设备进行预测，实现了 87.6%的故障预测率，通过提前更换或维修设备减小了设备故障对生产的影响，大幅提升了工程设备产品的服务质量（见图 3–16）。

企业简介

深圳市腾讯计算机系统有限公司，1998 年 11 月诞生于中国深圳，是一家以互联网为基础的科技与文化公司，秉承“一切以用户价值为依归”的经营理念，为亿万网民提供优质的互联网综合服务。公司成为各行各业的数字化助手，助力“数字中国”建设，在政务、工业、医疗、零售、教育等各个领域，为传统行业的数字化转型升级提供“数字接口”和“数字工具箱”，并与合作伙伴共建数字生态共同体，推进云计算、大数据、人工智能等前沿科技与各行各业的融合发展及创新共赢。

专家点评

腾讯大数据处理套件 TBDS 是腾讯基于多年海量数据处理经验研发的大数据处理平台。全链路数据开发、强大的数据分析与探索挖掘引擎、开箱即用的数据治理工具以及一站式运维平台的强大功能，可助力用户获取到强大的大数据开发能力，为用户提供全面的数据分析与数据挖掘能力，助力大数据的价值发现。多年的深耕细作，我们有理由相信腾讯会一直践行“一切以用户价值为依归”的经营理念，为各个领域的用户带来更好的体验，创造更多的价值。

黄罡（北京大学软件研究所副所长）

大数据

04

八爪鱼数据采集器
——深圳视界信息技术有限公司

八爪鱼数据采集器整合网页数据采集、移动互联网数据及 API 接口（包括数据清洗、数据优化、数据存储、数据备份）等服务，满足舆情监控、电商分析、高校教育、税务行业、风险预测等多种业务场景。针对不同的用户需求，八爪鱼提供内置百种主流网站的简易采集模式以及可配置爬虫的自定义模式，同时配备代理 IP 资源池以及验证码打码接口，提供私有化部署与公有云 SaaS 等多种服务模式，满足多种大数据应用场景。八爪鱼数据采集器目前已被应用于华为、平安、河南税务、陕西大数据中心等多家政企事业单位，为企业提供全面的大数据底层模块建设。

一、应用需求

随着物联网、社交网络、云计算等技术不断融入社会生活，现有的计算能力、存储空间、网络带宽的高速发展，互联网搜索引擎支持的数十亿次 Web 搜索每天处理数万 TB 字节数据。全世界通信网的主干网上一天就有万 TB 字节数据在传输。人类积累的数据在互联网、通信、金融、商业、医疗等诸多领域不断地增长和累积，企业意识到需要有效地解决海量数据的利用问题。面向大数据的数据挖掘有两个最重要的任务：一是实时性，如此海量的数据规模需要实时分析并迅速反馈结果。二是准确性，需要我们从海量的数据中精准提取出隐含在其中的用户需要的有价值信息，再将挖掘所得到的信息转化成有组织的知识以模型等方式表示出来，从而将分析模型应用到现实生活中，提高生产效率、优化营销方案。

八爪鱼数据采集器通过自定义工作流，模拟自然人的上网行为，将用户的操作步骤，通过机器学习的方法生成工作流，工作流引导机器全面解放人力，实现自动化采集工作。其首创的分布式云采集，利用分布式集群自动扩容机制，实现云集群的自动化负载均衡管理，动态扩容，弹性伸缩。八爪鱼数据采集器的服务器分布在中国、日本、欧美等多个国家，全球超过 120 万用户，采集功能覆盖全网超过 98%的网页，结合不同的业务应用场景提供底层数据模块。

随着市场数据量迅速增长以及数据业务需求的复杂多样，充分运用成熟高效的数据采集技术，大力推进采集智能化和精准化，全面提升企业大数据化水平的需求越来越迫切。同时，当前所面临的诸如海量数据应用、“数据孤岛”、数据资产缺乏管理等问题，为八爪鱼数据采集器的广泛应用提供了充分的市场条件。

二、平台架构

（一）八爪鱼互联网大数据收集解决方案功能架构

八爪鱼互联网大数据收集解决方案主要包括三大功能模块（见图 3-17）。

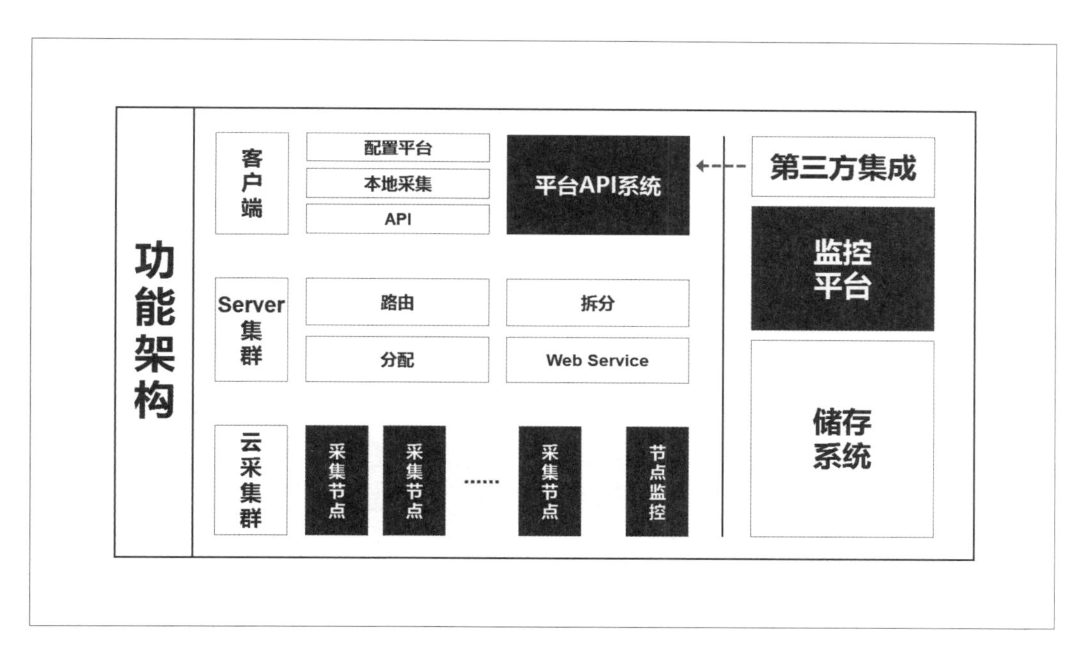

图 3-17　功能架构图

1. 简易操作的可视化操作平台

八爪鱼核心目标是让用户简单快速地从互联网上获取想要的数据，无须了解网页 Html、计算机网络等专业知识，只需要通过简单的点击即可实现采集配置，实现所见即所得的收集效果。配置完成后即可在用户本机上利用自己的计算资源执行数据收集工作，也可使用八爪鱼云采集平台，在云平台上执行收集任务，实现7×24时的不间隔收集。

2. 基于 MapReduce 的分布式调度系统

云采集的架构实现是基于这套系统，实现采集任务的分布式运行，在这套系统下，每个采集任务会被拆分成若干个小任务，这些小任务会分配到多个不同的收集节点上运行，收集节点会把数据汇集到一起，可实现在短时间内收集大量数据。

3. 跨平台通用数据接口

数据收集回来后，大多数应用场景是需要把数据导入具体的业务系统中，八爪鱼提供一套完善的数据 API 接口，支持任何平台、任何计算机编程语言，实现系统间无缝对接集成。

（二）八爪鱼互联网大数据收集解决方案技术架构

八爪鱼数据收集平台采用基于浏览器的可视化收集方案，采取高度定制的适合数据采集的开源火狐浏览器内核。云采集采用基于 MapReduce 分布式架构，数据存储方面采集的是关系型数据与非关系型数据 NoSQL 结合搭建的分布式存储系统。其技术架构如 3–18 所示。

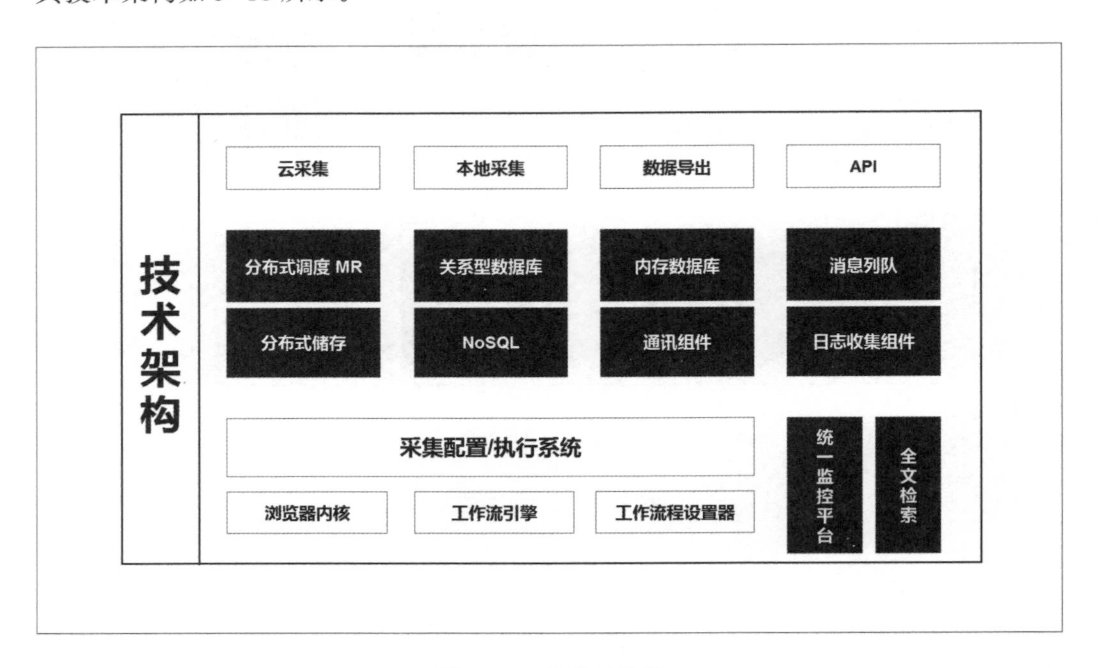

图 3–18　技术架构图

三、关键技术

（一）高性能内核浏览器

适用于数据收集浏览器，可定制网页交互效果，可编程控制网页操作。

（二）灵活的工作流配置器

通过工作流配置器可实现网页操作动作的随意组合，生成多样化的采集流程，以满足各种收集需求。

（三）精准的网页识别分析算法

基于此算法，可以准确智能识别用户需要收集的数据，实现操作简单、识别精准的目的。

（四）强大的分布式调度系统

支持集群自动伸缩和任务的快速调度，可根据集群负责动态对集群进行扩容/缩容，原则上支持无限横向扩容。

（五）强大的分布式存储系统

平台需要做大量数据的收集，必须有一套强大数据存储系统相配套，实现海量数据快速写入和读取。

四、应用效果

（一）应用案例一：地产行业应用

八爪鱼数据采集器利用自身强大的数据采集覆盖能力与数据清洗挖掘能力，搭建房地产集团战略模型，通过数据采集、数据清洗、数据关联，建立全面的地产战略数据支撑系统，从数据层面为地产公司的发展决策提供咨询性建议（见图 3-19）。

（二）应用案例二：移动应用推广

八爪鱼数据采集器通过数据采集与应用构建的移动广告投放监测解决方案，通

地产行业应用：战略大数据

子公司1
地块1
楼盘1
房屋1
房企集团
子公司2
地块2
楼盘2
房屋2
房企战略模型
楼盘地块关联模型：通过关键字段，建立地块—楼盘关联
房企关联模型：建立房企关系数据库，包括房企投资关系以及合作关系
数据清洗
数据建模
数据关联
数据处理能力
资源汇聚、内容补充、数据整合
地产垂直门户数据
房管局数据
土地招拍挂数据
企业工商数据
行业数据覆盖

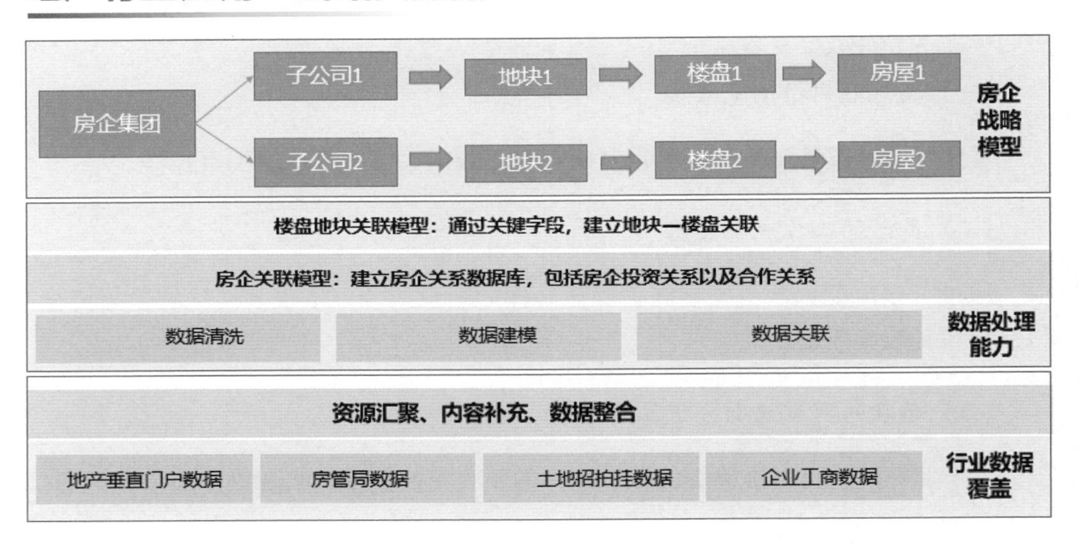

图 3-19　地产行业应用——战略大数据图

过对主流应用市场的应用位置数据多维度采集与深度的数据挖掘，实现对各个应用市场系统排名算法的逆向推导。

结合算法模型与具体的业务场景，定制化输出统计性报表与策略性报告，保住广告投放运营部门实现精细化运营，提高 ROI ，在保持稳定投放获客的前提下，持续降低广告投放边际成本（见图 3-20）。

移动应用推广：ASO策略优化

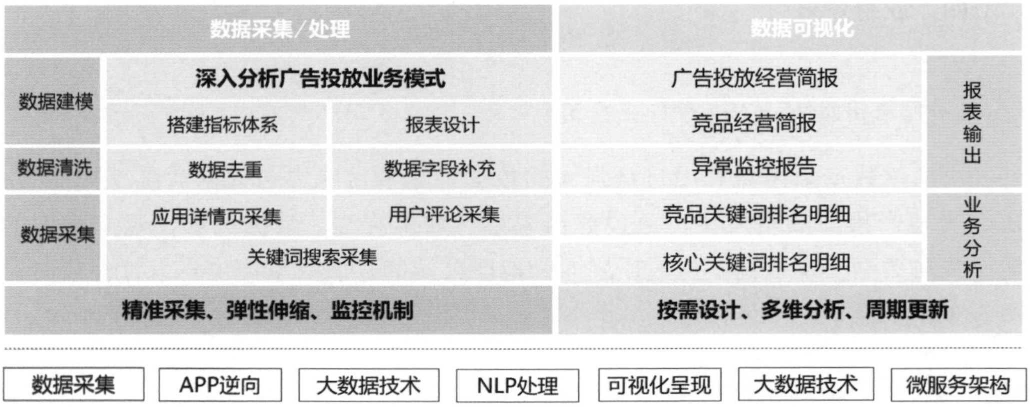

数据采集/处理
数据可视化
数据建模
深入分析广告投放业务模式
搭建指标体系
报表设计
数据清洗
数据去重
数据字段补充
数据采集
应用详情页采集
用户评论采集
关键词搜索采集
广告投放经营简报
竞品经营简报
异常监控报告
报表输出
竞品关键词排名明细
核心关键词排名明细
业务分析
精准采集、弹性伸缩、监控机制
按需设计、多维分析、周期更新
数据采集
APP逆向
大数据技术
NLP处理
可视化呈现
大数据技术
微服务架构

图 3-20　移动应用推广——ASO 策略优化图

企业简介

深圳视界信息技术有限公司（以下简称“视界信息”）2012年成立于深圳，是一家以技术为驱动、市场为导向的国家高新技术企业，专注于大数据及人工智能技术的技术研发和应用落地，核心产品八爪鱼数据采集器连续多年在大数据采集行业排名前列。视界信息基于云计算、大数据和人工智能技术，为全球范围内的企业、政府、机构提供数据源获取能力、数据分析能力和行业场景化解决方案，赋能用户，帮助用户降低成本、提升效率、增强业务及竞争能力。

专家点评

八爪鱼数据采集器是一款全网通用的互联网数据采集器，通过先进的分布式云架构和人工智能自动识别算法技术，能够快速帮助用户将互联网海量的非结构化数据快速采集、清洗，精准输出为可用的二维表结构数据，高效对接客户业务系统，帮助客户在企业智能风控、客户体验管理、境内境外舆情、公安经济侦查、价格监控等多个业务场景进行深度应用。

黄罡（北京大学软件研究所副所长）

大数据

05

普天软件定义存储系统软件

——南京普天通信股份有限公司

普天软件定义存储系统软件（以下简称“PtBUS”）是一款由普天研发、推出的高速、海量、分布式、软件定义存储系统，是大数据平台中重要的关键基础产品，产品拥有海量易扩展、安全稳定、高性能的特点。

产品采用了分布式横向扩展技术，可以在用户业务不停机的情况下海量扩展存储空间，用户在购买产品时无须为未来存储需求预留空间；系统没有独立的存储控制器，解决了系统的关键故障点和性能瓶颈问题；分布式存储技术是未来存储技术的一个重要发展方向，但吞吐性能一直是一个难点，PtBUS 通过特定技术使得产品可以提供与传统高端存储产品相同或更高的吞吐性能，且在运营商、公安、高校、研究所等用户的多次性能测试和使用中得到了证明和肯定。

一、应用需求

在信息化趋势下，随着电子政务、物联网、三网合一、云计算、安防监控、数字化医院、数字校园、自动化办公等在国民经济各领域应用的日益广泛，数据量呈爆炸式增长，同时数据集中、数据挖掘、商业智能、协同作业等技术的逐步成熟又使得数据价值呈指数上升，数据量大而价值高，这就使得负责保存数据的数据存储系统的需求持续快速地增长起来，因此存储行业成为信息产业中最具持续成长性的领域之一，而分布式软件定义存储系统由于使用方便、扩容简单，被越来越多的客户所认可和使用，据高德纳咨询（Gartner）预测，软件定义存储系统在 2021 年的企业采纳率将达到 35%，到 2026 年这一数字将增长至 75%。在国内，运营商已经要求从 2017 年起内部使用的 400TB 以上的存储系统必须使用分布式存储系统。

PtBUS 正是一款由数据通信行业的国家队——普天自主研发的高性能分布式软件定义存储系统，它特别适合具有集中存储数据量大、扩容速度快、并发用户多、有混合存储需求或者需要虚拟化底层、计算存储一体化的超融合架构的场景使用，包括各行业用户的云平台、虚拟服务虚拟桌面应用、海量文件存储（1000 万—10 亿）、海量视频文件存储（如城市监控、IPTV）等。

二、平台架构

PtBUS 系统架构如图 3-21 所示。

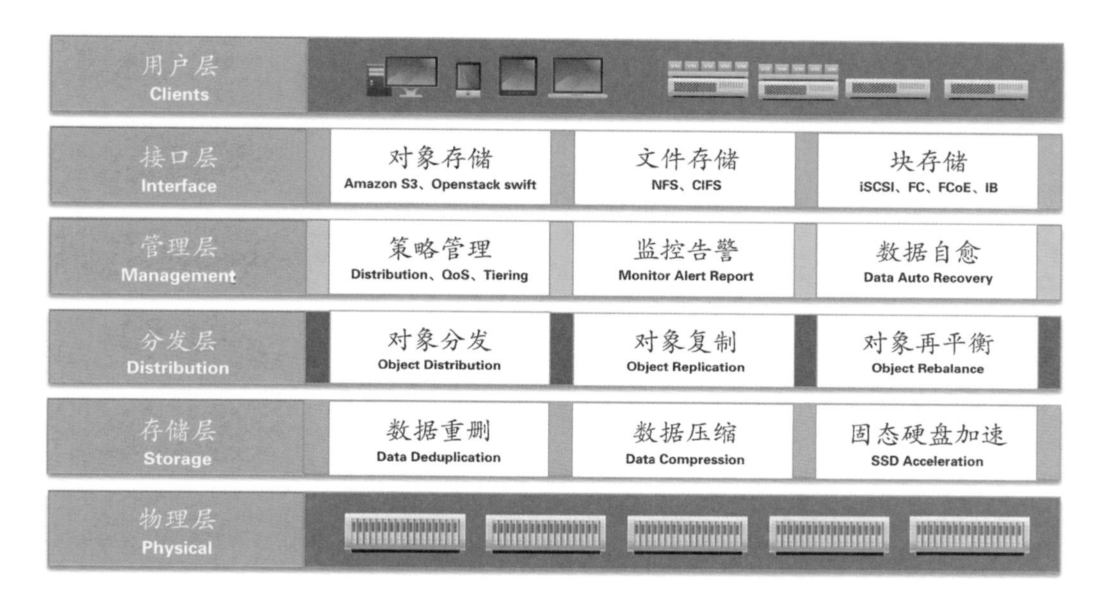

图 3-21 PtBUS 系统架构图

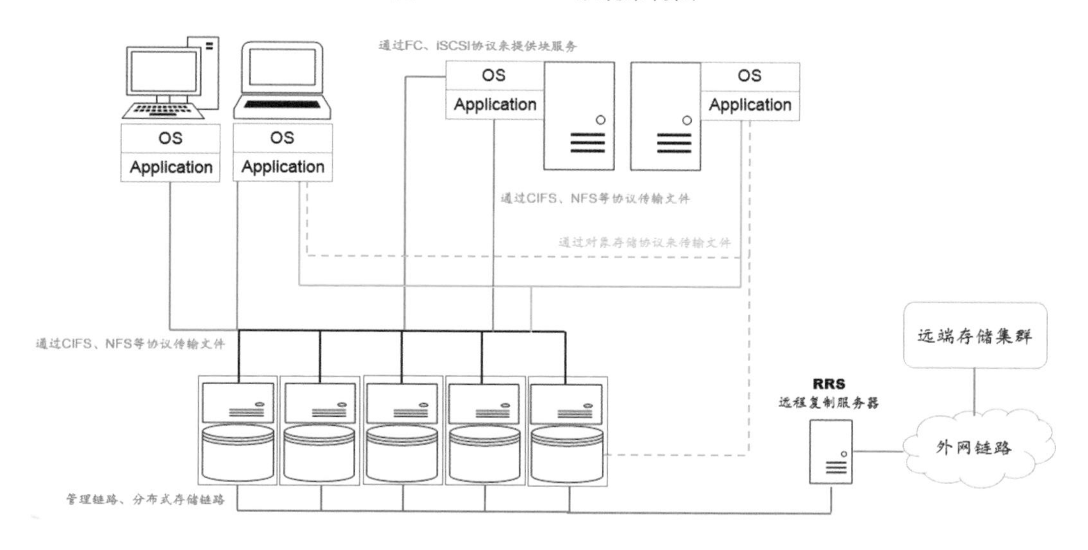

图 3-22 PtBUS 系统网络架构图

其中物理层为底层硬件系统，在通过存储层、分发层、管理层和接口层后，PtBUS 可以为用户提供一整套多接口、高性能的统一存储系统（见图 3–22）。

三、关键技术

普天软件定义存储系统的关键技术包括：

无中心节点集群设计、无接缝扩充——可以轻松扩充到数百 PB，无须再做存储空间预估；

可扩充及互备的元数据架构——无性能瓶颈、无安全隐患；

工作负载 QoS 管理——轻松保障整个系统性能；

按需多极缓存架构——提升吞吐能力、加速数据存储性能；

动态在线重复数据删除、数据压缩及资源随需分配——存储空间最优化；

按需数据复制——确保数据安全；

自我修复——无下线时间，高服务等级；

安装即可用——容易实施管理及扩充存储系统；

横向扩充架构——无限的扩充，无扩充的瓶颈；

异地灾备，批次归档——服务无下线时间，高服务等级支持；

无感超配，存储分层——有效利用存储空间、降低存储成本；

完整的存储协议支持——提供 AmazonS3，OpenStackswift，Webdav，CIFS，NFS，iSCSI，FC 等标准存储协议，让使用者现有应用能完整且无接缝的迁移。

四、应用效果

（一）应用案例一：运营商分布式存储系统

某运营商分布式存储系统的使用场景主要是：虚拟化计算平台、渠道集中运营支撑 / 智能 CRM、经分历史数据库，以及其他需要存储服务的应用系统。这些应用场景对存储系统的性能、可用性、扩展性都提出了很高的要求。在系统的实际部署中，业务面和管理面采用万兆网络，存储面采用 40Gbps InfiniBand 网络。管理端口通过千兆交换机互联，该系统目前已正式上线且运行稳定，达到了用户预期目标（见图 3–23）。

某运营商采用普天 PtBUS 分布式存储解决方案不仅满足了当前应用系统的使用需求，也树立了运营商领域的行业标杆，为运营商应用系统建设提供了更优质解决方案的可行性。

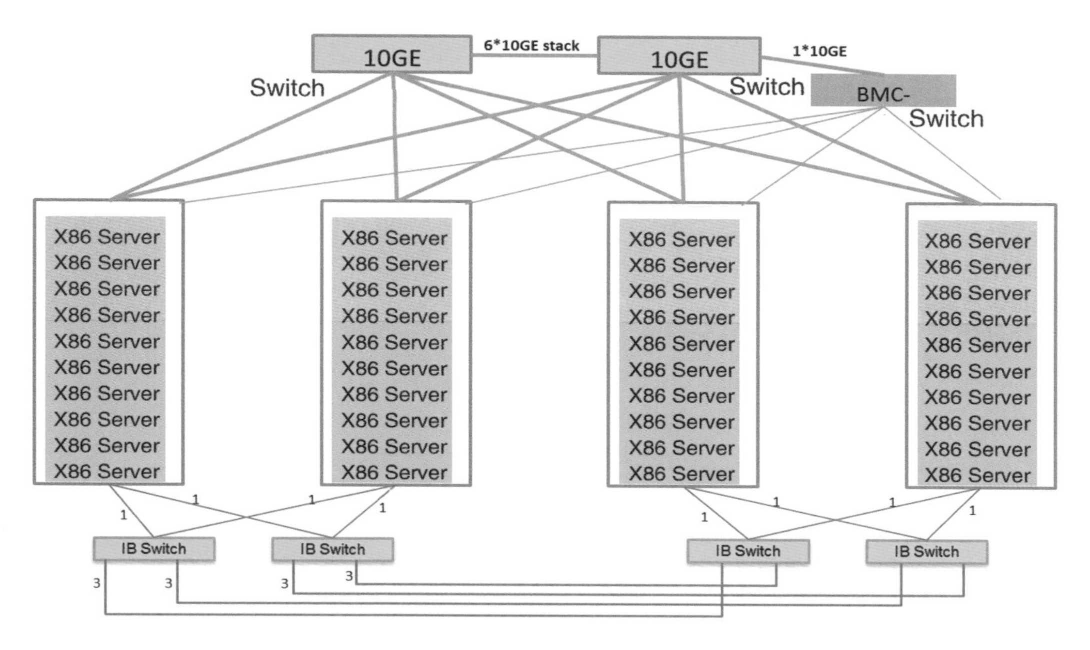

图 3-23 某运营商存储系统网络架构图

（二）应用案例二："数字博物馆"

某大型博物馆的"数字博物馆项目"中最为重要的基础平台就是一套高性能的庞大的存储系统，所有的文物都将以数字化的方式存放在这套存储系统中供科学家研究分析和广大的观众欣赏（见图 3-24）。

某博物馆先前采用的是传统的集中式 NAS 存储设备，在实际使用中存在设备单点故障、扩展性差、性能瓶颈等一系列问题，已经无法满足数字化博物馆对存储系统的高标准要求。

本项目是某博物院核心存储设备的更新和扩容项目，用户计划采购最新的分布式存储系统以替代原先进口的集中式 NAS 存储设备，同时要求新购的存储系统先进稳定、性能卓越，可以承载某博物馆数百 TB 的文物资料和海量观众的访问浏览，另外从未来的需求考虑要求整个系统支持超过 50PB 以上海量空间和相对应的高性能。

南京普天 PtBUS 分布式软件定义存储系统采用去中心化的分布式设计理念，单一存储集群最大支持 120PB 统一命名空间，集群性能随节点的增加而线性增长，该项目采用 3 台 PtBUS X3064 存储节点组建集群，前端业务网利用 10Gb 以太网光纤接口接入至用户现有的万兆网络环境，存储网采用 2 台 40Gbps Infiniband 交换机组网，提供"数字博物馆"中的海量图片、文件等非结构化数据存储时的高性能，

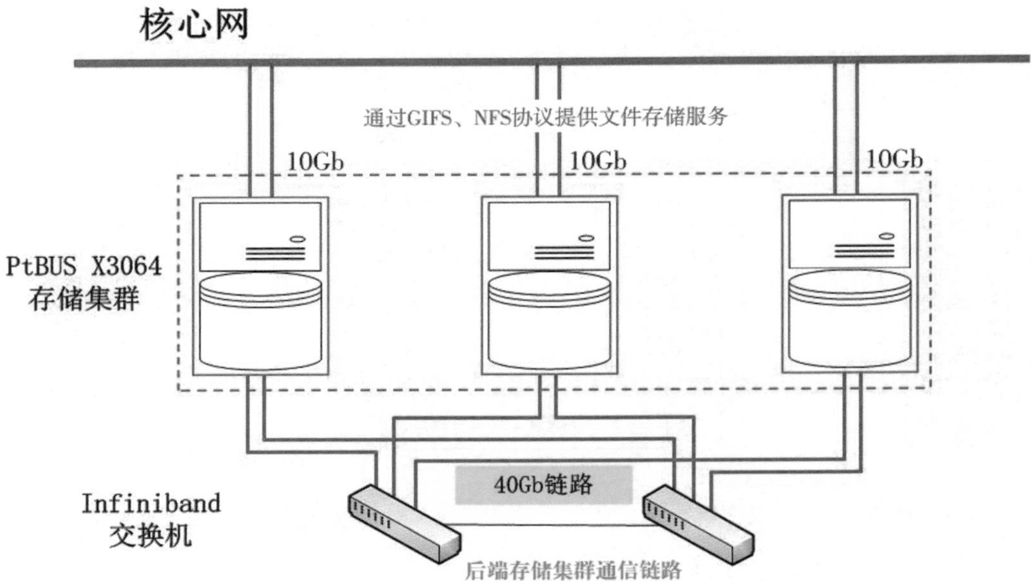

图 3–24　某博物院存储系统网络架构图

数据采取双副本部署机制，同一份数据在 3 台 PtBUS X3064 存储节点中同时存储两份，任意一个节点宕机数据都不会丢失，也不会对业务访问造成影响，保障了业务连续性。

该项目是南京普天拥有自主知识产权的分布式软件定义存储产品 PtBUS 首次参与并中标博物馆核心存储采购项目，是参与博物馆、档案馆一类的新行业的标志性项目。

从博物馆用户角度看，一方面完成了替换原先集中式 NAS 存储的既定目标，另一方面也完成了存储系统的扩容，为“数字博物馆”项目的正常运作提供了稳定可靠、性能卓越的底层存储平台。

（三）应用案例三：大学生物信息学存储应用

高通量测序技术（High-Throughput Sequencing）是国际尖端的 DNA 分析技术，以能一次并行对几十万到几百万条 DNA 分子进行序列测定和一般读长较短等为标志，但随着新一代高通量测序技术的发展，每天会产生 TB 甚至更多的序列数据，这对现有的计算机系统和存储系统都有极大的挑战。传统的集中式存储设备很难满足该系统对于存储容量的频繁扩容、高并发读写性能等要求。

南京普天为某大学生物信息学系的高通量数据分析集群和海量基因组数据存储

平台提供产品和服务，解决了用户现有系统容量低、可扩展性差、速度慢等多个瓶颈问题（见图 3–25）。

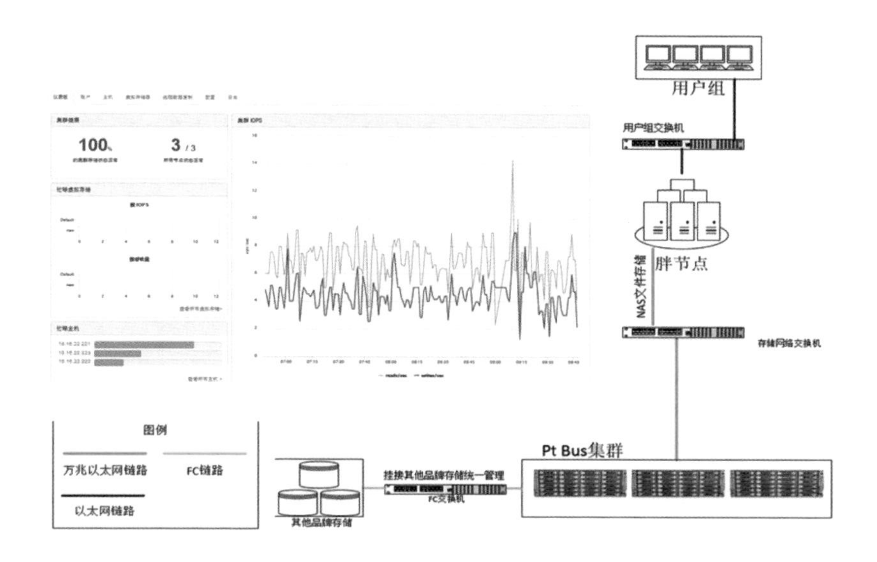

图 3–25　某大学存储系统网络架构图

在方案设计中，普天技术人员和研发人员基于用户的使用环境进行多项系统调优并帮助用户调整现有系统的计算和组网方式，在最终的部署实施中，PtBUS 分布式软件定义存储系统可以将用户原有系统的存储容量提升 3 倍，在性能上将原有系统的读写性能提升了 6 倍，大大增加了整个系统的计算能力和速度，极大提升了用户体验；同时又因为采用了去中心化设计的存储架构，在存储集群内不包含独立的管理节点或独立的元数据节点，减少了用户始终担心的系统瓶颈和故障点的问题，最终获得了用户的好评和对产品、技术及服务的认可。

该项目当前部署的存储裸容量接近 1PB，每天都在承载着大量的读写操作，运行稳定，且后期容量还会进行频繁扩容。

某大学在实际使用普天 PtBUS 存储产品的过程中，也充分利用到普天 PtBUS 存储带来的高性能，保证了其处理研究测试数据时的快速、高效性，为其学术研究提供了存储层面的资源支撑。

（四）应用案例四：平安城市建设

近年来公安部《“十三五”平安中国建设规划》、公安部《关于推进公安信息化发展若干问题的意见》以及各地公安厅 / 局发布的相关文件等均明确提出加快推进公共安全视频监控建设联网应用、建设公安大数据基础服务平台、实施视频图像信息综合应用工程等建设要求，这些监控系统建成后将以市或区县为单位，实现各区域视频监控录像的集中存储，卡口、人脸等图片的集中存储。这些视频录像和海量图片数据首先要留存备案（通常视频录像要求存储1—3个月，关键视频永久保存，卡口和人脸图片存储半年或一年），其次需要为公安大数据分析平台提供数据源，构建并利用公安大数据分析系统，结合视频、车辆卡口以及人脸识别比对的数据源，实时分析视频、图片流，解决实时视频、图片流中各种事件的及时提取，实现不同地区、不同部门、不同警种的资源共享与业务协同，最大限度地提升信息应用效能，最终推动侦查办案从被动侦查向主动进攻转变，同时利用这些数据加强网上政务服务平台建设，推动社会治理从传统管理向智能服务转变。

这些需求已经不是传统意义上的视频监控系统可以满足的，而是一套庞大的大数据应用平台系统，而一套性能高、扩容方便、使用简单的存储系统是这套大数据应用平台的关键基础系统。

某市公安平安城市存储项目的当前需求是需要约4.2PB裸存储容量，每日约有4500万张400K的图片存入，存入图片经过分析处理，另生成数百万张几十K小图片，同时每日还有数百个16M和4M码流的视频监控数据存入。

南京普天为该市平安城市平台提供了一套可以兼容纳管不同品牌和不同架构存储系统的分布式软件定义存储平台，解决了用户现有系统容量低、可扩展性差、速度慢、存储产品品牌型号多而杂无法统一管理等多个瓶颈问题。同时又因为采用了去中心化设计的存储架构，在存储集群内不包含独立的管理节点或独立的元数据节点，减少了用户始终担心的系统瓶颈和故障点的问题，最终获得了用户的好评和对产品、技术及服务的认可。

随着人脸识别、表情分析、行为分析等技术的不断发展，高清监控系统的规模越来越大，需求越来越多，应用越来越广，其需要存储的视频、图片的数据量也就越来越庞大起来，普天分布式软件定义存储系统不但扩容方便、使用简单而且性能高且能接入不同品牌和型号的存储产品，给用户当前使用和未来扩展带来了极大便利，受到用户的青睐。

企业简介

南京普天通信股份有限公司是中国普天信息产业集团公司属下的大型通信服务、研发与生产骨干企业，国家级火炬高新技术企业。公司现有产品涉及光纤通信、网络通信、云计算及大数据、多媒体通信、智能建筑、工业电气、信息技术集成和机电产品加工服务等领域，并可提供相应的售后服务、通信信息网络工程和计算机信息系统工程的设计、系统集成及相关咨询服务，产品已覆盖全国所有的省区市，并出口俄罗斯、韩国、泰国等十多个国家和地区。

专家点评

南京普天通信股份有限公司自主研发的普天软件定义存储系统是一种采用分布式架构设计、符合成本效益的高性能存储平台。它的特点在于将传统的分布式存储系统扩展成高性能的、同时又可以支持多样化需求的存储解决方案，它的研发不但顺应了大数据时代对存储系统使用方便、扩容简单、性能优异的要求，同时也符合安全可信、高效可用的信息化安全战略要求。

黄罡（北京大学软件研究所副所长）

大数据
06

海信城市云脑
——青岛海信网络科技股份有限公司

海信城市云脑是城市大数据建设的基础支撑平台，包括大数据和算法仓两部分。其中大数据实现对多源异构数据的接入、管理和共享，通过广泛汇聚数据，构建城市资源池，实现城市数据资产的科学管控和安全共享。算法仓实现算法的管理、调度、运行监控等功能，包括用于统计、分析、预测等各类基础算法，以及基于基础算法快速实现城市治理、产业规划等应用模型算法，辅助政府科学决策。

基于城市云脑可快速构建行业大数据，支撑智慧应用的建设，目前该产品已被应用于青岛市政务大数据和云计算中心、青岛市交通云、青岛市北区运行体征平台、成都交通大数据等多个项目，为客户提供从数据采集、管理到应用等大数据场景的全面支持。

一、应用需求

（一）经济社会背景

政府大力推动城市大数据资源整合开放、城市治理科学决策等工作建设，为城市云脑产品研发和市场推广带来契机。2017 年 5 月，国务院印发《政务信息系统整合共享实施方案》，要求各级政府有效推进政务信息资源整合和共享开放，城市大数据建设已成为智慧城市建设重点。

（二）产品解决的行业痛点

城市云脑需要结合大数据管理机构工作职能，挖掘大数据资产管理与共享开放两方面需求，解决城市大数据聚不起、管不清、共享不畅的行业难题，打造具有竞争力的城市大数据管理平台。各级政府都有利用大数据辅助决策、优化政府服务的需求，城市云脑需要面向政府、企业、个人三类用户，开展跨部门、综合性应用研发，并做好数据开放。同时围绕政府各部门多元化需求不断扩展，开拓新市场空间。

（三）市场应用前景

未来 5 年，大数据市场依旧保持稳定增长，一方面是政策的支持，另一方面人工智能、5G、区块链、边缘计算的发展，随之带来的是数据增长呈井喷态势。随着海量异构数据的大量生成，将促进对数据治理、数据集市和数据服务的发展，数据管理和集成平台的市场规模也将进一步扩大。根据 IDC 市场追踪数据，截至 2018 年年底，中国大数据解决方案市场软硬服总额达到 388.8 亿元人民币。中国大数据市场预计未来 5 年将保持持续增长的趋势，年复合增长率将达到 17.3%。

二、平台架构

城市云脑主要包括城市大数据和算法仓，产品框架如图 3-26 所示。

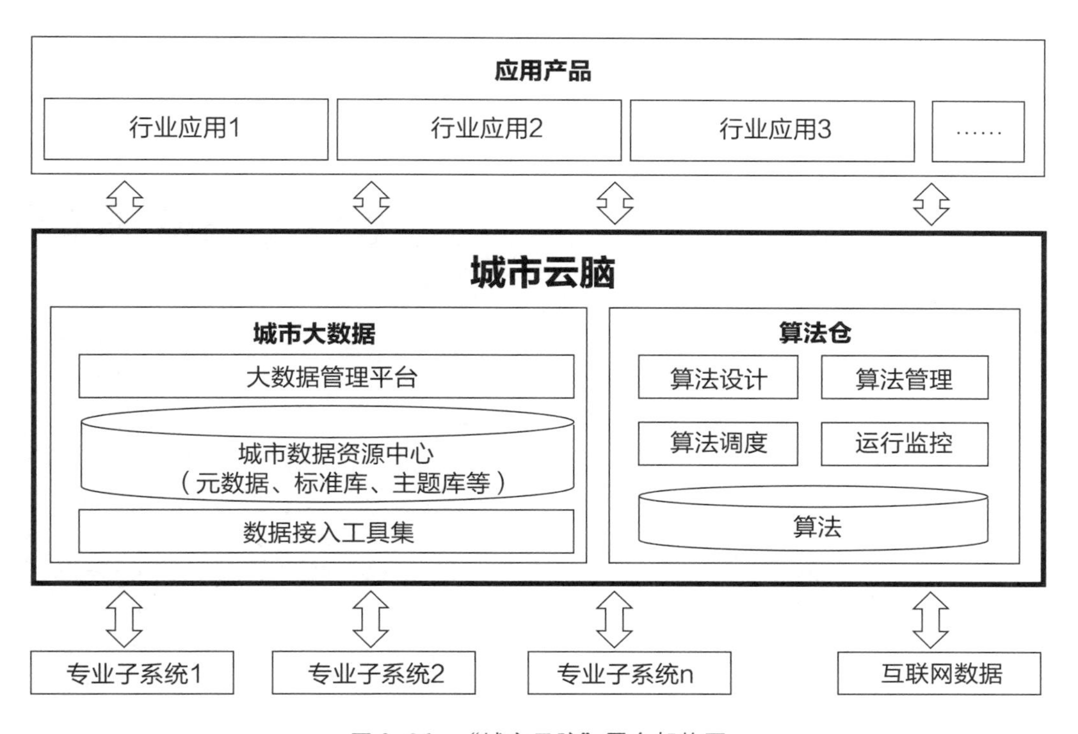

图 3-26 “城市云脑”平台架构图

（一）城市大数据

城市大数据包括数据接入工具集、数据中心和大数据管理平台三部分，通过数据接入工具集采集、汇聚的数据，经过数据加工清洗、质量提升后，存储在数据中心，大数据管理平台负责数据的统一管理。

1. 多元异构数据全套接入工具集

根据城市大数据的类型及数据来源，提供互联网爬取、委办局抽取、数据在线填报三种采集工具，以及文本规则、文档规则、样式规则、自定义脚本四种内容提取方式，主流协议全部覆盖，主流数据库全部支持，实现数据高效汇聚，有力支撑政务数据、民商数据等城市全量数据的获取。

2. 城市数据资源中心

提供数据仓库基础管理功能，包括数据仓库配置、分层、分主题、数据计算与调度等服务，提供快速导入仓库定义功能；提供创建数据集功能，选择原表、列，设置关联条件、筛选条件等，保存结果为数据集；提供主题表之间的关联关系管理，可以批量增加、删除表；提供元数据管理，查看和定义表、列、类型、注释等元数据信息。

3. 大数据全生命周期管理平台

大数据全生命周期管理平台主要包括数据质量管理、数据共享管理和数据资产管理，具体如图 3–27 所示。

（1）数据质量管理与质量提升。

图 3–27　可视化数据交换监控

提供数据源管理、数据质量规则管理、数据质量监控、数据质量分析与报告，实现数据高质量管理。数据源管理可对采集的数据源进行增删改、搜索、查看。数据质量规则管理提供完整的规则管理功能，帮助客户通过配置方式实现大部分规则。数据质量监控为用户提供数据质量调度任务的管理，包括检核任务配置、检核任务管理、检核任务监控、检核日志管理。数据质量分析报告提供数据汇总展示功能，包括数据列表、错误汇总列表、检核规则分析，提供数据质量分析报告，包括数据质量评估、问题数据分析报告、问题趋势分析报告等。

（2）城市级政用、民用一体化数据共享平台。

提供全市政用、民用一体化数据共享平台，提供数据脱敏开放和契约开放两种共享模式，建立数据共享评价机制，真正促进大数据共享共用。

数据使用单位通过调阅数据资源目录，快速定位所需数据，经数据提供单位和大数据局“双审批”获取数据。平台提供溯源追踪、场景审计、敏感字段扫描三种安全管控手段，保障数据共享安全。

各部门单位将脱敏数据编制数据资源目录，上报主管部门审批发布。敏感数据采用双方签订保密协议，约定数据使用范围的“契约式”开放模式，使开发的应用在城市云脑框架下运转，数据不搬家且可用不可见。

提供数据质量、数量、种类、数据时效性、支撑部门系统数量五个方面的数据共享评价指标，督促政府委办局、企业等数据贡献部门单位提供高质量好数据。

（3）城市数据资源目录管理体系。

建立城市数据资源目录管理体系，提供数据脱敏、数据权限、安全审计、用户权限四类安全管控手段，提供数据存量、数据增量、存储空间、库表字段四个维度资产统计，科学评价数据贡献。数据资产化后，解决了目前普遍存在的需求分散重复、口径模糊等问题，实现成果和经验的共享与积累，方便实现应用和数据的生命周期的自动化管理。明确的数据资产信息，将有效支撑城市知识系统和资源管理的建设，为业务人员能更快捷、有序、便利地提供资产使用的方式和途径，支撑数据分析、开发、运维的自治。

（二）算法仓

算法仓包括算法设计、算法管理、算法调度和运行监控四个核心功能，能够支撑数据分析人员及其他使用者对数据进行一系列的操作，最终实现数据分析工作人员在线的大数据分析、协同工作。

1. 算法设计

算法设计平台提供可视化的数据建模能力。从数据导入到模型训练，从模型选

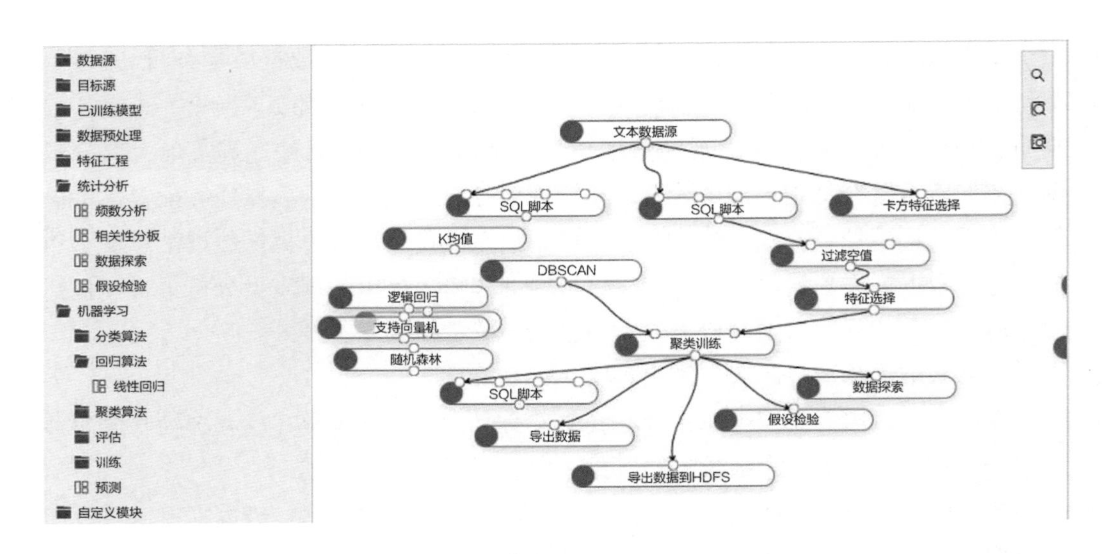

图 3–28　可视化的数据建模

择到模型管理所有过程都可以通过拖拽式操作完成，提高交互式体验的同时，有效降低了模型开发和应用部署的难度（见图 3–28）。

2. 算法管理

包括特征工程算法（包括特征转换、特征提取）、时间序列、频繁模式算法、机器学习算法（包括分类、聚类和回归）、深度学习算法等类别。计算完成的模型可以使用模型评估功能，对模型的效果进行评估。完成训练的模型可以通过部署，来进行实际应用。

3. 算法调度

系统具有强大的任务调度功能，包括任务之间的流程调度和基于日期的任务调度，提供一次性任务调度、周期性任务调度。

4. 运行监控

平台支持监控集群环境中各个任务的运行状态（等待、运行）、集群环境各个节点的硬件 CPU 内存资源和性能耗用情况以及集群各个节点的状态情况（存活、停机）。

三、关键技术

（一）数据采集方面

提供互联网爬取、委办局抽取、数据在线填报三种采集工具，主流协议 100%

覆盖，主流数据库100%支持，数据抽取API自动生成，实现“零”软件开发，抽取过程全程可视化、易监管。

（二）数据共享方面

数据共享方面，可自动生成数据共享API接口，开发成本减少80%，支撑实现城市大数据的高效低成本运行。提供溯源追踪、场景审计、敏感字段扫描三种技术保障数据安全，并且对高并发数据访问采取限流、熔断、负载均衡三种智能调度方案，不影响现有的生产环境的稳定性，从而解除各部门共享数据的后顾之忧。

（三）数据贡献评价方面

数据贡献评价方面，从数据共享种类、数量、质量、活跃度四个维度建立可量化的数据贡献度评价指标，形成问题发现、降效分析、责任落实和绩效评比的闭环化数据管理机制，促进城市大数据高效“汇聚”。

（四）产品性能指标方面

产品性能要求满足以下指标，数据接入能力：峰值每秒10000条数据，接入平均响应时间小于50毫秒；数据共享能力：峰值每秒5000条数据，共享平均响应时间小于50毫秒；数据共享交换最大并发请求数：每秒最大并发请求数不少于10000个。

四、应用效果

（一）应用案例一：青岛城市云脑

青岛城市云脑监管一张图，清晰显示出各类数据资源建设、数据共享、典型应用建设等情况，城市大数据建设与应用情况一目了然（见图3-29）。

（二）应用案例二：青岛航空产业发展模型

青岛航空产业发展是针对青岛拟开通巴黎和迪拜两条国际航线所做的大数据分析建议，是用大数据来做好规划的应用案例（见图3-30）。

该应用梳理了青岛市商务、旅游、发改、海关、边检等15个单位部门及海信、海尔、机场集团等7家企业，涉及进出口、旅游、国际教育、对外合作、航线运营等领域140余类数据，形成21类、173万条涉外数据信息，对航空产业发展及洲际客运、货运航线的开通进行了数据分析，预测了青岛市新开洲际航线带动GDP

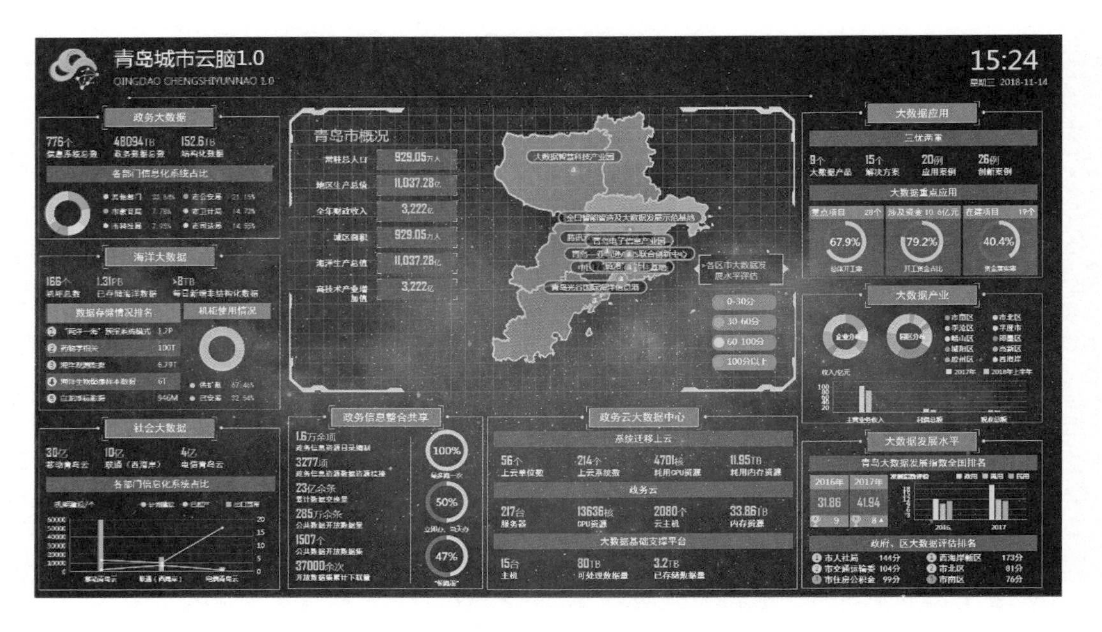

图 3–29　青岛城市云脑监管一张图

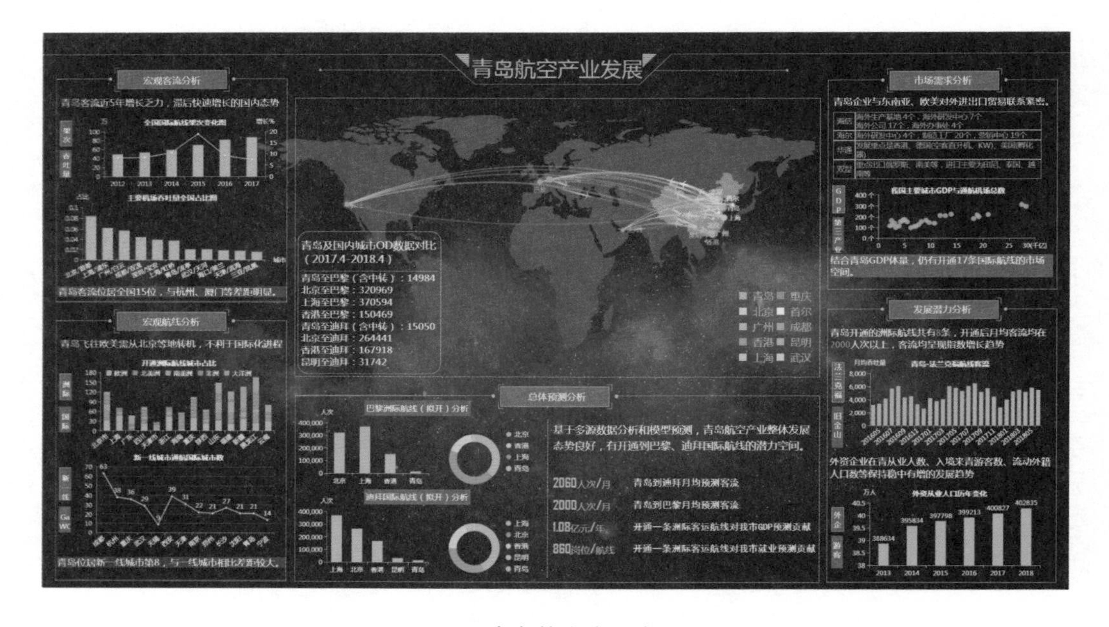

图 3–30　青岛航空产业发展云图

和就业岗位等关键指标，为青岛市开通巴黎、迪拜两条洲际航线提供了决策支撑。

（三）应用案例三：城市运行体征平台

体征平台从城市人口、经济、产业、社会资源、人居环境等显示城市整体运行状态，经济运行给出 GDP、工业增加值、消费等数据，社会保障给出了教育、医疗、低保、社保等相关数据（见图 3–31）。

（四）应用案例四：青岛市交通云

青岛市交通云，实现了交通大数据全面汇集、多源融合、智慧营运和协同创新，支撑政府决策更科学，行业治理更精细，企业运营更高效，公众出行更便捷，让城市交通更智慧（见图 3–32）。

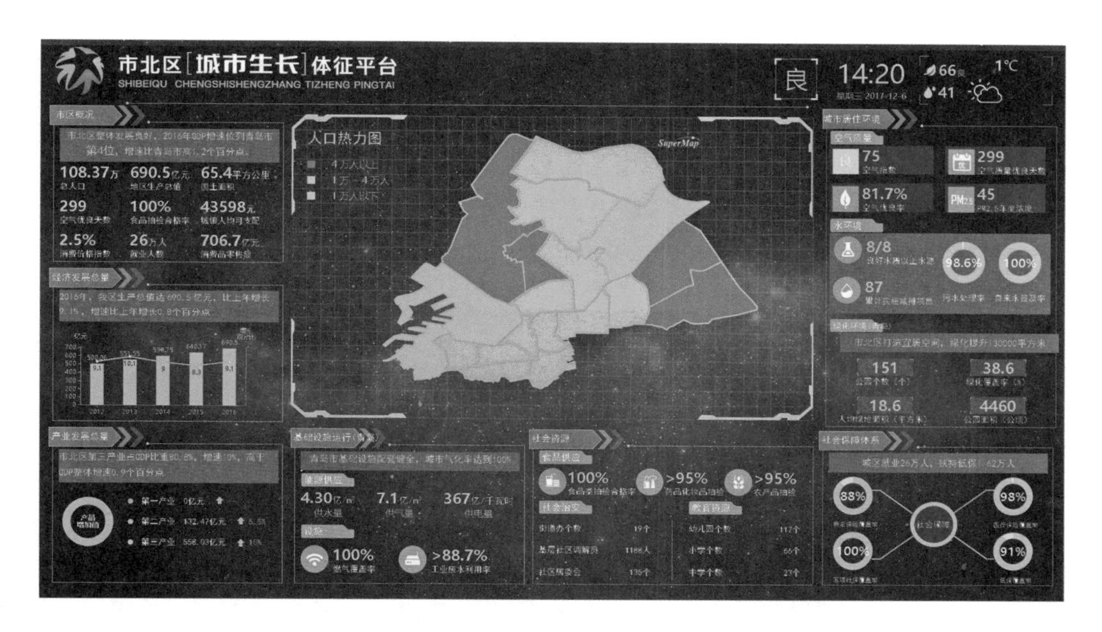

图 3–31 青岛市北区城市运行体征平台

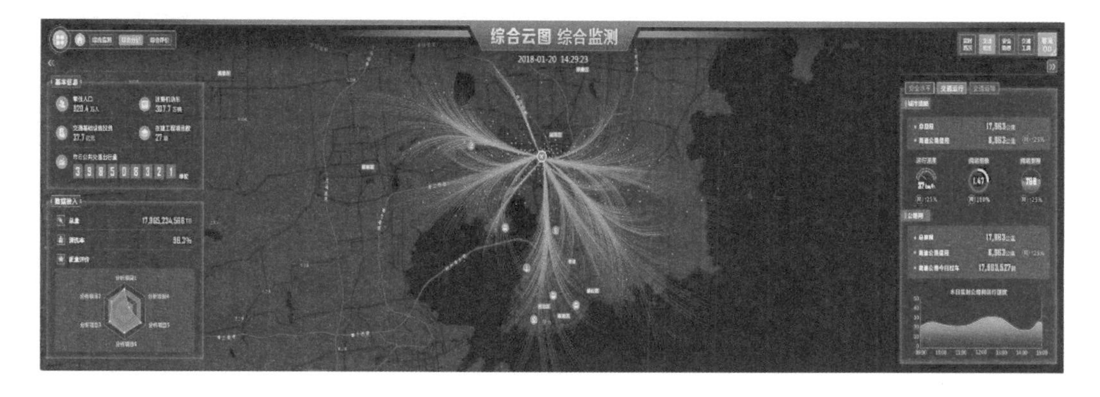

图 3–32 青岛市交通云综合监控

（五）应用案例五：贵阳人民大道智慧街区项目

贵阳人民大道智慧街区建设充分利用移动互联网、大数据和人工智能等技术，基于物联网广泛部署各类前端智能感知设备，通过构建街区智能化统一管控及大数据实时分析平台，系统可实时汇聚、处理各类前端传感器数据，科学整合各类市政设施感知状态并开展智能动态分析，从而实现对街区运行状态及健康度的动态评价，在此基础上，系统还可实现基于街区运行状态感知的市政基础设施的远程智能控制及联动，从而充分发挥大数据感知、大数据分析的潜能，提升市政设施的管理服务水平（见图 3-33、图 3-34）。

此外，本项目通过自主研发智能路标终端设备作为智慧城市建设成果展示窗口，分别部署于公交站、地铁站与街区附近，通过先进的人机交互体验为公众提供丰富的公共信息服务；深度融合本地人文特点和民俗特色，创新营造街区氛围，增强市民获得感，提升城市品位，以点带面有序促进智慧城市的发展。

图 3-33　贵阳人民大道智慧街区运行监控

企业简介

青岛海信网络科技股份有限公司是专业从事智慧城市、智能交通、公共安全等

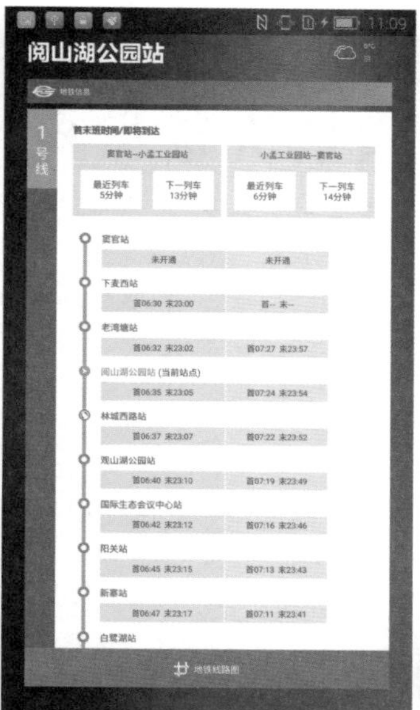

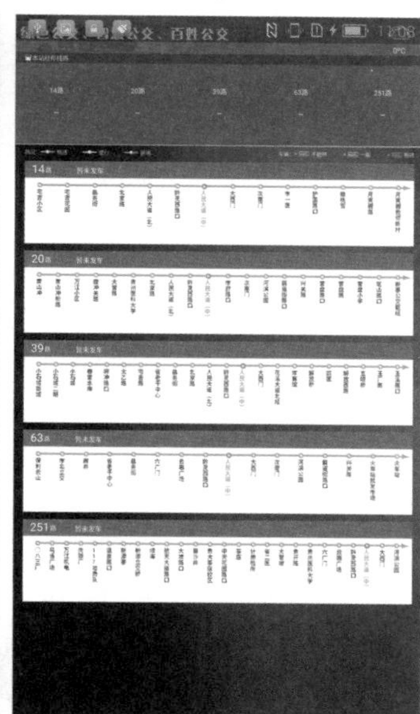

图 3-34 贵阳人民大道智能路标——智慧贵阳百事通

行业整体解决方案、核心技术和产品的研究、开发和服务的提供商。公司拥有专利软件著作 700 余项，主持和参与 21 项交通领域国家、行业标准的制定。承担国家 863 计划、国家高技术产业化项目、国家科技支撑计划等 30 余项，多次荣获国家技术发明奖二等奖及中国电子学会、山东省、青岛市技术发明和科技进步一等奖，承建的多个项目荣获国际交通领域大奖。

专家点评

海信城市云脑是支撑城市大数据建设与应用的基础平台。城市云脑涵盖了城市大数据采集、数据资产管理、数据治理、数据共享开放、数据分析应用的全部流程，具有城市数据资产管控科学、数据共享开放安全可控、数据分析智能便捷等特点。构建城市云脑，将有利于汇聚智慧城市中“数据”和“算法”两大核心信息资源，支撑各行业领域高效低成本的使用城市大数据，盘活城市大数据资源价值。

黄罡（北京大学软件研究所副所长）

大数据

07

宝信大数据应用开发平台软件xInsight

——上海宝信软件股份有限公司

宝信大数据应用开发平台软件xInsight，提供应用开发所需的各类大数据应用基础服务，始终围绕着数据全生命周期管理的四个环节，在数据接入、存储、处理和展示的每个层面不断丰富着产品的服务模块和功能特性，逐步形成了面向非结构化的图片/文档文件、结构化的分析型数据以及过程控制时序数据应用的全方位、端到端的综合解决方案。xInsight产品业已在轨道综合监控/在线监测分析、工业4.0智能制造、车联网及智慧交通等行业领域形成了若干示范应用，在水利水务、智慧能源云、盾构大数据等行业市场也有深入拓展，并联合科研院所、企事业单位共同编制并发布了工业大数据平台技术规范团体标准，为xInsight产品在大数据应用市场拓展奠定了坚实的基础。

一、应用需求

在智能制造和智慧城市等行业领域，随着数据体量的增长，迫切需要一个能处理海量数据的分布式存储和计算平台，实现可扩展和高可用性。工业4.0所提出的信息物理系统（Cyber-Physical System，CPS），就是需要采集并保存所有设备每时每刻所产生出来的数据。工业环境下各条产线和设备，所产生的数据体量是极为庞大的，采用基于传统关系数据库所搭建的数据存储和处理平台难以胜任这个要求。若要对工业复杂场景下的设备数据进行存储和处理，需要基于目前流行的大数据相关技术进行相应的研发。

xInsight产品立足于解决用户的以下问题：提供一个处理海量数据的分布式存储和计算平台，能够随着数据体量的增长，实现可扩展和高可用性；提供一个云端的应用开发平台作为基础用以建设行业领域的SaaS服务，使服务提供商面向中小客户时不再以项目方式在现场搭建服务器、安装软件、进行应用服务开发及系统运维，避免项目方式侵蚀利润；提供一整套开发工具，将 IT 技术从业务系统中剥离，使工程实施人员只需专注业务，降低对人员技能的要求，减少人员流动的风险；存储大量的用户业务数据，为客户将来大数据分析服务做好数据准备。

随着政策的支持和资本的加入，未来几年中国大数据规模还将继续增长。大数据分析对企业的发展越来越重要，大数据在各行各业的应用还将继续加强，xInsight 可以有效支撑各行业大数据业务应用的开发，具备美好的市场前景。

二、平台架构

宝信大数据应用开发平台软件 xInsight，支持海量、高可靠性的分布式数据存储，实现快速高效数据索引查询；可以进行实时流处理、完成分布式计算处理，提供分布式消息订阅发布机制；并面向行业提供组态展示、数据发布等应用服务。平台集成 Hadoop、Spark 等先进开源技术框架，采用 X86 架构普通 PC 服务器构建，用软件容错代替硬件容错，大大地节省了成本。

xInsight 平台采用关键技术组件如图 3–35 所示。

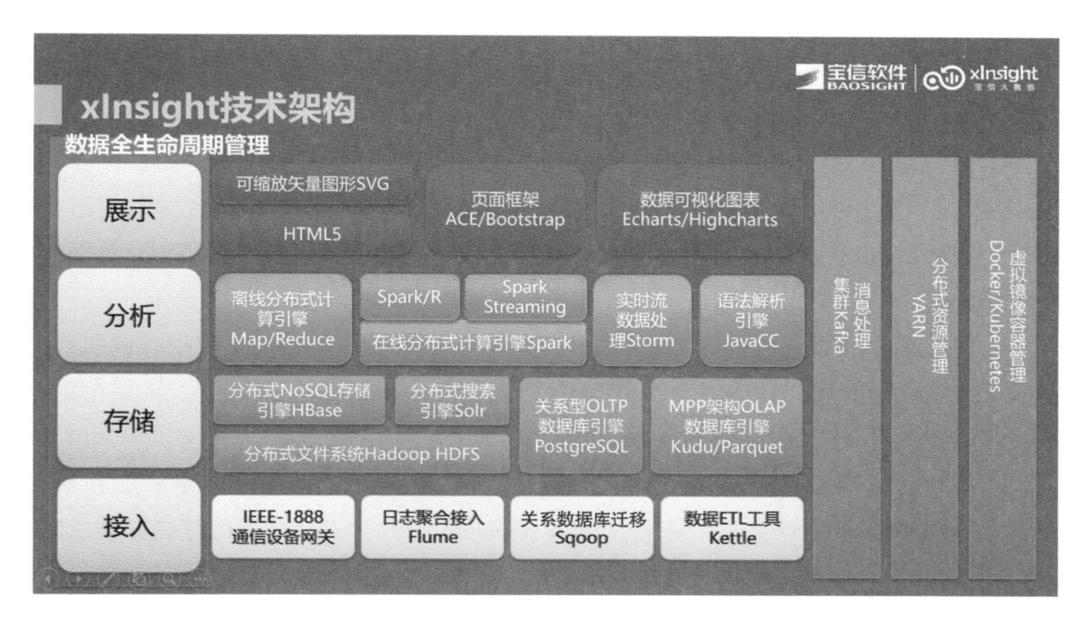

图 3–35　xInsight 平台技术架构图

通过对开源技术组件的封装集成，xInsight 产品为开发者提供服务组件架构如图 3–36 所示。

xInsight 产品提供的平台服务核心功能模块如下：

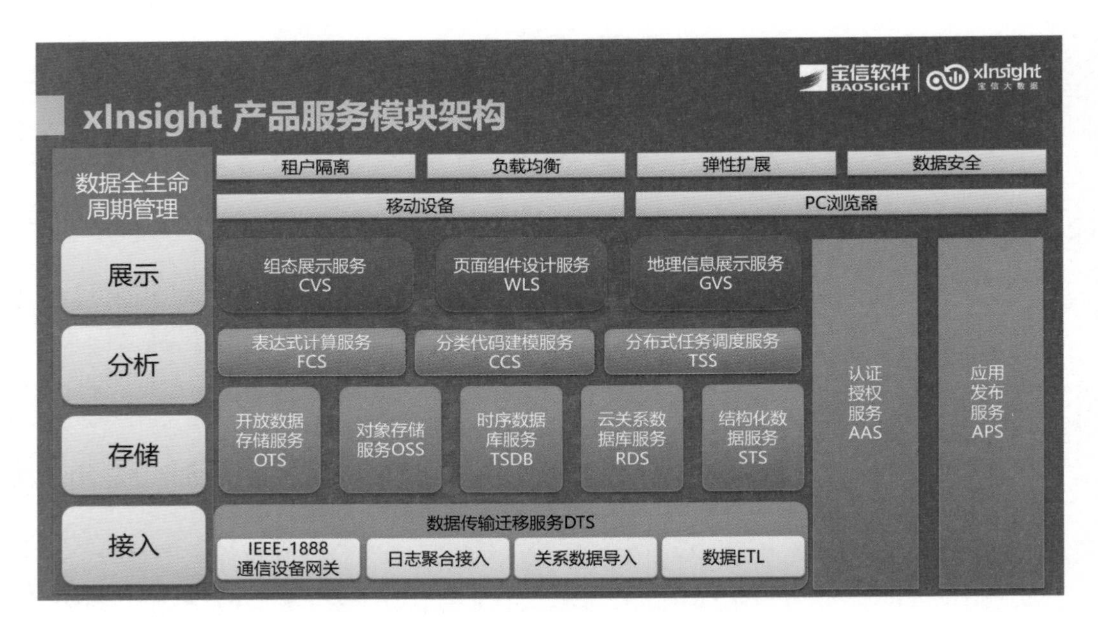

图 3–36　xInsight 产品服务组件图

组态展示服务（Configuration View Service，CVS）：可以让用户在浏览器环境中搭建面向 Web 和移动设备的工业监控应用程序，通过“搭积木”“零编程”的方式快速、简单、安全的访问和查看用户数据。

对象存储服务（Object Storage Service，OSS）：解决海量图片文件的存储与检索问题。用户可通过调用 API 上传下载图片数据，或使用 Web 控制台对数据进行管理；存储在 OSS 中的图片文件可通过图片链接方式分享，直接嵌入 Html 页面进行发布。

开放数据存储服务（Open Table Service，OTS）：提供的半结构化数据存储服务，构筑在业界事实标准 Hadoop 分布式架构之上，着眼于海量企业数据、机器数据、社会化数据的存储处理。

结构化数据服务（Structured Table Service，STS）：为开发者提供标准 SQL 接口，适合处理海量的分析型数据。基于 NoSQL 数据库实现的 MPP 架构的存储服务，可以实现数据的分布式存储和处理，可以用于大数据的 BI 分析，充分利用大数据平台的分布式存储与计算特性为传统的业务带来新的价值。

时序数据库服务（Time Series Data Base，TSDB）：提供的工业过程中产生的时序数据采集、传输、存储和加工处理服务，主要解决大数据与实时系统对接的问题，为开发者提供过程数据处理的端到端完整解决方案。

分布式任务调度服务（Task Schedule Service，TSS）：为开发者提供分布式计算环境下的任务触发、执行和结果历史记录查询，可以指定计算任务使用的计算资源，避免单个计算任务占用过多计算资源的情况发生；支持包括 Spark 在内的多种计算任务类型的调度管理。

三、关键技术

xInsight 产品可以达到的性能指标为：基于 X86 架构服务器构建集群计算环境，通过多服务器分布式集群实现计算资源的动态弹性扩展，支持 PB 级数据存储，可以充分发挥高速磁盘读写以及万兆网数据交换的吞吐量性能，基于副本冗余机制实现数据安全，通过负载均衡满足业务系统对于集群系统的高可靠性要求，保证集群系统 7×24 小时稳定运行。

宝信大数据 xInsight 产品形成如下核心技术：

面向工业时序数据采集、处理和分析技术。主要包括：高性能分布式并行 I/O，可达 PB 级数据存储；支持工业现场各类标准协议接入，无缝对接工业通信网关设备；研发了高效紧凑型列式数据存储格式，并支持有损 / 无损数据压缩；支持时序数据的统计分析，提供统计分析函数接口、与 Spark 实现对接的 DataSource 接口、也支持 Map/Reduce 离线计算框架。

分布式存储技术。主要包括：Hadoop 集群的监控技术和远程诊断技术，HBase 数据库的裁剪和功能的二次开发，分布式缓存和持久化相结合的高效存储技术，分布式数据库系统无缝升级技术，基于 HBase NoSQL 的二级索引技术和文本检索技术，以及数据库灾备及故障恢复技术。

分布式计算技术。主要包括：分布式实时计算技术，分布式计算的负载均衡技术，基于词法分析的表达式计算规则引擎技术，发生节点故障时计算单元自动切换技术，分布式资源管控技术，多租户数据隔离及大数据共享技术，多租户计算资源的共享及控制技术。

数据可视化技术。主要包括：基于 Html5 的可视化组件的模块化技术，移动终端的组态编辑及运行技术，多种开源可视化图形控件的集成技术。

四、应用效果

（一）应用案例一：基于 xInsight 构建钢铁行业智能制造大数据平台

当前钢铁企业的信息化架构，如图 3–37 所示，存在以下问题：包括单一业务

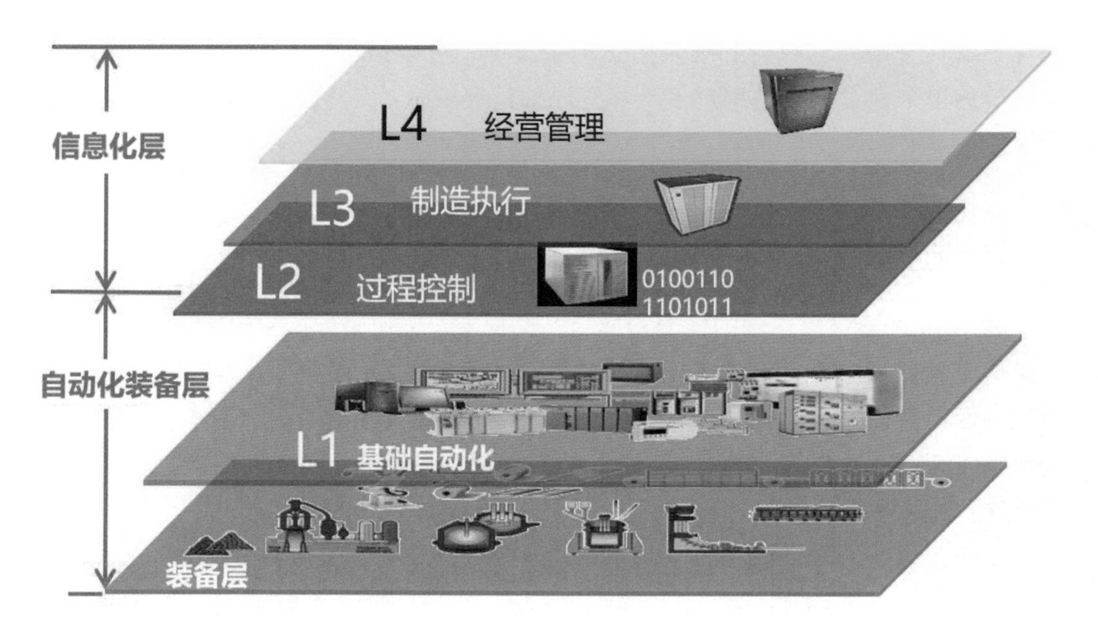

图 3–37 传统钢铁企业的信息化架构图

系统“井”挖的很深；越往上层数据颗粒度越粗；数据透明度差，系统间存在壁垒；难以实现工业 4.0 中的 3 个集成；价值链共享基本不可能。

在新的 IT 架构下，最为关键的是要建设统一的大数据中心，并使之成为以下几个中心：数据汇聚中心：能收集各类数据，能实现批次及实时采集数据；数据共享服务中心：构建统一的数据模型，对外提供统一的数据服务；数据分析挖掘中心：能实现数据可视化、大规模计算分析和支持业务人员的自主分析；企业智能服务中心：帮助实现业务知识的积累和应用。

基于 xInsight 构建的钢铁智能制造 IT 新架构，如图 3–38 所示，由边缘级、平

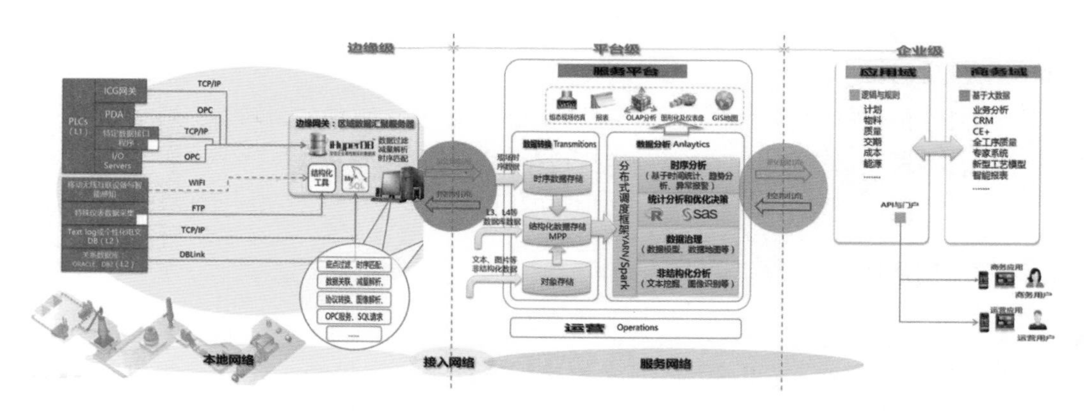

图 3–38 基于 xInsight 构建的钢铁智能制造 IT 新架构图

台级和企业级组成，能够基于多源数据、利用无限数据样本、灵活调整分析方法、接受相关性结果表达；以质量、成本管理为突破口，平台建设与业务创新互动，从数据运用寻找提升智能的有效方法。

基于 xInsight 提供的大数据存储、处理和可视化展示服务组件，可以完成如下智能车间的核心业务应用，主要包括：

1. 可视化、集中监控

实现全面展示生产过程的各类数据，追求透明、快速、直观、全面，且具有良好的用户体验，可将车间中的部分辅助监控点集中在一起，减少监控岗位。

2. 虚拟仿真与智能模型

实现生产过程与虚拟空间的映射；优化生产计划和过程模型的仿真，对车间在线数据的分析、仿真，实现对新产品、新规格、新工艺的离线计算，并能返回到在线系统，进行工艺和模型参数的修改。

3. 车间运营与辅助决策

利用各种信息资源，整合管理信息与过程信息，建立分厂级智能运营和辅助决策平台，发现生产过程中的问题。通过数据挖掘和数模，辅以知识自动化技术，通过知识自动化推理作出各种决策选择，为各类人员作出相关业务决策提供选择。

4. 过程控制模型的控制精度提高

通过利用 xInsight 大数据平台的 STS、TSDB、OTS 中存储的全生产过程的海量数据，可以实现物理化学过程建模、数据统计建模、动态优化智能寻优以及过程解析模拟仿真的持续优化。

5. 数据挖掘

实现工艺曲线形态匹配，支持寻找质量缺陷发生的根源。

6. 质量全程实时动态智能管控

以客户为导向，以产品一贯制为主线，以大数据挖掘技术为基础，构建全流程质量数据管理，从用户需求识别到用户使用的智能质量管理系统。

7. 精细化成本管理与盈利分析

通过利用大数据平台中收集存放的来自现场的与成本相关的各种明细数据，进行数据清洗、加工、处理，形成企业技术经济指标、操作指标和成本管理的基准值，并以此对企业成本进行精细化的科学管控。

8. 关键设备状态监测及预测式维修

基于对关键设备状态、工艺、生产、质量、备件等数据进行大数据综合分析，形成从单台设备到产线群的设备状态综合监测诊断能力，减少设备故障损失。

基于宝信 xInsight 大数据平台构建的工业 4.0 智能制造大数据平台，可以推动大数据技术深度融入工业领域，促进传统企业不断提升生产效率，实现数字化转型升级，将推动我国工业现代化事业的发展。

（二）应用案例二：基于 xInsight 构建环球车享 EVCARD 大数据平台

环球车享是上汽集团和安亭上海国际汽车城共同投资组建的，目前已经是国内规模最大的新能源汽车分时租赁运营企业。目前在全国已经进入 40 个城市，投入营运租还网点超过 8000 个，投入运营车辆超过 17000 辆，注册会员数超过 1600000 名，月均订单超过 1000000 笔。计划到 2020 年能够进入 100 个以上城市，达到 30 万辆运营车辆的规模。在环球车享 EVCARD 大数据平台建设中采用了混合云的架构，如图 3-39 所示。

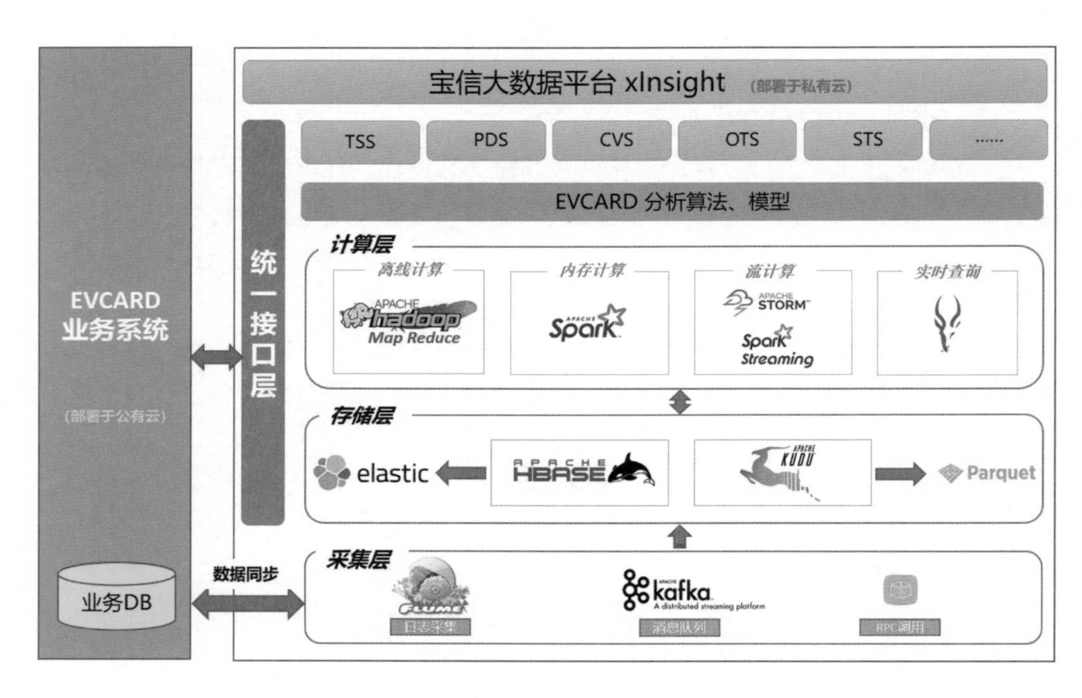

图 3-39　EVCARD 平台混合云架构图

通过使用 xInsight 产品，环球车享 EVCARD 大数据平台实现了数据采集、存储、处理和可视化展示的端到端完整解决方案，如图 3-40 所示。

xInsight 提供的分布式 MPP 架构 STS 服务，让复杂的分析任务高效运行，通过订单分析、网点用车分析实现区域网点车辆配比动态调整；通过车辆使用频度分析、车辆故障分析实现车辆预测性维修；通过用户活跃度分析、区域用户分布分析、优惠券使用分析实现更加精准的优惠套餐设定，各类数据分析结果展

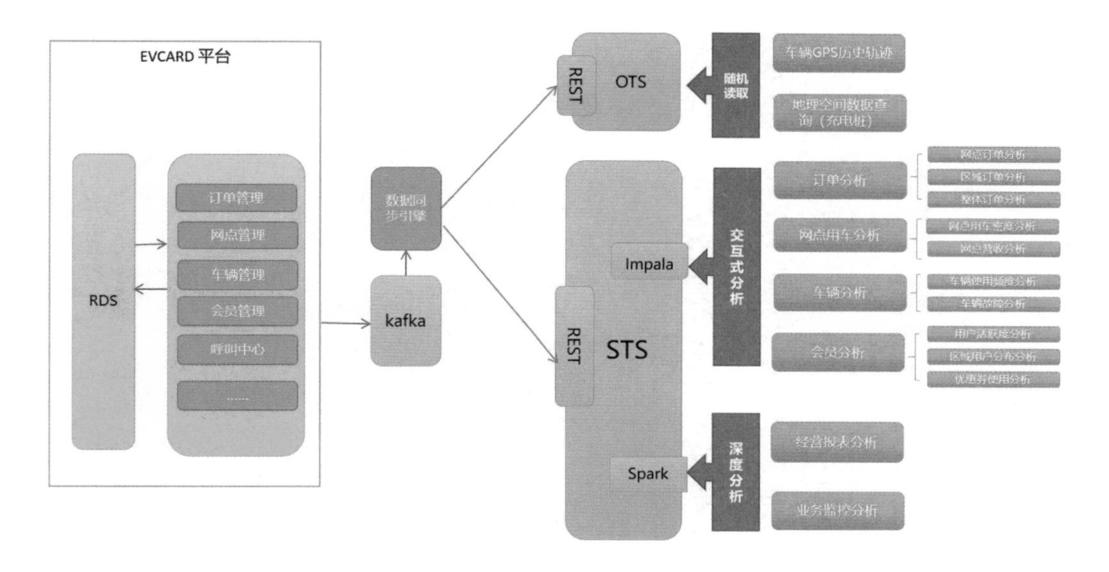

图 3-40 基于 xInsight 实现数据采集、存储、处理和可视化展示图

图 3-41 EVCARD 大数据分析展示图

示如图 3-41 所示。

xInsight 提供的 OTS 服务特有的地理位置信息检索分析功能，让下述功能稳定高效：通过车辆 GPS 历史轨迹分析实现车辆追踪；通过车辆 GPS 实时上报、网点地理位置分析，实现车辆运营效率和网点使用效率的大幅提升，数据可视化效果如图 3-42 所示。

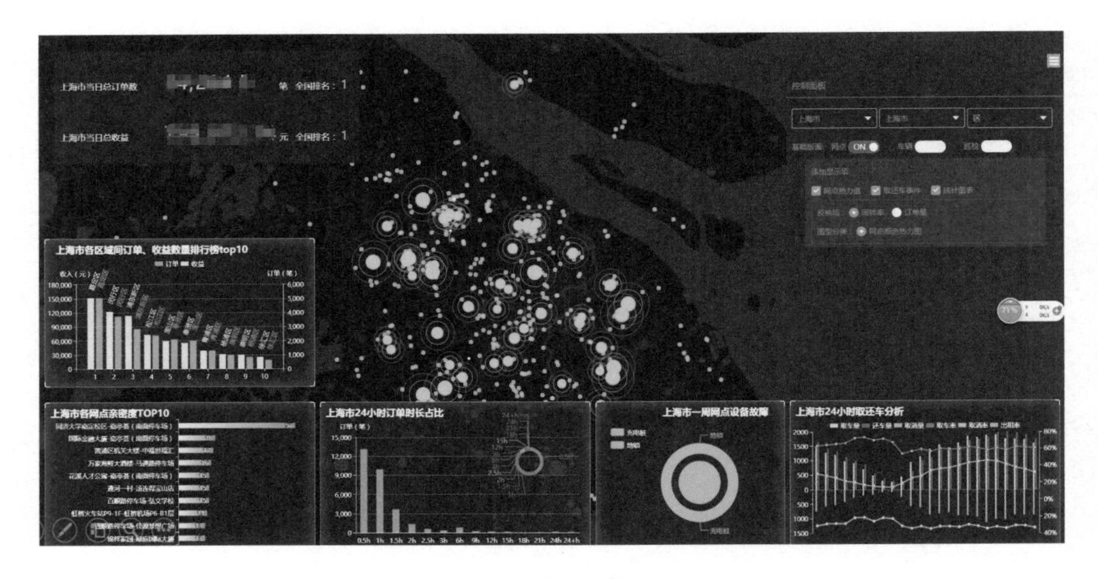

图 3–42　OTS 地理位置信息检索分析

随着车联网 V2X 装备不断普及，智能交通基础设施改造、交通管理系统升级也将带来千亿的市场产值。车联网产业给社会出行体系带来颠覆性改变，创造巨大社会效益。通过采用宝信 xInsight 大数据平台产品，环球车享 EVCARD 实现了企业私有数据中心的快速搭建，并具备大数据处理能力，赋能企业实现商业模式创新。

（三）应用案例三：基于 xInsight 产品快速构建智慧能源云大数据平台

智慧能源云平台的建设目标是面向企业节能减排，基于先进的大数据、云计算相关技术，充分整合海量的、分散的企业、建筑、区域能源基础数据，提供能源信息的采集、展示、计算和分析的能源云平台，挖掘节能潜力，降低企业能耗，实现企业综合能效管理。

基于 xInsight 搭建智慧能源云平台，能够实现以下几点。

1. 现场能源基础数据接入

企业、建筑和区域现场部署的智能仪表、设备和传感器采集监测到的能源消耗基础数据，通过宝信工业通信网关 iCentroGate 统一成符合 IEEE-1888 协议标准的过程时序数据，上传到大数据平台 xInsight，形成后续监控预警和优化分析过程的数据基础。

2. 周边系统数据接入

以企业基础能耗管理为例，需要从企业的制造执行系统 MES，企业资源计划系统 ERP 等企业工业、信息化系统中引入能耗指标配置，工序产品产量等数据。通过大数据平台 xInsight 提供的数据传输服务 DTS 的传统关系型数据接入模块 DTS-Sqoop，实现关系型数据库输入的批量并发导入，存储在大数据平台 xInsight 提供的结构化数据服务 STS 中，形成后续优化分析过程的数据基础。

3. 监控预警

通过大数据平台 xInsight 提供的组态展示服务 CVS，可以实现云端能源管理中的能耗监视可视化展示，监控包括报警、实时历史趋势诊断等。

4. 分析优化

xInsight 的数据处理及算法模型程序，完成云端能源管理中的复杂处理任务调度管理，实现云端能源管理业务的分析优化需求。

5. 管理发布

通过大数据平台 xInsight 提供的 Java 开发工具集开发统一的门户应用系统，实现管理发布模块页面和监控预警模块画面，以及优化分析模块画面的集中展示。

通过建设智慧能源云大数据平台，实现能源的智慧管理，提高能源利用效率，改进能源生产系统和开发可再生能源等能源问题，最终建设能源互联网，推广可再生能源应用以及完成能源智慧调峰等。智慧能源云大数据平台收集、整合的能源企业数据和工业用能数据，可以推动大数据产业在能源领域的进一步发展和完善，为建立智慧型工业奠定良好的数据基础，有助于政府整合地区内工业历史用能数据，进一步挖掘能源数据所蕴含的潜在价值，分析各行业的用能趋势、规律及产业结构调整成效，进行能耗和碳排放预测预警。

企业简介

上海宝信软件股份有限公司系宝钢股份控股的上市软件企业，公司紧紧围绕“互联网 +”等国家战略，致力于推动新一代信息技术与制造技术融合发展，引领中国工业化与信息化的深度融合，促进制造企业从信息化、自动化向智慧制造迈进。公司顺应 IT 产业和技术的发展趋势，借助商业模式创新，提供工业互联网、云计算、数据中心（IDC）、大数据、智能装备等相关产品和服务。

专家点评

宝信大数据应用开发平台软件 xInsight 集成了 Hadoop、Spark 等先进开源技术框架，采用 X86 架构标准服务器构建集群，用软件容错代替硬件容错，提高了系统的可用性，实现了集群资源动态可扩展。xInsight 围绕数据的全生命周期管理环节，不断丰富各个层面的服务模块和功能特性，形成了面向非结构化的图片 / 文档文件、半结构化的时序 / 记录数据，以及结构化的 OLTP/OLAP 数据应用的全方位端到端综合解决方案，有效应对了工业大数据时代对于数据多样性和跨界融合的迫切要求。

黄罡（北京大学软件研究所副所长）

石化盈科大数据分析平台
——石化盈科信息技术有限责任公司

石化盈科大数据分析平台（PCITCDataInsight）是面向能源化工行业的工业大数据平台。产品提供一站式的海量数据采集、存储、处理、分析等大数据处理能力，大幅降低企业级大数据应用开发技术难度。产品内嵌能源化工行业专业算法库，支持能源化工企业快速部署实施工业大数据分析应用。产品支持工业多源异构数据采集、离线数据批量计算、流式数据实时计算等大数据处理场景，可按大数据应用场景灵活选择组件服务，并可提供企业级大数据平台构建与大数据应用实施咨询服务，支撑大型企业集团构建集中共享的大数据处理平台，支撑企业数据资产管理与运营，助力能源化工企业跨越数据之巅。产品已在茂名石化、镇海炼化、北京石油、易派客（工业品）电商、酒钢宏兴等多个大数据项目上得到广泛应用并取得显著成效。

一、应用需求

面向企业级的大数据平台搭建，存在技术组件版本多、兼容性差、组件难以统一协调管理、整合平台易用性差、数据应用开发人力成本高、缺乏统一可靠的数据安全与隐私保护方案、缺少灵活可配的扩展能力，不提供多租户服务、缺少开放的数据能力服务等诸多问题，制约了企业大数据平台的实施落地。

石化盈科大数据分析平台在深度改造提升开源组件功能、性能、兼容性的基础上，提供企业级的大数据采集、存储、计算、分析挖掘能力，同时在平台易用性、可管理性、资源调度、数据安全、多租户等方面提供有可靠保证的方案，解决了大数据平台在企业生产环境中落地应用的关键痛点，同时产品内嵌能源化工行业专业算法库，可助力能源化工企业快速搭建功能全面、自主可控的大数据平台。

二、平台架构

石化盈科大数据分析平台功能覆盖大数据采集、整理、分析、挖掘、展现、应用等全流程环节。平台架构如图 3-43 所示。

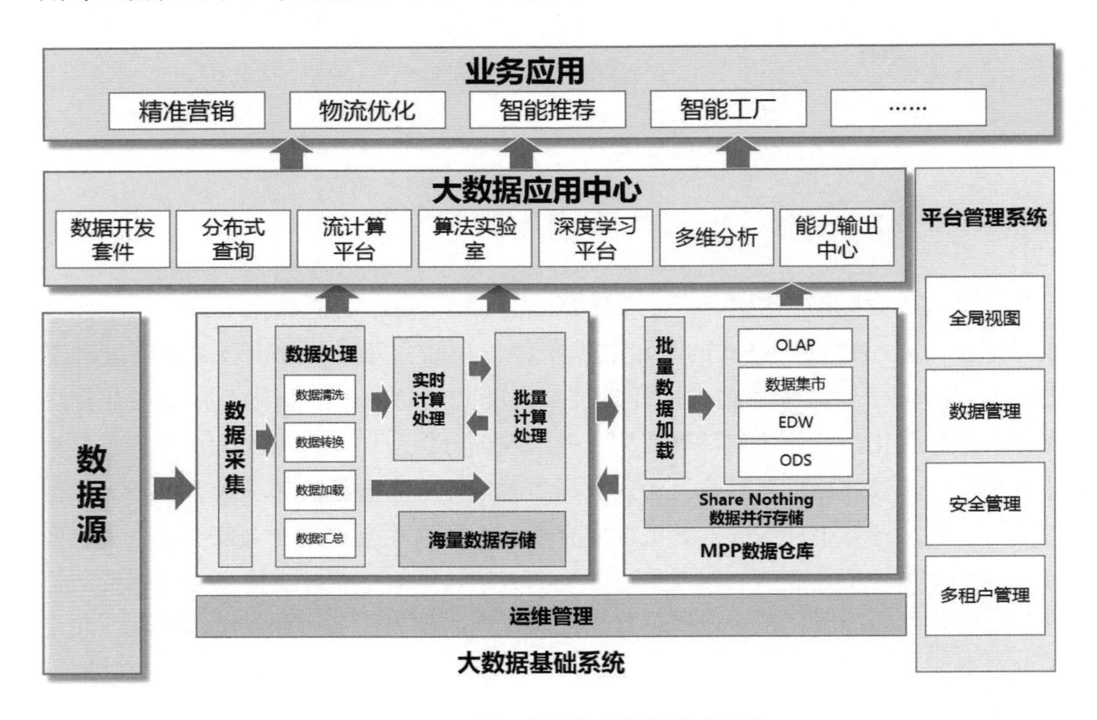

图 3-43　石化盈科大数据分析平台架构

石化盈科大数据分析平台具备多级租户管理、多类算法模型、可视化数据开发、全局资源调度、统一安全管控、服务能力开放、集群运维监控等功能，支持多源异构数据同步、离线数据批量计算、流式数据实时计算等大数据处理场景，提供易用的可视化数据开发工作台，内嵌专业算法库和多种数据分析工具，集成丰富算法模型与数据可视化工具，数据分析结果灵活呈现，支持工业大数据应用快速部署实施，促进工业企业数据资产运营与数据价值变现。

三、关键技术

（一）能源化工行业专业算法库

石化盈科基于丰富行业大数据应用实践积累，将能源化工行业常用大数据专业算法模型嵌入封装形成行业专业算法库。专业算法库已集成设备预知性维修、操作报警预测分析、装置参数优化、物流配送优化、库存优化、销售预测、智能推荐、客户画像、精准营销等数十个覆盖能源化工行业全业务领域的专业算法模型。支持多种数据导入方式，支持机器学习、深度学习、文本分析、网络分析多种工具，并内置数据预处理和统计分析工具。支持算法工程师快速实现工业大数据应用算法模型构建、优化，大幅提升数据分析效率，降低数据分析门槛，有力支撑能源化工企业快速部署实施工业大数据应用。

（二）多元异构数据集成

石化盈科大数据分析平台支持批量和实时数据采集方式，可采集结构化与半结构化数据，实现多渠道数据整合，兼容各种数据格式，例如公司业务数据、文本数据、音频与视频数据、物联网数据、社交数据、第三方数据等。平台提供数据集成工具，用户可通过可视化拖拽方式配置数据表字段映射关系，降低用户使用难度，提高用户开发效率。

（三）一站式数据开发工作台

产品数据开发工作台，支持数据处理任务开发与调试，并通过可视化拖拽方式进行工作流程编排，配置调度方式与时间，任务递交后可实时在运维中心进行跟踪，发生异常实时监控告警，通过浏览器实现数据开发全流程可视化，极大提升用户开发体验，降低数据分析门槛。

（四）数据安全与管理

石化盈科大数据分析平台对数据资源进行统一管控，实现多租户数据隔离，支持列级别授权，基于权限角色灵活控制。平台数据在存储、传输过程中进行全方位加密保护，支持数据脱敏，可灵活定义脱敏规则。支持数据资源备份与恢复。同时平台具备强大的数据管理工具，可查看元数据信息、数据血缘关系等，对数据权限、规格、质量进行管理，可进行租户间数据共享，支持范围公开和定向申请两种不同方式，满足用户多样化需求。

（五）大数据可视化技术

产品基于大数据可视化技术实现数据展示平台，支持多种图表组件，支持 2D、3D 等渲染技术，可多角度展示数据，聚焦大数据的动态变化，在数据分析过程中进行可视化，以更细化的形式表达数据，以更全面的维度理解数据，以更直观的方式呈现数据。

四、应用效果

（一）应用案例一：北京石油利用大数据智能营销实现营销模式新突破

北京石油采用石化盈科大数据分析平台产品构建大数据智能营销平台（见图 3-44），采集并挖掘北京石油分公司客户相关内外部数据，构建了 360 度客户画像、客户洞察分群、智能化精准营销、加油站停业分流、加油站客流分析和客户流失预警分析等多个大数据应用场景取得显著应用成效，其中基于大数据的优惠券精准推送助力茅台王子酒销量增长 22.53 倍，实现营销模式新突破。

图 3-44　大数据客户画像与精准营销

（二）应用案例二：大数据助力成品油二次物流优化实现降本增效

中国石化油品销售公司基于石化盈科大数据分析平台构建成品油二次物流优化补货模型（见图 3-45），以增加经济效益、降低物流成本、防止停泵等重大配送事故为目标，从加油站销量的准确预测、加油站油罐库存的合理控制、加油站最优补货量的确定、配送计划的科学制定等与配送业务密切相关的各方面对成品油二次物流配送进行整体优化。利用大数据智能补货平台，提前预测预警，及早预判，提升应对效率，提高销售额度，有效防止停泵爆仓情况的发生。

（三）应用案例三：大数据助力长城润滑油公司库存优化实现降本增效

长城润滑油公司基于石化盈科大数据分析平台，利用大数据库存优化模型（见图 3-46），实现提前预知仓库物料销量，同时生成补货调拨计划表，设置合理的补

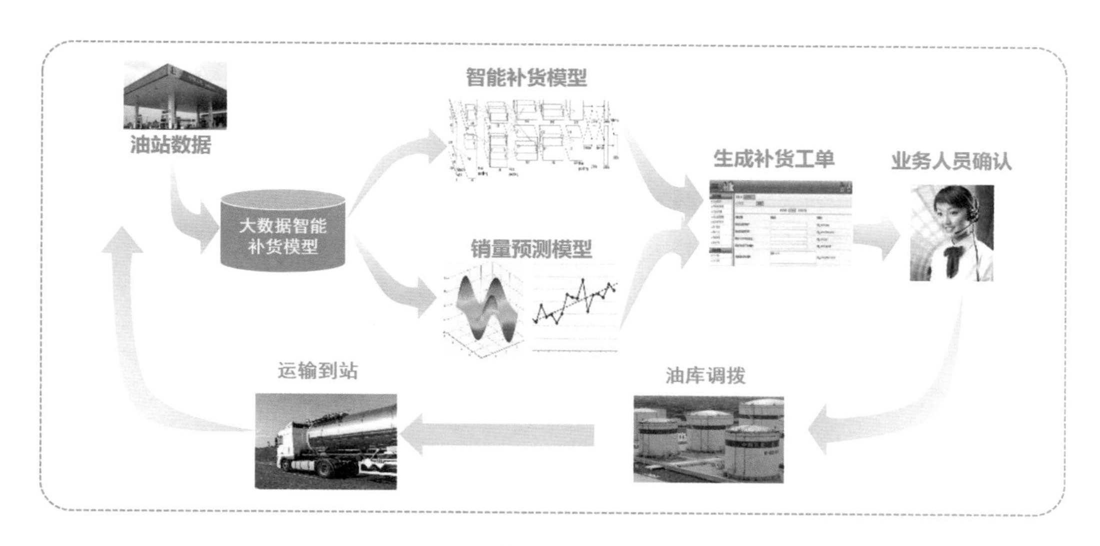

图 3-45　大数据物流优化智能补货

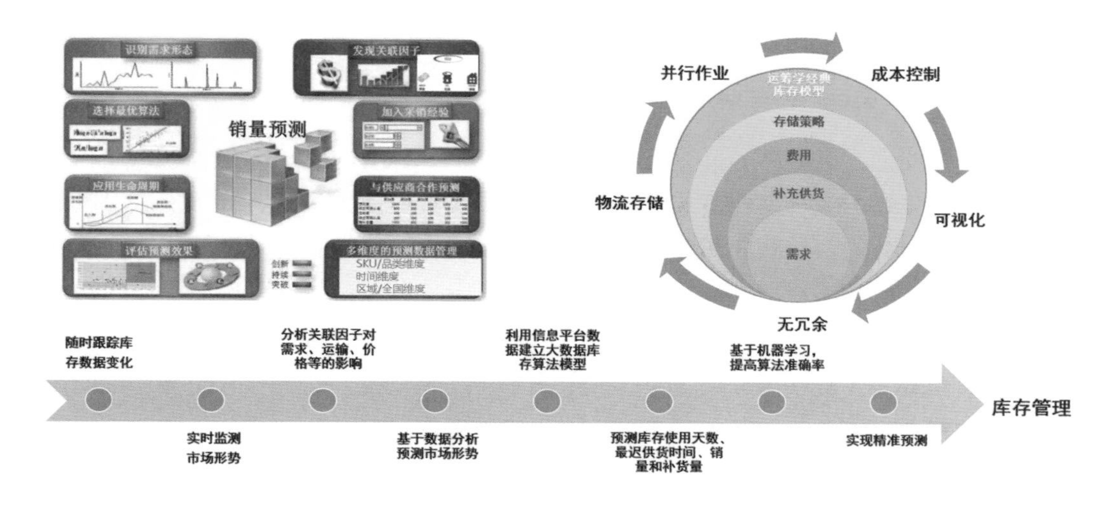

图 3-46　大数据库存优化

货周期，并结合动态安全库存策略，对仓库物料进行库存预警和监控，有效提升长城润滑油库存周转率，降低总体库存成本，达到降本增效的运营目标。

（四）应用案例四：大数据支撑大型央企工业品电商平台数据化运营

基于石化盈科大数据分析平台产品构建的中国石化工业品电商（以下简称“易派客”）数据化运营平台，致力于满足供应链核心企业的巨量需求，支持平台上众多企业海量复杂在线交易，打造一站式的大数据分析应用平台（见图 3-47），为供应链上企业与企业间的专业性采购和交易提供数据分析支撑和决策支持。平台功能

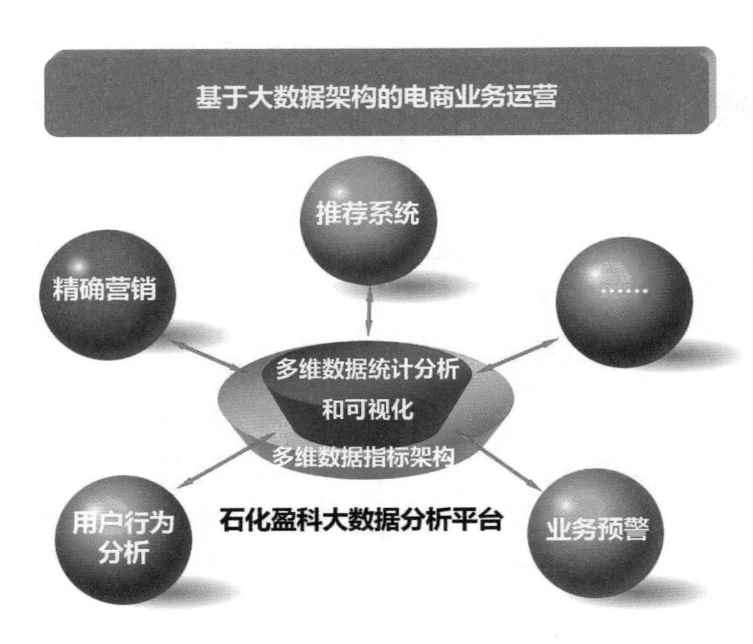

图 3–47　电商数据化运营

包括关联方评价、供应商客群分析、潜在客户挖掘、供应商竞争力分析、企业客户画像、客户分群、客户推荐等。实现了异构数据与分散数据整合，解决了供应链企业间专业性交易的数据获取和分析支持。为采购商深度发掘、广泛搜寻优质合适供应商，精准分析其潜在需求，精确提供一站式专业推荐服务。为供应商提供同行业和可替代品行业竞争分析，帮助其洞察客群特点，为其推荐合适的潜在客户。支持易派客平台运营人员利用数据实时掌握电商平台交易情况，监控异常交易，帮助快速精准匹配供应链上下游企业，对平台上供应链企业进行动态评价和考核，为易派客电商平台提供专业、高效、精准和安全交易提供强力支撑。

（五）应用案例五：某炼化企业动设备运行大数据风险管理

基于炼厂生产数据、历史案例数据以及其他相关数据，建立动设备运行大数据风险模型，发现风险的规律预测风险发展、降低动设备运行风险延长设备运行时间、运行风险提前预警减少装置非计划停工、设备故障快速定位减少停机维修时间、健康状态量化分析实现科学检维修，为炼化企业动设备“安稳长满优”运行提供支撑（见图 3–48）。

（六）应用案例六：某炼化企业重整装置大数据分析

广东某炼化企业基于大数据分析平台收集了重整装置近五年的实验室信息管理

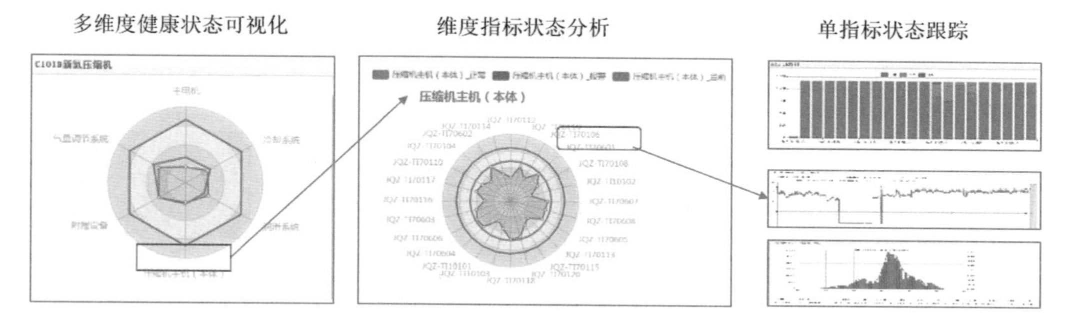

图 3-48　动设备运行大数据风险管理

系统（LIMS）、制造企业生产过程执行系统（MES）、健康、安全、环境管理体系（HSE）、实时数据库、企业管理考核数据、腐蚀数据、机泵监测数据、气象信息等数据，数据量达 20T 以上。其中，实时数据 25 亿条，关系数据约 3 千万条，操作日志等非结构化数据数百 G。通过对重整原料历史数据进行主成分聚类分析，建立分类模型，形成典型的原料操作样本库，并据此快速确定每种原料类别下的最优操作方案（见图 3-49）。

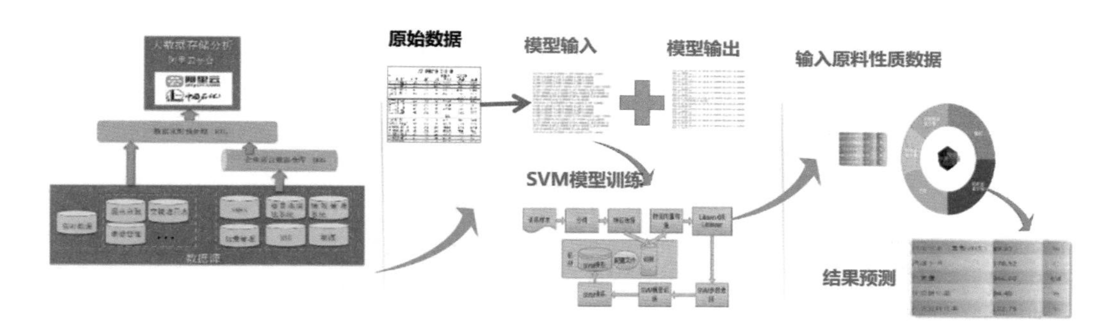

图 3-49　重整装置大数据分析

（七）应用案例七：某油田企业利用大数据改善油气生产

抽油机是陆上油田普遍的一种举升方式，由于油气藏复杂的生产条件，非常容易造成抽油机的低效运转甚至失效，对抽油机失效的预警能够给生产工程师提供技术支持，改善油气生产条件。国内某油田生产企业基于石化盈科大数据分析平台处理静态资料、成果数据、历史数据和实时数据，建立单井各类预警、分析、预测及评价等的方法与模型，基于模型对抽油机异常和各类故障进行预警及诊断，多方法、多模型动态分析，预测各类生产参数及指标，实现生产运行参数自动录取、故

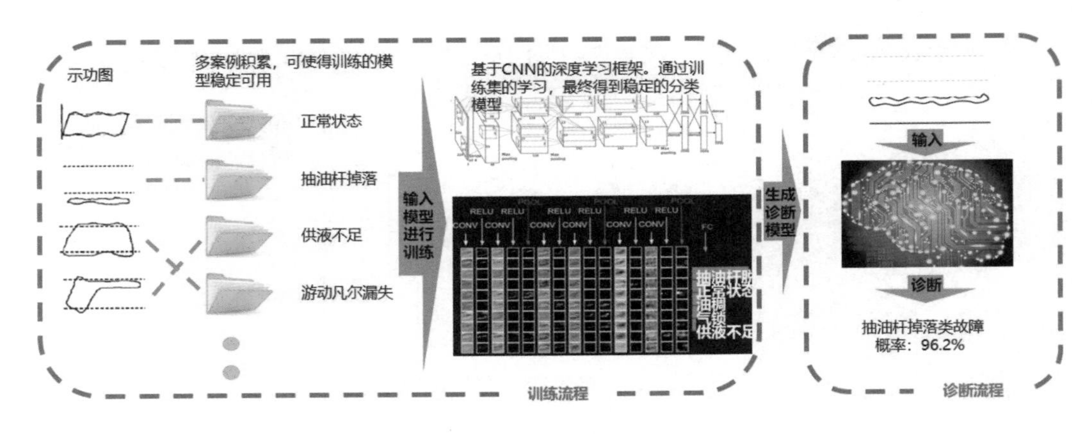

图 3–50　大数据改善油气生产

障自动报警与推送、措施智能优化、生产指标智能分析与评价（见图 3–50）。

（八）应用案例八：中国石化危化品运输车辆实时监控

中国石化危化品运输业务主要分部在经济发达地区，区域内人口密度大、公共设施多、安全风险高。通过危化品运输安全管理系统，可以详细掌握各单位成品油、化工品、炼油品、LNG、CNG 等产品的运输安全管理情况，在运输资源管理、安全监控、预警、应急响应、统计分析等方面发挥重要作用。基于大数据分析平

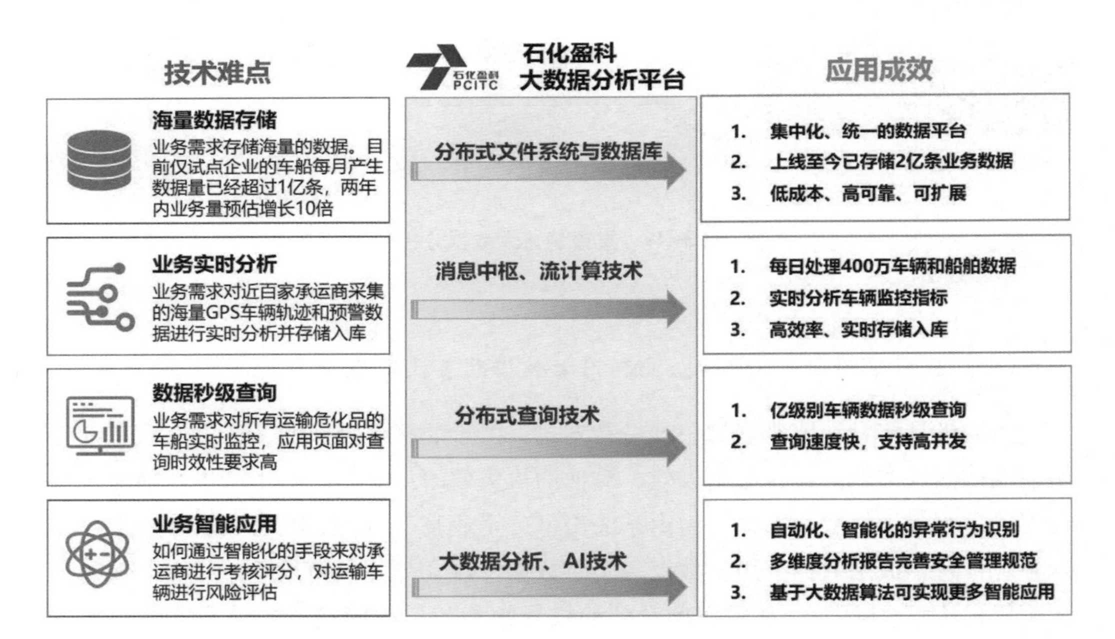

图 3–51　危化品车辆实时监控

台，综合运用大数据、人工智能技术解决海量 GIS 数据存储、数据实时分析、秒级查询等技术难点，通过大数据分析快速掌控危化品运输各环节可能存在的风险，完善车辆司机及承运商考核体系，规范司机驾驶行为，实现车辆、船舶实时可视，为危化品运输安全保驾护航（见图 3–51）。

（九）应用案例九：大数据网络安全态势感知

为应对于网络攻击的隐蔽性、攻击特征难以提取、攻击渠道的多元化、攻击空间的不确定性等现状，某大型央企基于石化盈科大数据分析平台，利用大数据分析技术，整合与安全相关的各类数据进行安全分析与威胁情报收集，增加安全风险发现与监控能力的广度和深度。针对多源海量数据的关联特性持续地进行动态分析、处理，并结合全方位网络数据、各种交互行为检测，进行全量数据分析，实现宏观判断、微观检测、快速截获攻击路径，整体提升网络安全态势感知能力（见图 3–52）。

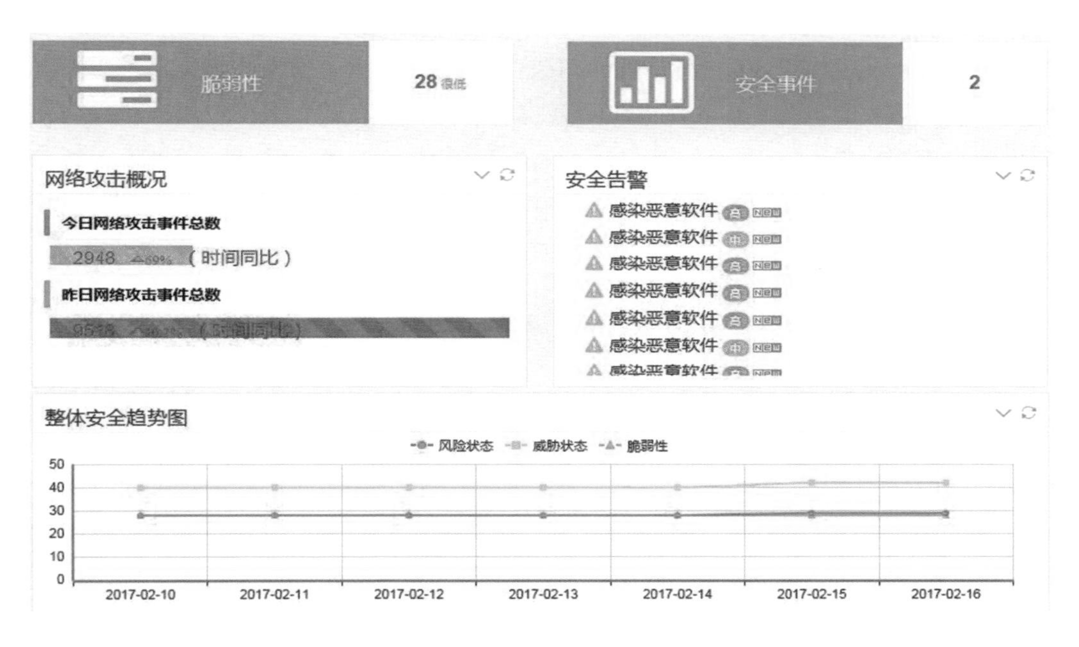

图 3–52 大数据网络安全态势感知

企业简介

石化盈科信息技术有限责任公司已建立从规划咨询、设计研发到交付运维的完整 IT 服务价值链，以石化智能制造和工业互联网为主攻方向，为客户提供智能工厂、智能油气田、智能管线等全方位解决方案。在云计算、大数据、人工智能、物联网及智能硬件等领域形成自主品牌，石化盈科拥有计算机信息系统集成一级、CMMI5 等资质和认证 19 个，公司累计授权专利和计算机软件著作权共 174 件，荣获工信部推荐的第一批智能制造系统解决方案供应商等荣誉 21 个，且连续多年跻身中国软件收入百强企业。

专家点评

石化盈科大数据分析平台在易用性、数据安全、多租户等方面为企业级应用提供全面可靠保障，一站式大数据开发平台大幅降低企业大数据应用开发技术难度，解决了大数据平台在企业生产环境中落地应用的关键痛点，同时依托石化盈科在能源化工行业的资源优势，沉淀石化盈科在能源化工全产业链大数据应用探索成果——覆盖行业上中下游全业务领域的成熟专业算法模型，助力能源化工企业快速复制部署实施大数据分析应用场景，有效提升能源化工企业大数据应用项目成功率与大数据应用成效。

黄罡（北京大学软件研究所副所长）

大数据基础服务平台
——京东云计算有限公司

京东云大数据基础服务平台是京东电商、金融、物流等业务开展过程中长期实践形成的大数据基础平台服务产品，具备开放的体系架构，可与主流的大数据基层技术实现无缝兼容，如 Spark、Hadoop 等。大数据基础平台主要包括数据工厂、数据集成、数据计算服务、流总线、流计算、列式存储等，将多源、异构、海量数据通过数据采集、数据加工、数据存储计算、数据可视化等工作流模式按主题、业务进行计算、分析与应用，能够在交通、公安、环保、农业等领域支撑构建不同主题大数据的解决方案，满足区域、行业级别客户的数据感知、预测、预警、决策等需求。

产品已被应用于包括宿迁市政务数据中心建设在内的多个地级市政府，有效解决政府“信息孤岛”“数据烟囱”等现象，实现数据归集于统一数据仓库，并开展计算、分析服务，满足政府部门多方位、多层次的数据分析需求，从而不断提升城市智能化和社会运行效率。

一、应用需求

（一）经济社会背景

大数据作为重要的战略资源已在全球范围内得到广泛认同。我国也提出抓住重要战略机遇实施国家大数据战略，国务院于 2015 年 9 月印发了《促进大数据发展行动纲要》，系统化部署大数据发展工作。随着大数据技术的不断发展以及对大数据价值的深入挖掘，越来越多的政府部门已将数据视为数据资产进行管理和研究。

（二）行业痛点

政府部门经历多年政务信息化建设，沉淀了海量、高价值数据，但这些海量的数据分散在不同部门、不同系统，导致了数据资源的综合开发利用复杂且管理困难。想从统一的、全局的业务视角去分析整个企业或是政府部门内部的数据信息，存在响应迟缓、时效不够、工作效率低、成本高昂等问题。

1. 数据归集共享水平还不够深入

人口、法人、自然资源与空间地理、电子证照等基础数据库有待进一步整合完善，数据更新不及时、不全面、准确度不高。受到条线分割、各自为政的束缚，部门间、行业间数据共享难度大、频次低，“纵强横弱”“以我为主”“分散建设”等信息孤岛现象依然存在，使得数据统一归集并共享应用难度很大。

2. 数据资源开发利用深度不足

政务数据需求量大，深度应用不够，对数据的分析挖掘不够深入，基于大数据的应用、管理和决策亟待加强。目前各地市数据应用主要在综合治税、审计、科技强警等应用，跨部门协同的关联业务应用、数据挖掘分析应用较少，综合分析有待加强。

3. 城市级数据资源融合分析应用较少

数据采集深度、广度不够，数据标准规范不统一，这主要表现在各部门分散的业务系统较多、数据仅单一系统使用，城市数据融合分析的大平台较少，县市区信息资源整合共享也基本未启动。

（三）产品价值

1. 业务价值

大数据基础服务平台的建设将有助于政府电子政务从粗放式、离散化的建设模式向集约化、整体化的可持续发展模式转变，使城市政府管理服务从各自为政、相互封闭的运作方式向跨部门跨区域的协同互动和资源共享转变。

2. 经济价值

大数据基础服务平台建设为当地政府带来了两大好处：一是政府不需要重复投资建立大数据基础平台，各部门数据挖掘分析等工作皆可基于统一的平台进行开展，方便数据的归集和标准化、统一化应用，从而节省建设费用；二是数据资源交给专业的服务商管理，政府各部门不用再重复承担各自数据资源的维护和更新工作，节省了运维费用。

（四）市场前景

根据《中国数字经济发展与就业白皮书（2018年）》中的数据显示，2017年我国数字经济总量达到27.2万亿元，同比名义增长超过20.3%，占GDP比重达到32.9%。与此同时，我国各地方政府陆续对外公布了超过110份大数据相关政策文件，覆盖全国31个省级行政区划。总体来看，我国大数据产业目前仍处于蓬勃发展阶段，市场前景良好。

二、平台架构

京东云大数据基础服务平台分为：大数据采集、大数据存储分析、大数据建模和数据可视化，如图3–53所示。

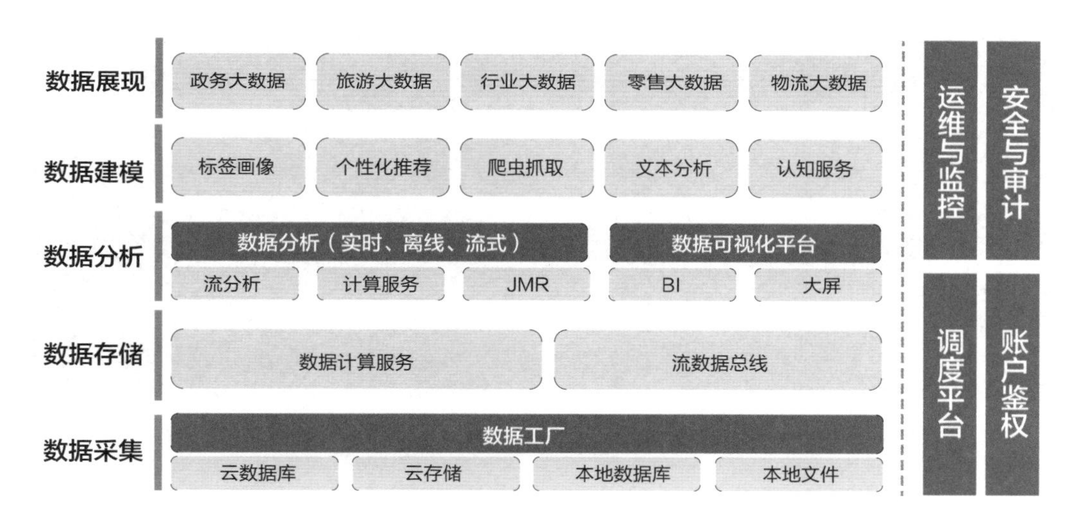

图3–53　京东云大数据基础服务平台架构图

各功能模块功能如下：

（一）大数据采集

大数据采集是京东云对外提供高效、可靠、安全的一站式接入多数据源的同步平台。打通数据孤岛，进行跨异构数据存储系统的数据同步、离线搬运服务，对数据源提供全量/增量数据进出通道。

数据工厂：提供云上的数据工作流调度服务，内建数据同步、数据处理分析任务的编排与调度能力，帮助用户以工作流形式快速构建数据处理分析作业并周期性地执行。

流总线和流计算：面向大数据场景下可扩展、分布式、高吞吐量的消息服务，提供低延迟的消息发布及订阅功能，帮助用户快速构建流式数据的分析和应用。

大数据采集模块功能架构如图 3-54 所示。

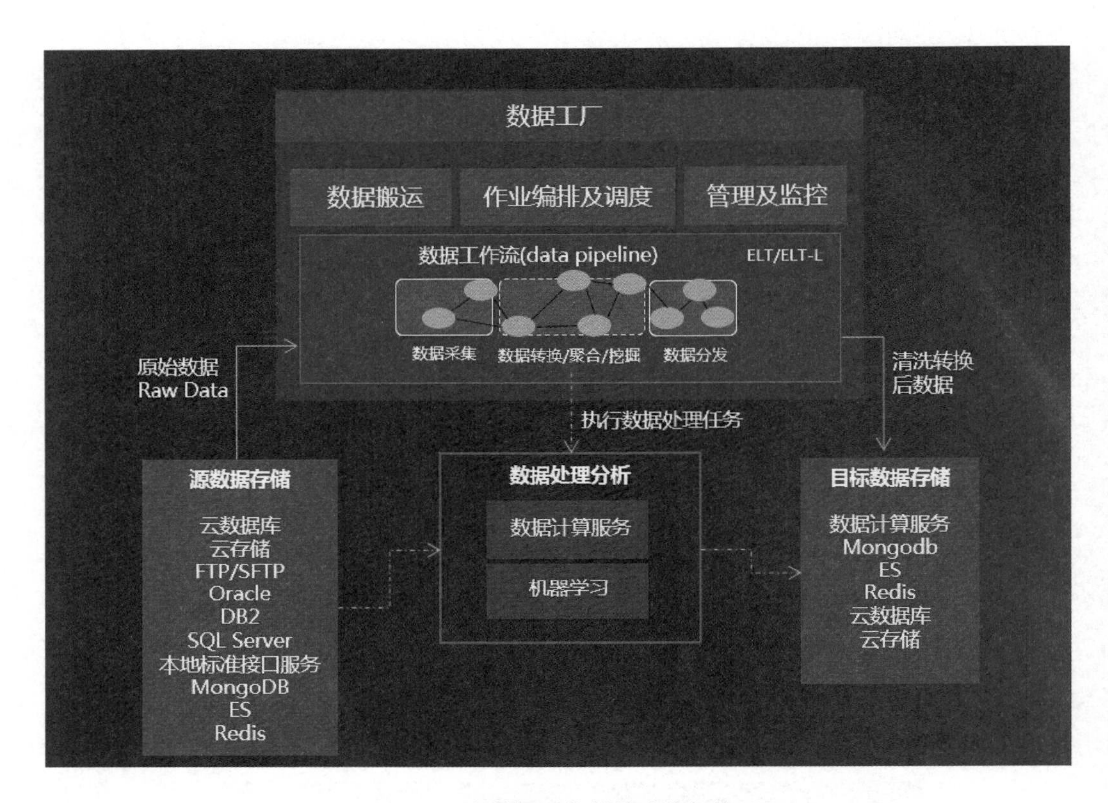

图 3-54　大数据采集模块功能架构图

（二）大数据分析

京东云大数据分析平台是一个全托管、低使用成本的云上数据仓库服务。数据计算服务提供开箱即用的数据管理、灵活弹性的计算资源、开放的数据接口、细粒度的权限体系，帮助用户快速构建企业级数据分析平台，并持续聚焦在释放数据价值的工作。

海量数据计算：支持 SQL、Python 多种语言分析查询，数据计算服务提供了数据的处理引擎，提供了企业级数据仓库解决方案，提供即席查询 / 批量离线处理计算能力，满足海量数据 ETL 以及交互式查询需要，简单设置即可快速开展数据分析工作，集群底层搭建及运维完全托管。

完全托管：数据计算服务的底层处理引擎主要是基于 Spark 计算引擎，用户无需关心底层平台运维和搭建，专注于数据价值的挖掘。

支持多种任务开发方式：提供任务开发，自定义函数，任务调度功能，支持开发人员通过 Web/IDE/CLI/SDK 进行任务开发。同时，数据计算服务自带一些内置函数，数据计算服务支持数学函数、集合函数、类型转换函数、日期函数、数据加密函数、混合函数、聚合函数、内置表生成函数等多种 Hive 支持的函数等。

大数据分析模块功能架构如图 3-55 所示。

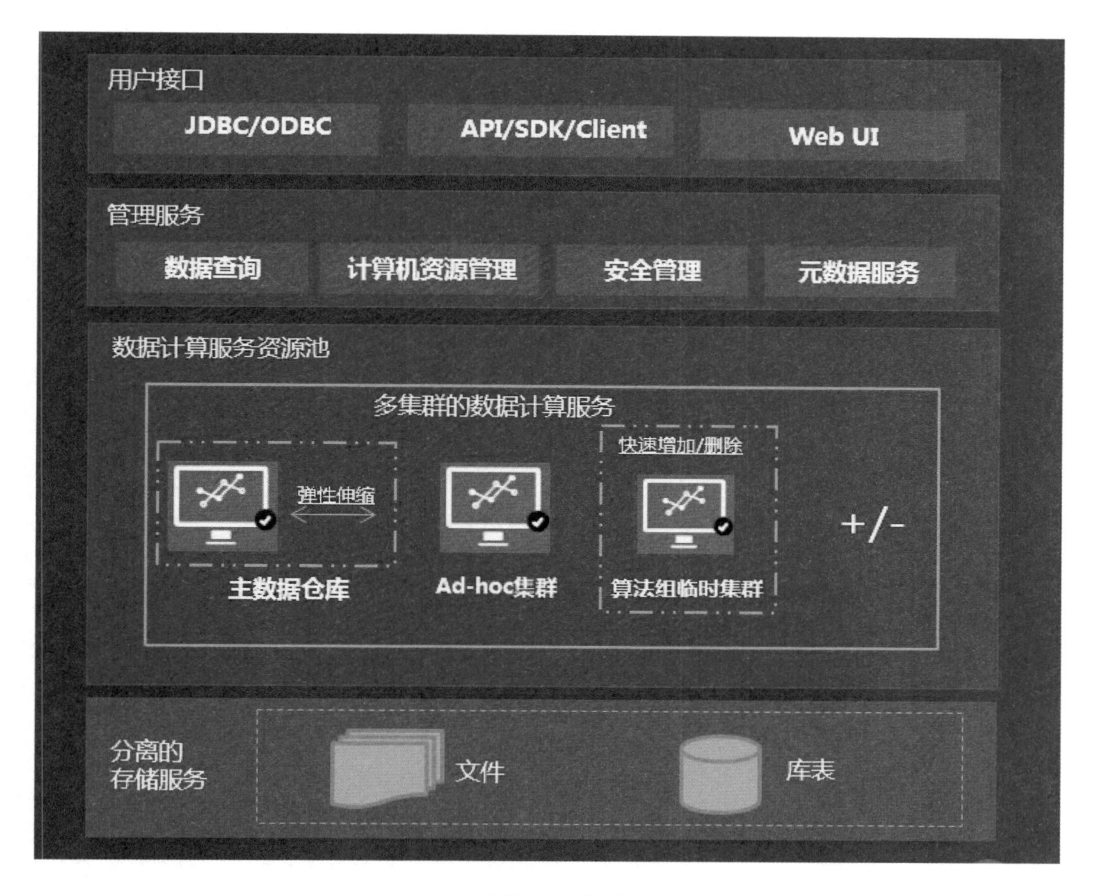

图 3-55 大数据分析模块功能架构图

（三）大数据建模

京东云大数据建模是一款机器学习算法平台，实现机器学习模型的一站式管理，大幅降低机器学习模型的构建和管理成本，帮助客户以极低的代价实现数据业务的落地。

数据预处理：用于数据的初始化处理，将数据处理为符合下一步模型训练的数据格式，处理完后会自动输出到数据管理模块。

数据管理：数据管理主要用于为模型训练、模型评估模块提供数据输入，管理所有数据预处理模块输出的数据，并可以通过读取指定的文件路径新增数据。

模型训练：模型训练是建模的一部分，基于数据管理模块中既定的数据针对性的调试，输出符合要求的模型。

模型管理：模型管理主要用于为模型评估模块提供模型输入，管理所有模型训练模块输出的模型，并可以通过读取指定文件路径新增模型。

模型评估：模型评估基于模型管理中的模型和数据管理中的数据对模型展开评价，并根据对模型相关指标把控模型质量。

（四）大数据可视化

京东云大数据可视化是一款基于实时多层渲染技术的数据可视化工具，它能够提供对海量数据进行实时场景化展示，还可以通过钻取、缩放等交互方式全面的掌握数据。同时大屏提供涵盖电商销售、物流、政务等多行业应用的专业模板，极大程度满足会议展览、业务监控、风险预警、地理信息分析等多种业务的展示需求。京东云数据大屏也是一款图形化的大屏开发工具，非专业的数据工程师通过拖拽方式对数据进行所见即所得式操作。

大数据可视化演示大屏如图 3–56 所示。

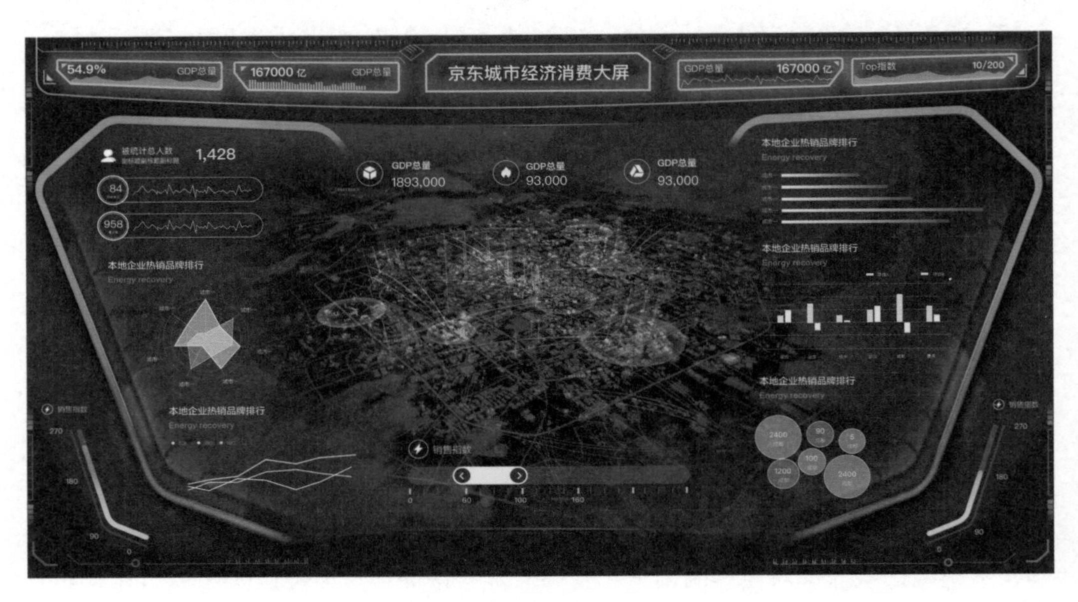

图 3–56　大数据可视化演示大屏

三、关键技术

京东云大数据基础服务平台利用目前最主流的Hadoop生态体系系列产品，在开源生态Spark、Hive、Kafka等基础上二次开发，优化逻辑，借助YARN及K8S能力实现资源调度，集成京东自研的多租户存储及计算资源隔离体系，打造具有政务特色的大数据基础服务平台。在满足自身工程项目需要的同时，逐步形成特色，创新关键技术（见图3-57）。

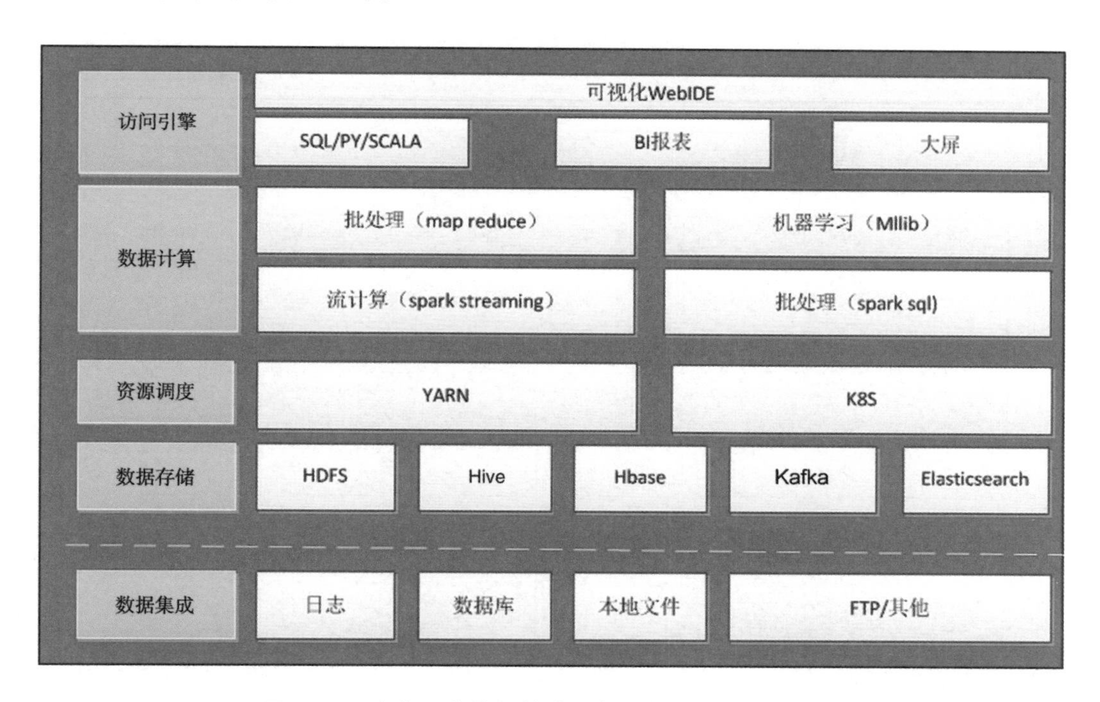

图3-57 京东云大数据基础服务平台技术体系架构图

四、应用效果

（一）应用案例一：宿迁市政务大数据中心

京东云以大数据基础服务平台和云计算技术为核心，为宿迁市搭建政务大数据中心，该中心将多个已经建设完成的电子政务系统以及各部门数据资源进行整合集中，形成在整个电子政务系统内的大数据云化资源池，解决各部门自成体系的信息孤岛问题，为电子政务业务进一步整合奠定基础。

目前宿迁政务大数据中心初步建设完成。建设了市级政务数据共享平台，包括对人口、法人、证照库、空间地理、信用五大基础数据库进行归集，构成了智能城市的一级平台。目前政务数据正在加速归集，已归集包括不动产、公积金、能耗、缴税等高价值含量在内的相关数据结构化数据9.48亿条，非结构化数据无法衡量（证照数据300万条），有力地支持一张网系统、阳光扶贫系统、金融风险分析系统等政务核心应用系统的建设，有效地解决了政务数据分隔、质量不高的难题（见图3-58）。

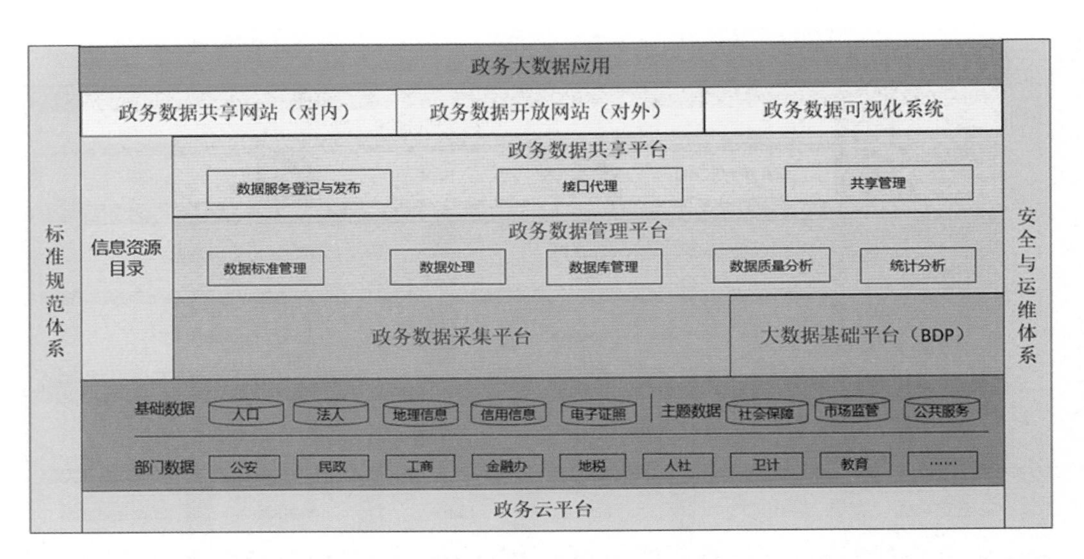

图3-58 宿迁市政务大数据中心

（二）应用案例二：滨州市政务大数据管理与服务平台

以京东云大数据基础服务平台为核心产品，搭建山东省滨州全市统一的大数据管理服务平台，梳理信息资源、交换集成数据，为政府部门开展信息共享、数据开放和业务协同提供基础支撑服务。解决滨州市政务信息共享不充分、数据汇聚和共享机制尚未完善、政务数据潜能未充分释放、政府决策缺乏全量分析数据作为有效支撑、应用效果难以保障等问题。

梳理一套符合政务数据共享交换的数据标准体系，以数据的采集、清洗、存储、分析和可视化为管理与服务的全生命周期闭环，打破政府各部门的信息壁垒，实现政务大数据汇聚融合与交换共享。

在完成滨州市政务大数据汇聚的基础上，搭建全市统一的政务信息共享网站。实现全市跨部门、跨县市区政务信息资源共享，包含资源目录展示及统计、资源综合检索定位、资源申请审核、资源订阅、缺失资源申请，另外可以作为政务大数据平台和基础库查询及利用等功能的入口载体。

目前已累计完成 50 家委办局的 110 多个业务系统迁移上云，完善城市基础库建设的同时，植入政务数据交换平台并完成政务数据资源编目 12300 条；40 家市直主要部门已完成 1.27 亿条数据归集工作；整合政务数据累计超过 1TB（见图 3-59）。

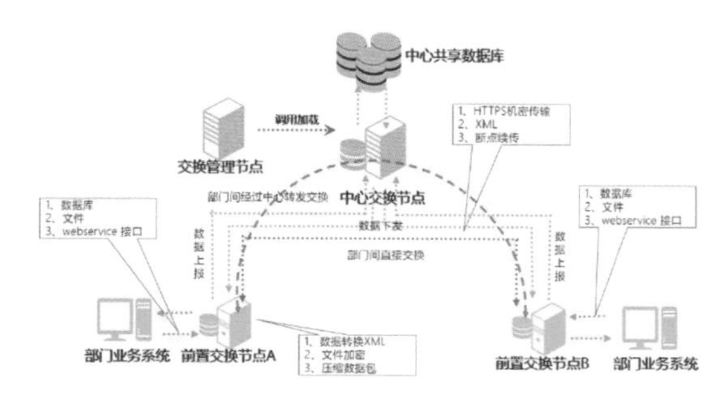

图 3-59　滨州市政务大数据管理与服务平台

企业简介

京东云计算有限公司是京东集团旗下的全平台云计算综合服务提供商，拥有丰富的云计算解决方案经验。为用户提供从 IaaS、PaaS 到 SaaS 的全栈式服务。同时，京东云依托京东集团在云计算、大数据、物联网和移动互联网应用等多方面的长期业务实践和技术积淀，形成了从基础平台搭建、业务咨询规划，到业务平台建设及运营等全产业链的云生态格局，为用户提供一站式全方位的云计算解决方案。

专家点评

京东云大数据基础服务平台提供多源异构的数据采集模块、实时/离线计算框架、简洁易用的开发环境和平台接口，为政府、企业、科研机构、第三方软件服务商等客户提供大数据管理、开发和计算的能力；该产品具备统一运维、资源目录、质量控制、元数据管控、数据标准管理、数据安全等功能，可为更多数据产品应用的建构提供数据支撑与管理；同时最大化地发现与分析核心业务数据价值，挖掘现有业务和应用系统的潜在价值，培育完好的业务创新生态链，实现了数据应用的完整闭环，帮助用户实现了大数据价值的挖掘与分析应用。

宫亚峰（国家信息技术安全研究中心副总工）

大数据 10 铁路数据服务平台
——中国铁道科学研究院集团有限公司

铁路数据服务平台产品依照铁路信息化总体规划进行建设，秉持“立足自主、引进先进、开源为基、迭代优化”的开发路线自主研发，构建了具有数据集成、数据存储、数据资产管理、数据计算分析、数据共享、数据可视化等功能的一站式数据服务平台。目前铁路数据服务平台已在中国铁路主数据中心、京沪高速铁路公司、北京局集团公司、广州局集团公司等开展工程应用，为其提供从数据采集、数据存储和处理、数据可视化、数据共享等数据处理流程的全面支持，并取得良好的应用示范效果。

一、应用需求

随着大数据时代的到来，数据已成为国家基础性战略资源，数据规模和数据运用能力成为评价国家综合国力的重要标志。推动实施国家大数据战略，推动互联网、大数据、人工智能和实体经济深度融合，推进数据资源整合和开放共享，对于建设网络强国具有重要作用。在铁路领域，铁路信息化总体规划中明确提出建设数据服务平台，为实现大数据集成存储、处理分析、共享交互、价值挖掘、综合利用提供支撑和手段，并依托数据服务平台，建设大数据典型应用，提高铁路信息资源利用水平和运营管理水平。

中国铁路信息化历经 40 余年建设，建立了多个覆盖全国的各类业务信息系统，产生和存储了 PB 级规模的文本、图纸、视频、图像、声音等各类数据。运用大数据技术对这些海量多源、异域异构的数据进行集中统一管理、信息融合共享、深度分析挖掘，为运营安全提供决策支持，有效提升运营管理水平，已成为铁路行业的迫切需求。

目前铁路各业务系统以分散的单项应用为主，未开展面向全业务领域的数据集中，未形成企业级数据整体视图，无法对数据进行整体把握、宏观分析。并且针对各业务系统中积累的海量历史数据，存在计算、分析能力不足的情况，无法作出准确、有效的分析和深度的数据挖掘。

建设铁路数据服务平台，提供面向全数据类型的数据接入、数据存储及计算能力，整合铁路各业务领域数据资源，打破各应用系统间的数据壁垒，形成数据资源的全景视图，实现数据资源的精细化管理，提供数据综合分析能力，支撑各领域大数据分析应用的开展，对盘活铁路数据资产，深挖业务数据价值，提升铁路生产经营能力、客户服务能力和开放共享能力具有重要意义。

二、平台架构

（一）总体架构

按照《铁路信息化总体规划》，铁路数据服务平台是铁路一体化信息集成平台的重要组成部分，是铁路总公司及各铁路局集团公司进行数据集中管理、大数据分析的基础支撑，平台提供基础数据管理、数据集成、数据共享、大数据存储与分析等能力，统一为各业务应用系统提供基础数据、共享数据和大数据分析服务。

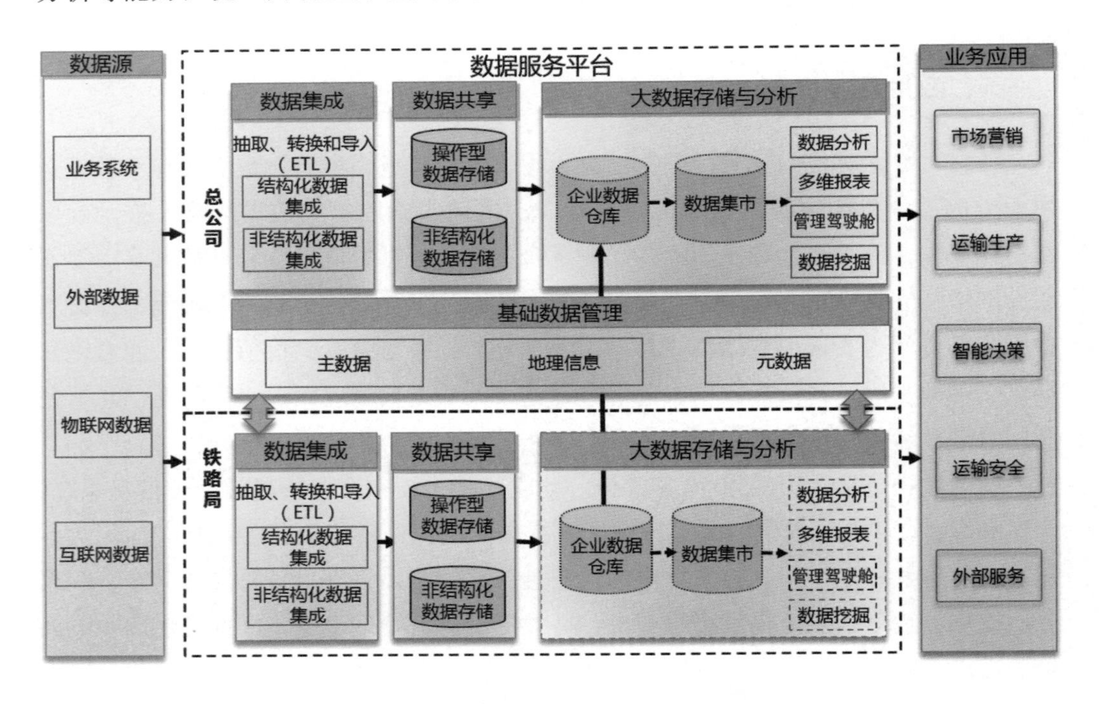

图 3–60　铁路数据服务平台总体架构图

铁路数据服务平台总体架构图如图 3-60 所示。

（二）数据架构

为了提高铁路各专业内部数据分析能力以及促进铁路跨专业数据分析，并且实现数据的精细化管控，平台面向各个业务系统实现数据汇集，构建全路数据资源

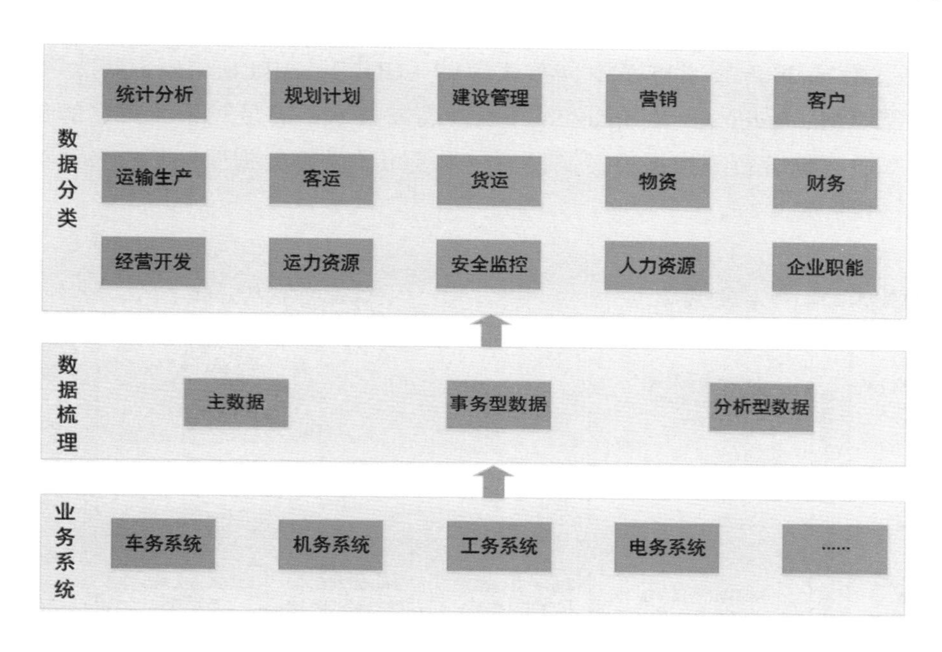

图 3-61　铁路数据服务平台数据架构图

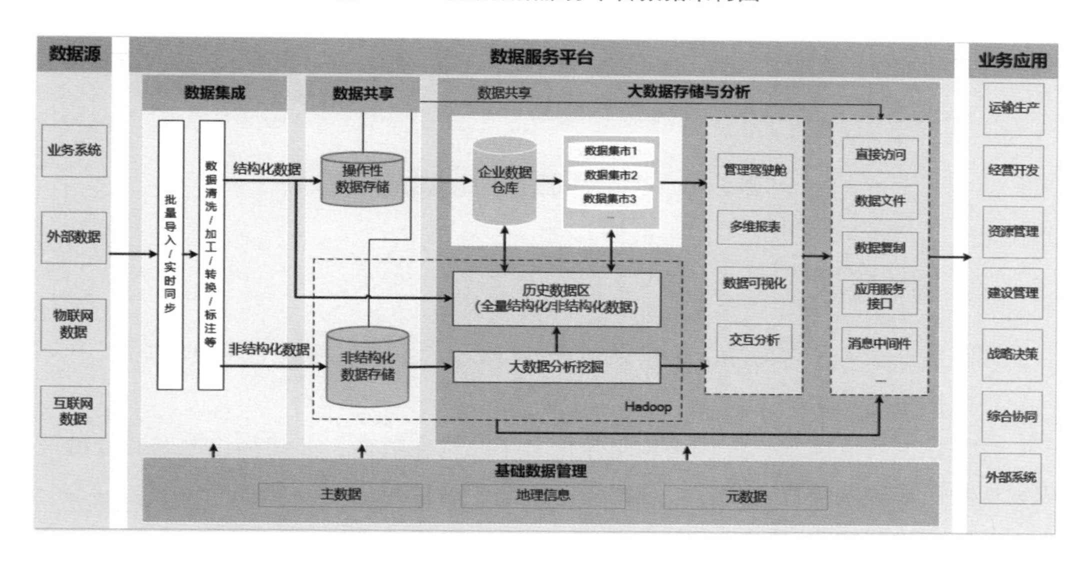

图 3-62　铁路数据服务平台数据流转图

的整体视图如图 3-61 所示。平台上的数据按照数据类型分为结构化数据和非结构化数据。结构化数据主要是传统的关系型数据；非结构化数据包括音频、视频、图像、文本以及日志等。平台的数据流转过程如图 3-62 所示。

（三）技术架构

数据服务平台技术组件以集成成熟开源产品为主，平台核心分布式存储与计算组件采用 Hadoop 技术体系中分布式存储（HDFS、HBase、Hive 等）、分布式计算框架（MapReduce）及 Spark 等开源产品或技术，满足对于大数据的数据集成、共享、存储分析等数据处理流程的技术要求。铁路数据服务平台技术架构图如图 3-63 所示。

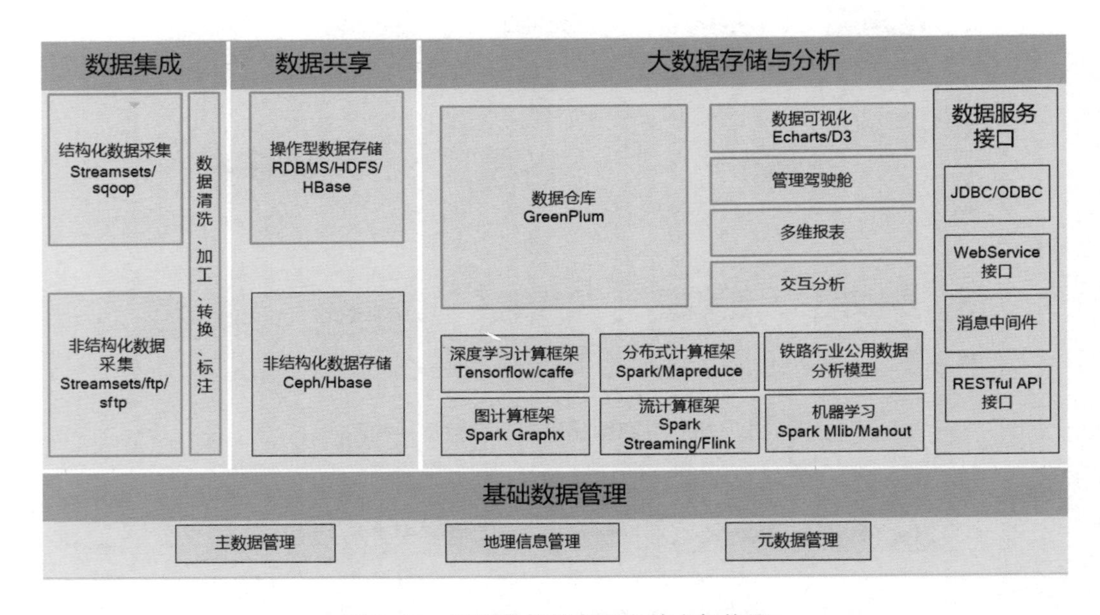

图 3-63 铁路数据服务平台技术架构图

（四）功能架构

铁路数据服务平台的功能架构如图 3-64 所示，主要包括以下几个功能。

1. 数据集成功能

管理数据集成需求，提供结构化数据、半结构化数据、非结构化数据的全量集成和增量集成，并可以对数据汇集的各个阶段进行监控。

2. 数据治理功能

提供面向铁路业务数据的元数据管理、元数据关系管理（关联关系、血缘关系、

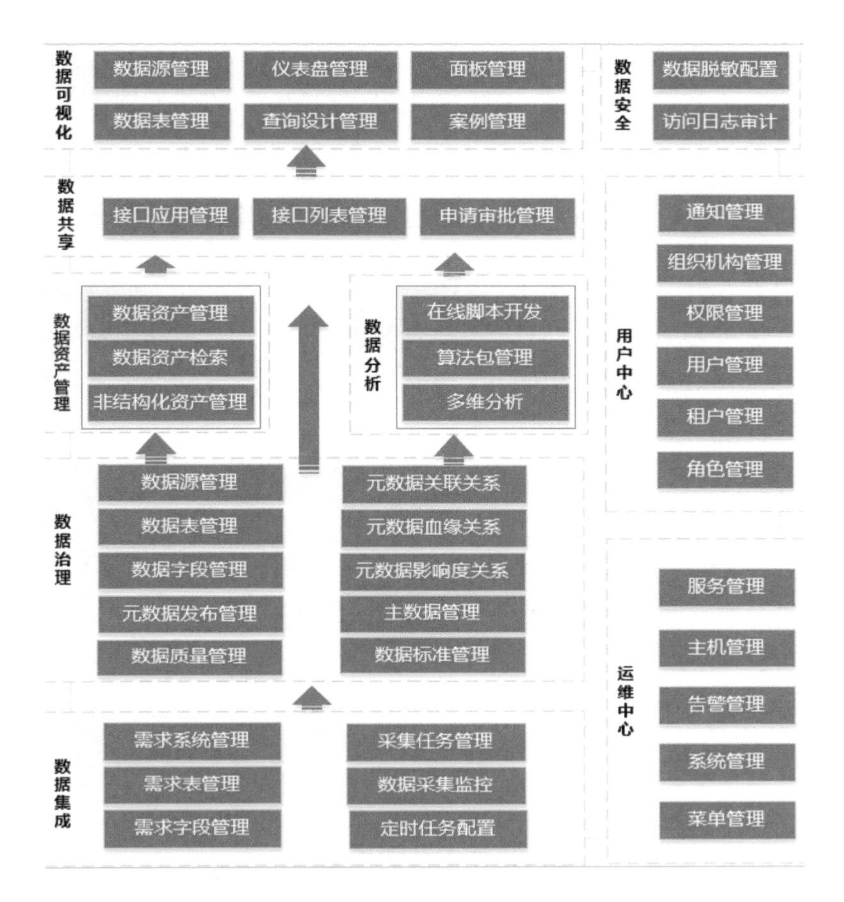

图 3–64　铁路数据服务平台功能架构图

影响度关系）、主数据管理、数据质量管理。

3. 数据资产管理功能

提供数据资产管理、数据资产检索、非结构化资产管理等功能，能够为铁路构建企业级清晰、完整、高质量、高可靠的数据资产视图，实现铁路业务数据的分类管理。

4. 数据分析功能

提供在线数据分析环境、算法包管理和多维分析管理等功能，能够实现数据自定义分析及 ETL 清洗，支持 SQL、Pig、Python、R、Scala 语言，并可以对数据分析任务进行调度管理和监控。

5. 数据共享功能

提供平台内数据共享和接口数据共享等功能，通过申请审批业务流程管控严格把控数据的查看、使用和数据接口的调用。

6. 数据可视化功能

提供基于分析结果的丰富的可视化数据展现功能，可以快速创建可交互的、直观形象的数据集合，支持丰富的可视化展现形式，并通过面板、仪表盘展示可视化案例。

7. 数据安全功能

提供数据脱敏和日志审计功能。数据脱敏配置可以为用户指定数据脱敏策略，隐藏或遮盖一些敏感信息，访问日志管理模块可以监控用户对在平台执行的各种操作，记录访问类型、访问者、访问 IP、访问详情等详细日志信息。

8. 用户中心功能

管理平台的组织机构、角色、租户、用户等相关信息。

9. 运维中心功能

提供对集群的可视化运维管理功能，包括平台所有组件的可视化安装和运维、集群状态实时监控、平台组件版本监控、集群无宕机升级、集群高可用、自动备份与恢复、集群告警与日志查看等。

三、关键技术

（一）基于微服务架构，提供插件式功能服务

微服务架构相对于单体架构和面向服务架构（SOA），其主要特点是组件化、松耦合、自治、去中心化。平台采用基于 Spring Cloud 的微服务架构，将各个功能模块以小型、独立的服务部署在多个服务器上，并采用轻量通讯机制和独立处理模式为用户提供平台能力。平台以一种松耦合的无边界模式，使各个功能既独立于平台又依托于平台。

（二）实现海量多源复杂数据的统一接入

平台针对来自于路内各信息系统、互联网、路外相关系统、物联网等多种数据源的结构化和非结构化数据，通过轻量、可扩展的数据接入方式及定制化的采集方案接入平台统一存储。通过集成化的接口采集汇总各种复杂来源数据，进行集中管理，实现海量多源复杂数据的统一接入。

（三）实现铁路大数据治理管控，提升铁路数据质量

平台研发了主数据管理、元数据管理、数据质量管理等多个数据管控模块，通

过数据血缘分析、影响分析等手段实现面向铁路全行业数据的全生命周期治理管控，基于 Spark 大数据平台的数据质量检测引擎，实现空值检查、值域检查、重复值检查等，实现海量数据质量稽核，平台的数据治理能力对数据质量实现有效地监控。

（四）提供全方位的安全管控能力，为用户数据保驾护航

平台在访问安全、数据安全、外部安全、安全可视化等方面提供全方位的安全管控能力，为用户数据保驾护航。提供对 Hadoop 大数据组件的安全访问控制、统一认证鉴权、功能访问控制，支持对敏感数据的金库模式访问控制，记录数据服务访问日志、操作日志及组件访问日志等。

（五）实现基于场景的数据分析及增强可视化展示

面向结构化数据，为用户提供数据分析、多维报表、领导驾驶舱、数据挖掘等多种不同的数据分析及展现能力。面向非结构化数据，可以根据不同的数据类型和应用场景，为用户提供文本分析、图像识别、视频检测等分析处理能力。基于数据实时渲染技术，实现铁路大数据增强可视化展示与交互，让用户更加方便地进行数据的个性化管理与使用。

四、应用效果

（一）应用案例一：中国铁路总公司级铁路数据服务平台

根据中国铁路总公司信息化总体规划，中国铁路主数据中心的建设的总公司级铁路数据服务平台和各路局集团公司建设的路局级数据服务平台，面向铁路运输生产、资源管理、建设管理、战略决策、经营开发、综合协同六大领域的海量数据实现数据汇集，提供了多源异构数据集成能力、多类型数据存储能力、智能分析及可视化展示能力、平台 + 应用的服务共享能力，对打破系统间数据壁垒，构建企业级数据资产全景视图，挖掘数据价值，支撑典型应用具有重要意义（见图 3–65）。

通过总公司级铁路数据服务平台和路局集团公司级数据服务平台的建设可以实现数据资源的交换共享，提升数据综合利用水平，降低系统接口的重复建设成本，实现数据资源综合治理、提升数据质量，实现数据资源的深度挖掘分析，提升决策支持能力。

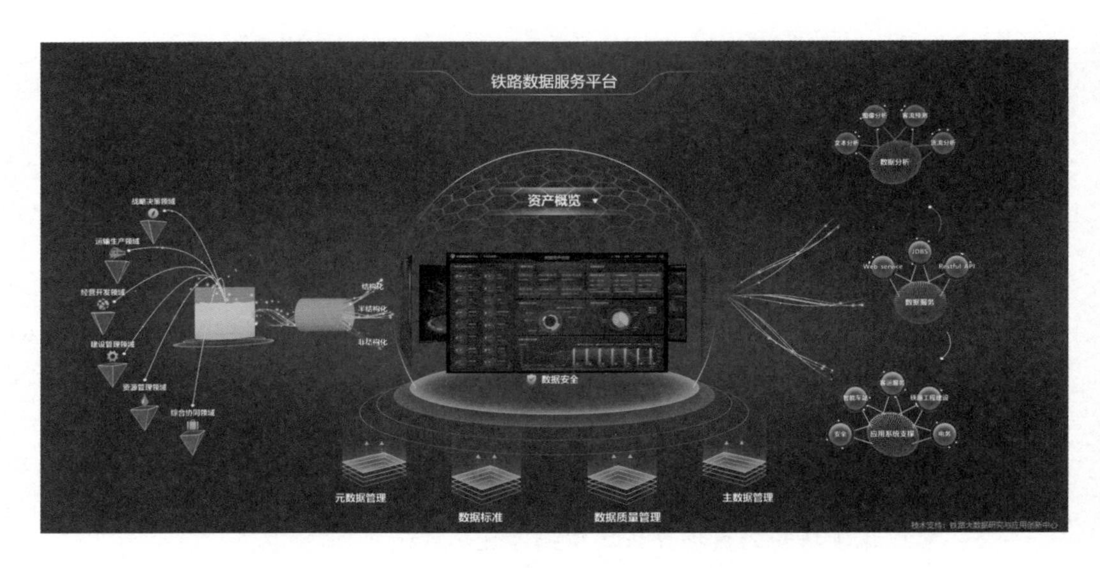

图 3–65　铁路数据服务平台的建设

（二）应用案例二：铁路安全大数据应用

基于铁路数据服务平台，运用大数据技术开展安全生产规律性、倾向性、关联性特征分析，深度挖掘事故、故障变化趋势和作业行为习惯，研判风险发展规律，

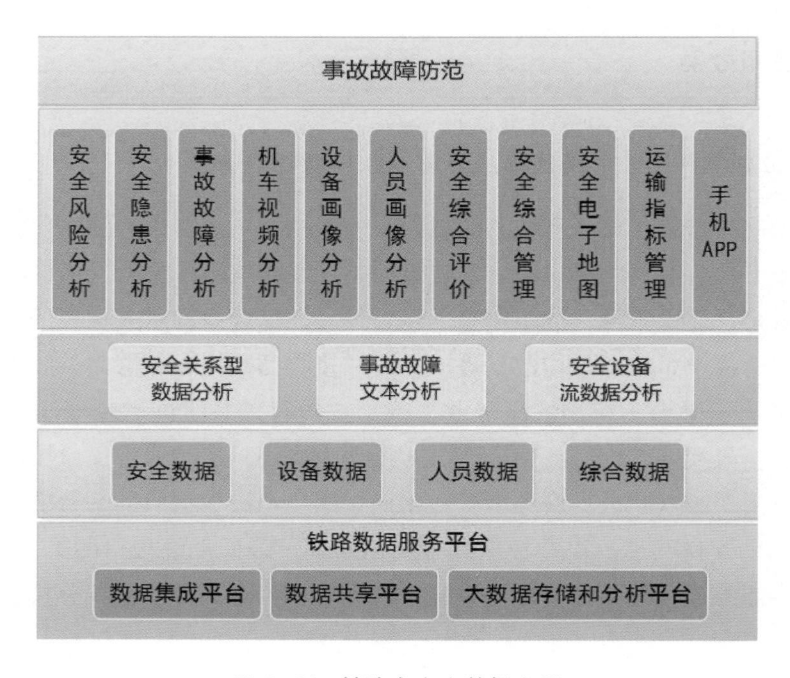

图 3–66　铁路安全大数据应用

及时发现隐患特征，指导对安全方向和防患的超前防控，提高安全管理、生产组织和过程控制的针对性，为安全决策提供数据支撑（见图 3–66）。

（三）应用案例三：铁路工务大数据应用

基于铁路数据服务平台开展面向高铁工务专业的数据汇集和治理，开展工务设备更改大修和专项整治分析应用，探索工务典型设备寿命周期规律研究应用，对于实现设备健康状态评估、故障预测及维修决策等功能提供应用支撑（见图 3–67）。

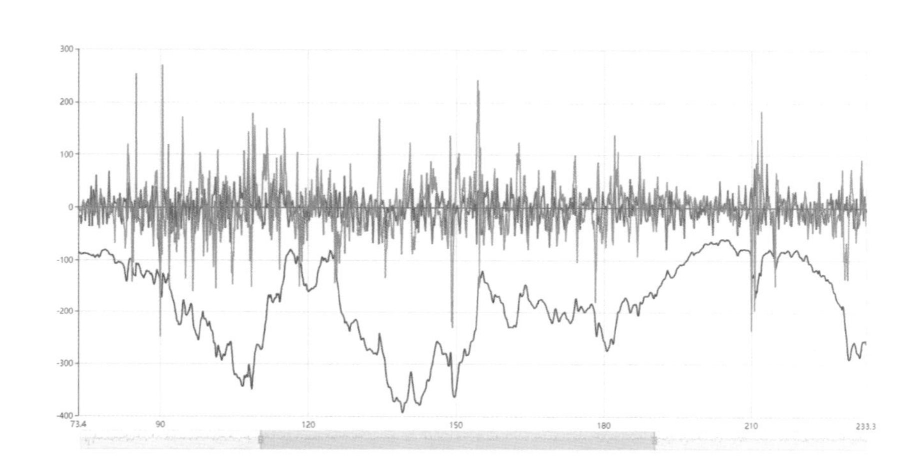

图 3–67　铁路工务大数据应用

（四）应用案例四：铁路电务大数据应用

基于铁路数据服务平台建设的铁路电务大数据应用，实现通信信号数据融合汇聚，通过设备综合检测、全寿命周期管理、故障智能诊断、运维综合分析、设备 PHM 管理、车地闭环分析等关键技术，实现从“集中监测”到“智能运维”的全面升级。

企业简介

中国铁道科学研究院集团有限公司成立于 1950 年 3 月 1 日，是中国铁路唯一的多学科、多专业的综合性单位，2001 年转制成为集科发、生产、销售、咨询、服务为一体的大型科技型企业。现有在职职工 8079 人，其中中国工程院院士 2 人、双聘中国工程院院士 1 人。建设了移动装备、工务工程、通信信号、节能环保 4 个高新技术成果转化基地，形成了以移动装备、工务工程、通信信号、节能环保、信息化、咨询监理、技术服务等为代表的核心支柱产业。

专家点评

中国铁道科学研究院集团有限公司自主研发的铁路数据服务平台，实现了业务系统的统一数据接入及共享，构建了企业级数据资产视图，提供了在线数据分析挖掘和可视化展示能力，实现了数据的一站式处理流程，为搭建大数据应用提供数据平台和技术支撑。目前铁路数据服务平台已在中国铁路主数据中心及部分路局展开部署应用，满足了海量数据采集、处理和分析的需求，对于提高数据综合利用水平、挖掘数据价值、支撑业务应用具有重要作用，市场前景广阔。

宫亚峰（国家信息技术安全研究中心副总工）

大数据 11

DTSphere Bridge 数据集成平台
——杭州数梦工场科技有限公司

DTSphere Bridge 数据集成平台是杭州数梦工场科技有限公司（以下简称“数梦工场”）自主研发的、拥有完全自主知识产权的一款基于分布式架构的 ETL 数据集成产品，可以通过简单易用的 Web 界面，以拖拽点击的方式进行各类操作，轻松实现数据同步、数据汇聚整合、数据分发和数据清洗。DTSphere Bridge 数据集成平台是新型互联网架构中数据中台的重要组成部分，更是数据集成共享不可或缺的环节，能够一站式解决数据集成过程中的一系列复杂难题。

一、应用需求

随着大数据时代的到来，各行各业对数据来源的需求多种多样，对来自不同业务系统之间的数据进行汇聚和交换成为周期性的工作。且由于企业的业务系统多种多样，不同的业务系统之间采用不同类型不同版本的数据库，不仅数据来源的种类多种多样，数据量也越来越大。

与此同时，各行业自身业务也在逐渐多元化和复杂化，业务产生和所需使用数据频繁变动，一旦应用发生变化、新增系统或物理数据变动，整个应用和数据体系不得不随之修改。

数据集成是把不同来源、格式、特点性质的数据在逻辑上或物理上有机地集中，通过应用间的数据有效流通和流通的管理从而达到集成，主要解决数据的分布性、异构性、有效性和及时性等问题。

ETL 是数据集成领域的落地技术，区别于传统数据交换，ETL 在完成基本数据交换（抽取、传输、装载）的前提下，对数据的转换（即数据的按需加工处理）提供更易用和更强大的支持，使数据在不同业务之间流动的同时，保证各业务获取到的数据是准确、及时、符合业务需求的。

在这种需求背景下，数梦工场数据集成平台 DTSphere Bridge 应运而生。

二、平台架构

Bridge 由集成开发平台、ETL 引擎、监控平台、元数据管理四大核心部分组成，如图 3-68 所示。

图 3-68　Bridge 系统架构图

（一）集成开发平台

集成开发平台是集开发、配置、调试、部署、执行、监控、日志、用户(管理)等功能于一体的平台。通过该平台实现从数据集成需求到实现的快速转化，并实现对整个生命周期的管理。

1. 开发调试

集成开发平台提供大量的任务组件和转化组件，通过这些组件，以图形化的方式，实现数据集成流程的快速编排。并提供了功能强大的调试预览功能，可以在开发过程中实现数据行级别的调试和预览，跟踪和观察每一行数据经过转化组件加工处理后的结果。通过集成开发工具开发调试完成的数据集成流程保存到资源库中统一存储管理。

2. 远程管理

集成开发平台通过 ETL 引擎的远程接口，实现对服务器的管理。包括数据集成流程的分布式部署、远程执行、对执行状态的实时监控、对执行日志进行查看和分析。

集成开发平台的监控管理功能可以对运行中的流程执行暂停、开始、停止、部署等控制，同时还可以对数据处理状态进行实时监控，包括每个组件处理的记录数、过滤的记录数，并且可以得到每个组件处理数据的性能指标和整个集成流程的性能指标。

（二）ETL 引擎

ETL 引擎包含抽取引擎、转换引擎和任务引擎等多个组件，抽取引擎完成对数据的抽取，转换引擎完成对数据加工处理流程的执行，任务引擎实现对任务调度管理的任务流程。

抽取引擎可实现数据库全量和增量的抽取，对结构化非结构化二进制文件全量和增量的抽取。转换引擎可实现对数据清洗、脱敏、转换、稽查、合并、替换、过滤、校验等一系列操作。任务引擎可实现对转换的任务调度，可按秒、分钟、小时、周、月、年进行调度，也可指定时间范围内进行调度。

（三）监控平台

为方便使用者对 Bridge 进行运维监控，运维大盘实时显示 Bridge 每个系统的运行状况，从而在系统出现状况时能快速的定位问题，如节点断线、CPU 运行过高、内存泄漏等问题。

监控平台提供对服务器、部署在服务器里的任务流程、转换流程的运行状态、运行结果、日志、执行性能进行查看，远程的启动、停止、暂停、恢复等操作；提供对服务器所在物理机器的 CPU、内存、硬盘资源、网络 IO 等性能指标进行实时监控。

（四）元数据管理

元数据管理用于持久化存储 Bridge 的元数据，包括 ETL 引擎的配置信息、任务流程信息、转换流程信息、基础资源信息（如数据库连接）等。Bridge 提供基于关系型数据库的元数据管理。

集成开发平台可以连接多个元数据库，在数据集成的开发调试阶段，可以将任务流程、转换流程和其他资源存储在开发元数据库中。而对于已经完成开发调试、进入发布阶段的流程，可以方便地导入生产元数据库。

ETL 引擎也可以配置一个或多个元数据库，并可以根据部署描述从资源库中获取实际的流程信息，根据这些信息实例化实际运行的集成流程。元数据库的使用不仅可以方便数据集成流程的开发和管理，还可以有效提高数据集成流程的部署效率。

三、关键技术

（一）多数据源

为打通不同数据平台的桥梁，Bridge支持多种数据源作为数据集成的源或目标，包括大部分主流的关系型数据库，比如：Oracle、MySQL、DB2、Teradata、SQL Server、PostgreSQL、Sybase等。此外，对于需要使用Bridge构建大数据集成平台的应用场景，能够支持Hadoop平台的HDFS和Hive以及阿里的开放数据处理服务（ODPS）组件的数据对接，以全量或者增量的形式将业务平台的数据和大数据分析平台的数据进行集成。对于使用阿里云（公有云或专有云）的用户，也可以利用数据集成平台将云上的ODPS、ADS、DataHub、OTS或RDS的数据与其他平台的数据进行对接，满足不同应用场景的需求。

（二）简单易用

Bridge采用B/S架构，Web拖拉拽配置和结果显示，简单易用（见图3-69）。

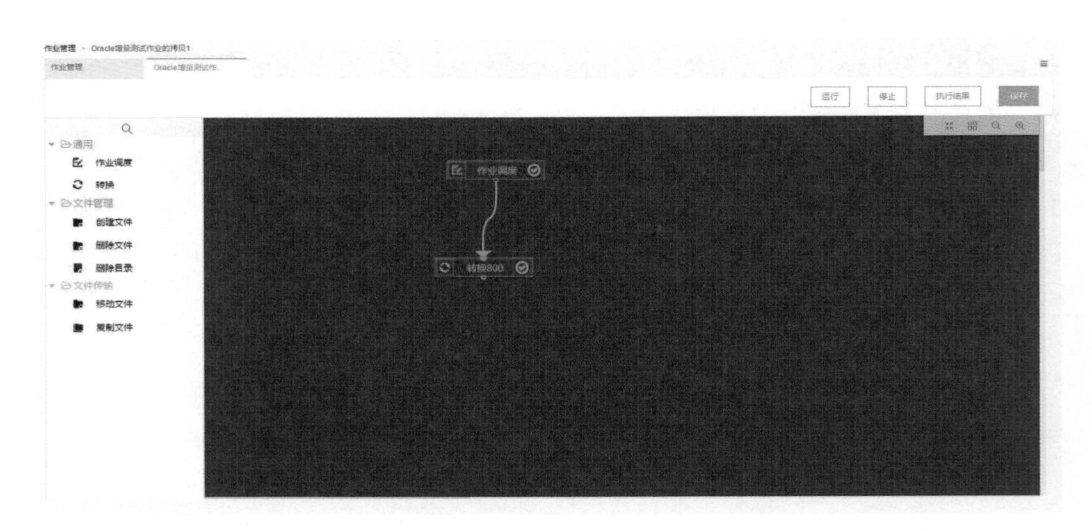

图3-69　Bridge采用B/S架构，Web拖拉拽配置和结果显示图

任务自动调度，不同的业务场景下，对数据交换的频率的要求也各种各样，传统的定时脚本方式和人工手动执行的方式难以满足复杂的调度需求，Bridge支持自定义调度计划，根据业务需要周期性对作业进行自动调度，无需人工干预，降低人工执行的风险和人力成本。

自动化部署，安装简单，支持 web 方式一键自动化部署，无需人工干预。

（三）高性能

由于使用了分布式的架构，通过扩展工作节点的方式可以线性地提升平台的整体处理能力，同时，Bridge 内部的作业调度采用业界比较成熟的任务调度框架，提供作业的统一调度，对作业提供多种执行方式，减少由于作业之间的资源争抢导致的性能下降。单工作节点的处理能力可达 30 兆 / 秒，支持集群部署，性能随集群节点扩充性能近线性提升，单节点 TPS 高达 10 万条 / 秒。

（四）实时增量

传统的增量一般使用触发器方式，对源库性能影响较大，而 Bridge 实现了基于日志方式的实时增量，支持 Oracle Redo Log、mysqlbinlog 等日志解析方式。日志增量同步可以避免重复的冗余的数据同步工作，特别是基础数据量巨大时，增量同步功能就显示出了特有的优势。配合作业周期调度功能，可以实现每次只同步本轮周期内变化的数据，节省大量的时间资源和带宽资源。

（五）高可靠

Bridge 的分布式架构在前端处理层、任务调度层、集群处理层及任务处理层均采用多点部署方式，避免单点故障导致整个系统的不可用。在 Web Service 和任务调度的前端，部署了 HA 节点，提升平台的高可靠性。管控节点及作业节点均为多点部署，单点故障的情况下，不影响整个集群的运行。由于作业元数据保存在元数据库中，Bridge 还支持增量任务的断点续传功能，保证整体作业的高可用，避免整表重导，提升任务效率。

（六）清洗转换

用户可以通过拖拽的方式快速完成各种复杂数据清洗需求。提供的清洗组件覆盖多种复杂处理。

（七）自动建表

传统方式当目的数据库未建表时需要手工执行 SQL 语句去创建目的表，效率低而且容易出错，而 Bridge 支持异构数据库之间自动建表，可在 Web 上操作。

（八）多租户技术

多租户技术用于创建不同租户。用户加入租户以后，可以创建租户的数据源、转换、作业等租户资源；实现了租户间应用程序环境和数据的隔离，不同租户间应用程序不会相互干扰、数据也具有保密性。

四、应用效果

（一）应用案例一：南网某供电局项目

在南网某供电局案例中。随着电网业务量的不断增大、业务种类的多样化，业务部门之间有着数据互相访问的需求，应运而生的访问通道众多，错综复杂，常常出现访问故障。建设一个统一的大数据中心，建立统一的数据标准，对外提供统一的数据服务成为电网的迫切需求。

另一方面，电网部分业务系统（例如掌上办事大厅、网上办事大厅等）对数据的实时性要求非常高。系统新增的数据需要实时同步到共享库才能保障业务的高效进行。建立增量数据实时同步通道，成为满足电网业务系统对数据准实时要求的最佳解决方案。除此之外，如何有效利用技术手段计算海量历史数据，如何采用有效数据依据进行管理决策，同时满足日益旺盛的创新应用需求，都是电网面临的机遇与挑战。

数梦工场从项目实际使用需求和期望，构建完整的大数据中心总体架构，包含数据集成（DataBridge）、分析型数据库（ADB）、大数据计算平台（EMR）等产品和解决方案（见图 3-70）。

其中，数梦工场 Bridge 数据集成平台提供数据集成处理功能，针对电网各业务部门之间各类异构数据存在的集成和交换难题，Bridge 可以达到 60 兆 / 秒的单工作节点处理能力，实现近万张表的实时数据同步和多张超百亿记录大表的非侵入式增量数据同步，支持超 30 种数据源一键接入，轻松应对电网实时数据同步共享的高需求。同时 Bridge 能够针对电网现状进行快速开发，以支持新的数据库类型（如快速开发基于日志解析方式获取 oracle 12c 的增量数据），最终建设一条高速数据通道以支撑应用建设。轻松整合核心内部数据资产和相关外部数据资产，从而推动内外部数据资产的融合利用，统一了数据标准，支撑上层资产运营系统、客户服务电子渠道应用以及电力大数据分析与可视化系统等应用服务。

Bridge支持HBASE、HDFS、Greenplum、Oracle …… 多种数据格式之间的数据同步

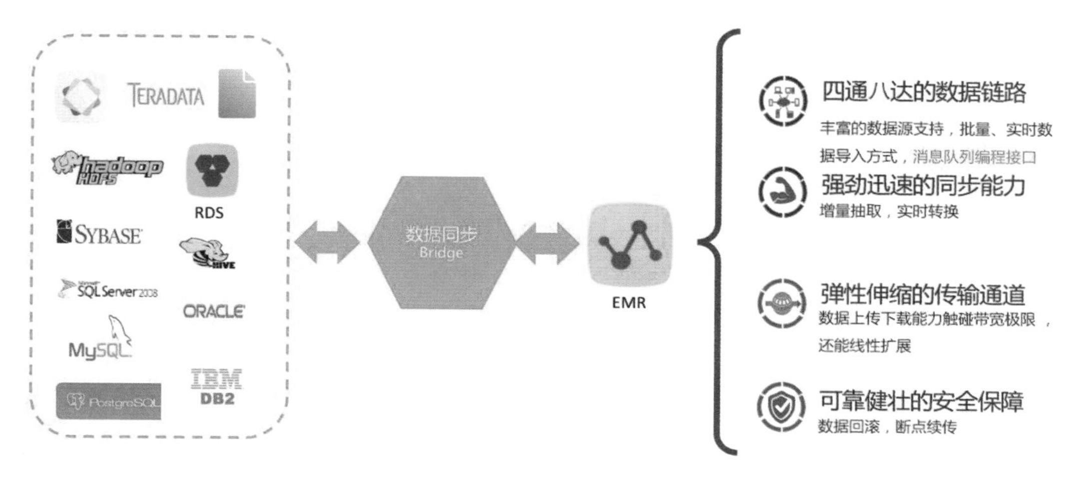

图 3-70　数据集成架构图

（二）应用案例二：某单位隔离网络建设

例如在某单位隔离网络数据接入过程，数梦工场通过数据集成平台将数据库表存量和增量数据转换成文件，通过网闸进行内外网文件交换并将增量文件转换成数据库表数据，能够一站式解决数据集成过程中的一系列复杂难题。

企业简介

杭州数梦工场科技有限公司创立于 2015 年 3 月，在北京、杭州、南京、成都、广州、长沙成立技术创新中心，公司 80%以上为技术人员，定位于新型互联网平台开发和服务。数梦工场是国家高新技术企业，参与制定“云等级保护”“大数据开放享”“大数据安全”等国家标准，是数字中国研究院副理事长单位、浙江省信息经济创新引领型企业。数梦工场研究院被认定为浙江省大数据重点企业研究院、杭州市企业高新技术研究开发中心等。研发创新方向涵盖云计算、大数据、数字安全、人工智能等领域，提供政务大脑、城市大脑、产业大脑等整体解决方案及服务。

专家点评

数梦工场数据集成平台 DTSphere Bridge 是数梦工场科技有限公司研发并拥有完全自主知识产权的一款基于分布式架构的 ETL 数据集成产品，其适配各类数据源，提供无侵入式的增量获取功能，具有高速的数据集成能力，是新型互联网架构中数据中台的重要组成部分，更是数据集成共享不可或缺的环节，能够一站式解决数据集成过程中的一系列复杂难题，在政务、税务、审计、公安等各级政府部门数据集成共享交换和企业数字化转型中都有广泛实践。

宫亚峰（国家信息技术安全研究中心副总工）

第四章　数据分析挖掘

大数据

12

全内存分布式数据库系统 RapidsDB

——威讯柏睿数据科技（北京）有限公司

全内存分布式数据库 RapidsDB 是由威讯柏睿数据科技（北京）有限公司（以下简称“柏睿数据”）完全自主研发、采用国际领先的分布式内存计算等关键技术的 TB 级分析型数据库系统。它支持完善的 SQL 查询、跨分区多表关联、分布式内存数据存储等数据库技术，具备高吞吐、高并发、低延时、高扩展等特性，适应于大规模、上百维度多源异构数据的实时分析及加速。其数据内存空间占用比小于 1∶2（远低于国际主流数据库 Oracle、SAP 等内存空间 1∶4 的占用比），达到 TB 级数据毫秒级响应。

通过多源异构数据连接、存储优化、加载加速、数据分析等功能，能对海量多源异构数据进行统一的接入、查询、智能化关联分析、深度挖掘及可视化展现。目前已广泛应用于政府宏观经济统计分析、社情民意预警预测、运营商精准营销、港口全自动化调度、智慧教育、智能交通、国土资源等不同行业与领域。

一、应用需求

随着移动互联网、智能设备和终端的不断普及、大数据技术的不断演进，数据产生的速度越来越快、量越来越大、数据类型也越来越繁杂，如何利用新一代大数据技术收集更多数据，并对大规模数据进行及时分析，充分发掘数据的潜在价值，成为政府和企业急需进一步提升信息化水平、数字化治理能力以及业务升级转型的关键。而原有数据库存在不支持多种数据源统一连接，无法实时获取业务数据，不支持大量数据分析或分析有很大延迟等技术难题，已无法满足政府和企业的大数据分析需求。

RapidsDB 作为一款拥有自主知识产权的全内存分布式数据库，面向各行业海量多源异构数据的分析应用需求，具备完全替代市场上分析型数据库系统的能力。

基于自主核心技术，RapidsDB 解决了海量多源异构数据连接和分析延迟难题。首先，支持 JDBC、Hadoop HDFS 等多种数据源，能够实现不同部门、不同地区、不同数据类型的数据源统一连接，为政府和企业打通信息孤岛，确保客户在无需数据迁移的前提下，就能完成数据资源的共享、快速查询和统计分析；其次，基于分布式架构及内存算法技术，RapidsDB 在最大化节省内存资源和方便客户按需扩展的前提下，能对大规模数据进行即席查询、实时分析、深度挖掘和直观展示，并将查询分析延迟从分钟级提升至毫秒级。同时，RapidsDB 以标准 SQL 作为统一接口，能够与市场上的 OA、ERP、CRM、HIS 等业务系统完成无缝连接，并兼容其他数据库系统，满足政府和企业各领域大数据实时分析的应用要求，是政府和企业在大数据时代充分发挥数据价值、提高决策能力、实现智能化生产并成功完成产业数字化、业务转型升级的底层核心支撑。

二、平台架构

RapidsDB 数据库系统架构由 MPP 执行引擎、SQL 编译器及优化器和数据存储引擎（RapidsSE）等关键组件组成，这些组件共同构成了一个可以对多源异构数据完成跨节点、有计划的并行快速分析和数据存储管理的原生整体（见图 4-1）。

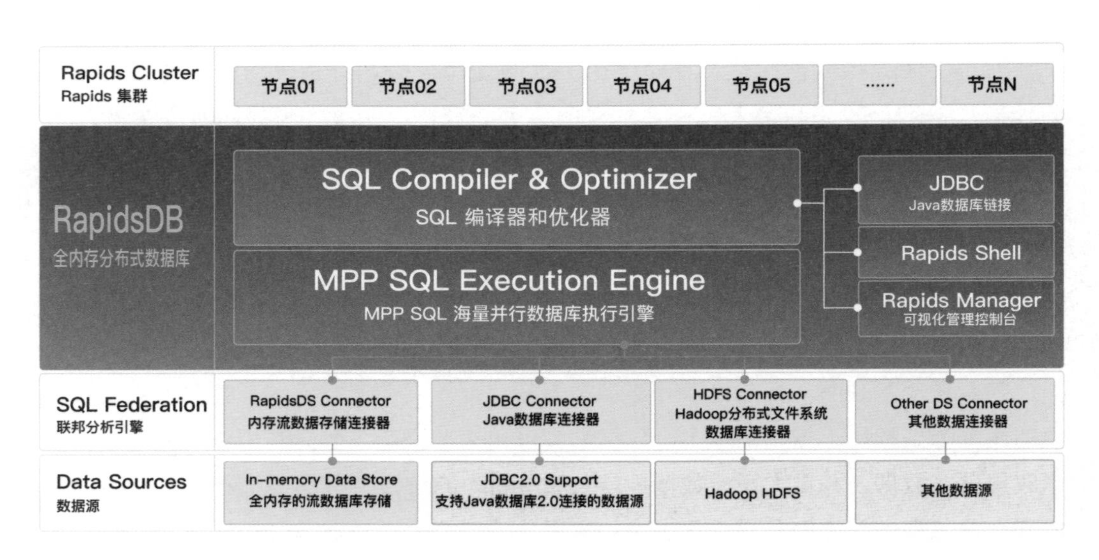

图 4-1　全内存分布式数据库 RapidsDB 架构图

（一）SQL 编译器和优化器

RapidsDB 的 SQL 编译器和优化器，负责对数据库应用层产生的每一条增、删、改、查 SQL 语句进行判断和语义解析，生成执行计划，并对执行计划进行优化，提高 SQL 语句执行的效率。另外，SQL 编译器和优化器还充分利用了底层数据源的原生 SQL 功能，将生成的执行计划下推至由数据源直接执行的部分，执行时即可从所需的底层数据源中提取数据。

（二）MPP 执行引擎

作为 RapidsDB 的其中一个核心组件，MPP 执行引擎是一个完全并行的执行引擎，负责执行 RapidsDB SQL 编译器和优化器生成的查询计划，并通过使用多源异构查询连接器访问底层数据源，完成高速、实时的数据查询。

（三）多源异构数据查询连接器

RapidsDB 支持插件数据连接器技术，用于与底层数据源相连接。连接器为被数据源管理的数据提供标准的 ANSI 三部分命名接口（目录、模式、表）。对于不支持 ANSI 三部分命名的数据源，连接器将提供 ANSI 三部分名称的缺失部分。例如，对于流数据源，流连接器将提供目录和模式名称。在查询执行期间，连接器负责执行优化器为相关数据存储所生成的那部分计划，然后将查询执行的结果传递给 RapidsDB MPP 执行引擎。

（四）存储引擎

RapidsSE 是与 RapidsDB 执行引擎紧密集成的分布式内存存储引擎。由 RapidsSE 管理的数据存储在可由 RapidsDB 执行引擎直接访问的共享内存段中，提供强大的插入、查询、索引等广泛的功能，决定数据库类型的同时，有效地提升了 RapidsDB 的存储效率、索引技巧、锁定水平，以及数据处理能力、数据分析性能、可靠性和数据保护的安全性。

（五）客户端 API

RapidsDB 提供了一个命令行界面，即 Rapids Shell，用于配置连接器和提交查询。RapidsDB 提供了一组用于启动和停止 RapidsDB 群集和 RapidsSE 的 Shell 脚本。RapidsDB 还提供了一个基于 Web 的管理控制台，即 RapidsDB 管理器，用于配置和管理 RapidsDB 群集。

三、关键技术

RapidsDB 数据库系统基于自主研发并具有完整独立自主知识产权的核心技术：“基于全内存的分布式海量数据实时分析处理”“精准可视化的数据治理技术”和“极致性能与高效检索技术”等，技术架构如图 4-2 所示。

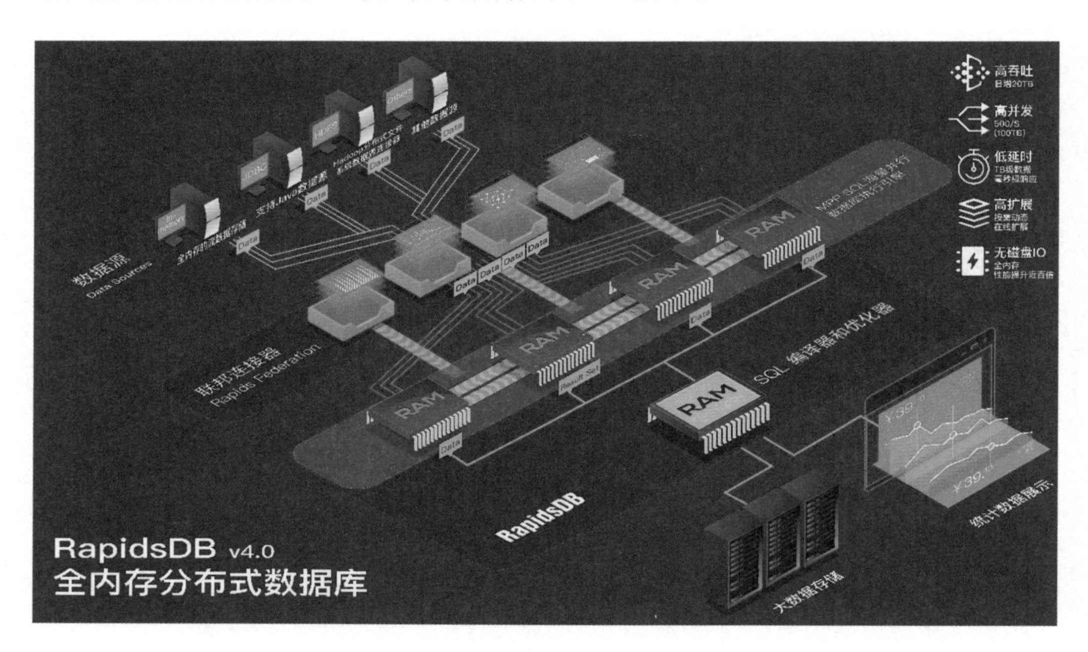

图 4-2　全内存分布式数据库 RapidsDB 技术工作原理图

（一）多源异构数据的统一连接

RapidsDB 连接器提供了与底层数据存储的接口，负责维护可从底层数据存储区访问的所有表的元数据，并负责执行访问底层数据存储所管理数据库表的查询执行计划。

通过多源异构查询连接器，RapidsDB 根据不同类型数据源创建不同的连接器，不需要数据迁移并且不改变原有数据库架构，就能完成多个数据源的统一查询，无须数据同步及 ETL 处理工具，避免了数据迁移时可能带来的数据丢失、数据泄露等风险。

（二）基于全内存的分布式海量数据实时分析处理

RapidsDB 使用内存进行实时分析，当对大规模数据进行查询和分析等操作时，数据在内存中直接与内存进行交互，避免了磁盘 IO 读写操作，提升数据库对海量数据的查询分析性能。同时 RapidsDB 采用分布式并行架构，突破了非分布式架构带来的瓶颈，支持多节点部署，以及计算和存储资源灵活在线扩展，帮助客户在业务不中断且成本大幅优化的同时，随时扩充存储和计算资源，拥有最优的数据处理和分析性能，避免停机或数据迁移等带来的不必要风险（见图 4–3）。

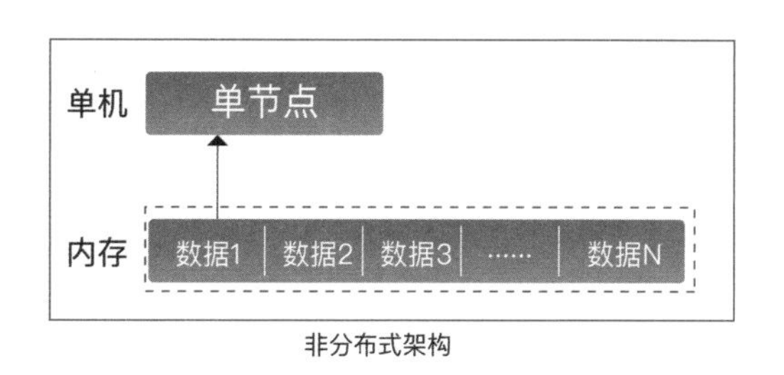

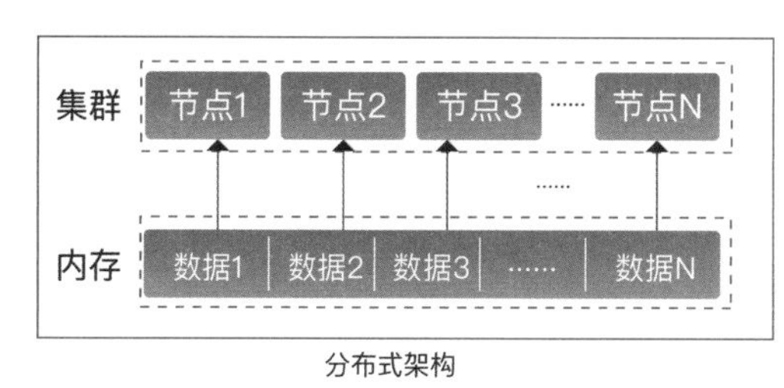

图 4–3　非分布式架构与分布式架构的区别

（三）支持 ANSI SQL 标准

RapidsDB 支持 ANSI SQL 标准，并以此作为统一接口，包括数据库模式定义语言（Data Definition Language，DDL）、数据操纵语言（Data Manipulation Language，DML）、事务处理控制语言（Transaction Contorl Language，TCL）和数据库工具支持，能与市场上各行业的相关应用进行无缝对接，具有很好的通用性和兼容性。

（四）高效的内存优化技术

采用先进的内存优化算法，降低数据计算的内存使用率，将数据与内存空间占用比小于 1∶2（远低于国际主流数据库 Oracle、SAP 等内存空间 1∶4 的占用比），在提升数据库系统的数据处理性能的同时，可大大节省内存采购成本。

（五）大规模多维度数据实时分析计算技术

支持海量数据在多个节点以并行方式进行存储和计算，支持大规模多维度数据实时分析，处理数据量高达 TB 级、上百个维度。

（六）持续运行的高可用性和高扩展性

支持数据在线冗余，双份数据存储，节点故障后持续运行且不存在单点故障风险，具备高可用性，确保业务 24 小时不间断运行；采用多节点集群分布式架构，支持上千个节点的集群规模。系统设计无单节点故障，无特定主节点，具备高扩展性。

四、应用效果

（一）应用案例一：上海某区教育局教育数据仓库系统项目

1. 业务需求

教学业务中会产生大量的课程、教学信息、学生信息、教师信息等历史数据，教育机构无法利用这些数据了解各个学生的学习情况，有针对性为每个学生制定差异化的教学方案和活动，使得教学水平提升困难。同时，教育机构的行政、人事、教务、科研、财务、后勤等教育相关数据存储在自身的系统中，没有实现与国家教育信息系统的互联，致使教育大数据资源严重浪费，难以共享。

2. 解决方案

利用柏睿数据全内存分布式数据库 RapidsDB 多源异构数据的统一连接和海量数据实时分析技术，解决各教育机构内部数据库系统与国家教育信息系统的互联、互访，及大规模教学业务、学生信息等数据的实时分析问题。

3. 方案架构

基于全内存分布式数据库 RapidsDB 搭建而成的一套能针对海量教育数据库进行实时分析和深度挖掘的高性能教育数据仓库系统。系统集数据汇聚、数据采集、

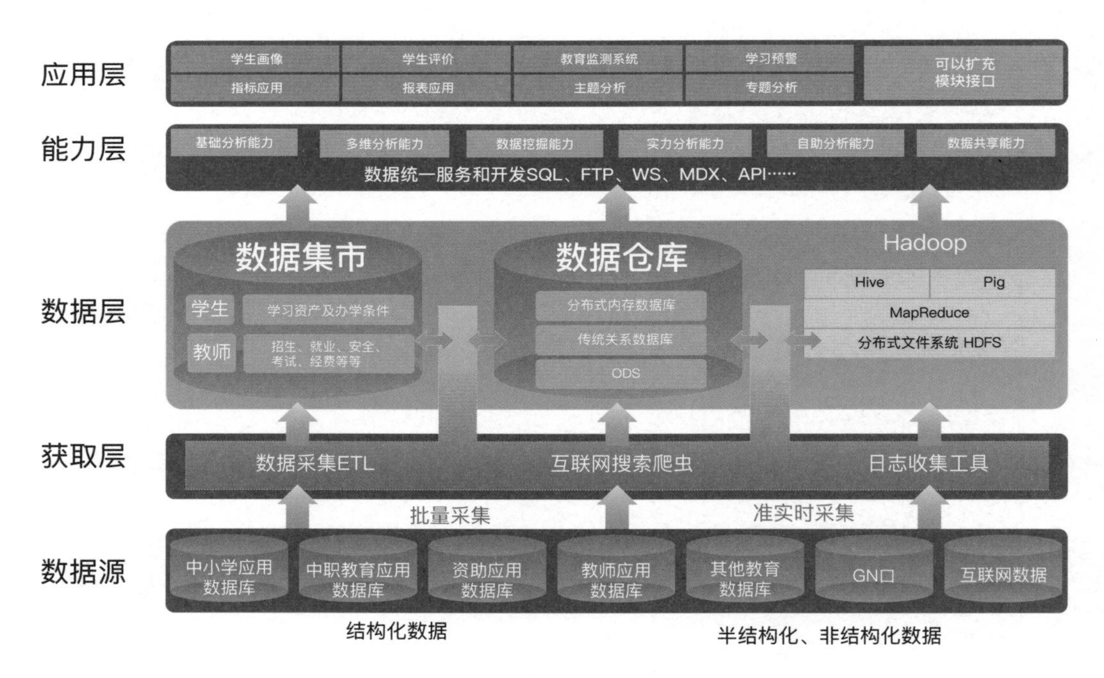

图 4-4　上海某区教育局教育数据仓库系统项目技术架构图

加工处理、海量数据实时分析、深度挖掘报告展示、管理服务等功能于一体。系统架构如图 4-4 所示。

该项目首先能汇集并实时收集教师、学生以及教育机构行政、人事、教务、科研、财务、后勤等教育相关的全类数据信息，同时完成与国家教育信息系统的互联，实现教育大数据的资源共享，丰富数据源，帮助教师和教育部门获取更全面的数据信息。

其次，运用大数据实时分析技术对汇聚后的海量数据进行实时分析和深度挖掘，帮助教师根据学生的不同情况制定差异化的学习计划及教学方案，开展个性化的教学活动，完成教学方案的创新，从而大幅提升信息化教学的水平和质量。同时，利用大数据实时分析技术对行政、人事、教务、科研、财务、后勤等数据进行关联分析，帮助教育管理部门及相关学校在资源分配、业务开展及未来发展等方面，以合理、及时、有效的数据分析方式为教学规划和日常管理等提供全面、准确、可靠的决策支撑，进而支持教育宏观决策、加强教育监管、提高各级教育行政部门和学校的管理水平，全面提升教育行业的信息化水平和公共服务能力，推动教育的发展和数字化、信息化改革。

（二）应用案例二：某省工业经济运行监测平台

工业经济运行监测工作是政府管理经济的重要方式，对促进经济又好又快发展有重要作用。随着经济形势的日益复杂和快速变化，以信息化的方式监测分析整个经济运行工作越显重要。

1. 业务需求

（1）数据分散、无法及时共享：此前工业经济运行监测需要从工信厅、税务、供电部门、统计部门、企业等多个不同政府部门和企业中获取数据，而这些分散存储在政府和企业的不同业务系统中，难以统一查询、及时获取和共享，形成信息孤岛。

（2）数据增长迅速、难以实时处理分析：工业运行已经积累了越来越多的历史数据，而且随着信息化的快速发展，数据产生的速度越来越快、类型和应用场景也越来越复杂，涉及文本、图像、视频等多种非结构化数据，传统的数据处理技术难以满足这些大规模数据的应用需求。

（3）工业经济运行监测力度低：现代化工业经济运行监测需要采集和处理的数据范围越来越大，如互联网、大中小企业信息，以及机械、煤炭、纺织等行业数据。此前，由于技术手段限制，只能在小范围内、低频率地进行抽样调查，导致数据源较为单一，工业经济运行的监测范围较小，所得结果的精准度也很低，无法提高经济形势分析工作的准确性、预见性和针对性。

2. 解决方案

基于柏睿数据全内存分布式数据库 RapidsDB，运用大数据与人工智能等先进技术构建的一个能够实时、精确分析并预测工业经济运行情况及未来趋势的大数据平台，其用户分为“省、市、企业”三级，也是三级串联、双向互动、提供跨部门数据共享的即时数据平台。

围绕客户的实际情况及业务需求，该平台不仅统一连接了省工信委、税务、电力、统计等各部门原有的数据源，还通过全网实时采集全省工业经济的各类数据。然后对数据建模、加工、关联分析及可视化展现。其服务对象主要包括工业经济主管政府部门和工业企业。面向工业经济主管政府部门，提供了全面工业经济运行大数据指标体系和经济运行大数据监测、评价、预测模型。面向工业企业，提供从大数据采集接入、存储管理、算法模型、分析计算，到可视化展示一整套工业大数据应用软件工具包，平台整体建设架构如图 4-5 所示。

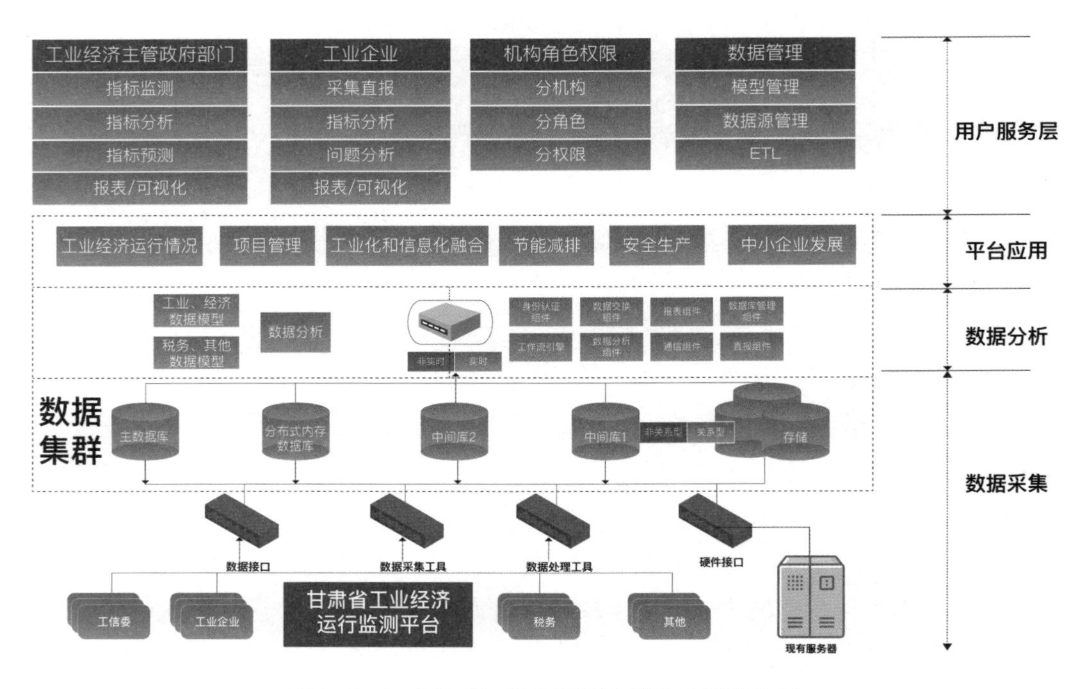

图 4-5 工业经济运行监测平台整体建设架构图

该平台具备出色的多任务并行处理及分布式计算性能，同时具备低延迟、高吞吐、强容错、易扩展等特点。

平台技术架构如图 4-6 所示。

平台可视化效果如图 4-7 所示。

在该平台中，全内存分布式数据库 RapidsDB 针对省级工业经济运行自定义分片技术，达到毫秒级全文搜索，实现了单条查询速度 3 毫秒以内、十亿多条日志量

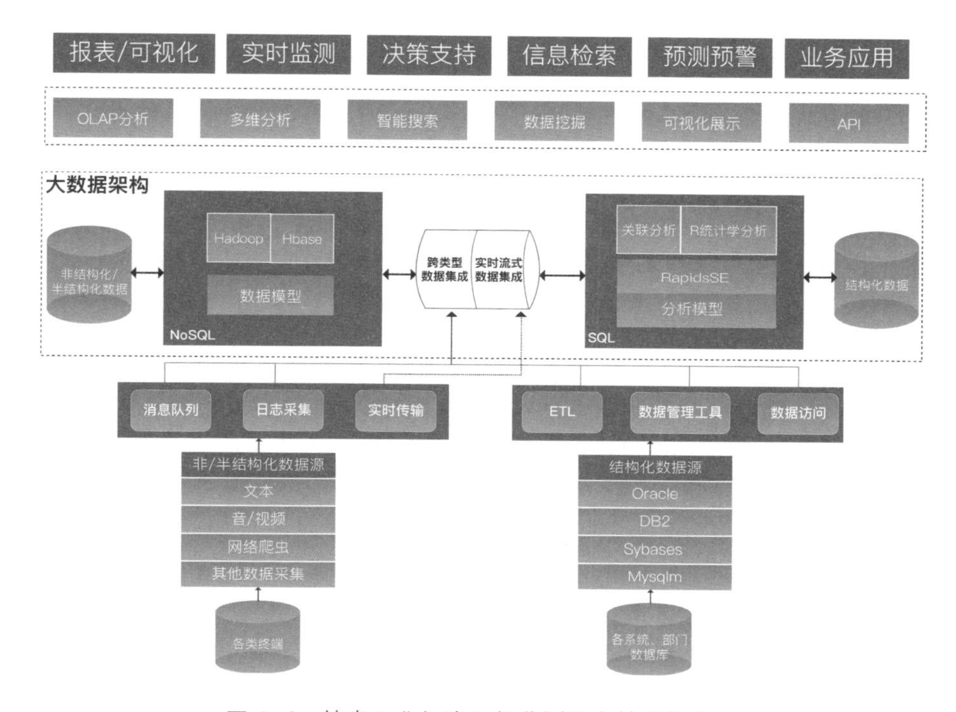

图 4-6　某省工业经济运行监测平台技术架构图

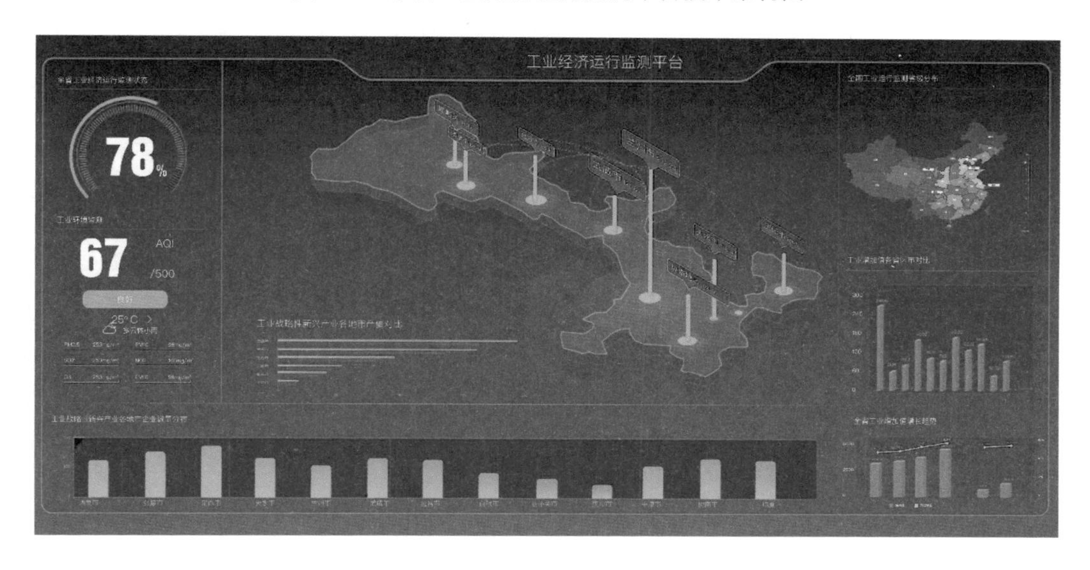

图 4-7　某省工业经济运行监测平台可视化效果图

检索时间在 7 秒以内。用户既打通了信息孤岛、丰富了数据源，又从宏观、中观、微观三个层面实现对所辖区域工业经济运行相关指标进行实时监测和关联分析，最终实现在应用层加强工业经济运行监测，提高经济形势分析工作的准确性、预见性和针对性。提升数据集成、交换能力和经济决策的科学性，为全省工业经济运行情况精准分析和决策提供全面、科学、准确的信息支撑。

企业简介

柏睿数据拥有基于自主研发的数据库技术产品，为政府和国民经济行业的数字化转型升级提供基于大数据平台的实时分析技术服务，实现了从解析层、优化层、执行层到存储层等全面的完全自主可控的数据库产品体系，并以海量、高并发、实时、全内存分析等特性领先国际。同时，柏睿数据作为国际标准委 ISO 中国成员体企业代表，主导制定了两项数据库国际标准：《SQL90752018 流数据库》和《AI-in-Database 库内人工智能》，致力于为中国大数据产业快速发展、实现“数字强国”提供强大技术产品支撑。

专家点评

全内存分布式数据库 RapidsDB 是由柏睿数据完全自主研发、采用分布式架构的全内存 TB 级分析型数据库系统，基于自主核心技术，RapidsDB 具备高吞吐、高并发、低延时、强扩展等卓越性能，率先实现从数据库解析层、优化层、执行层到存储引擎四层的自主安全可控。

郬贺铨（中国工程院院士）

大数据

13

基于大数据分析的数字音乐个性化精准推荐平台

——广州酷狗计算机科技有限公司

酷狗音乐是具备技术创新基因的数字音乐服务商，2004年起步于国内首个网络音乐PC端，后续发布手机客户端。公司云存储歌曲库多达2亿首，月活跃用户3.53亿，在众多竞品中拥有竞争优势。平台针对海量的曲库与用户的大数据进行分析挖掘，基于此海量的用户行为进行分析，对用户进行行为画像，更精确地了解其喜好，同时通过大规模量级用户的协同过滤技术，为用户提供更多的潜在需求，挖掘其喜好。平台形成酷狗音乐实时推荐服务的架构及高潮挑歌、猜你喜欢、电台、每日推荐、口味源等功能，并不断增加新的推荐功能。

一、应用需求

（一）经济社会背景

数字音乐行业快速发展，这主要源于国家政策的支持，吸引资金、人力、资源的倾斜；另外版权秩序好转，有助于数字音乐行业的良性循环持续造血；同时数字音乐用户的付费习惯也形成，可以为数字音乐企业带来音乐相关营业收入，致力于发展用户数量和质量；在广东省发布的《广东省现代服务业发展“十三五”规划》中酷狗音乐作为重点支持对象列入其中。

（二）产品解决的行业痛点

通过研发推荐模式，挖掘出更多优秀的歌曲，将之前未充分挖掘推广的歌曲通过优秀的副歌高潮部分，重新推送给用户，让这些尘封的、被埋没的、没有进入用户耳朵的好歌曲再次走红。而且用户只需花费少量时间就可以选择出自己喜欢的歌曲。这种方式不但推广乐库中不被经常点击的音乐，增加每首歌曲被推荐的概率，而且可以发现更多好的音乐作品，为这些作品的音乐人带来收入。

目前整个音乐行业蓬勃发展，迎来了快速生长局面，数字音乐企业都在寻找探索新的发展商业模式，积极开发新的技术。在这种情况下，酷狗音乐继续开发推荐技术，为海量用户提供个性化推荐服务，并且获得了良好的用户口碑，同时带动了音乐相关服务的收入，为整个行业提供了一种新的发展模式和方向，提出了音乐的新玩法，摆脱了数字音乐企业作为单纯音乐服务提供商的固有模式。

在这种影响下，数字音乐企业结合自己的优势，从横向上将会逐步向上下游扩展，从纵向上将会结合音乐与其他产业，把数字音乐行业拓展到别的版图，对整个音乐产业的振兴大有裨益。

另外，酷狗音乐的主要技术都是行业首创独创，拥有知识产权，提升了用户体验。这些大数据以及深度学习的推荐技术会激励行业其他企业进行模仿与创新，带动了整个行业的技术发展，从而不断产生新的技术，促进了功能的改进、后台的稳定，让数字音乐软件不断更新创新，塑造良好的技术竞争氛围，直接促进了数字音乐行业的整体技术发展。

酷狗音乐通过推荐服务增强了用户黏性，增加了酷狗音乐服务的收入，这些收入也会流入版权商、知识产权商、唱片商、演艺公司等上游企业，为他们带来盈利。在上游企业得到收入后，音乐内容服务将会更加多样化与高质化，直接影响下游用户的音乐享受。形成良性循环后，整个音乐产业将会持续地快速发展。

（三）市场应用前景

平台推出新的音乐玩法，扩大了市场占有率，在提升品牌名誉度的同时，带动了本行业在广东地区的影响力，并且直接促进了酷狗公司的收入，在收入增加的同时纳税额也增加，为地区发展贡献自己的力量。酷狗音乐合作商中广东地区的企业居多，带动了当地企业共同发展，共同将音乐打造成为广州乃至广东的文化名片。

平台的上线增加了高端增值服务收入，为其他同行业提供了可借鉴的盈利模式，为各环节提供了收益，促进了整个行业的蓬勃发展，数字音乐行业规模效应初现。

作为文化电子商务平台，为电子商务发展提供了一种新型的发展模式，不再拘泥于实物商品交易。文化电商通过提供无形增值服务，不但满足了用户的精神需求，而且无需实物库存及物流，降低了公司运营成本，促进了电商发展的转型升级，引领了电子商务行业发展的新业态形成。

二、平台架构

实时推荐技术、精准推荐技术、高潮挑歌技术、新用户推荐技术、推荐理由技术、感情风格音乐推荐技术。这些技术功能构成了基于大数据分析的数字音乐个性化精准推荐平台。

实时推荐技术与精准推荐技术作为基础架构功能，其一是从无到有的推荐，其二可提高推荐的精确度。高潮挑歌技术可以通过将音乐片段截取 30 秒高潮从而让用户更快判断自己喜好音乐，以色度距离矩阵确定每个音频帧之间的相关性，确定多个候选高潮片段，提高了多媒体文件高潮片段确定的准确性。新用户推荐技术客户端可以记录用户播放过的歌曲，与该客户端连接的管理服务器可以根据这些歌曲确定用户喜好的歌曲，进而指示客户端向用户推荐用户喜好的歌曲。推荐理由技术提供了一种推荐音频的方法，而且在显示推荐的音频时，还可以显示出推荐理由，使用户的体验更好（见图 4-8）。

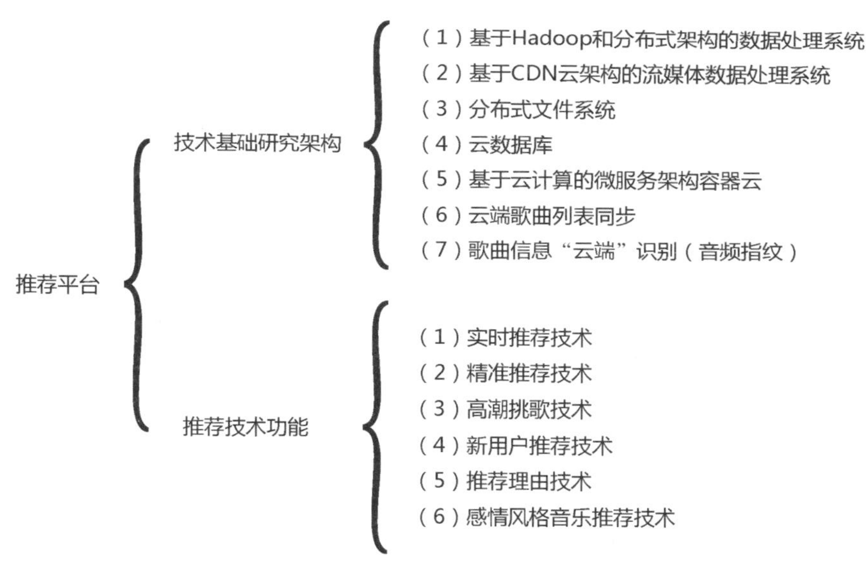

图 4-8　推荐平台架构图

三、关键技术

（一）每日推荐功能

每日推荐功能将不同种类、风格的歌曲进行整合，每日为用户进行推荐，用户可将喜欢的音乐进行设置，更加准确了解用户喜好。每日歌曲推荐专注于歌曲的广度，无论是热门歌曲还是小众歌曲，无论是劲歌新曲还是怀旧经典，都可为用户进行推荐（见图 4-9）。

图 4-9　每日推荐功能

（二）口味源功能

音乐推荐理由是在为用户推荐个性化音乐的同时，附上推荐理由，用户可根据此理由了解系统推荐依据。当用户想强化或弱化此推荐喜好时，可根据理由自行增加类似歌曲或者删除此歌曲，从源头改变推荐源，形成新的音乐推荐库，系统也会迅速调整出新的推荐歌曲列表，满足用户的新需求。这种方式为用户了解自身音乐喜好提供依据和简单的操作，让用户获得符合自己口味的音乐推荐，是一种简单高效的方式（见图 4-10）。

（三）电台功能

电台功能通过将音乐分为语言、主题、场景、心情、风格等板块，为用户提供相关主题内容的歌曲，从而简化搜索试听过程，让用户快速定位到自己所需要的场

图 4-10　口味源功能

图 4-11　电台功能

景音乐中（见图 4–11）。

（四）歌单功能

歌单功能根据用户的喜好，为用户推荐相关主题音乐歌单。此部分歌单由酷狗官方或用户整理上传而成，主题鲜明，对用户喜好把握更加精准。同时还设有每周推荐歌曲，每周精心挑选歌曲供用户享用（见图 4–12）。

图 4–12　歌单功能

四、应用效果

（一）应用案例一：音乐推荐技术

平台的主要技术如口味源功能、高潮挑歌功能都是行业首创独创，拥有知识产权，提升了用户体验，用户选择我们不是因为他们没有选择，而是因为我们给了他们更多的选择。这些大数据以及深度学习的推荐技术会激励行业内其他企业进行模仿与创新，带动了整个行业的技术发展，从而不断产生新的技术，促进功能的改进、后台的稳定，让数字音乐软件不断更新创新，塑造良好的技术竞争氛围，直接促进数字音乐行业的整体技术发展。

目前已申请发明专利 13 项，其中已授权 2 项，已授权软件著作权 4 项，备案企业标准 3 项（见表 4-1）。

表 4-1　标准名称系统

序号	标准名称	标准编号	标准级别	标准状态	时间
1	K 歌评分系统	Q/KGyy1-2018	企业标准	已备案	2018 年 3 月 15 日
2	猜你喜欢电台	Q/KGyy2-2018	企业标准	已备案	2018 年 3 月 15 日
3	听歌识曲服务平台	Q/KGyy3-2018	企业标准	已备案	2018 年 3 月 15 日

（二）应用案例二：个性化推荐服务

通过研发推荐模式，为海量用户提供个性化推荐服务，挖掘更多符合用户口味的优秀歌曲，并获得良好的口碑，引爆用户流量，扩大市场占有率。在提升品牌名誉度的同时也带动了本行业在广东地区的影响力（见图 4-13、图 4-14、图 4-15）。

图 4-13　播放量图

图 4–14　播放量图

注：本页下载量累计截至2017年第四季度。

资料来源：iiMedia Research（艾媒咨询）

图 4–15　艾媒咨询 2017 年中国手机音乐客户端下载量排行榜

企业简介

广州酷狗计算机科技有限公司是2006年2月20日在广州注册成立的有限责任公司，主营业务为酷狗音乐、酷狗直播、酷狗唱唱等音乐产品。酷狗客户端现月均活跃用户3.53亿，网络存储30亿首歌曲，拥有1700万海量正版音乐曲库。公司拥有70%以上的研发人员，优质的创新技术助力每年专利申请量、授权量的持续增长，形成一系列自主知识产权，截至2018年12月，专利申请总量达千件。公司还获得"中国互联网百强企业""国家知识产权优势企业""广东省知识产权示范企业""广东省创新型企业""广州市创新标杆企业"等荣誉称号，用科技引领音乐产业走进新时代。

专家点评

基于大数据分析的数字音乐个性化精准推荐平台是广州酷狗计算机科技有限公司对自身产品的海量用户进行行为画像，用大数据分析技术对用户已有以及潜在需求进行挖掘，从而推出多款具备数字音乐个性化推荐功能的平台，让用户体验定制化音乐内容服务。通过此功能，用户体验大幅提升，黏性增大促进用户付费意愿，有助于数字音乐的付费渗透率提高，从而提高数字音乐的盈利性。

邬贺铨（中国工程院院士）

大数据 14

油气大数据管理应用平台
——山东胜软科技股份有限公司

油气大数据管理应用平台是充分融合A（Algorithm，算法）、B（Bigdata，大数据）、C（Cloud，云）前沿技术，并面向石油行业的数据特点、业务特点进行扩展和定制的大数据平台产品，其核心功能包含商业数据管理、人工智能、商业智能、大数据计算、大数据监控等。山东胜软科技股份有限公司（以下简称“胜软科技”）油气大数据管理应用平台产品已经应用于中石化胜利油田分公司、西北油田分公司、物探研究院等企业和单位，为企业提供高效的数据处理与数据科学应用能力，为企业大数据场景提供全面支持。

一、应用需求

面对油价持续低迷，油田企业处于寒冬期的新常态，油田提出了在向以效益为中心的油公司模式转变的大环境下，降本增效、科技创新、精细化管理是油田企业提质增效上水平，实现油田持续有效发展的必经之路。

为了满足油田企业精细化管理的需求，在企业生产经营管理方面充分发挥信息化支撑作用，依托大数据平台辅助生产运行优化，提升经营管理决策水平，实现油田企业提质增效上水平的战略目标。

二、平台架构

油气大数据管理应用平台将大数据应用划分为大数据计算与油气田业务应用两部分，实现大数据的汇集、计算以及人工智能的分析应用和数据可视化展示，具体分为五个核心模块。

（一）商业数据模块

通过多源异构数据适配器，将油气田企业存在于不同数据库、不同存储中的结构化和非结构化数据加载到大数据平台。

（二）人工智能模块

该模块具有大规模的数据处理能力和分布式存储能力，同时整个模型支持油田企业的大规模建模和计算。通过大数据平台，数据挖掘将变得非常简单，能够快速进行数据挖掘，发挥大数据的价值。支持接入各种关系型数据库、本地 CSV、Excel 文件上传，为数据分析提供数据支持。通过拖拽的方式，快速实现流程式的数据分析。每个算子可进行参数配置，方便用户进行模型优化。算法库 8 大类，600 多个算子，采用树形结构展示，可输入关键字直接搜索定位。数据分析的结果以可视化的方式进行输出，包括列表、统计、图形等（见图 4–16）。

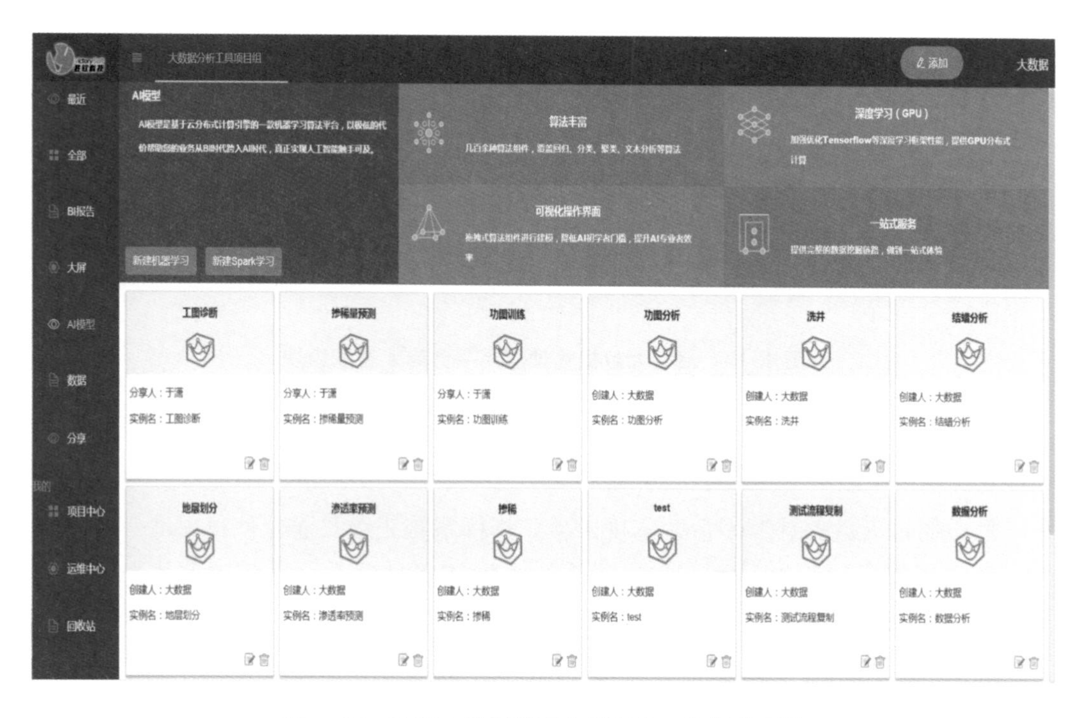

图 4–16　油气大数据管理应用平台人工智能模块

（三）商业智能模块

该模块帮助非专业人员通过图形化界面轻松搭建具有专业水准的可视化应用，实现了将数据进行各类型的统计分析和图表展示。通过创建数据集市，建立各类数据模型，定制各类场景的主题，最终通过 BI 进行可视化分析。BI 可视化工具支持 BI 报告和大屏两种场景，支持绝对布局和相对布局两种布局方式，并且可以根据不同设备的分辨率动态设置画布的大小和背景。绝对布局下，可以任意对组件拖拽进行布局。相对布局下，需要借助于布局容器来进行组件的定位。所见即所得的配置方式，无需编程能力，通过拖拽组件，自定义组件属性和数据源，即可创造出专业的可视化应用。除了常规图表和表格外，还能够支持地图组件、3D 图形组件和 H5 专业图形组件（见图 4–17）。

图 4–17　油气大数据管理应用平台商业智能模块

（四）大数据计算模块

目前通过大数据计算平台，实现了生产指挥系统三级贯通，使得采油厂和管理区的数据能够实时汇总计算，在局级系统中能够实时查看。目前覆盖了采油、注水、集输等油田核心业务（见图 4–18）。

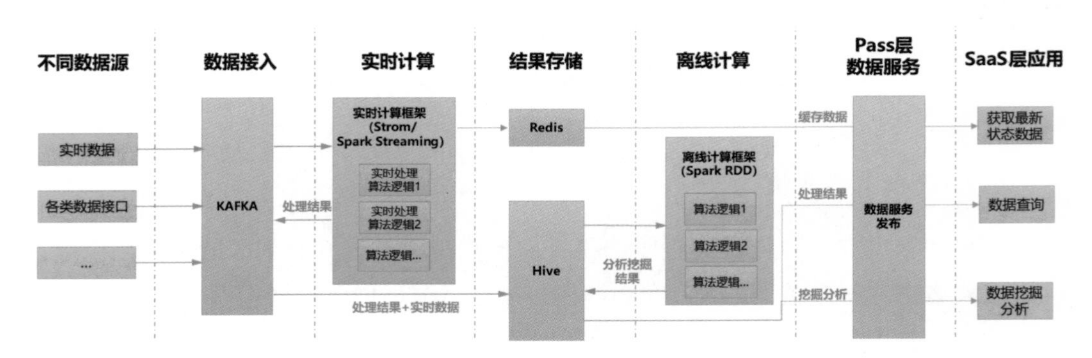

图 4–18　油气大数据管理应用平台大数据计算框架流程图

（五）大数据监控模块

该模块主要是对主机和组件进行监控和管理，作用主要体现在：一是发现潜在问题并能及时告警，为故障诊断和分析提供依据；二是在发生事故之前就能预警，最大限度降低系统故障率（见图 4-19）。

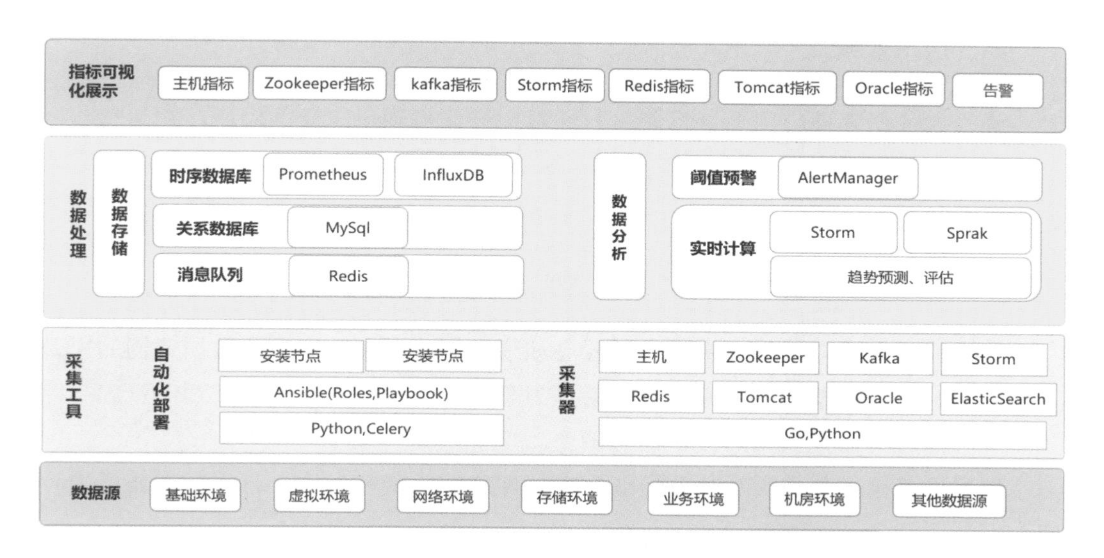

图 4-19　油气大数据管理应用平台大数据监控模块架构图

三、关键技术

油气大数据管理应用平台产品主要基于 Hadoop 生态，包含了 HDFS 分布式文件系统、MapReduce 分布式计算框架、HBASE 分布式列数据库、Hive 数据仓库、Sqoop 数据同步工具、Flume 日志收集工具、Yarn 分布式资源管理器、Spark 内存计算模型、Kafka 分布式消息队列等关键技术。

在数据处理能力方面，本平台结合石油行业特点，提供面向油田结构化数据、文档图形、音视频、实时数据、体数据等多类型数据高效处理能力和存储能力。

在业务应用模型方面，立足石油行业的业务分析需求，提供预定义的分析主题，并根据不同管理层级、不同业务主题对现状、原因、预测三方面的数据分析指标需求，形成开放的、可扩展式的大数据分析模型。

在大数据分析方面，集成门类齐全的数据挖掘模型、算法和工程计算库，提供基于大数据技术的实时流式数据处理和离线数据计算，解决企业数据实时处理不及时的问题，提高企业数据分析能力，快速发掘海量数据的商业价值和社会价值。

在经营决策支撑方面，提供面向油田决策层的一站式数据分析服务，对油田行业的关键指标做到全面展示。提供面向一线生产经营管理人员的自助式数据服务，对相关业务主题进行自助式灵活定制、分析展示，全面实现企业数据的深度挖掘，进一步发掘数据价值。

四、应用效果

油气大数据管理应用平台目前在石油石化行业得到了广泛的应用，在海量数据计算、行业数据价值挖掘及决策辅助支撑等方面取得了显著的经济效益和社会效益。该产品部分应用案例如下。

（一）应用案例一：油气生产信息化管理系统提升项目

利用油气大数据管理应用平台，开展油气生产信息化管理系统数据架构的提升工作，通过分布式架构将存储和计算的压力分散到不同的服务器上，存储资源与计算资源可通过对监控数据的分析动态调整。

数据处理核心分为实时计算集群、批处理集群、ETL 抽取、日志数据质量中心四个部分。

实时计算集群针对海量的增量数据进行实时的统计分析计算过程，基于分布式的集群环境实现计算功能，实时计算功能主要针对实时表数据到当前表数据的实时计算统计。

批处理集群实现了针对实时计算生成的数据进行离线的保存到 Oracle 数据库中的功能。通过分布式、多线程的批处理环境，采用批处理方式减轻数据库的插入压力，提升实时计算的性能。

ETL 抽取实现了从大数据库实例中实时地提取增量数据，并分发到实时计算的数据通道中。ETL 采用集群的处理方式，提升数据抽取效率。

日志数据质量中心提供了整个数据处理过程中日志的采集、处理、加载、展示的核心功能。

油气大数据管理应用平台将 PCS 的 Daas 层进行了整体的提升优化，通过实时计算，解决了基于 Oracle 数据库计算框架的性能瓶颈问题（见图 4-20）。

（二）应用案例二：智能化管理区数据服务

利用油气大数据管理应用平台，结合采油厂自动化实际情况，以某区为试点，通过示功图与生产数据的解析，实现单井工况诊断与报警智能化应用，减轻诊断工

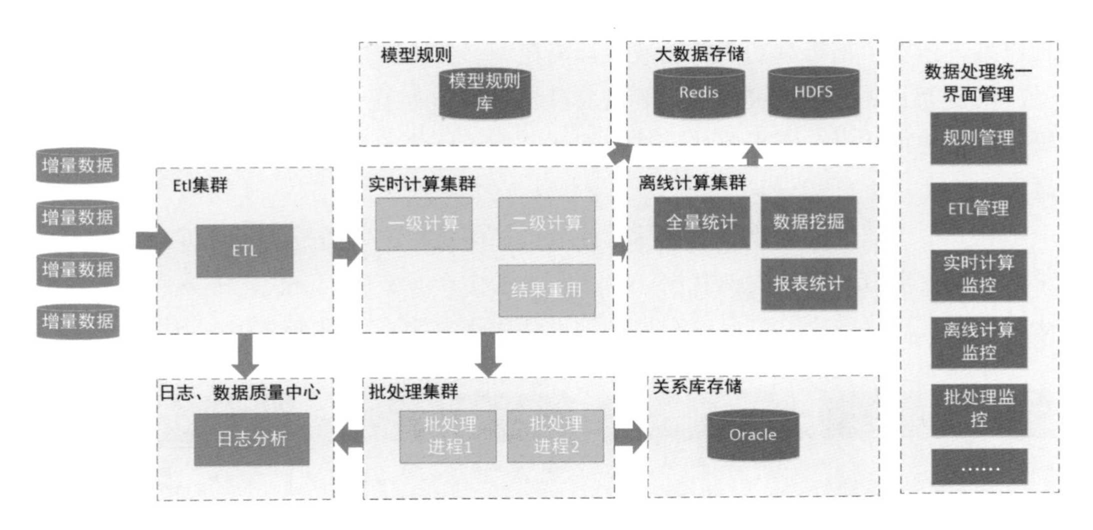

图 4–20　提升后的 PCS 数据处理流程

作强度、及时作出反应、降低躺井率，最终实现产量和效益增加、人员不增加的目标（见图 4–21）。

通过油气大数据管理应用平台以量化识别抽油机井工况，提高了工况诊断准确性，创新了建立基于大数据的抽油机井工况诊断模型，建立了抽油泵阀启闭位置识

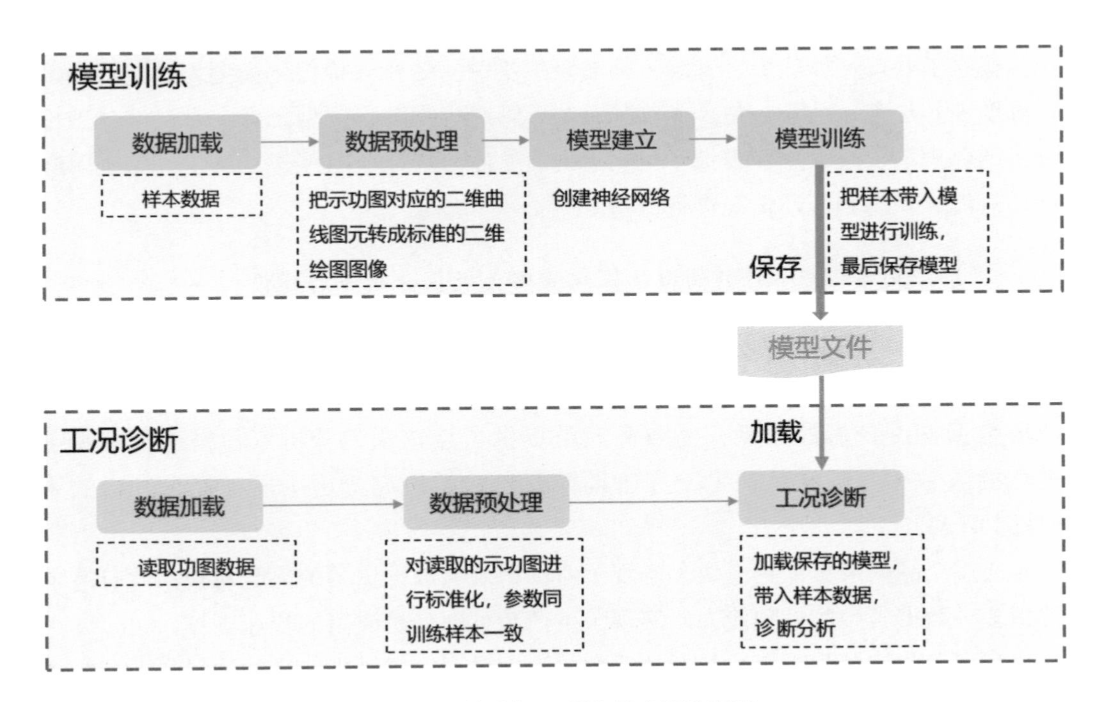

图 4–21　抽油机工况诊断建模流程图

别模型，建立了基于示功图的动液面计算模型。

根据某区总体建设规划及要求，对单井、计转站、注水井的能耗评价、分析、优化进行建设。实现单井、站库能耗监控、评价、分析、优化，指导站场优化运行。

建立了“效率、泵效”双目标的抽油机井优化方法，通过能耗评价工作，明确了油井的挖潜方向，考虑油井生产情况，推送生产参数的动态优化方案和机采参数研究形成实现高效率、高泵效双目标的设计优化方法（见图 4–22）。

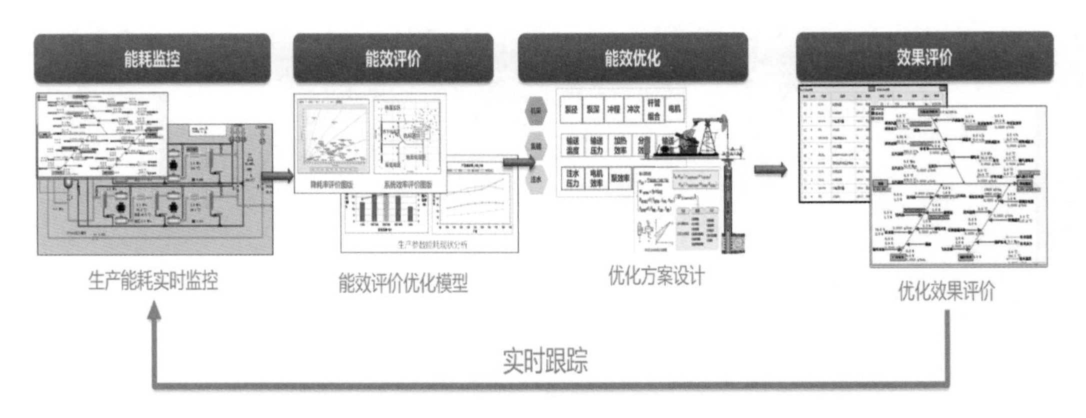

图 4–22　抽油机井优化方法

建立了井口—加热炉—管线—外输泵的集输一体化评价优化模型，建立管线沿程温度 / 压力耦合模型、混合液粘温模型、管线沿程摩阻模型三个方面。通过理论分析结合现场实践经验，模拟不同状态混合物物理性质、管线进出口压力状况等参量，对流体状态和流动情况进行分析。

（三）应用案例三：胜利油田物探院油田大数据分析平台建设

利用油气大数据管理应用平台产品，基于胜利油田的现有资源，以油田数据中心和集成服务云平台为基础，打造了具有石油特色的油田级海量数据处理与业务数据深度挖掘的体系，为业务人员提供了点选式的分析流程搭建、直观可视化的大数据分析结果展示，完善勘探开发科学研究分析手段，提升分析效率（见图 4–23）。

通过产品的采集汇集模块，实现了对油田现有数据资源的无缝对接，并打造了油田多种数据类型的处理能力，实现了生产数据向分析决策的快速支撑。

实现专业挖掘分析算法与石油业务的深度融合，提供预定义的油气行业分析主题和模型，提升胜利油田油气分析挖掘与预测能力，缩短反应周期，提升措施及决

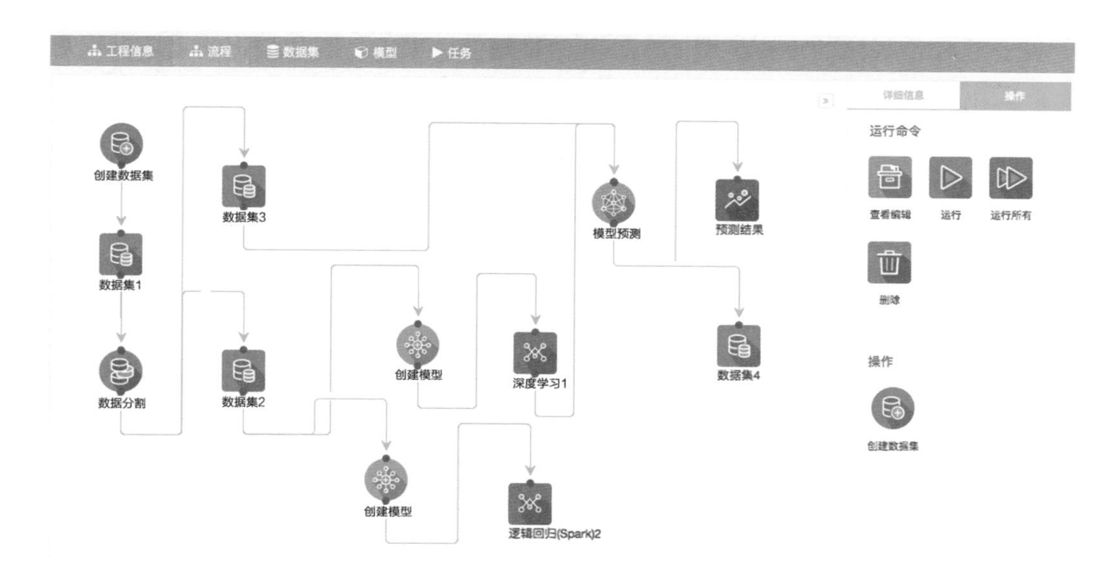

图 4-23　大数据分析平台流程式定义建模

策制定效率 40%以上。实现大数据分析的流程式定义，降低油田业务人员使用门槛，提升大数据分析在胜利油田的应用范围，整体提升油田科学研究效率与准确性。

实现了传统 BI 工具和石油业务融合，在传统可视化展现的基础上，对以井筒数据和测井曲线为代表的结构化数据、Word 为代表的文档和图形数据以及以地震数据为代表的体数据进行可视化处理，提升业务人员分析效率 30%以上（见图 4-24）。

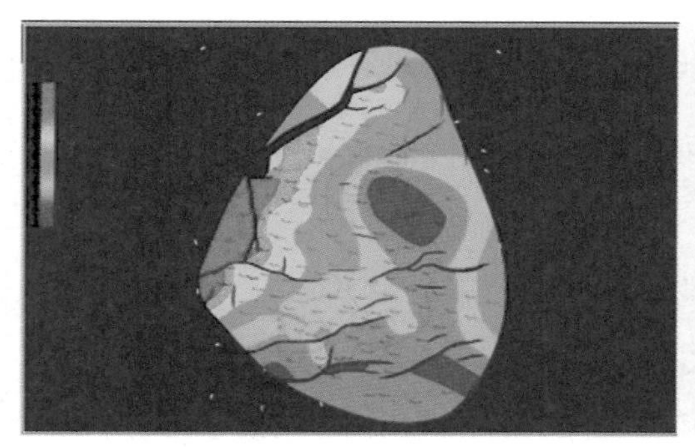

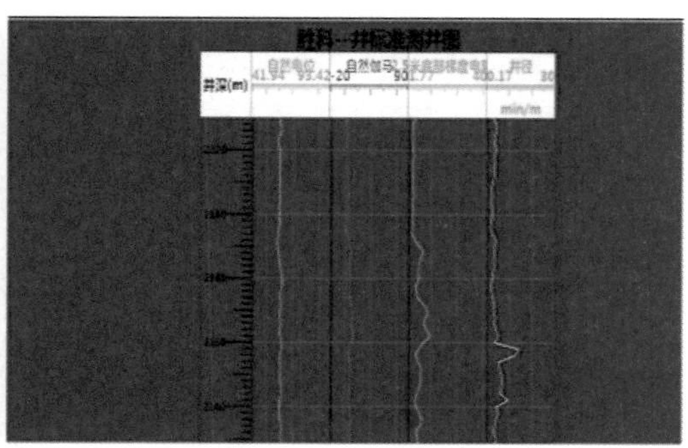

图 4-24　专业化图形展示

（四）应用案例四：浊积岩储层预测算法的研究项目

利用油气大数据管理应用平台，开展浊积岩储层预测算法的研究工作。浊积岩油藏是岩性油气藏的重要类型之一，其储量规模巨大，是胜利油田的重要勘探对象。目前浊积岩储层受灰质泥岩、薄互层的影响，利用传统技术手段储层预测成效较低，急需探索新的储层预测方法。通过油气大数据管理应用平台实现浊积岩储层的预测，为油田高效勘探提供新的技术手段。

支持向量机实质是通过用内积函数定义的非线性变换将输入空间变换到一个高维空间，在这个空间中求最优分类面。基于卷积神经网络（CNN）的算法研究，尝试开展跨工区的样本收集，并建立训练模型和预测模型。基于岩性组合特征的地震波形匹配方法：地震波形分类技术是地震相分析技术的延伸和发展，岩性的变化总是对应着地震反射结构（与振幅、相位、频率等相关）的整体变化，而地震波形的总体变化，能够体现地震反射结构的变化。通过对地震波形变化的分析和分类，可以找出地震波形变化的总体规律，从而认识岩性的变化规律。

通过浊积岩储层预测算法的研究与应用，极大地提升了胜利油田物探院针对浊积岩油气藏的分析水平，经专家组测试，准确率达到 84.093%（见图 4–25）。

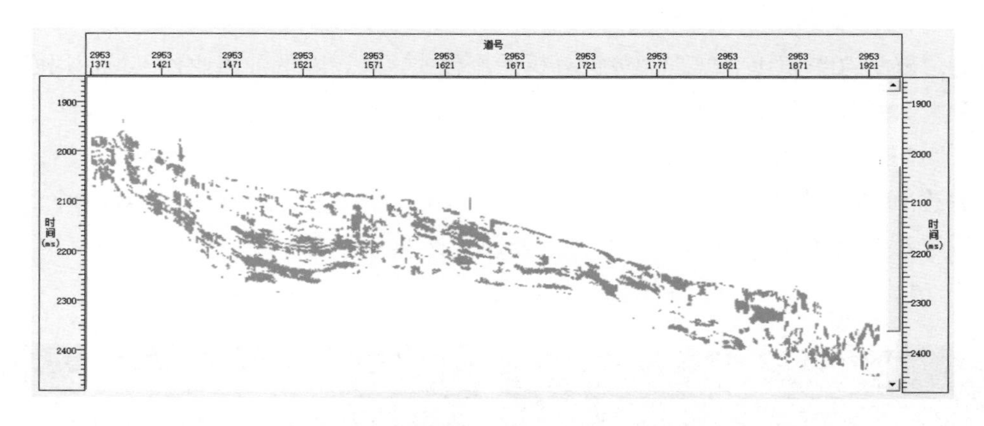

图 4–25　应用浊积岩储层预测算法识别的浊积岩信息

（五）应用案例五：探井试油决策智能推荐技术研究

利用油气大数据管理应用平台，在 Hadoop 基础之上建立以 Spark 为核心的计算框架，开展探井生产决策支持大数据分析研究工作，采用协同过滤算法建立勘探数据的个性化推荐模型，实现数据个性化定制和推荐、信息快速搜索、试油讨论的信息化支持，为勘探综合信息支持助力（见图 4–26）。

通过构建大数据存储和计算基础环境，运用大数据分析计算技术，结合数据推荐算法，在试油层含油气性预测及评估方面，在砂岩（粉砂岩、细砂岩等）井方面，通过 70%训练模型、30%测试，选择“东营南坡”砂岩井，近 4 万个样本，

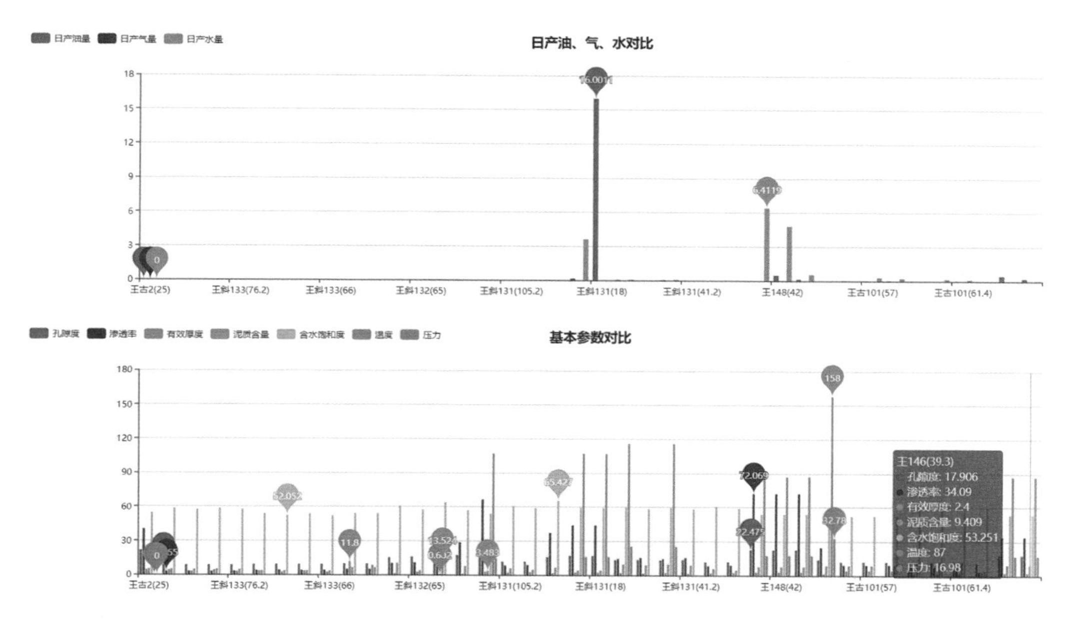

图 4–26 试油层含油气预测

accuracy: 78.28%

	true 8	true 3	true 4	true 1	true 2	true 9	true 5	true 7	true 6	true a	true c	true b	class precision
pred.8:	5062	211	462	256	74	28	5	1	0	0	0	1	82.98%
pred.3:	43	124	45	12	46	4	2	0	0	0	0	0	44.93%
pred.4:	169	209	1086	10	15	5	1	1	0	0	0	0	72.59%
pred.1:	294	55	10	2323	253	41	46	1	4	0	0	0	76.74%
pred.2:	11	36	4	29	91	4	8	0	0	0	0	0	49.73%
pred.9:	1	0	0	1	2	2	0	0	0	0	0	0	33.33%
pred.5:	0	0	0	7	5	0	6	0	0	0	0	0	33.33%
pred.7:	0	0	0	0	0	0	0	0	0	0	0	0	0%
pred.6:	0	0	0	0	0	0	0	0	0	0	0	0	0%
pred.a:	0	0	0	0	0	0	0	0	0	0	0	0	0%
pred.c:	0	0	0	0	0	0	0	0	0	0	0	0	0%
pred.b:	0	0	0	0	0	0	0	0	0	0	0	0	0%
class recall	90.72%	19.53%	67.58%	88.06%	18.72%	2.38%	8.82%	0.0%	0.0%	NAN	NAN	0.0%	

图 4–27 模型准确率评估

准确率为 78.28%（见图 4–27）。

基于数据关联规则，进行多业务数据快速提取、关联组织推送：本井、邻井部署设计、钻录井成果、测井解释、试油成果、开发动态等，实现为探井试油讨论决策提供业务数据智能推荐，大大减少应用人员对于相似井层的查询时间。应用数据挖掘手段，进行试油储层参数对比分析，挖掘油气规律，进行试油目的层建议及参数预测，降低试油风险。

（六）应用案例六：河口采油厂大数据分析平台建设项目

利用油气大数据管理应用平台，河口采油厂运用实时数据存储、计算、应用、分析等高性能、高稳定的技术框架，解决海量数据存储、并发处理、深度挖掘等问题，为油田实时生产数据处理分析提供了工具及手段。

结合人工神经网络的功图诊断方法，通过大数据平台对功图数据进行图像特征提取，建立工况诊断模型，对实时功图进行诊断，判定工况特征符合度，利用专家经验进行纠偏，为系统自我学习提供标准样本，提升诊断工具准确性，同时给出单井多工况发生概率，辅助诊断。

通过洗井对应的时间点，对异常数据进行过滤处理，自动建立模型、验证准确性并修正模型；利用深度学习算法，预测结蜡趋势，用于对采油厂易结蜡井进行预测。

基于大数据的组合预警模型，通过报警处置记录，筛选出结蜡、出砂等异常井的变化规律，实现各类组合预警模型的自动生成并验证准确性。指挥中心人员可以通过组合预警模块，自定义预警模型，设置各种指标参数，实现组合预警、一井一策和批量设置，满足本地化应用特殊需要，提高预判准确度和可行性（见图 4-28）。

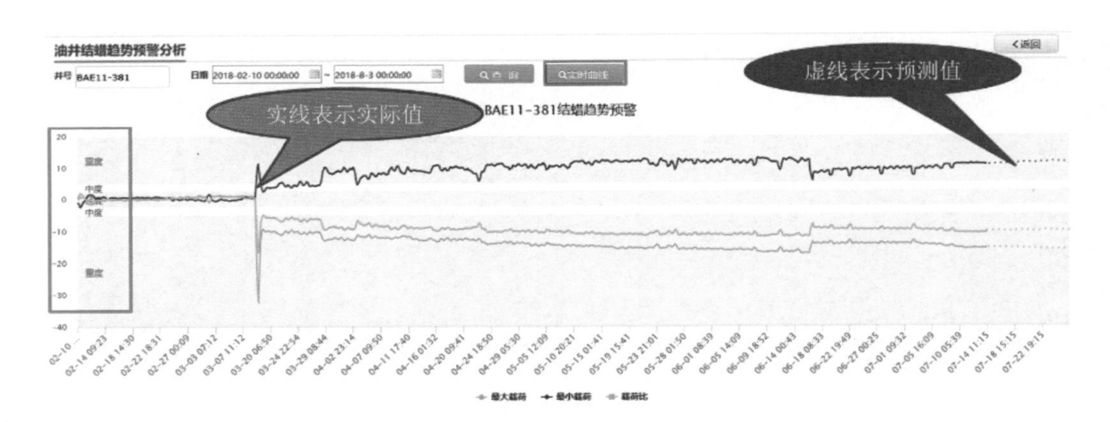

图 4-28　油井结蜡趋势预警分析

企业简介

山东胜软科技股份有限公司是为促进油田信息化建设成立的专业化高科技公司，成立于 2002 年 1 月，是新三板挂牌企业，机构广布于东营、北京、南京、武汉、成都、郑州、济南、乌鲁木齐及美国休斯敦等区域。公司一直专注于能源、政务信息化领域，积累了国内一流的、具备国际竞争力的行业业务经验和信息化专业技术，在智能油田、智慧城市和电子政务等领域构筑了端到端的解决方案和产品服务。

专家点评

油气大数据管理应用平台，将大数据应用划分为数据处理与数据科学应用两部分，实现大数据的汇集、计算以及人工智能的分析应用和数据可视化展示。该平台将先进的智能化算法与石油行业业务特色和数据特色相结合，为石油行业生产运行和综合研究提供高效、专业、稳定的海量数据处理和分析能力，并为研究应用提供石油行业专业化图形展示能力，有效解决石油行业数据关联性复杂、数据类型多、分析周期长等问题。

邬贺铨（中国工程院院士）

大数据

15

智能安全分析系统 DeepFinder
——北京百分点信息科技有限公司

北京百分点信息科技有限公司（以下简称“百分点”）智能安全分析系统 DeepFinder 是一款面向公共安全领域的专业“大数据 +AI”系统平台，由大数据治理平台、数据挖掘分析引擎、智能化数据应用服务等核心组件构成。DeepFinder 以动态知识图谱和自然语言处理技术为核心，可应用于部、省、市、县四级公安机关，为公安机关提供数据资产管理与治理、案件侦查与分析、犯罪打击与风险防控、数据智能应用与服务。

DeepFinder 已服务北京市、山东省、江西省、广西壮族自治区、云南省等地的 20 余家公安客户，帮助公安机关构建了以大数据智能应用为核心的智慧警务新模式，提高了公安机关预测预警能力、犯罪精确打击能力和动态管理能力，实现数据警务。

一、应用需求

大数据已经成为驱动经济社会发展的重要力量，是推动国家治理体系和治理能力现代化的重要抓手。党的十八大以来，党和国家高度重视社会治理，有序推进平安中国建设，一方面严厉打击各类刑事犯罪、整治社会治安领域的突出问题，另一方面积极推进社会治理转型升级，保障人民安居乐业。

针对当前案件侦查、预警打击、风险防控和社会治理领域的突出问题，DeepFinder 可广泛应用于公共安全多个领域，通过对公安全域数据的融合治理，提供面向公安实战应用的战法模型，实现从案件线索发现、分析研判、侦查打击以及风险防控的数字化手段，提高数据效能和价值，提升公安机关新时代城市公共安全风险治理能力，保障人民群众安居乐业。

二、平台架构

DeepFinder 包含平台服务层、数据服务层、应用服务层。支持对公安海量多源数据的融合治理，实现从数据关联分析到场景化智能应用，发挥数据价值和效能（见图 4-29）。

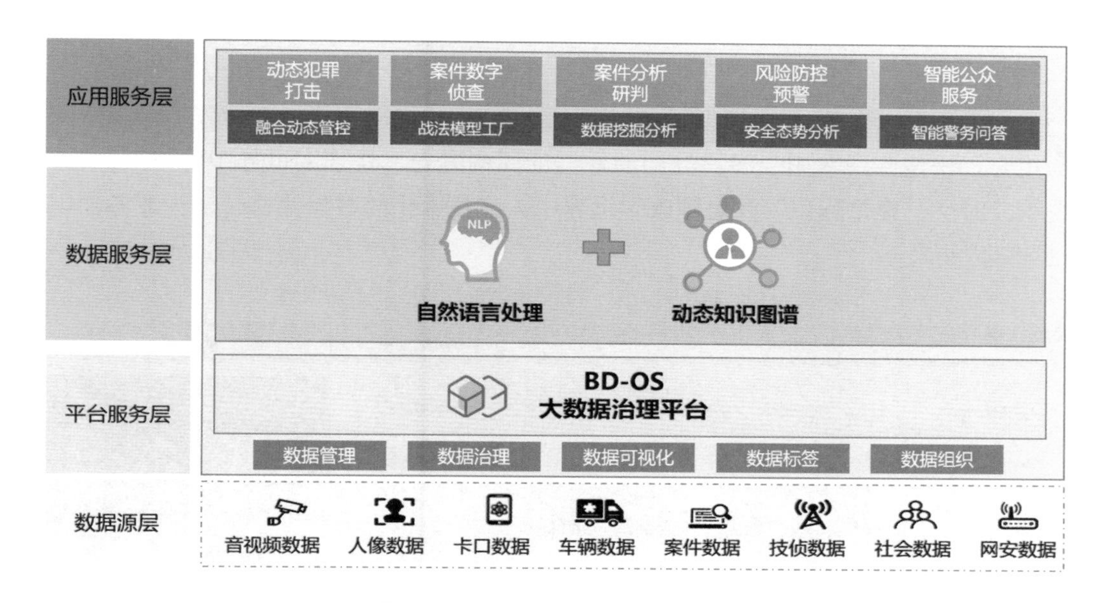

图 4-29 DeepFinder 平台架构图

（一）平台服务层

依托百分点大数据治理平台（BD-OS），对公安业务数据和社会数据进行多工种协同作业、可视化操作，支持结构化、半结构化、非结构化等多源异构数据的有效整合，形成底层 PB 级的高效数据计算服务支持能力。

（二）数据服务层

运用动态知识图谱和自然语言处理的核心技术，将底层数据整合为模块化服务能力，深度挖掘分析数据间的关联和信息内涵，向上层应用提供标签画像、模型计算、人工智能分析等服务能力。

（三）应用服务层

集综合研判平台、专业研判平台和应用集成门户于一体，面向各警种实战业务需求，深度挖掘分析数据间的关联和信息内涵，提供全方位、多维度、立体化、智能化的案件侦查分析、犯罪打击、风险防控等实战应用服务。

三、关键技术

（一）动态知识图谱

动态知识图谱是一项知识抽取和知识融合技术，面对用户新的业务形态和数据变化时，快速实现对用户多源异构的数据的同构融合，将现实世界中的“人、物、组织、时空、虚拟标识”映射到数字世界中，将技术化的数据快速转变为业务知识（见图 4–30）。

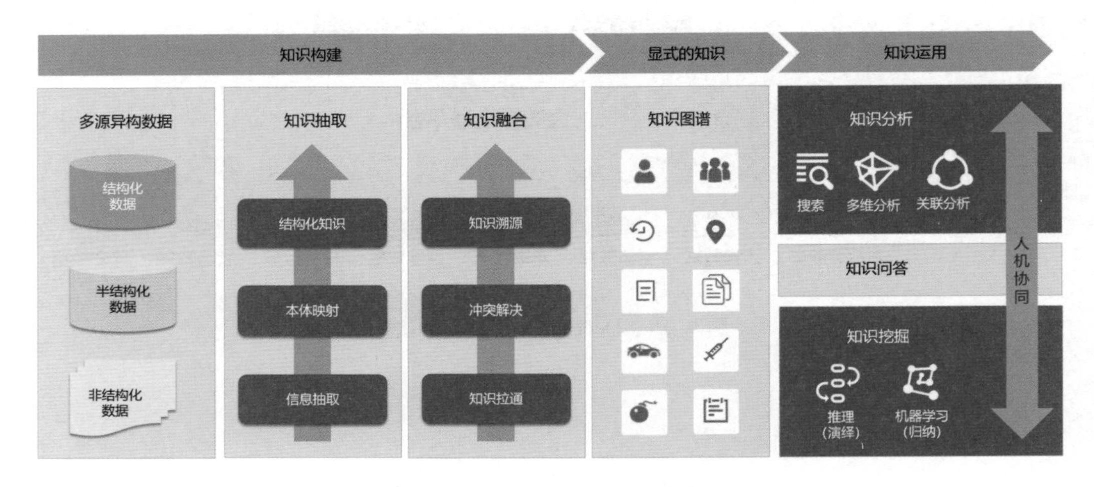

图 4–30　动态知识图谱将技术化数据转变为业务知识

图 4–31　动态知识图谱推动业务决策更智能

支持将公安的人、地、事、物、组织、虚拟标识、案事件等管理要素，自动构建“实体—时空”映射关系，智能构建公安知识图谱，为警务人员提供面向公安实战的搜索、统计、时间、空间等多维关联分析（见图 4-31）。

例如通过对嫌疑人的出行、通信、消费交易等行为分析，扩展与其关系密切的关联人员，挖掘犯罪团伙关系网络，支持对复杂多层级金融账户的资金流分析研判，快速挖掘出复杂资金交易网络中的可疑交易行为，准确识别涉嫌诈骗账户，并结合 GIS 信息及多媒体资料，智能识别锁定嫌疑人（见图 4-32、图 4-33、图 4-34）。

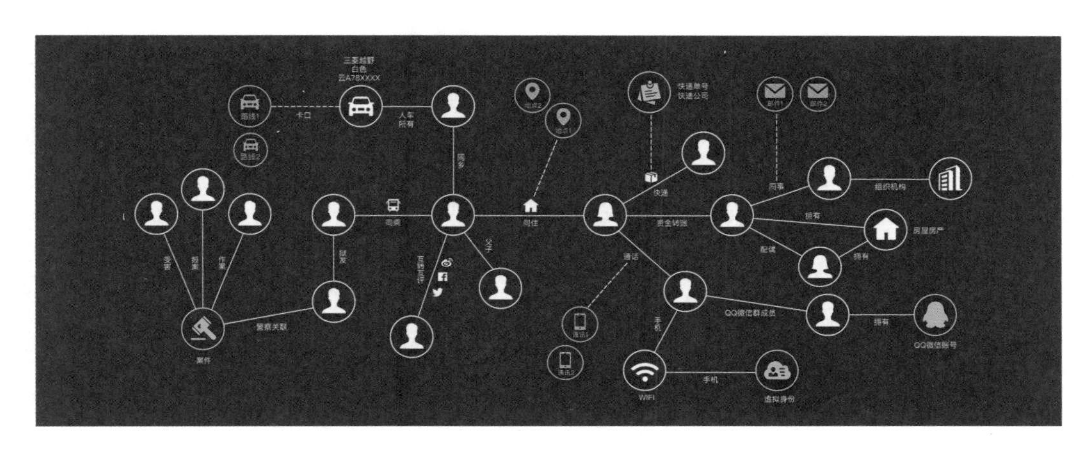

图 4-32 利用动态知识图谱构建犯罪团伙社交关系网络

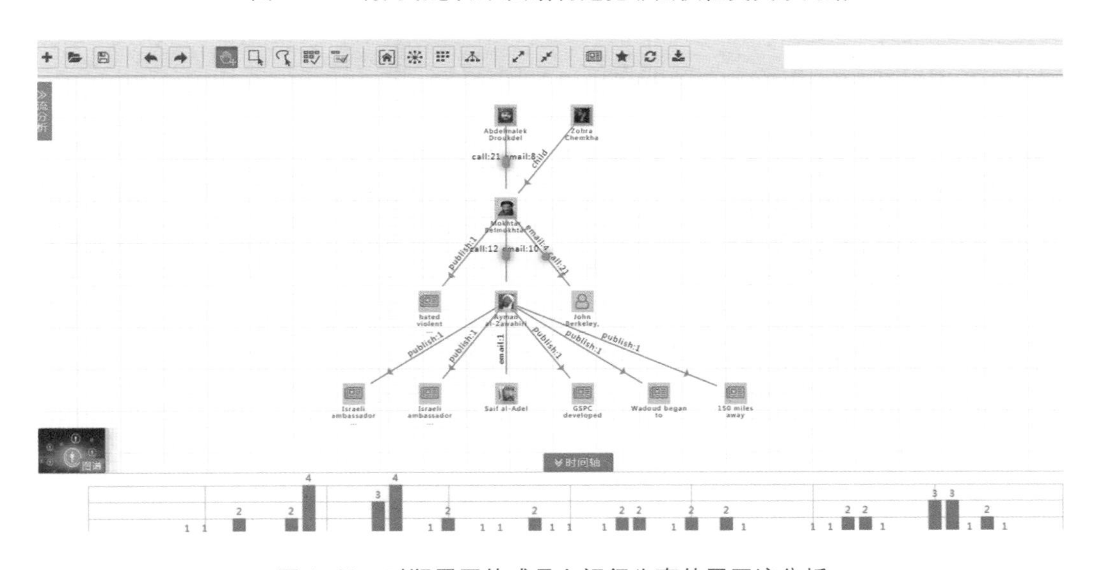

图 4-33 对犯罪团伙成员之间行为事件展开流分析

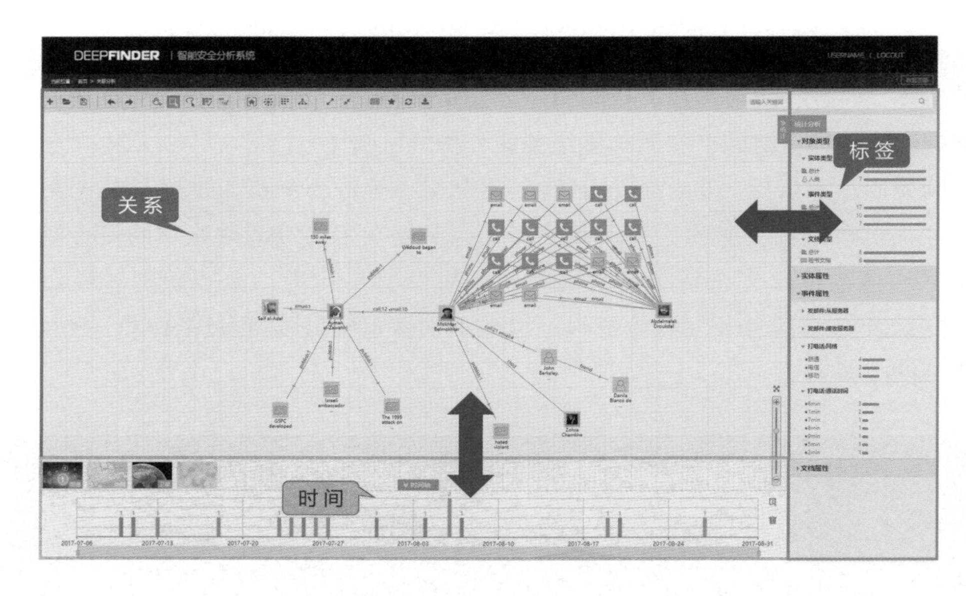

图 4–34　结合时间分析可清晰掌握事件发生频率和规律

（二）自然语言处理

百分点自然语言处理（NLP）利用机器学习、深度学习技术，实现对分词词性标注、命名实体、情感分析、文本分类。其中，NLP 技术在分词识别准确度已经达到 98.97%、实体识别准确度达到 91.45%，处于行业前沿。可快速从互联网上的开放文档中抽取出知识，构建企业相关的实体、映射关系，实现基于语义的深度理解并将信息知识化，支撑机器智能决策（见图 4–35）。

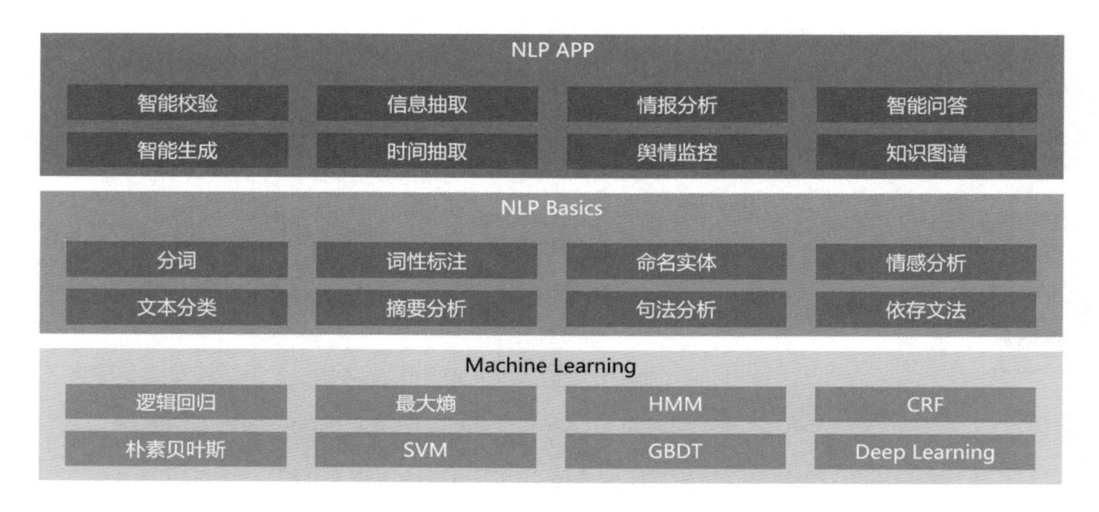

图 4–35　百分点自然语言处理功能架构图

四、应用效果

（一）应用案例一：保障“上合峰会”，“大数据+AI”构建新型社会治安防控网络

1. 项目背景

近年来，青岛市先后建设完成了智能化交通和天网工程，每天采集了海量天网数据，但天网数据形成的海量多源异构数据，缺少统一融合治理与应用，未能最大限度发挥数据效能和价值。如何让沉睡的天网数据发挥最大效能和价值？运用科技服务公安实战，提高公安机关核心战斗力，是一项重大课题。

2. 解决方案

上合组织青岛峰会期间，针对青岛市治安维稳、风险防控、侦查破案等实战需求，百分点提供的智能安全分析系统和大数据解决方案，实现对当地各类潜在风险的智能识别和精确预警，构建“大数据+AI”新型社会治安防控网络，提升治安防控能力（见图 4–36）。

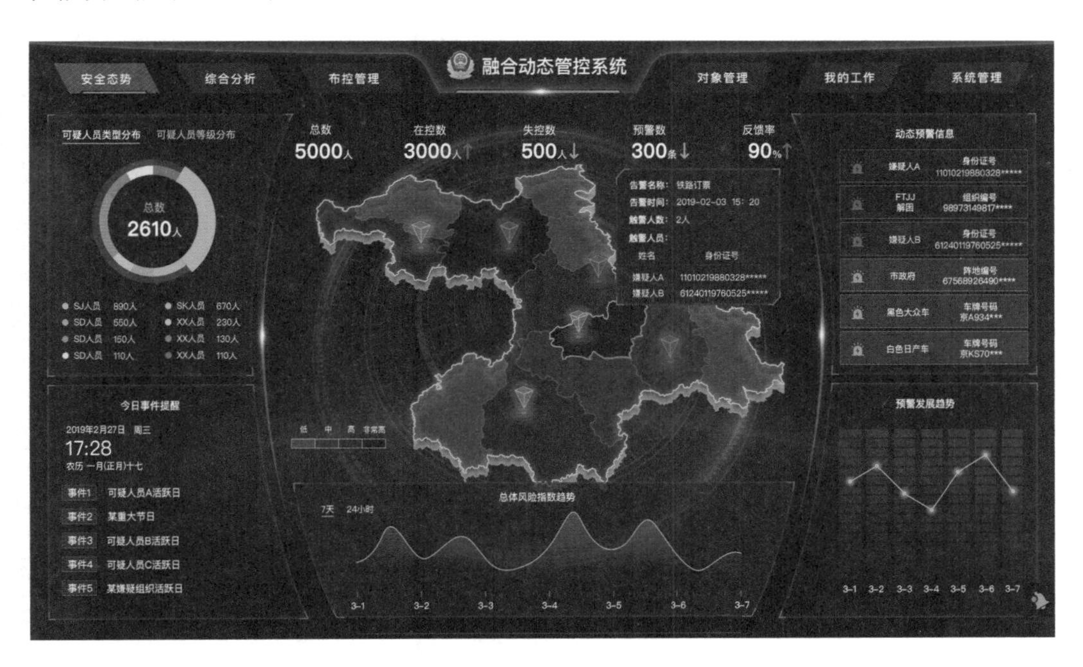

图 4–36　融合动态管控实现对可疑人、可疑车辆、可疑事件的预测预警

（1）公安大数据融合治理。利用百分点公安大数据治理平台，高效整合集成了青岛市近百类数据资源、几十亿条数据，并依托“动态知识图谱”技术，对

每天新增千万条数据进行动态融合，实现对当地公共安全要素数据的高效整合治理。

（2）大数据智能应用。针对当地治安维稳、风险防控、侦查破案等实战需求，建设以“数据融合、多维管控”为主要功能的治安防控智能应用，实现对可疑人员、可疑车辆、风险隐患的智能识别、动态轨迹追踪和精确预警。

（3）预警战法模型。结合时间、空间、人文地理等要素，设计包括“实时触境预警模型”“实时异常人员聚集模型”等十几种预警模型，实现可疑人员和车辆“全程掌控、行有预警、动知轨迹、去向明确”，敏锐感知潜在风险。

3. 客户收益

（1）数据整合治理。“静态数据 + 实时数据”融合治理，实现对近百类、几十亿条结构化、非结构化海量数据资源进行整合，并对每天新增千万条数据进行动态融合治理，使其达到可分析状态。

（2）数字化侦查打击。实现从案件线索发现、分析研判、侦查打击到风险预警的数字化手段。上合峰会期间，对超过 10 余起违法犯罪活动及可疑团伙准确识别和打击。

（3）警务资源优化。在峰会安保期间，覆盖 31 个派出所基层民警应用，通过对潜在风险的主动感知预警，减轻了民警 70%以上的工作量，主动化解了社会风险。

（二）应用案例二：广西某市智能安全分析平台

1. 项目背景

该市地理位置特殊，近年来，随着当地经济社会的快速发展，人流、物流、资金流的大汇聚、大流动，面临涉毒、涉枪、走私、非法入境等方面突出问题，市局迫切需要利用大数据和人工智能技术，帮助公安民警进行智能化全方位的案件侦查分析与打击犯罪。

2. 解决方案

DeepFinder 打造警务数据应用的创新模式，一方面通过该平台实现对十多个公安内部业务部门全网络、全维度海量数据的实时动态整合，将现有公安数据以模型方式通过服务总线发布给各个警种，提高科信数据服务各警种业务的可用性、易用性；另一方面充分挖掘数据内在价值，为各警种提供面向实战的大数据洞察分析。同时，基于机器学习引擎的支持，平台通过从数据接入、转换、探索、建模、实验到应用，实现模型的全生命周期管理，连接模型的实验域和生产域，弥补传统行业场景下分析师和工程师分管领域间的巨大鸿沟（见图 4-37）。

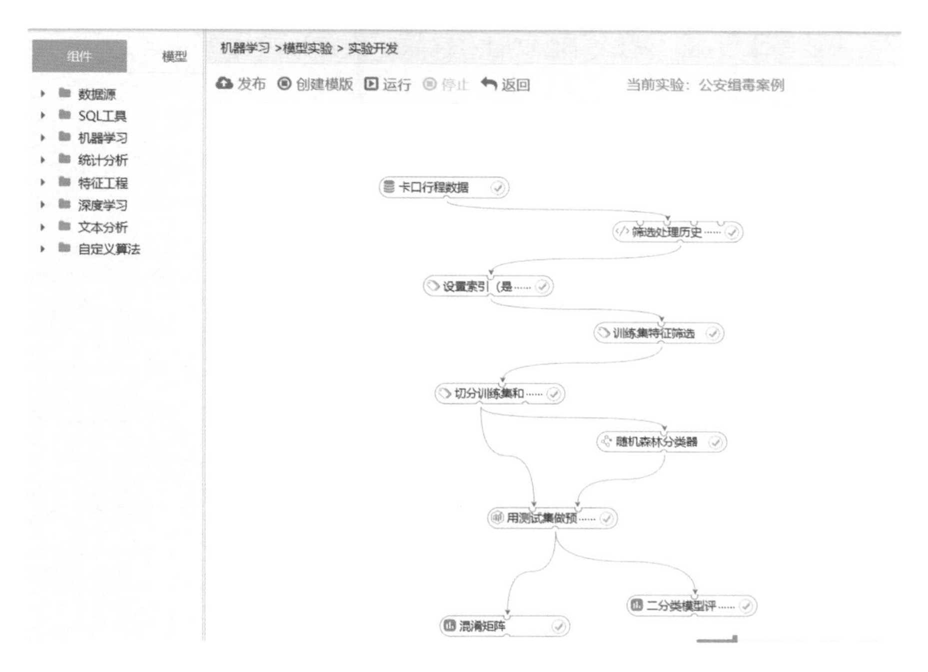

图 4–37　利用机器学习平台创建优化禁毒模型

3. 客户收益

针对该市涉毒犯罪形势严峻的打击任务需求，通过对涉毒类案件中常见的时间、空间、交通工具、路线等宏观因素和情绪、行为、动作等微观因素为启发点，将嫌疑人及关联人员的车辆、住房、服务处所、电子特征、活动轨迹等预警信息及时筛选呈现，创建多种禁毒战法模型，方便办案民警更加高效地应用大数据研判工具挖掘线索、分析案情、排查确认隐性涉毒人员。解决“发现不了、跟不上、打不掉、控不住”等禁毒工作的痛点，帮助基层所对辖区的毒情趋势进行预判、精准布警、有效防控，提升了公安禁毒堵源截流的能力。

企业简介

北京百分点信息科技有限公司拥有完整的大数据和认知智能产品线，以及行业智能决策应用产品，同时创建了丰富的行业解决方案和模型库，拥有强大的行业知识图谱构建能力。目前已服务于政府、公安、报业、出版、零售快消、金融、制造等行业一万多国内外客户，致力于用数据智能技术赋能客户，推进数据到知识再到智能决策的演进。在国际市场，百分点向亚洲、非洲、拉美等多个国家和地区提供国家级数据智能解决方案，帮助当地政府实现数字化和智能化转型。

专家点评

百分点智能安全分析系统DeepFinder服务于公共安全领域，融合了业务、数据、模型和技术，支持公安机关高效全面整合、分析和应用数据，发挥公安数据价值和效能。产品采用动态知识图谱和自然语言处理关键技术，实现对公安业务动态实时数据的融合抽取，将海量数据资源抽象成实体、事件、文档，并结合公安业务战法模型，迅速构建公安知识图谱，提升公安大数据分析能力和案件侦查效率，实现对各类违法犯罪活动精准打击和精确预警，为公安提供决策支撑，推动传统警务到智慧警务转换。

邬贺铨（中国工程院院士）

大数据

16

同盾智能风控大数据平台
——杭州博盾习言科技有限公司

同盾智能风控大数据平台是杭州博盾习言科技有限公司研发的通用的、提供端到端大数据处理能力的平台型产品，集数据采集、存储和计算、处理和应用以及运维和运营管理等功能于一体。其核心模块包括数据采集、数据交换、数据存储、数据计算（实时 / 离线）、数据开发 IDE、作业调度、可视化展现等。平台采用 X86 服务器部署，基于 Hadoop、Spark 开源大数据技术体系，支持海量（PB 级）、多类型（结构化、半结构化、图像、语音等）数据存储计算，并能与同盾企业级风控平台无缝集成，有效帮助客户解决数据安全性、可用性，海量数据的存储计算，业务数据分析和挖掘等。应用于金融、互联网、物流、大健康、零售、智慧城市、政务等领域，提供大数据场景的全面支持。

一、应用需求

随着云计算、移动互联网和物联网等新一代信息技术的创新和应用普及，我们已经进入大数据时代。大数据在带来巨大技术挑战的同时，也带来了巨大的技术创新与商业机遇。不断积累的大数据包含着很多在小数据量时不具备的深度知识和价值，大数据分析挖掘将能为行业 / 企业带来巨大的商业价值。

同盾经过几年的发展，已拥有 PB 级别的数据量。如何高效地挖掘数据价值更好的服务客户，是我们自身的内在需求。从最初的筹建到目前已拥有数百台物理机器的大集群，支持表、文件、图像、音频等数据存储量。可为银行、保险、汽车金融、非银行信贷、基金理财、三方支付、航旅、电商、O2O、游戏、社交平台等十余个行业超过一万的客户，提供高效智能的数据分析服务。

同盾智能风控大数据平台提供高效的智能分析服务，能够推进服务的智能化，为传统企业提供低成本的大数据平台能力，加速传统制造业改造升级，加速企业数字化转型，推动数字技术在经济社会各领域的融合应用，推动数字经济发展，为诚信社会建设添砖加瓦。该平台具有良好的商业模式，未来几年，将会实现更大的经济效益和社会效益。

二、平台架构

同盾智能风控大数据平台主要有数据采集、数据交换（解决与其他存储系统相互同步数据）、数据存储、数据计算（实时 / 离线批处理）、作业调度、数据可视化等模块，如图 4–38 所示。

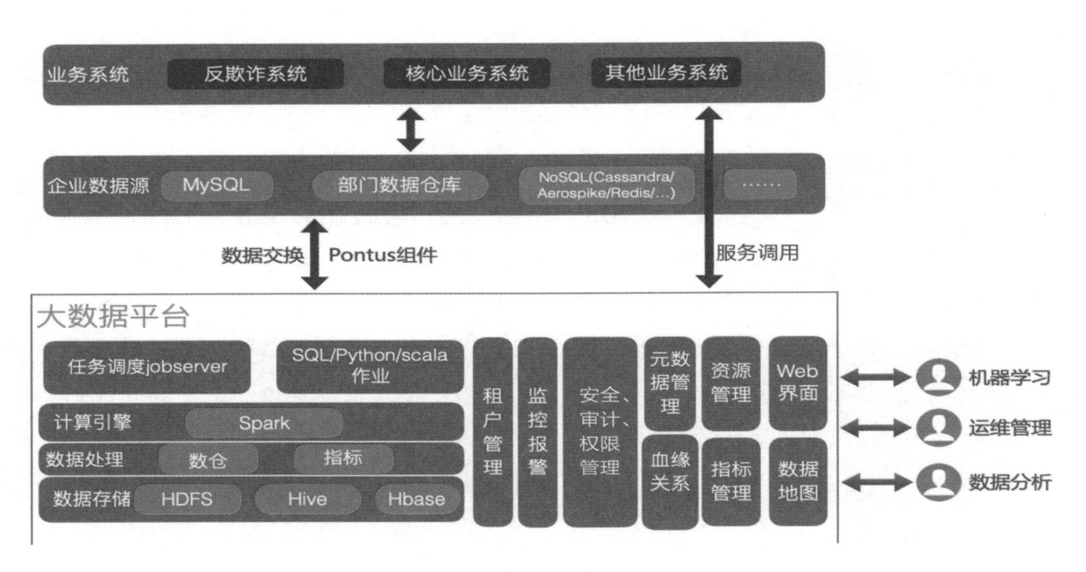

图 4–38　同盾智能风控大数据平台系统架构图

平台基于 HDFS 分布文件系统实现海量数据的存储，基于 Spark/Flink 大数据分布式计算引擎实现数据的实时处理，以及 TB 或 PB 级数据批量处理计算。

（一）数据采集

数据采集平台支持两种接入方式：Agent 采集和 Rest 接口接收数据。

（二）数据交换

是一个异构数据源离线同步工具，致力于实现包括关系型数据库（MySQL、Oracle 等）、HDFS、Hive、HBase、FTP 等各种异构数据源之间稳定高效的数据交换功能。

(三) 数据存储

基于 Hadoop HDFS 分布式文件系统支持 PB 级海量数据存储。

(四) 数据计算

基于多租户方式管理运行作业和计算资源，使用业界最流行的 Spark/Flink 作为计算引擎，支持 SQL、Python、Java/Scala 等方式处理分析数据，满足不同角色人员的需求。

(五) 作业调度

支持作业定时调度、动态编排、作业监控、运维管理等功能。

(六) 数据可视化

支持数据即席分析和查询，以拖拽的方式进行可视化呈现。支持多数据源，可对海量数据进行实时在线分析。

三、关键技术

(一) 数据交换平台

数据交换平台是为了解决异构数据源同步交换问题，将复杂的网状同步链路变成星型数据链路，新增一个数据源只需要对接到数据交换平台，实现无缝数据同步。数据交换平台如图 4-39 所示。

数据交换平台支持 Mysql/SQL Server/Oracle/Hive/Kafka/Hbase/HDFS/FTP 等数据源，支持分布式海量数据同步，支持可视化拖拽操作，支持智能数据流控。

(二) 实时采集平台

实时采集平台实现了对公司内业务系统和第三方业务数据进行标准化和实时入库。实时采集平台如图 4-40 所示。

采集平台由两大模块组成：数据采集和数据通道。数据采集模块支持标准的 Rest 接口方式和 Agent 方式。数据通道模块负责从分布式消息系统中读取数据写入大数据平台，进行 ETL 加工处理。

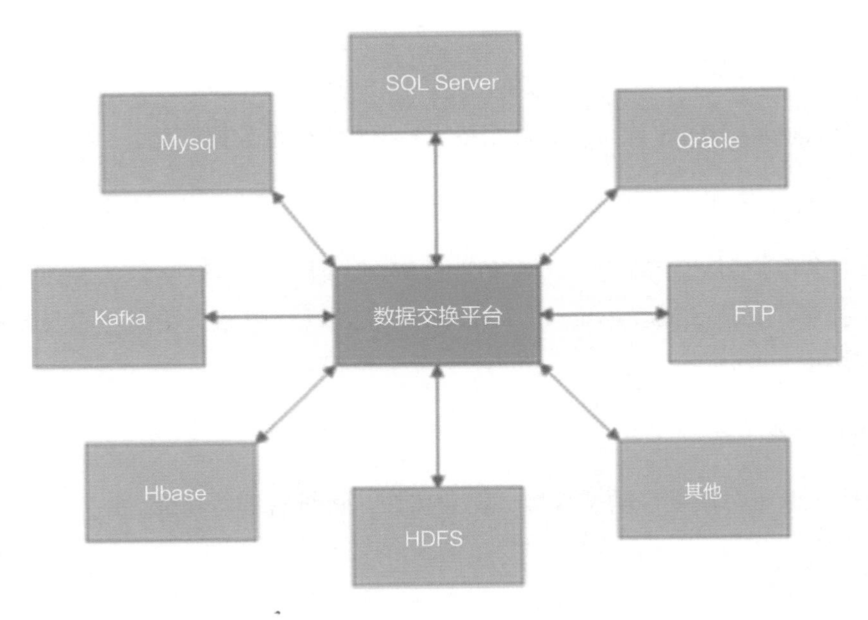

图 4–39　数据交换平台

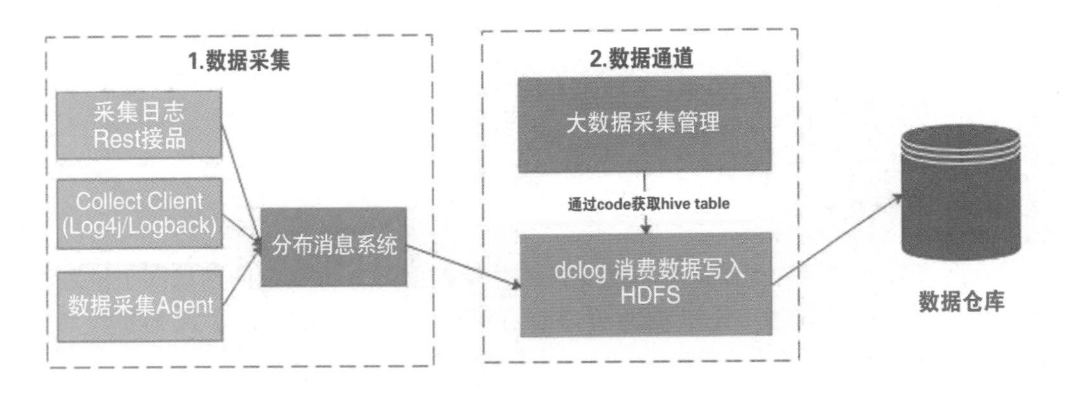

图 4–40　实时采集平台

（三）离线计算平台

基于已有的 Hadoop HDFS 存储物理机器，作为计算集群，利用 Hadoop Yarn 统一管理所有机器计算资源，单个 Hadoop Yarn 集群至少能够支撑 1000 台物理机器，能够满足至少 50PB 数据的计算需求。存储和计算在同一物理集群，利用数据本地特性，有效提高计算性能。支持多个计算作业同时运行，利用 yarn cgroup/docker 隔离资源，避免作业争抢资源相互影响。

（四）实时计算平台

实时流计算是低时延（毫秒级时延）、高吞吐、高可靠、高安全的分布式实时流计算服务。该平台是基于 Flink 进行二次开发，同时支持 Spark Struct Streaming 流计算引擎。实时计算平台如图 4–41 所示。

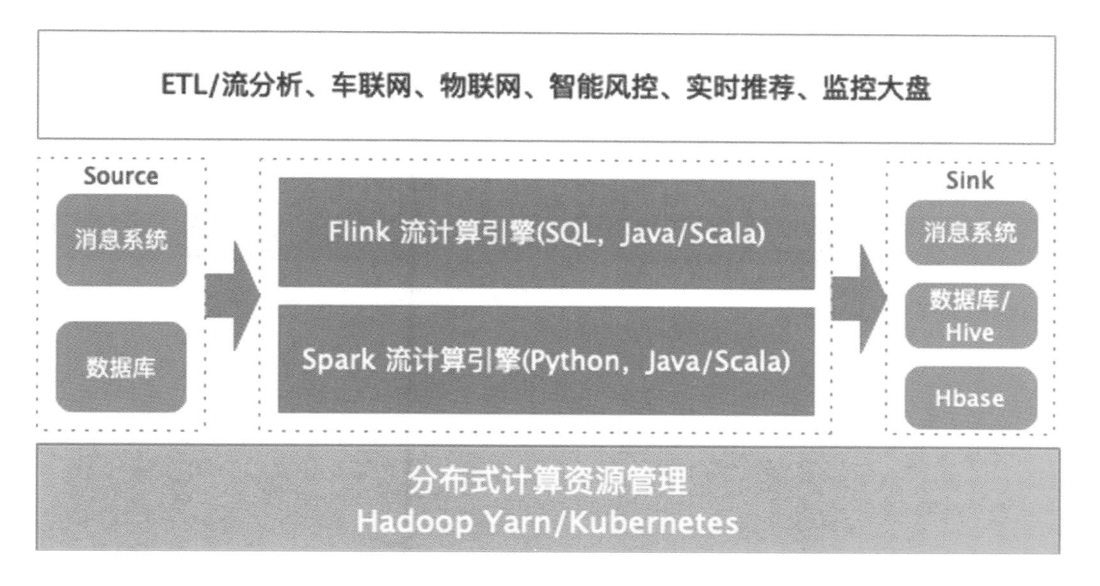

图 4–41　实时计算平台

实时流计算主要具有以下优势：

1. 分布式实时流计算

支持大规模分布式集群，弹性伸缩。

2. 简单易用

在线 SQL 编辑平台编写 Stream SQL，定义数据流入、数据处理、数据流出，快捷实现业务逻辑；用户无需关心计算集群，无需掌握编程技能，降低流数据分析门槛。

3. 安全隔离

租户安全机制保障，确保作业安全运行，且租户计算集群完全和其他租户物理隔离，独立的安防设置，确保计算集群的安全性。

4. 高吞吐低时延

支持海量数据毫秒级实时计算。

四、应用效果

（一）应用案例一：高速公路

同盾智能风控大数据平台应用于高速公路场景，包括打击偷逃过路费、发布高速拥堵指数等。

1. 打击偷逃过路费

以收费数据为基础，用进出站车牌为节点，以收费卡为关系建立一个车牌的关系网络，用规则和算法分析团伙偷逃税欺诈行为如图 4–42 所示。

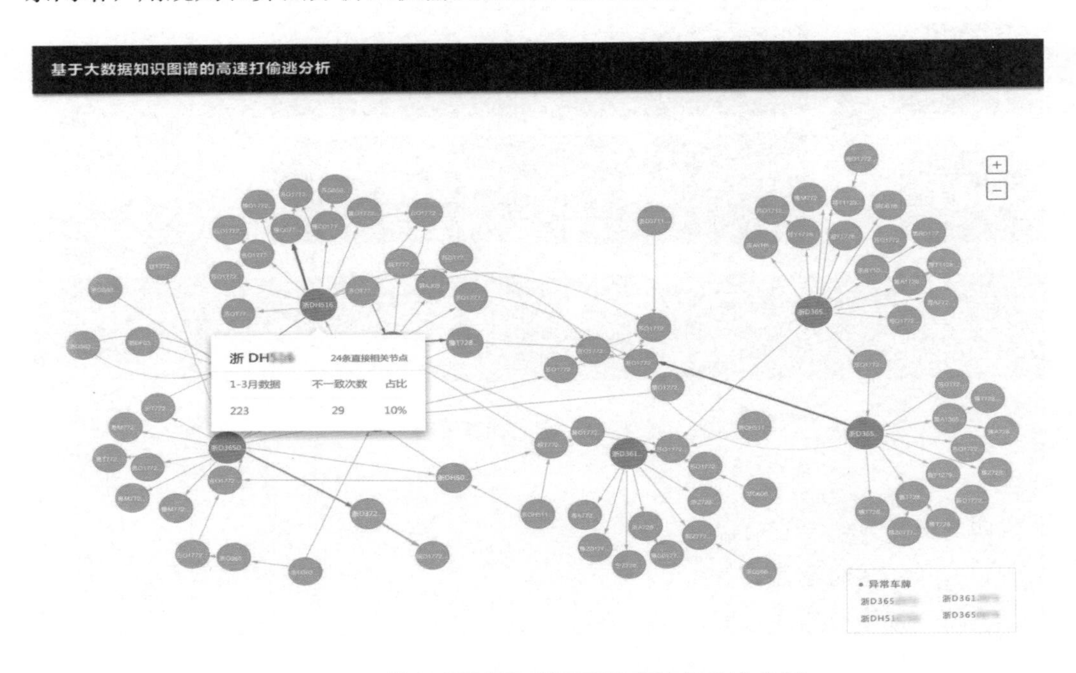

图 4–42　基于大数据知识图谱的高速打偷逃分析

通过分析关系网络发现个别车牌异常聚集，部分车牌成环状分布，结合专家经验符合团伙偷逃行为。

2. 发布高速拥堵指数

满足客户实时流程预警和大屏显示，显示整个沪杭甬高速各个路段拥堵情况，设计了拥堵指数模型，车辆轨迹模型，如图 4–43 所示。

在大数据平台基础上计算实现的高速打偷逃分析应用，帮助高速公路公司每年挽回 300 万—500 万元损失，当然对于行驶在高速上的公众来说，打掉这些偷逃团伙本身也是还社会以公平公正，也形成了良好的社会效益。

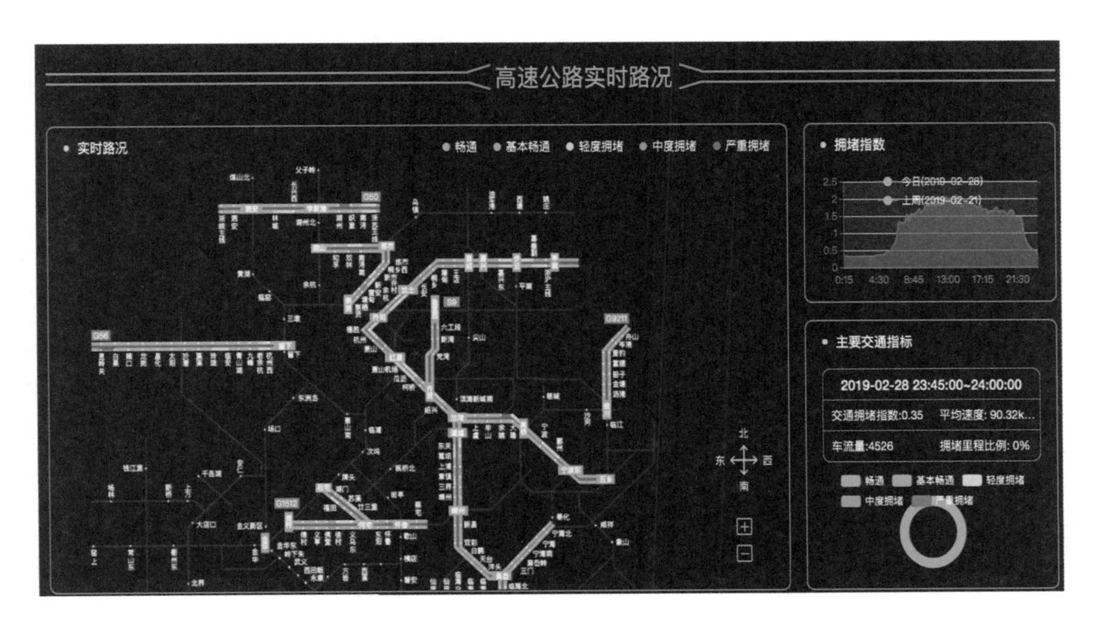

图 4–43　高速公路实时路况

（二）应用案例二：反欺诈应用

同盾智能风控大数据平台基于自身大数据技术沉淀，积累了海量的风险数据，为反欺诈提供了数据基础，能从高频的金融数据中识别出欺诈风险，保证资金和数据安全。建立“事前—事中—事后”反欺诈全流程服务，预警欺诈检测、拦截 IP 代理行为、保护账户安全，降低欺诈风险，挽回经济损失（见图 4–44）。

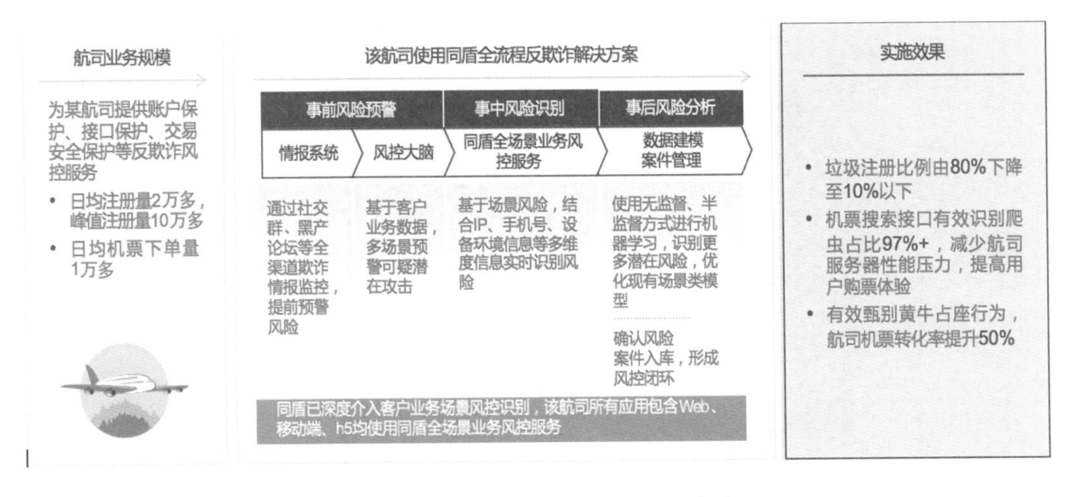

图 4–44　同盾全流程反欺诈解决方案

企业简介

杭州博盾习言科技有限公司成立于2013年，是一家以科技驱动的创新型高新技术企业，是领先的智能风控和分析决策服务提供商，现有员工1200多人，80%以上都是研发人员或行业专家。公司以人工智能、云计算、大数据三大核心技术体系为基础的多项核心产品并规模化使用，为金融、互联网、物流、大健康、零售、智慧城市、政务等领域输出包括智能信贷风控、智能反欺诈、智能营销、智能运营等在内的智能决策产品、服务，已服务超过10000家客户。

专家点评

同盾智能风控大数据平台是基于Hadoop、Spark等开源大数据生态产品进行二次开发、深度整合的一套完整的大数据平台产品。该平台覆盖了从数据采集、存储、计算、运用、管理的一站式处理，为数据智能分析奠定了良好的基础。同盾智能风控大数据平台的研发与应用是我国优秀的一站式大数据智能平台。

邬贺铨（中国工程院院士）

大数据 17

吉奥地理智能服务平台
——武大吉奥信息技术有限公司

吉奥地理智能服务平台（GeoSmarter）是应对大数据时代下政府和企业信息化变革而研制的平台级软件产品，产品针对海量、复杂、时效的时空大数据，集大数据获取与融合、处理、存储管理、分析挖掘、可视化应用、共享与运营服务等功能于一体，构建政府或企业级智慧服务中心，打造政府或企业的智慧服务引擎，为重大决策、信息公开和互联互通提供技术保障。产品2015年正式投入市场，广泛应用于全国百余项省市区级智慧城市相关的城市运营、国土、政务、民生、环保、水利、交通、智能电网等领域项目中，创造直接经济效益超5亿元，间接经济社会效益数十亿元。

一、应用需求

随着泛在物联网的发展，加之高性能计算技术的推动，地理信息由原来的定时采集逐渐演变为持续不断的连续观测，时间属性与空间属性的耦合愈加紧密，时空信息正在取代传统的地理信息，成为云计算与移动互联网时代的新型大数据资源。时空大数据已成为各个国家、企业寸土必争的战略性数据资源。在以物联网、云计算等新一代信息技术为基础的智慧城市建设中，每时每刻都在产生并关联着时空信息大数据，而如何及时获取、融合、存储、处理、分析、挖掘这些大数据资源并提供智能化的应用服务，已成为智慧城市建设中重要的课题。基于云的时空大数据基础平台是智慧城市建设中地理空间框架的重要组成部分，是城市自然、社会、经济、人文与环境等各种信息的定位基础、集成工具和交换平台，用以实现在分布式环境下海量、多源、异质、异构时空数据的流通、共享以及互操作。

GeoSmarter研发始于2014年，是我国目前最早研发并推出的时空大数据智能服务平台。产品在时空大数据组织管理方面的技术来源于武汉大学牵头承担的863计划项目“时空过程模拟与实时GIS系统”，结合公司自主研发的时空大数据接入、融合、分析、挖掘、可视化等方面的关键技术研发而成。

GeoSmarter产品解决了传统时态GIS无法支持异构海量传感器时空大数据的高效管理与分析、难以支持动态过程模拟的实时表达等行业痛点技术难题，极大提高了政府/企业等行业用户空间决策的时效性和正确性，实现了从时态GIS到实时GIS的提升；实现了跨行业、跨数据（结构化、半结构化、非结构化）、跨网络（互联网、物联网）的泛在时空大数据融合协同计算、动态感知，为智慧城市各行业动态监控、指标预测、决策指挥提供平台级的智能化服务解决方案，实现地理商业智能，深刻影响行业和公众用户的应用行为，提升空间智能及时空大数据的商业价值，为我国“数字经济”提供智慧大脑。

GeoSmarter产品市场定位在整个大数据产业链的中游，为城管、社管、交通、环保、民生、电力、气象、国土、测绘、规划、公安、应急、房产等各行各业提供基于地理信息的各项大数据分析挖掘服务。同时，该平台为智慧城市的运行提供稳定的运营保障，为政府、企业的管理者提供辅助决策与监管的信息化支持，为社会大众提供数据共享与服务。推动城市就业、医疗卫生、交通运输、社会安全监管等问题，带动基于大数据时代新型GIS平台服务的快速增长，具有广阔的市场应用前景。

二、平台架构

GeoSmarter是建立在基础设施云平台之上的大数据平台型软件产品，功能涵盖面向物联网数据、互联网数据、业务系统数据的接入、融合、管理、分析挖掘、

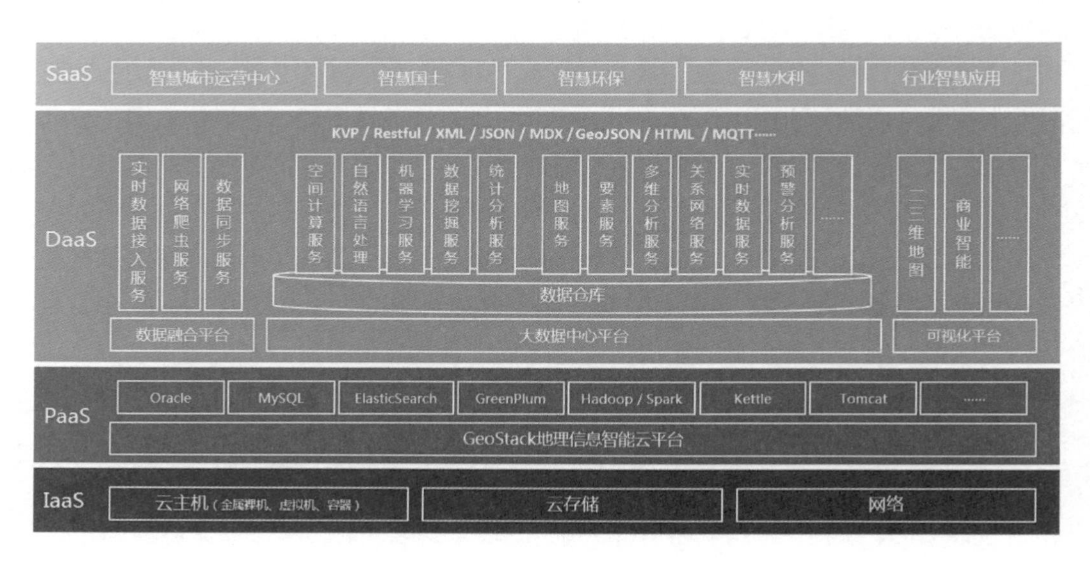

图4–45　平台总体架构图

共享以及可视化应用。主要由三大平台组成，包括：数据融合平台、大数据中心平台、可视化平台。平台总体架构如图 4–45 所示。

产品的 IaaS（基础设施即服务）层采用云架构对系统的存储、计算及网络资源进行统一管理，为整个系统提供基础设施支持与服务，该层可支持通过金属裸机（baremetal）、虚拟机、容器等方式部署和运行任意软件。在此基础上，借助产品中地理信息智能云平台的云环境管理能力，在 IaaS 层实现 GeoSmarter 与部署环境本身的互操作，保证了产品的适应性，大幅度降低了整个产品的系统部署复杂度，而且保障了 IT 基础层上的可伸缩性。

产品的 PaaS（平台即服务）层同样借助产品云平台的能力，实现了对不同数据引擎的整合、管理和互操作，包括传统的关系数据库、各类大数据存储 / 分析架构以及 J2EE 容器等。该层通过与云平台的通信，实现对不同数据架构与服务的调度管理，实现关系数据库和大数据平台的按需缩放和服务集成与管理，为 DaaS 层特别是大数据中心平台和数据融合平台提供数据框架的支撑（见图 4–46）。

图 4–46　数据融合平台界面

产品的 DaaS（数据即服务）层实现了该产品的核心功能：对基础数据进行清洗与整合，在此基础上实现各类数据分析功能，并对用户提供可调用各类分析结构、模型或算法的编程接口，最终让数据成为一种服务。由数据融合平台、大数据中心平台、可视化平台三个主要组件构成：其中，数据融合平台实现了实时数据接入与融合功能；大数据中心平台提供了数据存储与管理、数据计算、分析与挖掘、服务管理、运维监控等功能；可视化平台提供了数据可视化功能（见图 4–47）。

产品的 SaaS（软件即服务）层为各类应用提供了一系列服务与接口，可以快速构建智慧城市运营中心、智慧环保、智慧国土、智慧水利等应用，亦可针对特殊行业需求构造行业智慧应用（见图 4–48）。

图 4–47　大数据中心平台界面

图 4–48　可视化平台三维地图——3D 建筑

三、关键技术

GeoSmarter产品在时空大数据组织管理方面的技术来源于武汉大学牵头承担的863计划项目“时空过程模拟与实时GIS系统”，结合公司自主研发的时空大数据接入、融合、分析、挖掘、可视化等方面的关键技术研发而成。2016年年底，产品作为“实时地理信息系统平台及应用”项目成果，通过了武汉大学组织的技术鉴定，由王家耀院士牵头组成的专家组一致认为，产品技术先进、创新性强，总体上达到了国内领先水平，项目获得2017年度测绘科技进步奖特等奖。同时，基于产品关键技术在电网信息化方面的应用，获得了2018年国家科技进步二等奖；基于产品关键技术的研制，形成了1项国际标准、1项国家标准。并且，产品相关时空信息云技术在2017年通过了华为的技术测评认证，融入华为全球智慧城市解决方案，在全球最具影响力的移动通信领域展览会“世界移动通信大会”中，获得多个国家的关注和一致好评。产品主要在国内率先实现以下几个关键技术。

（一）面向时空大数据的分布式存储与计算

产品结合实际应用需求，研究实现了基于分布式文件系统HDFS的时空大数据的存储结构和索引形式（同时支持分布式存储与计算），基于Spark分布式计算框架设计研究了面向并行化空间分析计算的算法和框架，开发了基于大规模集群化硬件的分布式并行化空间数据存储与检索技术，优化了产品的分布式空间分析计算框架（见图4–49）。

（二）时空大数据分析与知识挖掘

产品面向从时空大数据中快速提取信息、挖掘知识的应用需求，针对库存矢量数据、库存栅格数据、库存属性数据、流式数据（浮动车、轨迹、视频等）的特点，通过算子的可视化建模、管理与发布，研发了面向任务的在线分析与知识服务。研发了大数据挖掘与在线分析服务，包括空间分析服务、网络分析服务、空间统计分析服务、空间关联规则挖掘服务、聚类分析服务、神经网络数据挖掘服务、基于粗集理论的数据挖掘服务、空间特征和趋势预测服务等；开发了非空间、空间数据处理插件、数据挖掘等插件，目前已可提供克里格插值、关联规则分析、时间序列、线性回归、聚类分析、贝叶斯网络等数据挖掘模型。研究实现了时空大数据与机器学习技术的深度融合，已实现在实时数据应用场景下，进行实时数据的采集、读取、分析、预警和处置（见图4–50）。

Hadoop　Overview　Datanodes　Snapshot　Startup Progress　Utilities

Browse Directory

/big　Go!

Permission	Owner	Group	Size	Last Modified	Replication	Block Size	Name
-rw-r--r--	wujie	supergroup	399 B	2018/3/25 上午9:47:54	3	128 MB	A_DLTB_GD_1.metadata
-rw-r--r--	wujie	supergroup	24.17 GB	2018/3/25 下午12:10:09	3	128 MB	A_DLTB_GD_1.spatialjson
-rw-r--r--	zhoufan	supergroup	315 B	2018/4/3 上午7:21:15	3	128 MB	BPXM_GD.metadata
-rw-r--r--	zhoufan	supergroup	184.94 MB	2018/4/3 上午7:22:21	3	128 MB	BPXM_GD.spatialjson
-rw-r--r--	zhoufan	supergroup	220 B	2018/3/29 上午4:46:11	3	128 MB	CYZYY_GD.metadata
-rw-r--r--	zhoufan	supergroup	558.05 KB	2018/3/29 上午4:46:11	3	128 MB	CYZYY_GD.spatialjson
-rw-r--r--	zhoufan	supergroup	409 B	2018/3/29 上午5:16:27	3	128 MB	DLTB_FYQ.metadata
-rw-r--r--	zhoufan	supergroup	185.95 MB	2018/3/29 上午5:17:26	3	128 MB	DLTB_FYQ.spatialjson
-rw-r--r--	zhoufan	supergroup	411 B	2018/3/29 上午5:14:41	3	128 MB	DLTB_HZQ.metadata
-rw-r--r--	zhoufan	supergroup	12.15 MB	2018/3/29 上午5:14:45	3	128 MB	DLTB_HZQ.spatialjson
-rw-r--r--	chenzhiyuan	supergroup	411 B	2018/3/28 上午3:00:00	3	128 MB	GZ_ZH_TEST.metadata
-rw-r--r--	chenzhiyuan	supergroup	11.32 MB	2018/3/28 上午4:00:08	3	128 MB	GZ_ZH_TEST.spatialjson
-rw-r--r--	zhoufan	supergroup	341 B	2018/4/16 上午10:52:08	3	128 MB	TDYT_GD.metadata
-rw-r--r--	zhoufan	supergroup	16.65 GB	2018/4/16 下午12:21:30	3	128 MB	TDYT_GD.spatialjson
-rw-r--r--	zhoufan	supergroup	361 B	2018/3/29 上午7:06:34	3	128 MB	TDYT_HZQ.metadata
-rw-r--r--	zhoufan	supergroup	7.59 MB	2018/3/29 上午7:06:37	3	128 MB	TDYT_HZQ.spatialjson
-rw-r--r--	zhoufan	supergroup	306 B	2018/4/3 上午9:27:10	3	128 MB	ZD_GD.metadata
-rw-r--r--	zhoufan	supergroup	681.79 MB	2018/4/3 上午9:33:31	3	128 MB	ZD_GD.spatialjson

图 4-49　基于分布式文件系统 HDFS 的数据存储

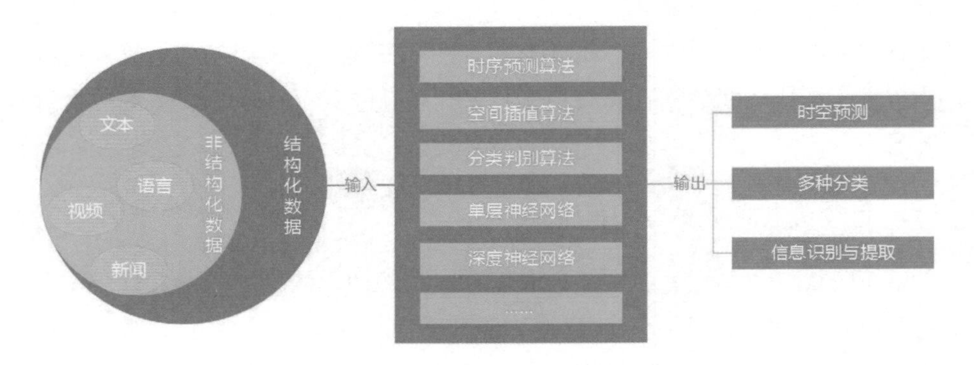

图 4-50　基于机器学习技术的智能分析

（三）高并发时空大数据可视化技术

产品实现了基于全球无缝多级格网递归剖分与多金字塔模型，建立了时空一体的多源多尺度全球空间数据分布式管理和三维可视化框架。基于新型硬件架构的大规模数据可视化技术，基于 WebGL 技术实现了海量矢量数据毫秒级高效渲染，提供了高效率的空间数据可视化和美观的展示效果，并且结合离线空间分析为 Web 应用提供无服务端的空间统计分析能力（见图 4-51）。

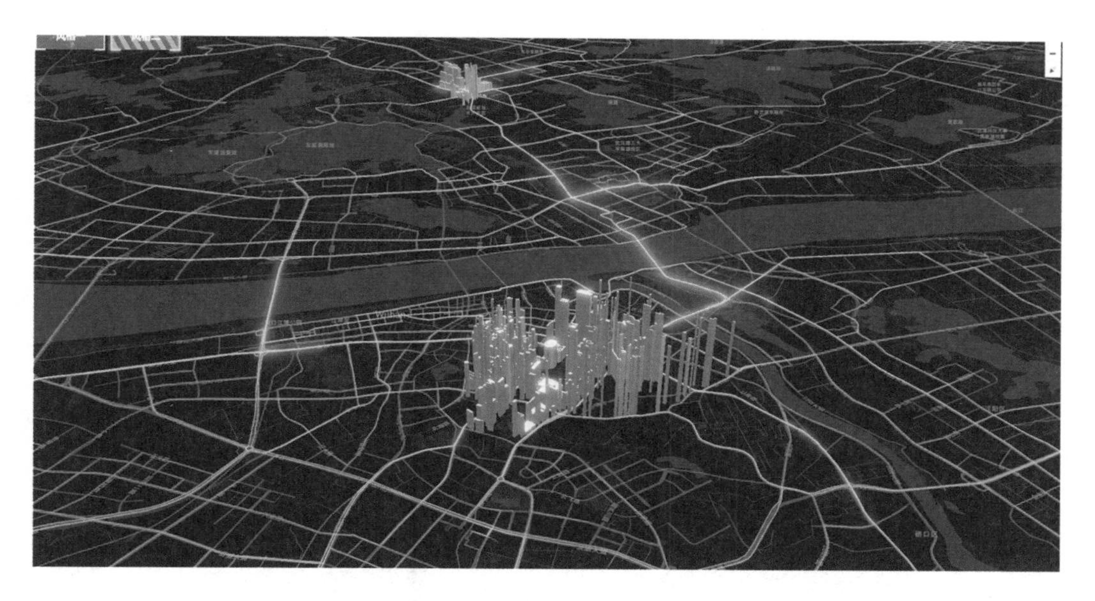

图 4-51　基于 WebGL 三维地图可视化展示

（四）技术性能指标

GeoSmarter 的主要性能指标包括：支持不少于 5 种传感器类型的传感网时空数据接入；单机流式数据写入速度 10000 条 / 秒以上；两个 500 万条以上的矢量数据集叠置分析 4 节点用时 1.5 小时以内；超过 600 万条记录的数据集实时历史数据研判分析用时 3 秒以内响应；支持聚类、预测、关联等多种数据挖掘技术，并支持自定义算法的使用；典型时空数据分析与知识挖掘算子不少于 10 个。

四、应用效果

GeoSmarter 是应对大数据时代下政府和企业信息化的变革而规划的平台化解决方案，为智慧城市相关的如城市管理、社会管理、公共交通、公共安全、国土资源管理与分析、交通与导航，以及云计算和物联网相关的政府、企业等单位以及公众用户打造了智慧城市时空大数据中心及运营管理平台，为城市管理者提供城市的关键指标状态监测及趋势分析、预警预报，提高城市公共服务和居民生活便利性，推动了城市就业、医疗卫生、交通运输、社会安全监管等问题，带动了基于大数据时代新型 GIS 平台服务的快速增长。产品已在全国约 20 个省、50 余个市、区级百余项智慧城市相关项目中推广应用，为公司累计创造了超 5 亿元的直接经济收入，创造间接经济社会效益数十亿元以上，获得了用户的广泛好评。

（一）应用案例一：西安市临潼区智慧城市系统建设项目

项目依托 GeoSmarter 产品的大数据融合、管理、挖掘分析、可视化等关键技术，对临潼区 20 余个重点数据共享部门和核心业务部门的数据进行了清洗、交换、对比工作，搭建了智慧城市运营平台、临潼数据中心。集临潼公安、旅游、交通、城管等多个政府职能部门数据资源，同时抓取互联网涉及临潼的信息，纳入平台内进行汇总、整合、分析、挖掘，实时精准把握城市发展的“呼吸脉搏”，对城市运行体征提前预警。基于 GeoSmarter 产品技术应用，项目获得 2017 年中国地理信息优秀工程金奖、泰伯网“2017 地理信息创新应用场景案例征集”活动优秀案例 TOP30；中央电视台、陕西电视台等多家媒体采访和报道了项目相关成果，取得了良好的社会反响（见图 4-52）。

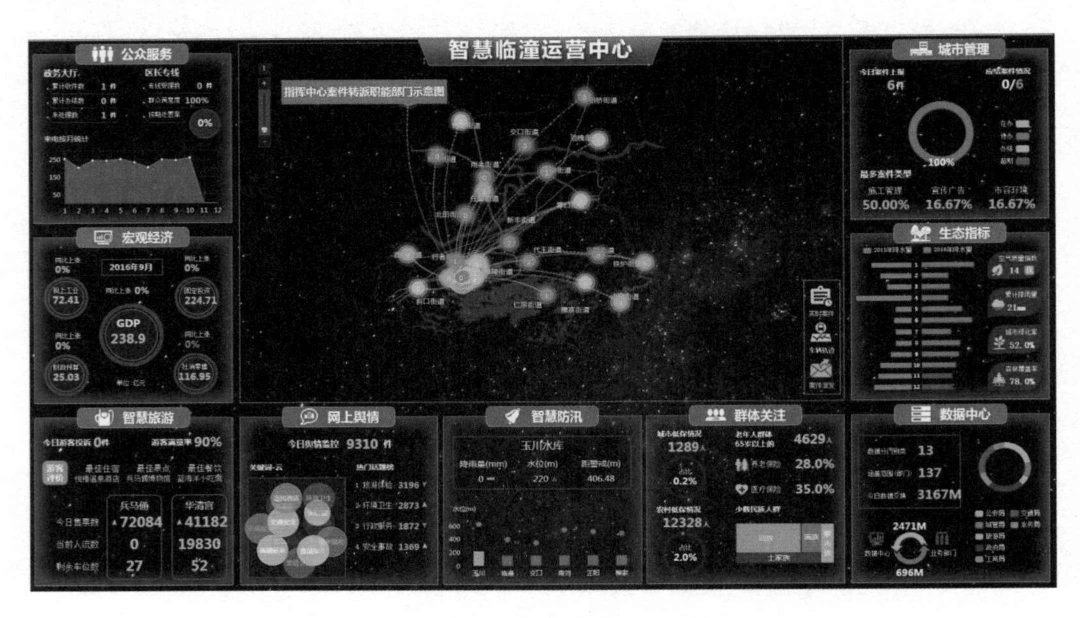

图 4-52　智慧临潼运营中心界面

（二）应用案例二：武汉市社会服务与管理信息系统

项目利用 GeoSmarter 产品的大数据云服务能力，构建了“1 个市级主中心 +16 个区级分中心”的全市社管云，有力地支撑了泛在网络环境下多部门、海量用户应用的需要；运用产品的数据融合技术，建立了一体化数据资源池，深度融合 38 个部门专业信息，通过网格员的实时比对、更新，确保了数据的权威、准确、鲜活，推动了社会治理从经验决策走向数据决策；利用产品的大数据实时分析挖掘能力，实现了全市社会管理要素的实时掌握，对特殊人群的重点关注，对突出矛盾纠纷案事件的预警预报和处置监督，实现了智慧社会管理的阶段性目标。基于 GeoSmarter 产品的应用，项目获得 2018 年中国测绘科技进步一等奖（见图 4-53）。

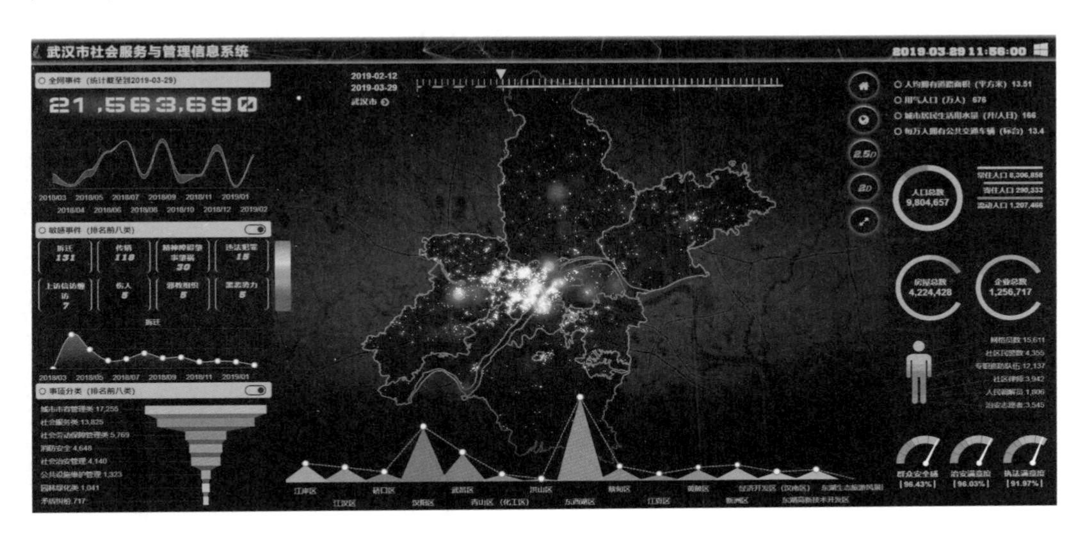

图 4-53 武汉市社会服务与管理信息系统界面

（三）应用案例三：南京市“多规合一”空间信息管理系统

项目围绕多规编制、成果管理、共享应用三大业务板块的信息化需求，利用 GeoSmarter 产品的数据融合技术、数据仓库技术构建了规划大数据中心，为各应

图 4-54 南京市规划大数据中心资源展示门户

用系统提供数据支撑；利用GeoSmarter产品的服务中心为规划局提供数据分发的能力，实现对外围的事业单位提供数据共享；利用产品的分析挖掘、可视化展示功能，实现城乡空间规划大数据智能分析、成果可视化展示，提供了智能决策支持，助力打造空间规划实施监测“运营大脑”。基于GeoSmarter产品的应用，项目获得2018年中国地理信息科技进步特等奖（见图4-54）。

企业简介

武大吉奥信息技术有限公司是中国知名的空间信息智能服务解决方案提供商、自主可控的核心软件供应商，拥有业内领先的自主产品体系、全面的服务资质和专业的空间信息智能化服务能力。公司拥有专业团队900余人，获6次国家科技进步二等奖等国家重大奖项，业务体系涵盖自然资源、数字中国，以及大数据和云服务等信息化平台应用，致力于时空智能技术在智慧城市的应用，已形成实时、智能、多维的时空大数据综合服务能力。

专家点评

武大吉奥信息技术有限公司突破多源、异构、海量、实时观测时空大数据的多层次和多维度集成共享等关键技术难题，实现了时空过程、地理对象、事件、状态与观测等关键要素的一体化表达及挖掘分析，研制了吉奥地理智能服务平台（GeoSmarter），产品设计实现了多层次可伸缩实时GIS体系架构，具有软件、硬件、数据和运营等四个维度的可伸缩能力。产品已在智慧城市相关诸多领域推广应用，取得了显著的社会效益和经济效益，实现了地理信息服务链延伸，在大数据时代，对我国地理信息软件产业抢占GIS技术制高点和市场具有重大价值。

郇贺铨（中国工程院院士）

大数据

18 苏宁全场景智慧零售大数据平台
——苏宁易购集团股份有限公司

苏宁全场景智慧零售大数据平台的定位，是苏宁智慧零售的中枢，打造和提供面向业务运作的各类智慧引擎，包括采购引擎、服务引擎、风控引擎。为苏宁全方面提供能力支持，在业务快速扩张中形成了苏宁的能力建设工厂，把企业长期积累建立的全场景零售的基础资源与核心能力模块化、产品化、技术化、规则化，形成全面对内对外智慧赋能的模式。对内为苏宁的零售、金融、置业、体育、文创等全场景提供服务助力；对外则为零售、文创、房地产、制造、农业等企业赋能，提升外部企业智慧能力。形成苏宁独有的全场景智慧零售大数据通用平台，为智慧零售保驾护航。

一、应用需求

（一）行业背景

随着大数据时代的到来，对大数据商业价值的挖掘和利用逐渐成为争相追捧的利润焦点。电商企业通过大数据应用，可以探索个人化、个性化、精确化和智能化地进行广告推送和推广服务，创立比现有广告和产品推广形式性价比更高的全新商业模式。同时，电商企业也可以通过对大数据的把握，寻找更多更好的增加用户黏性、开发新产品和新服务、降低运营成本的方法和途径。在这种时代背景下，苏宁积极响应时代潮流，发挥自己的IT能力，不断地在大数据领域进行探索。而随着苏宁大数据平台的不断完善，其对苏宁自身的营销推广等环节也起到了推动促进作用。

以大数据等技术手段为依托的苏宁零售云是智慧零售下的商业雏形，苏宁零售云下的大数据时代，各种统计数据、交易数据、交互数据和传感数据正在源源不断地从各个渠道迅速生成、归集，这些数据增长速度之快前所未有，数据的类型也变得越来越多，通过信息化、技术化带动工业化和产业化的发展，改变了传统的经济增长方式，为消费者提供了更好的服务，提升了消费体验，从深层次形成更加丰富的商业生态，为打造未来社会的经济基础设施提供数据支撑。未来，随着苏宁大数据智能分析系统的不断完善，我们不仅会对国内零售大数据进行分析，也会将全球范围内的零售大数据纳入分析范围，这必将快速促进我国国民经济信息化的发展。

（二）市场前景

目前，腾讯的特质是社交网络，百度的特质是搜索引擎，阿里的特质是电商生态……而苏宁的优势在于全场景覆盖，依托苏宁易购、置业、文创、体育、金融、投资、物流、科技八大产业的多场景优势，全场景零售智慧大脑能够对电商、零售、社交、体育、房地产、金融等多业态、多场景提供全方位、全场景的支撑，较其他同类市场产品有着先天性优势。

二、平台架构

（一）架构

苏宁全场景智慧零售大数据平台以实现数据统一采集、统一存储、统一管理、统一运营、统一服务为目的，为企业及整个行业提供灵活支持（见图 4–55）。

图 4–55　整体架构图

数据服务整合集团全产业业务数据和外部数据，数据规模超过 PB 级；数据不仅包括结构化数据，还包括非结构化 / 半结构化数据；数据透明访问，以 Open API 为内部和外部客户提供数据开放服务，实现 PaaS 服务（Platform-as-a-Service：平台即服务）。

平台服务提供集成开发环境，提供元数据前向驱动开发模式；提供组件化的开发模式，实现数据与应用分离；内外部用户，以多租户的方式，访问和使用服务开放平台，为租户的私有数据，实现安全隔离，实现 PaaS 服务。

应用服务对内部用户和外部用户提供服务；实现应用百花齐放，不仅有运营商内部发布的数据产品，还包括外部用户发布的数据产品；数据产品不仅包括内部服务的数据产品，还包括为其他行业服务的数据产品（见图 4–56）。

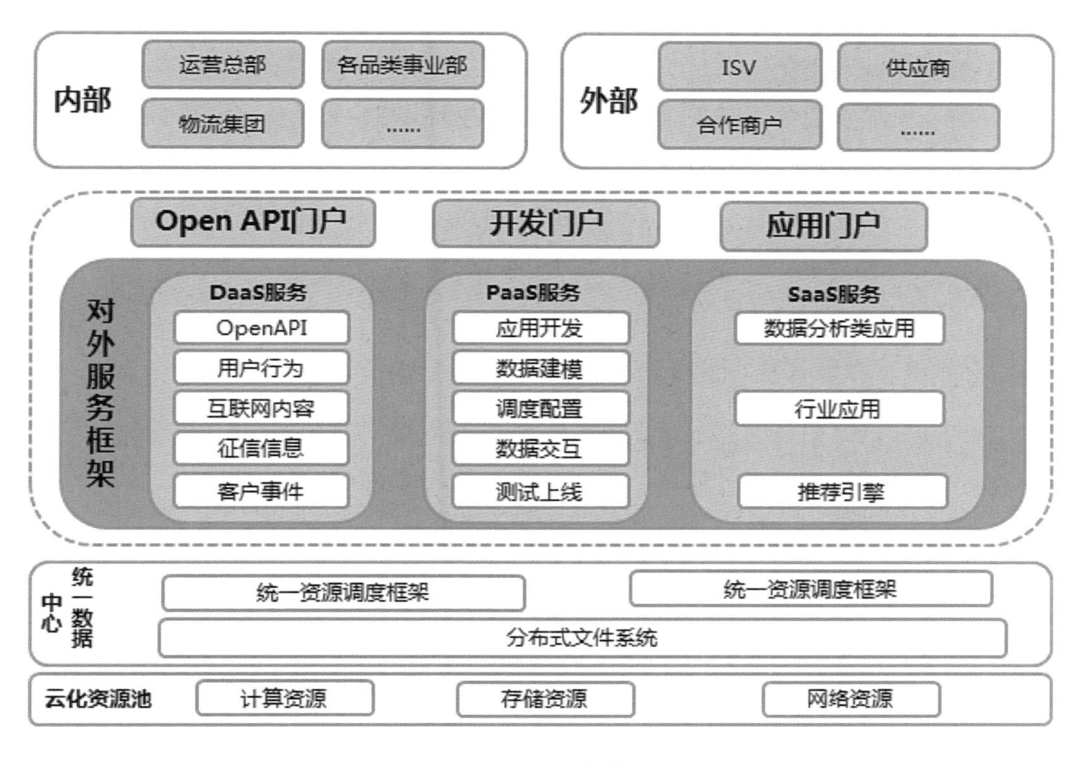

图 4–56　服务架构图

（二）思路

围绕以上整体架构，本项目建设有以下几个核心思路。

1. 数据治理产品化

数据治理的成果和内容，必须落实到相应的产品来严格实现。这些成果和内容不再是简单的文档和管理流程，而是要通过切实可行的 IT 手段严格落地。

2. 数据处理工厂化

实现工厂化的建设和管理，以互联网思维的“极速、低成本、高质量”要求来响应海量的内外部客户的个性化数据需求。通过实现数据处理全过程业务化的“可视、可管、可控”，实现互联网思维的“需求—设计—实现—产品”的业务化贯穿。

3. 数据内容资产化

按照数据治理分册的要求，提供将企业级省大数据平台里的数据内容进行梳理、评估并资产化的 IT 手段。

4. 数据模型标准化

按照数据治理分册的要求，通过统一开发平台将数据模型的要求严格落地，杜绝不满足标准的数据模型出现在企业级省大数据平台里。

5. 数据安全可控化

体现安全的重要性、必要性，保障企业级大数据平台数据安全和服务开放过程中数据的安全可控。

三、关键技术

（一）海量数据处理平台建设

平台建设的定位是为苏宁信息体系的数据分析和数据产品开发提供通用、可靠的平台支撑能力，包括多种数据形态下的数据采集能力、数据迁移能力、数据计算能力、数据存储能力、数据访问能力（见图 4–57）。

作为数据分析能力最基础的承载平台，丰富、可靠、高性能的平台组件是上层数据产品构建的基础。平台建设主要以引入开源社区的大数据技术组件为主，辅以自研；完善开源软件的缺陷，进行 BUG 修复，实现可维护性、可管理性、服务化能力增强。

1. 大数据管理平台（BDM）

大数据集群和平台的管理访问集中入口，包括集群管理、监控、告警、资源管理等能力，建设对大数据平台的可管理性、提升平台的可维护性。

2. 分布式文件系统（HDFS/Alluxio）

部署在大量廉价的机器上的高度容错性、通用性、高吞吐量的数据访问的分布式文件系统，适合大规模数据集上的应用，为大数据平台中海量数据的读写提供通用存储能力。

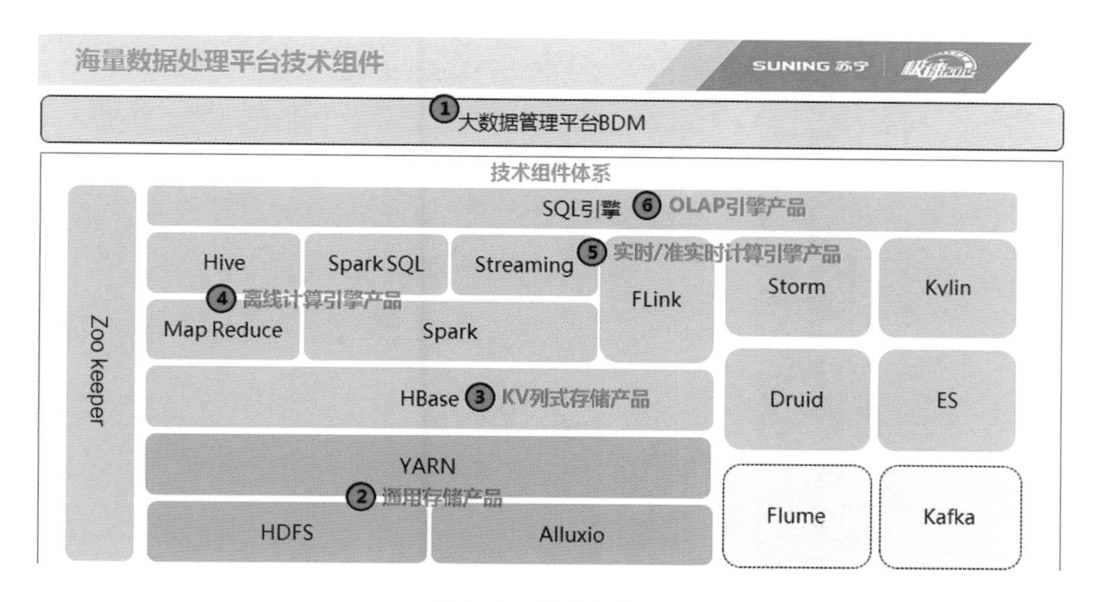

图 4-57　技术架构图

3.KV 存储平台（HBase）

提供通用的基于 KV 数据读写，分布式的、面向列的开源数据库，底层使用 HDFS 作为数据存储。

4. 离线数据计算平台（MR/Spark/YARN）

海量数据离线计算平台，为离线数据的加工能力提供底层的支撑引擎。

5. 实时数据计算平台（Storm）/ 准实时数据计算平台（Spark Streaming）

实现通用的流式计算平台，提供实时的流式数据计算服务，降低数据的处理延迟。提供实时的、基于流式数据的微批数据计算能力。

6. 多维在线分析平台（OLAP）

为前端分析应用、数据可视化层提供可靠稳定、高性能、通用性的多维数据集分析和查询引擎，提供大量数据条件下的多维数据聚合分析查询能力。

（二）智能开发工具建设

1. 大数据集成开发平台

集成开发环境（Integrated Development Environment，IDE）是一种辅助开发人员开发软件的应用软件。开发服务平台为开发人员提供统一的集成开发环境，让开发人员可以通过图形化界面完成数据采集、存储、应用逻辑等的开发（见图 4-58）。

2. 开发配置界面

通过图形化界面，使用组件功能支撑数据模型、数据处理的快速开发。根据不

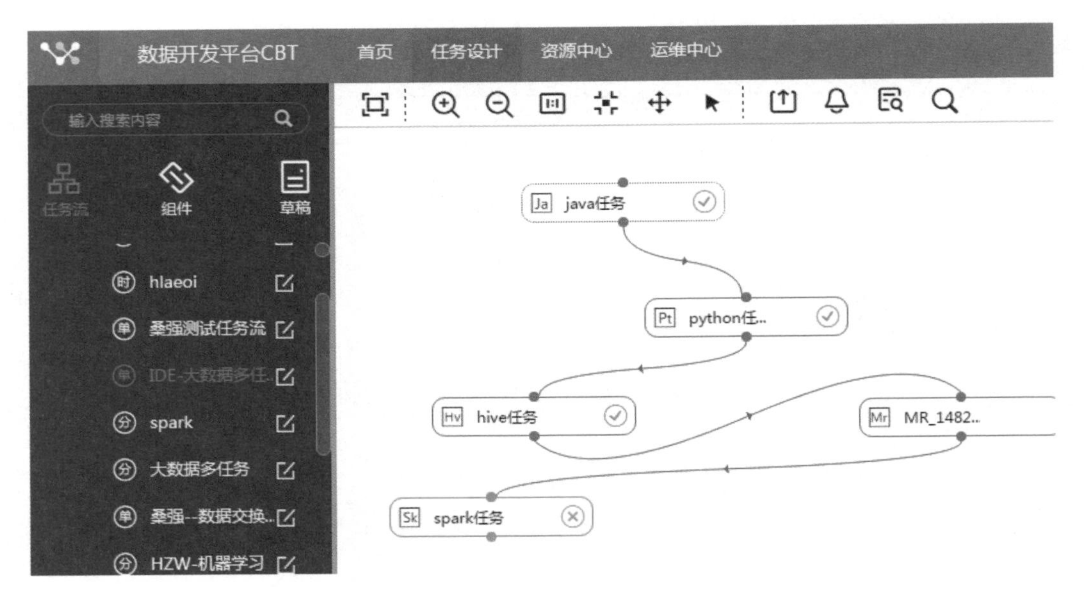

图 4–58　数据开发平台展示图

同开发需求，开发人员可选择界面模板化填充、组件拖拽、代码编写等多种方式来进行开发。

3. 元数据管理平台

元数据（Metadata）是描述数据的数据，可将其按用途的不同分为两类：技术元数据(Technical Metadata）和业务元数据(Business Metadata)。数据的标签、说明，数据库字段、字段说明，数据的业务理解、业务定义，数据加工过程的业务说明和

图 4–59　元数据管理图

技术参数等都是元数据。在大数据环境下中，元数据管理的复杂度和重要性远高于传统的数据仓库（见图 4-59）。

以元数据驱动的开发模式，以数据模型为主体，把元数据、数据处理、数据质量管理等以模型的方式融合在元数据血缘调度里统一处理，实现业务元数据和技术元数据的强制性前向获取，建设保证业务元数据、技术元数据、技术实现这三者一致性的体系。

四、应用效果

（一）应用案例一：内部数据平台建设

在内部数据的统一建设上，苏宁建设了统一的数据仓库，集中管理八大产业的业务数据，并进行安全的融合和分析处理；在数据仓库的基础上建设了标准化的指标、标签和数据服务，统一了整个苏宁集团的数据对接口径；在数据报表的支撑上，提供了统一的标准化数据输出，提升了数据的质量和标准，也在另一个层面提升了用户沟通的效率和效果（见图 4-60）。

在苏宁文创产业的支撑上，利用大数据处理机器人，平台收集并积极利用了原

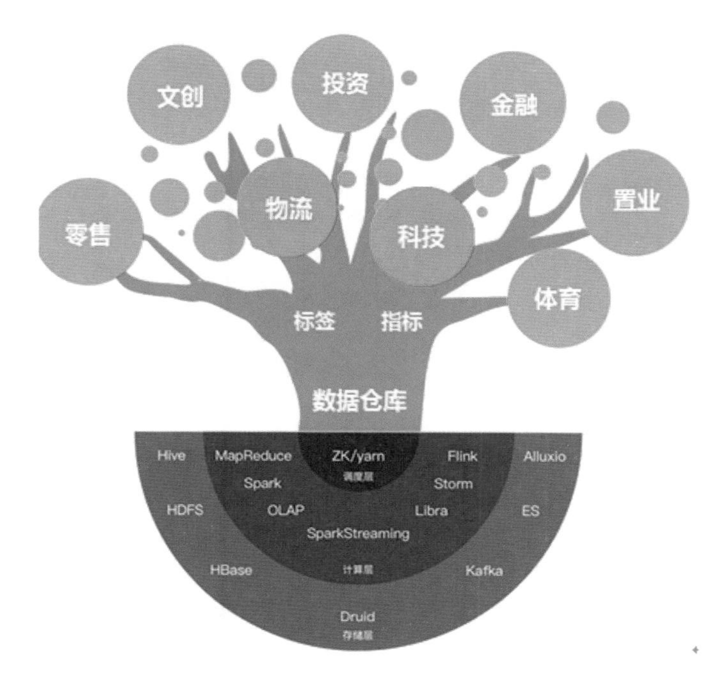

图 4-60　平台应用树

有短视频产品资产数据，结合苏宁易购的场景和商品数据，智能分析用户需求，基于场景智能推荐，提升用户转换率；对形成的优质内容，利用智慧大脑的数据分发能力在全网进行分发和推送，传播苏宁的商品、场景和内容，以此为苏宁易购导入更大的流量。

基于内部大数据服务的统一建设，苏宁集团建设了智慧零售解决方案，成功神鉴、千里传音、诸葛大师、数据易道、云台纵览、鹰眼、千人千面、物流天眼等各种数据运营应用，解决了千万制造商、供应商在营销、运输、运营等环节的痛点。

基于智慧零售解决方案，苏宁线上线下全面深耕，苏宁拼购、苏宁推客、苏宁极物、苏鲜生、零售云、苏宁小店等一系列智慧零售产品或是创新而出，或是升级迭代。面向社区、县镇市场和社群，通过在大数据层面的深度挖掘强势占位，最终引爆市场。

（二）应用案例二：外部数据平台建设

通过苏宁大数据平台对数据存储、运算、管理以及分析，除了用以优化自身的界面、服务、管理和产品之外，苏宁还对外提供至少三类具备极大商业价值的数据与信息，第一类是服务消费者，方便其获取购物与消费的数据信息，包括各类商品及店铺信息、促销信息等；第二类是服务供应商，可有效提升其店铺管理及商品销

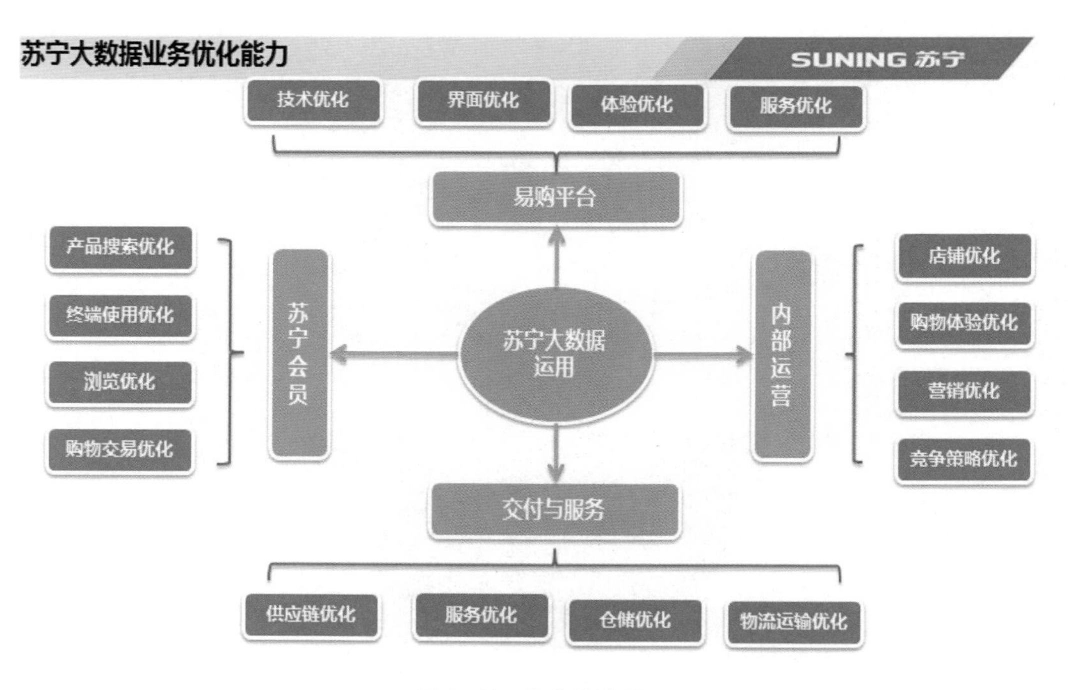

图 4–61　业务优化图

售效果相关数据信息的获取能力和分析能力，获取包括消费者的消费行为、网络使用行为、媒体接触及使用行为，市场发展及行业竞争等在内的数据与信息；第三类是服务企业经营，为商品的物流交付和服务能力优化提供数据支撑，及时发现交付环节中存在的问题和不足，有效提升苏宁的服务交付及时性和闭环率，降低服务成本，提高效率（见图 4-61）。

充分利用苏宁的产业优势，融合大数据，通过数据工厂化开发模式，构建通用、强健的底层大数据基础平台，在此平台上实现大数据深加工和商业智能分析，打造应用服务的数据产品，建立内外部用户开放、共赢的大数据应用生态圈。

在成果方面，集团数据处理效率得到了极大的提升，现如今，以往的人工任务建设已转为机器任务建设，节省了大量的人工成本。业务系统需要建设数据任务，只需要简单的拖拽操作，会自动关联其任务节点，形成自动化的数据任务链路，彻底摆脱手工码代码的黑暗时代。

苏宁通过与供应商共享供应链、销售、物流、金融等智慧零售全价值链的资源，能够帮助供应商提升经营效率、提高经济效益；赋能恒大、万达、中石化、交行、北汽、咪咕、大润发等行业巨头，形成智慧零售的大生态；通过与各地方政府的战略合作，向社会输出企业发展成果，助力智慧城市建设并推动地方高质量发展（见图 4-62）。

图 4-62　苏宁大数据平台应用场景

企业简介

苏宁易购集团股份有限公司创立于1990年，是中国领先的商业企业，拥有25万员工，服务全球6亿用户，2017年苏宁控股集团以5579亿元的规模位居中国民营企业500强第二名。秉承“引领产业生态、共创品质生活”的企业使命，苏宁产业经营不断拓展，形成苏宁易购、苏宁物流、苏宁金融、苏宁科技、苏宁置业、苏宁文创、苏宁体育、苏宁投资八大产业板块协同发展的格局。

专家点评

苏宁全场景智慧零售大数据平台实现了数据采集、数据处理、数据转换、数据存储、数据资产管理、数据服务等多个环节的工作聚合，为苏宁集团下属企业提供一站式的大数据服务，打通苏宁全产业数据链路，为实现苏宁全场景智慧零售奠定了坚实基础。同时，该平台能够覆盖全场景业务，给予不同业态、不同产业的企业和政府提供大数据赋能服务，支撑全产业的服务推广，有助于促进全社会的降本增效。

邬贺铨（中国工程院院士）

大数据

19

基于大数据的电网关键业务协同决策分析平台

——国网新疆电力有限公司

电网关键业务协同决策分析平台是集电网数据采集、存储、可视化和业务深化应用等于一体的，其核心功能包括电网内外部海量异构大数据的高效采集、整合和存储，洞穴状自动虚拟系统（CAVE）沉浸式电力大数据可视化，电网关键业务协同应用分析等。平台打破电网信息孤岛，突破专业壁垒，将电网规划、建设、检修、营销及应急等核心业务应用融入其中，促进了核心业务高效协同；同时结合应用虚拟现实技术，实现了电力大数据全景式多维度的沉浸式展示，有效支撑了电网业务和发展态势的研判、分析与决策。

一、应用需求

“十二五”以来，新疆电网规模不断扩大，电网设施数量、电网业务数据和管理信息均呈快速增长态势，由此带来电网信息化系统的运营压力与日俱增，并暴露出诸多问题：常规的技术架构难以支撑大数据时代电力大数据的采集、存储与处理等应用；各业务信息系统局限于专业分工，信息孤立、功能单一，专业协同不够紧密，联合作业效率较低；当前抽象化、平面化的电网数据可视化效果不够直观，难以体现出数据背后的价值，辅助公司科学理性决策。同时，当前电网各业务系统由于专业分工的局限，信息孤立、功能单一，迫切需要构建一种集约化、扁平化的新型信息化运营体系，支撑电网专业应用和管理决策。

本项目从电网发展和企业实际需求出发，应用大数据技术建设电网关键业务协同决策分析平台，实现电网内外部异构数据的有效采集、整合与分析，打破信息孤岛，突破专业壁垒，将电网规划、建设、检修、营销及应急等核心业务应用融入其中，促进核心业务高效协同。在此基础上，创新应用虚拟现实技术，实现电力大数据的沉浸式展示，通过全景式多维度的大数据可视化，支撑电网业务和发展态势的研判、分析与决策。

二、平台架构

电网关键业务协同决策分析平台共分为数据采集、数据存储、大数据可视化、电网关键业务协同应用四个模块，实现了电网大数据采集、整合与存储，打通数据共享通道，同时智库CAVE展厅、数字沙盘为大数据分析以及业务应用展示提供全面、直观的可视化环境，实现了电网规划、建设、运行、营销、调度等关键业务的应用与协同（见图4-63）。

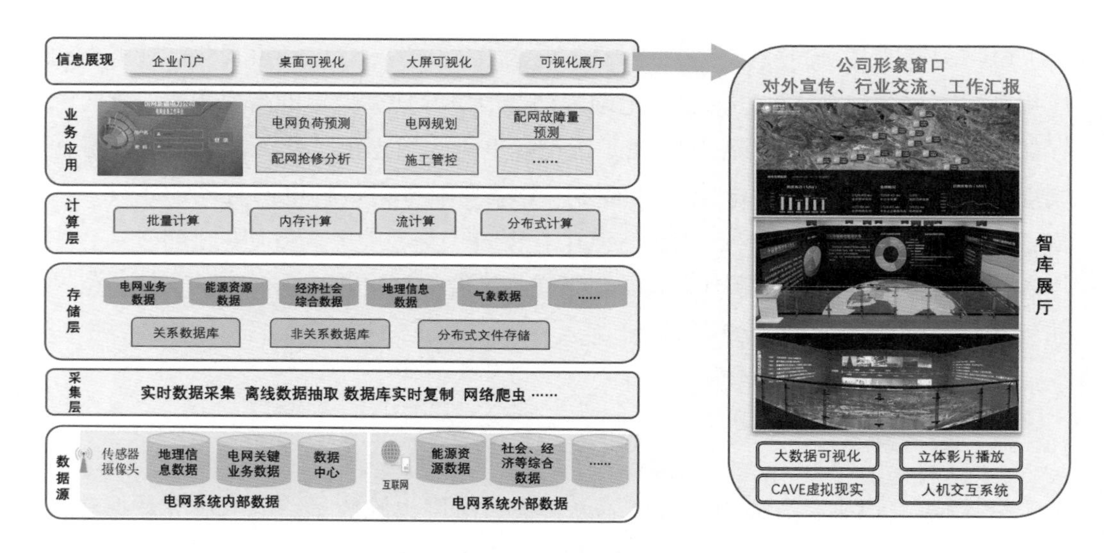

图4-63 电网关键业务协同决策分析平台总体架构图

（一）电网多源大数据采集

1. 电网业务系统数据采集

项目在数据采集过程中根据数据的不同类型，按照统一的调度、配置策略，在分布式工作流调度引擎的驱动下，实现数据的收集、整理和存储（见图4-64）。

（1）实时数据采集。实时数据采集，通过规范、统一消息管理、订阅、发布等流程环节，实现了从用电实时或准实时业务数据到电网关键业务协同决策分析平台的采集。

（2）离线数据抽取。按周、月、季度分析的业务场景，对接入大数据平台的业务数据源进行数据源、抽取规则、转换规则等标准配置，实现全量或定时增量的方

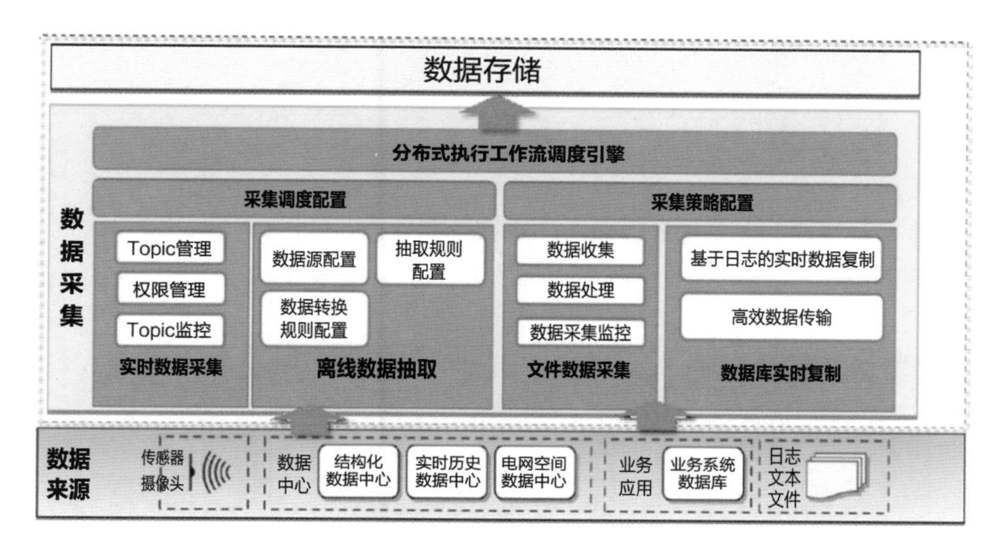

图 4-64 电网业务系统数据采集系统架构图

式从关系型数据抽取，并存储至电网关键业务协同决策分析平台。

（3）文件数据采集。在系统中配置定制各类数据发送方，提供从各类数据源上收集数据，进行简单处理写到各种数据接受方，实时跟踪每条数据从采集、处理到入库的全过程，完成日志、文件、音频、视频等非结构化数据采集至电网关键业务协同决策分析平台。

（4）数据库实时复制。基于源业务系统的源端数据库服务器联机重做或归档日志，实时捕获增量业务数据，按照指定的安全加密格式完成源端数据的实时发送；在目标受端数据库服务器，基于联机重做日志完成数据的实时接收，通过文件过滤和解析等操作完成数据的实时复制，并最终同步至大数据智库（见图 4-65）。

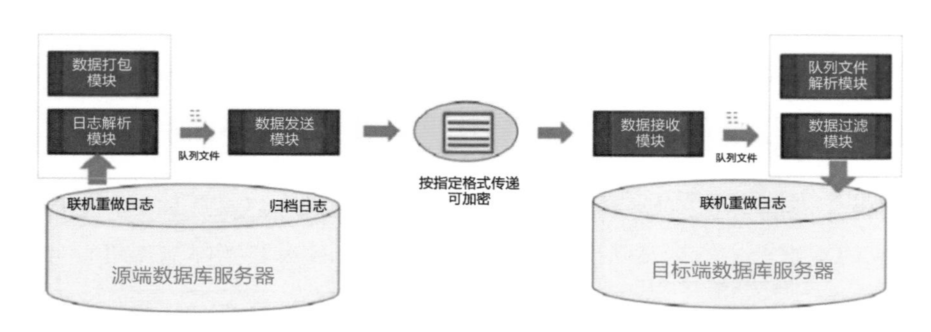

图 4-65 数据库实时复制逻辑图

2. 电网外部关联大数据采集

项目通过梳理电网外部关联大数据特征，通过分层抽取、分层转换改进 ETL

技术，实现多源电网外部大数据的采集。

（二）电网大数据智能存储

项目从高维度、非结构化和结构化混合、点面结合、多源异构等方面将电网大数据按照资源管理、元数据管理和实际数据管理进行存储设计（见图 4-66）。

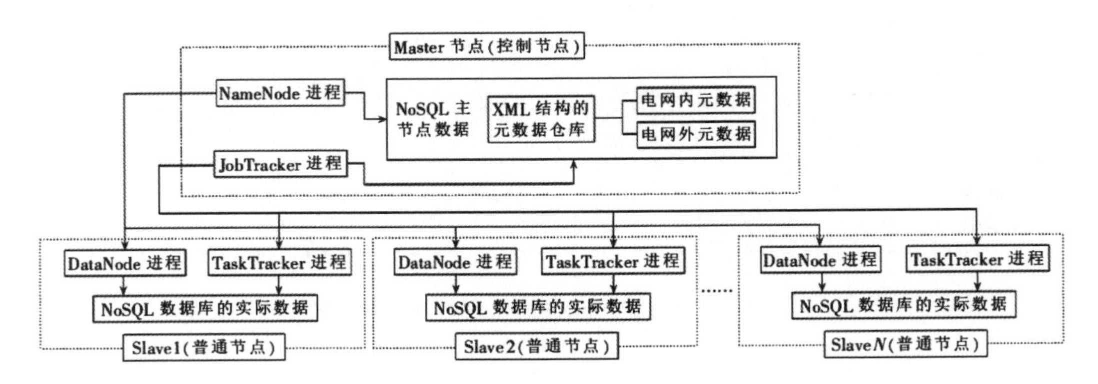

图 4-66　数据管理架构示意图

1. 资源管理

通过虚拟化技术在电网大数据所涉及的硬件平台上构建 Master/Slave 集群的逻辑结构，通过负载均衡完成电网内外部大数据存储资源的动态分配和调度，实现电力系统数据和外部关联大数据的存储资源高效运转。

2. 元数据管理

电网结构化和非结构化数据的元数据形成统一标准 XML 格式，依据数据所属电网内、外部原则分别进行命名分类。电网内部的元数据，按照电网电压等级分级归类；电网外部的元数据，分为政府元数据、电力用户元数据和第三方机构元数据三个部分。

3. 实际数据管理

高维度、多源异构的智能配用电实际数据，在元数据（实际数据存储的逻辑地址）形成的基础上，依据其映射关系，采用 NoSQL 技术对实际数据进行分布式存储管理。

（三）电网关键业务协同决策分析

基于电网资源空间位置和大数据特征，针对性地构建各电网关键业务的处理分析模型，实现电网业务数据共享与业务的高效协同应用。

1. 平台在电网规划分析中的应用

（1）电网负荷预测分析。

通过用户档案、用户电量、户表关系、统调电厂发电量、气象信息等数据，在大数据平台中进行批量计算和查询计算后，采用统计类方法、多维分析算法、相关性分析等算法，构建电量温度影响模型、电量节假日影响模型、负荷温度影响模型，开展短期负荷预测、中长期负荷和电量预测（见图 4-67）。

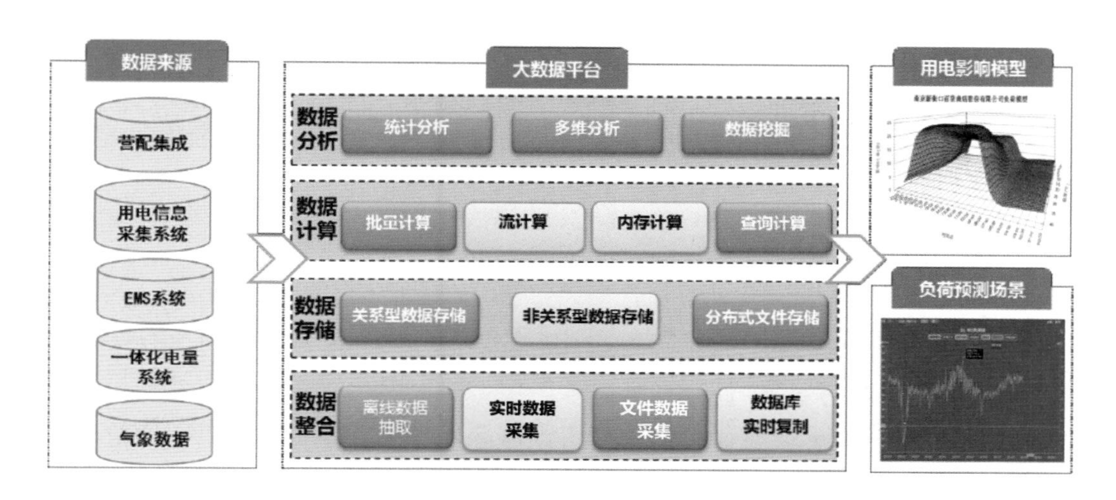

图 4-67 电网负荷预测分析架构图

用电影响因素关联性分析，考虑温度、湿度、雨量、云量、气压、风速六项指标，采用相关性计算方法分别对各用电量的影响因素进行分析。

用电影响因素模型构建，基于全样本用电特性，构建区域、行业、配变、客户的用电量、用电负荷与外部气象、节假日的关联影响模型，全面量化新疆电网用电与外部因素的关联关系，为用电预测打下基础，支撑有序用电等业务。

负荷预测模型构建，基于多维用电影响因素模型，利用时间序列预测算法或回归预测算法，选取最近相似日 / 月 / 季 / 年总网供负荷作为预测源负荷，开展分行业、分区域等多个维度的中长期、短期及超短期预测。

（2）变电站选址规划。

通过大数据技术提升变电站选址过程中所需的分析、存储能力，从而使变电站选址更加标准化、精确化、智能化，大大增加了变电站选址的科学性和确定性（见图 4-68）。

变电站选址指标体系构建。根据变电站的选址依据，构建变电站选址指标体系，通过将变电站影响因素中的子因素进行分析、整合，最终选取合适的子因素或

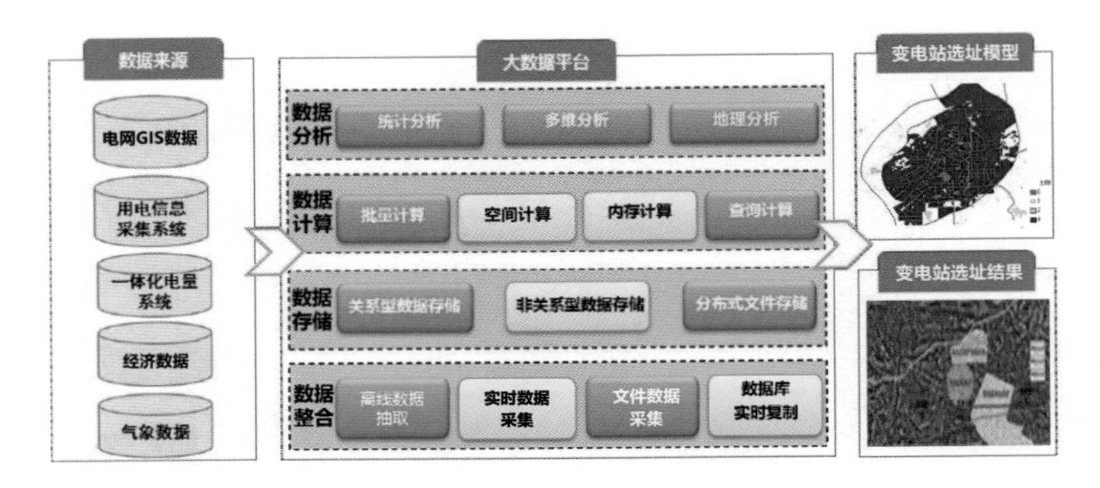

图 4–68　变电站选址规划架构图

子因素的集合作为指标设定指标值，完成变电站的选址体系构建。

变电站选址模型设计。将变电站选址模型分为经济模型和空间位置模型两种，对应经济因素模型、自然资源因素模型、地形因素模型、国土资源与灾害因素模型、人文因素模型等。最后对两种模型进行综合分析，得出最终综合性模型。

变电站选址实施。空间层面，以变电站位置为基准，利用空间大数据聚类、决策树、神经网络等大数据分析方法，计算每一个空间相关指标的权重系数；经济层面，利用大数据挖掘、分离、监督学习、交叉集等方法，计算每一个经济相关指标的权重系数。最后综合确定最终经济性、合理性的选址方案（见图 4–69）。

2. 平台在配网抢修管理中的应用

项目通过开展科学配网抢修管理研究，在配网抢修管理中结合 TCM 负荷、气象、抢修工单和台账等数据引入大数据的分析方法，能够提高故障抢修管理水平，大大缩短故障停电时间，提高工作效率（见图 4–70）。

（1）故障抢修大数据模型。

基于故障抢修数据、抢修过程数据，通过聚类算法对故障进行细分析，构建故障抢修效率模型，给出多维度下不同抢修环节的标准用时，并以离线计算得出区域、驻点、班组的月度故障统计信息、抢修未达标归因分析。

（2）实时监控。

利用大数据相关技术，展示当前配网故障发生的实时情况，从故障数量实时分析、故障量日趋势监测、故障处理情况三个维度进行详细的剖析和监测，实时分析各区域驻点和班组的工作强度。

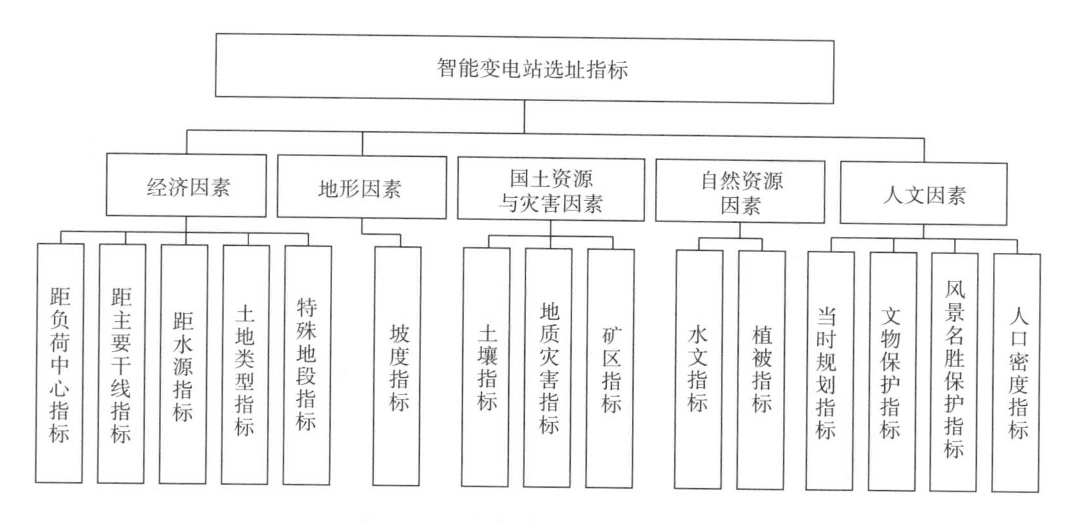

图 4-69　变电站选址指标体系图

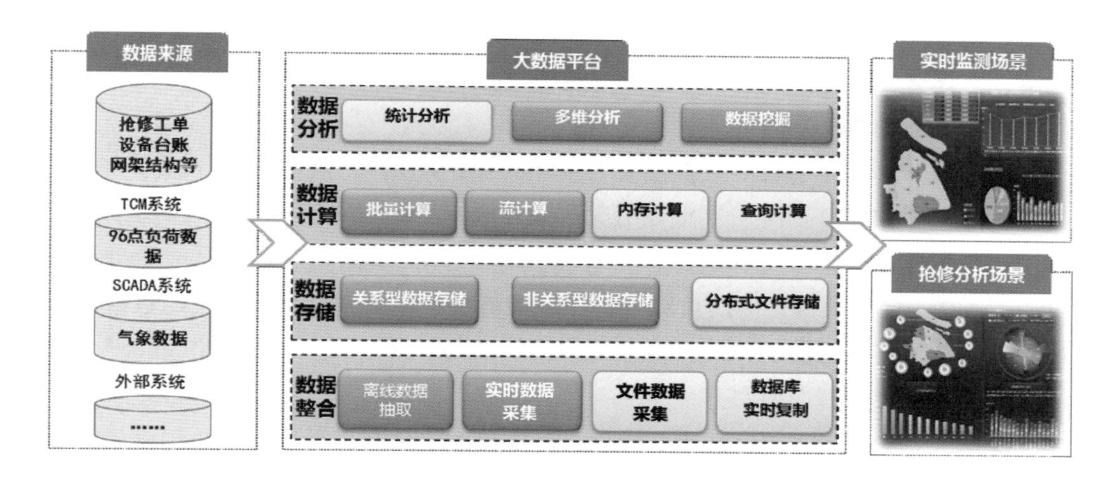

图 4-70　配网抢修管理应用架构图

（3）抢修分析。

基于历史故障抢修数据和抢修过程数据，通过聚类算法对故障进行细分，按标准类型、设备大类、电压等级、故障五级分类、设备聚类，计算得出不同抢修环节的标准用时，按月对配网抢修效率和各个抢修环节、工单达标情况、未达标归因进行评估分析和展示。

（四）平台在配变负载监测中的应用

结合 GPMS 台账、营销档案、电力负荷等数据科学开展配变重过载的监测预警工作，提高配网对重过载的应急能力，同时能够为独立判断、分析各地市重过载

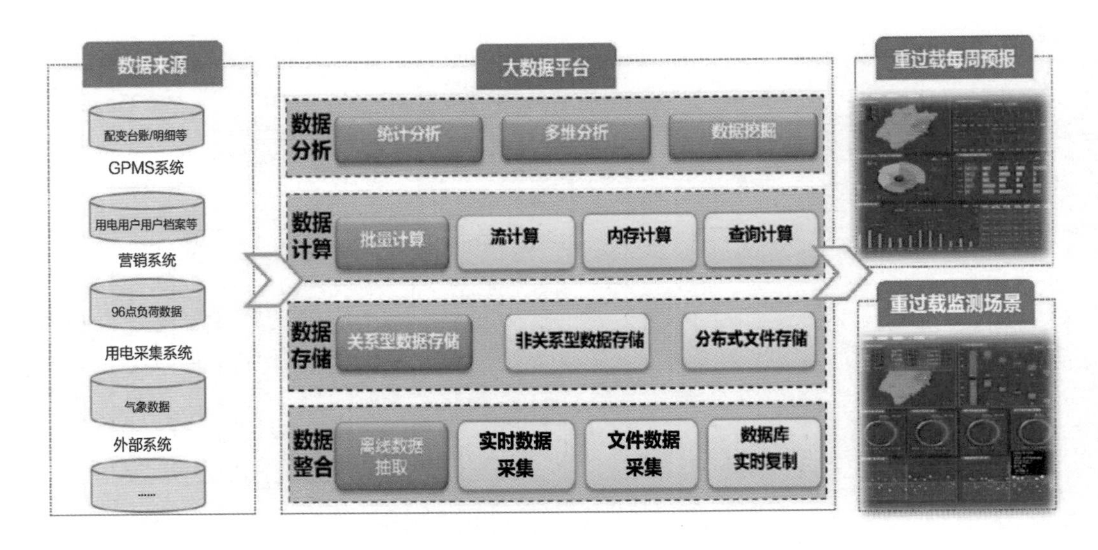

图 4–71　配变负载监测应用架构图

程度、合理分配资源提供客观依据（见图 4–71）。

1. 配变重过载监测模型

根据前一年发布的监测数据建立 Logistic 回归模型，将当年监测数据生成概率清单，根据回归模型预测当年重载情况，计算所有案例概率值；然后根据历史温度和重载数量建立 Loess（局部加权回归）模型，利用预警的监测数据对配变重载数量进行预测；最后根据预测的重载数，从概率清单中按高到低选取相应的数量作为最终的重载预警清单。

2. 配网重过载短期预警分析

根据配变在用电采集系统中的数据，确定以配变负荷以及所带用户用电量为关键目标输入值，采用回归算法，利用负荷 / 用电量均值、中位数及峰值等统计数据作为关键变量，分析每台配变的负荷特性、配变容量用户用电特性、用电结构，分析不同特征的配变发生重过载的概率，识别增量重过载配变及存量重过载配变，实现重过载短期预警分析。

3. 配网重过载中期预警分析

基于每台配变的历史负载情况开展监测分析，计算模型概率结果；同时结合配变的投运年份、型号，配变历史重过载、低电压情况，配变居民用户数量、敏感用户分布，按区域、年份进行的总体重载、过载数量分布的横向对比，最后将配变明细与各供电区域配网改造规模进行交叉对比分析，实现重过载短期预警分析。

（五）电网大数据可视化

电网网架具有空间分布特征，电网的规划建设、运营管理及决策支持也都具有空间思维，因此本项目集成 GIS、CAVE、数字沙盘等前沿技术，深入研究并实现了电网大数据可视化的多种解决思路。

1.GIS 与 CAVE 结合的电网大数据可视化

利用 GIS 高效组织数字地球地形影像数据，真三维模拟电网运行环境，实现新疆全区基础地理信息、主干电网设施精细化三维模型、电网业务信息等多维度海量数据资源的有机整合与应用；同时结合 CAVE 技术构建沉浸式虚拟现实展示环境，将新疆电网大数据以裸眼 3D 形式进行全面真实还原。四通道三维图像可以同步显示在投影单元上，同时保证投影图像无缝拼接成一个整体画面，从而形成了四幕合一的裸眼沉浸式虚拟展示环境（见图 4–72）。

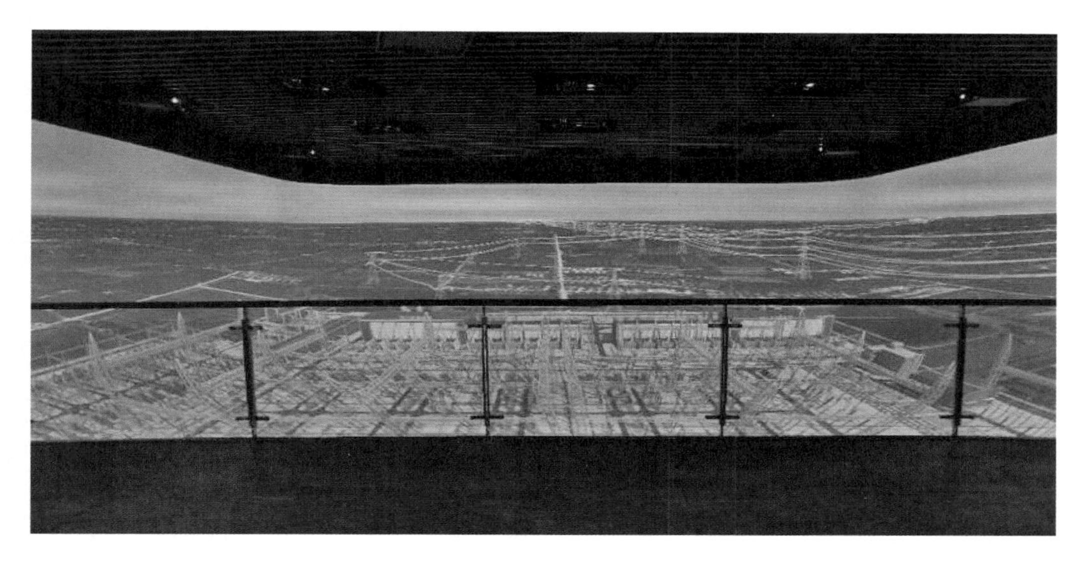

图 4–72　GIS 与 CAVE 结合的电网大数据可视化效果实拍图

2. 基于小比例尺数字沙盘的电网大数据可视化

项目通过研究瓦片化的空间建模技术对新疆全区影像和地形进行瓦片裁切和空间格网划分，将处理后的瓦片状数字高程模型和数字正射影像图进行合并，构建沙盘空间模型；并通过三维视觉矫正与立体投影变换，在四幕投影环境下实现了新疆真实的地形地貌和物理网架的可视化（见图 4–73）。

图 4–73　基于小比例尺数字沙盘的电网大数据可视化效果实拍图

三、关键技术

（一）海量异构大数据的高效采集和存储

针对新疆电网内外部应用数据结构标准不一、种类繁多、时效性差等造成的数据共享性低的问题，提出了一种按照“分类采集，按类分发”的原则对数据按照统一调度、配置策略进行采集的新方法，在分布式工作流调度引擎的驱动下，首次完成了电网内外部海量大数据的采集和整理；并在此基础上，按照存储介质、映射地址和物理空间的区别，通过虚拟化技术在新疆电网硬件平台上构建 Master/Slave 簇状存储结构，采用 NoSQL 对电网大数据文件进行分割存储，并基于 MapReduce 技术完成了数据映射关系管理，真正实现了新疆电网大数据的分散式存储、集中式应用。

（二）电网关键业务协同

针对当前电网业务的可靠性、效益性要求越来越高与智能电网大数据形式越来越分散、数据利用率越来越低的矛盾，电网业务系统之间缺乏充分的数据交换与应用衔接的问题，提出了一种新的利用大数据技术促进电网关键业务协同应用的方法。基于统一电网数据模型和存储策略形成的丰富、同质大数据样本，将电力大数据与电网空间地理分布信息深度融合，构建了更加精准、高效的电网规划分析、故障抢修和负载监测模型，通过大数据聚类、决策树、交叉集等分析方法的应用，实现了电网规划、配网抢修管理和配变负载监测等全过程的精细化科学管理。

（三）沉浸式虚拟现实展示

针对新疆电网业务系统表现形式平面化、抽象化，可视化直观性差，不能直观反映电网发展运行全局态势，空间信息在电网管理及决策的作用并没有充分发挥的问题，创新性地采用 CAVE 虚拟现实技术结合多通道图像投影校正、融合技术，构建了国内最大的无缝电网沉浸式立体虚拟视觉环境，突破了传统展示系统在海量多源数据可视化上的瓶颈，解决了电网环境从微观到宏观场景的三维全尺度展现的技术难题；同时提出了一种基于不规则投影矫正变换技术快速构建三维数字沙盘的方法，对新疆全区数字正射影像和数字高程模型进行瓦片裁切和空间格网划分，构建了国内领先的新疆电网立体数字沙盘，首次实现了新疆全域小比例尺数字沙盘的三维立体展现。

四、效果应用

（一）应用案例一：变电站选址

2015 年，在 750 千伏乌昌变电站的备选站址校核工作，提高了输变电勘测设计人员的工作效率，工程人均增加利润约 5 万元，减少校核工作 10 人 / 日，优化后的路径较原方案节约投资 50 万元（见图 4–74）。

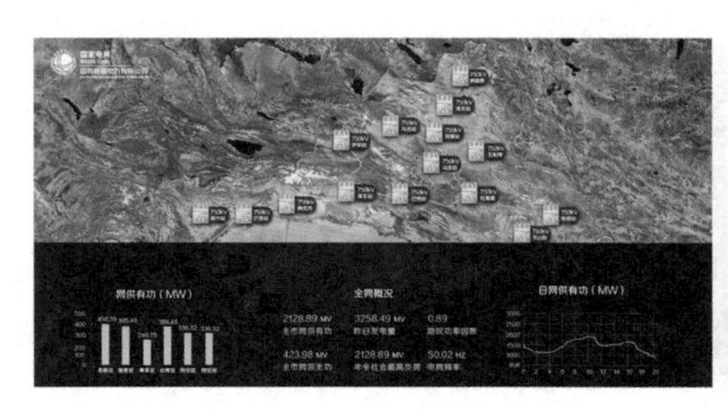
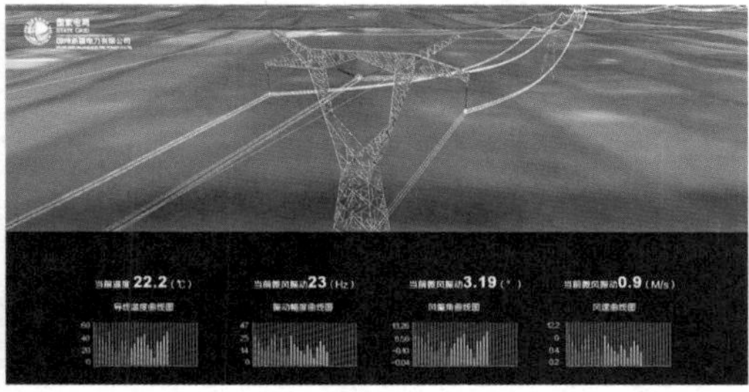

图 4–74　变电站规划选址图

2016 年，新疆新增 750 千伏变电站两座，按每座节约 50 万元投资测算，年节约成本 150 万元；利用平台可方便地进行规划布点选线，每百公里可节约现场踏勘的人工成本、车辆费用约 5 万元，2016 年新增主网线路约 4000 公里，节约成本 200 万元；节支总额 300 万元。

2017 年综合利用平台的大数据资源辅助规划设计，规划前期工作效率提高，平均每项输变电工程可提前 10 天投产，相应带动公司售电量年均增长约 200 万千瓦时，以公司平均购售电价差 0.077 元 / 千瓦时计算，每年新增 19 个输变电工程测算，2016 年、2017 年均增加电网利润约 270 万元（见图 4–75）。

图 4–75　750 千伏伊库线路全线贯通前央视直播利用 CAVE 展示画面

（二）应用案例二：可视化展示

2017 年，虚拟现实与大数据可视化的成果转化，在全球能源互联网发展合作组织、葛洲坝集团、长江电力等三家单位推广应用，带来直接经济效益 2261.2 万元，2017 共计新增利润 2538.4 万元（见图 4–76、图 4–77）。

图 4–76　基于三维 GIS 的虚拟现实展厅

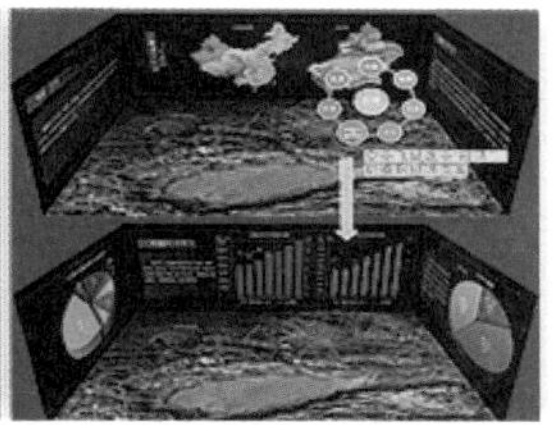

图 4–77 实现裸眼 3D 的“身临其境”

（三）应用案例三：电力系统创新建设

截至 2018 年 12 月，平台已接待 490 多批次重要领导和客人参观，并成功应用于全球能源互联网和电网发展理念的宣讲；在反恐应急上，实现了全疆电力系统所有站点与公安派出所的联防联控，方便了各类突发事件的预警和处置，维护了电力系统的稳定；在企业管理上，实现了各部门生产、经营、管理的融合贯通，成为新疆电力科技创新、企业发展成就展示的主要窗口；在电网业务合作上，协助完成了伊犁州、阿勒泰、塔城地区电网和电源建设发展合作备忘录签署等工作，取得了良好的社会效益和经济效益（见图 4–78）。

图 4–78 项目成效推广应用价值

企业简介

国网新疆电力有限公司是国家电网有限公司在新疆注册的全资子公司，以建设运营电网为核心业务，紧紧围绕党中央治疆方略，特别是社会稳定和长治久安总目标，坚持“人民电业为人民”的企业宗旨，认真履行政治、经济和社会三大责任。截至 2018 年年底，公司本部下设 24 个部门，下属 14 家地州供电公司，8 家业务支撑机构，服务 848 万电力客户。公司共有员工 3 万余人，资产总额 759 亿元，750 千伏骨干网架线路总长度 7579 千米，220 千伏线路总长度 21323 千米。

专家点评

国网新疆电力有限公司电网关键业务协同决策分析平台是通用的大数据平台型产品，集电网数据采集、存储、可视化和业务深化应用等于一体，平台打破电网信息孤岛，突破专业壁垒，将电网规划、建设、检修、营销及应急等核心业务应用融入其中，促进了核心业务高效协同；同时结合应用虚拟现实技术，实现了电力大数据全景式多维度的沉浸式展示，有效支撑了电网业务和发展态势的研判、分析与决策。

邬贺铨（中国工程院院士）

大数据 20

中国旅游大数据联合实验室旅游大数据平台
——中国电信股份有限公司云计算分公司

中国旅游大数据联合实验室旅游大数据平台是基于电信海量动态数据，基于“互联网＋旅游”的指导方针，挖掘电信大数据在旅游行业的应用，研发的旅游大数据产品。协助政府、景区、旅游企业进行城市旅游管理、规划、旅游产品设计、旅游精准宣传推广、游客安全监控，从游前、游中、游后三个阶段进行信息分析挖掘，为政府宏观经济调控、顶层设计、旅游行业转型升级提供旅游精准数据及技术支撑。同时对于旅游企业和游客，可提升旅游企业服务水平及游客满意度，壮大产业链，促进相关企业良性发展，在旅游全程资讯获取、辅助出行规划、食宿选择、消费支出等进行信息服务，极大改善旅游体验。

一、应用需求

旅游统计是行业内一个世界性难题，旅游宏观上不易界定，旅游活动的广泛性和多样性决定了旅游数据采集无论在理论上还是实践上都存在较多难题，如到底谁是游客，哪些是乡村游游客，游客花的钱哪些属于旅游等。之前游客统计是依靠人工方式，逐级上报汇总，准确性差、效率低，对于开放区域无法进行人工统计，乡村游、都市游、周边游、周末游、自驾游等旅游形式多是去开放区域（非标准景区），计算方法更是空白。而中国旅游研究院与中国电信共建的旅游大数据联合实验室的旅游大数据产品，可以迅速地对全国范围进行乡村游、都市游、周边游、周末游等旅游客情进行数据计算，能够准确客观及时地计算几种旅游形式的规模及各项指标内容；基于运营商数据全国范围内对游客的交通方式（飞机、高铁、火车、自驾等）的准确识别，对自驾游游客的群体分析，在旅游大数据行业内，实现了零的突破，填补了行业计算空白。

该标准化平台产品由中国旅游研究院与中国电信共建的旅游大数据联合实验

室共同打造，产品助力旅游管理部门、景区和旅游企业挖掘游客行为规律，针对不同旅游群体画像，实现旅游指数发布、旅游运营分析、应急预警、趋势预测等各种需求，使其更加合理地调配资源，保障游客安全，提高服务水平，推进旅游业的高速发展。为政府宏观经济调控、顶层设计、旅游行业转型升级提供数据及技术支撑。

同时，中国电信与理光软件研究所（北京）有限公司合作，基于深度学习的技术，共同研究了旅游潜客挖掘、旅游舆情监控、旅游知识图谱等旅游大数据几个模块，并取得一定的成果。

二、平台架构

系统的架构方面分成五层，分别为数据源层、大数据仓库层、旅游集市层、大数据应用层、数据接口层。同时为保障系统的稳定运营，由相关的运营、运维、告警及监控模块进行性能保障（见图 4–79）。

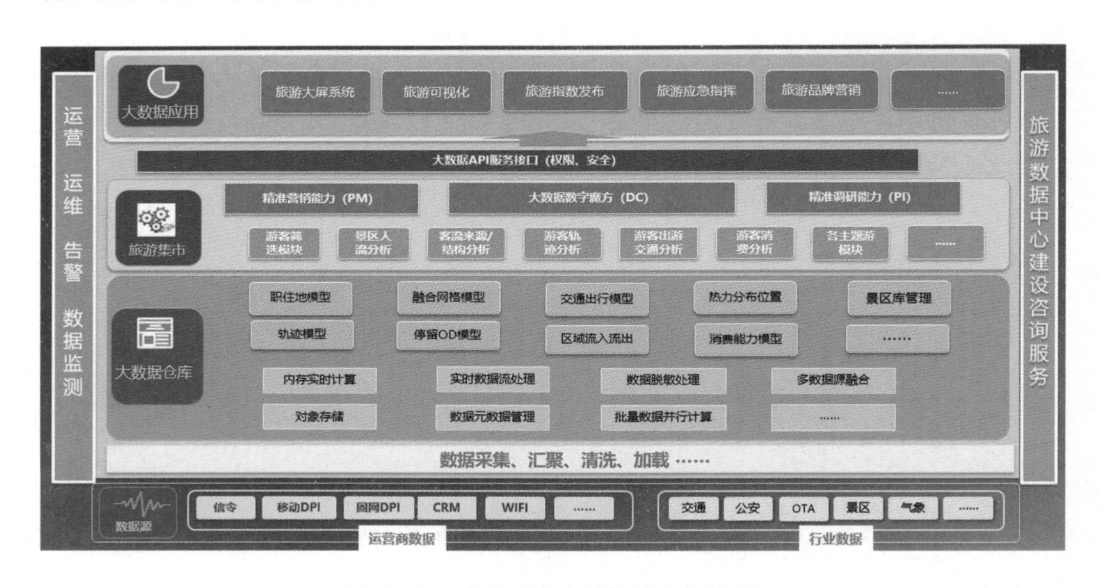

图 4–79　中国旅游大数据平台架构图

数据源层统筹管理各数据源的接入，包含电信自有数据接入和第三方数据接入。

大数据仓库层对数据按照主题进行统一，数据来自于数据源层数据经过去噪、合并以及标准化、规范化、命名统一化处理。大数据仓库层对数据进行轻度汇总和沉淀，保留提供分析能力维度信息，进行简单的聚合处理。大数据仓库层体现基础数据能力，提供明细性数据支撑，为需求扩展、宽表能力建设提供历史数据支撑。

旅游集市层实现数据封装，形成标准化和能力化的偏向应用的数据能力，优化数据模型，扩展数据信息，建立标签属性，提升应用服务。旅游集市层实现实体和事件信息到属性信息的映射，数据由事件角度转换业务实体角度，横向扩展为宽表能力、进行信息扩展与衍生，助力数据应用服务。

大数据应用层以能力整合数据为基础，根据不同的应用类别和应用需求，划分不同的应用数据组，为解决具体业务问题提供专项支撑能力。

数据接口层实现旅游大数据调用接口。接口平台采用分布式微服务架构，根据客户调用频次和数据吞吐量决定实例的个数，服务实例通过内部负载均衡模块，实现任务分发，保证每个服务实例均匀分配用户请求。

三、关键技术

旅游大数据平台产品关键技术包含大数据接入与分析系统、旅游产业知识图谱、旅游潜客挖掘、旅游舆情监控。

（一）大数据接入与分析系统

大数据接入系统中，运营商数据中心通过服务器集群，并行接收海量上传文件，保障实时性要求；后续数据预处理程序对原始文件进行解压缩、数据编码、数据翻译、数据文件合并、数据压缩，存储于HDFS。数据清洗子系统采用MapReduce计算框架根据清洗、数据补全规则实现数据清洗。数据清洗补全后写入

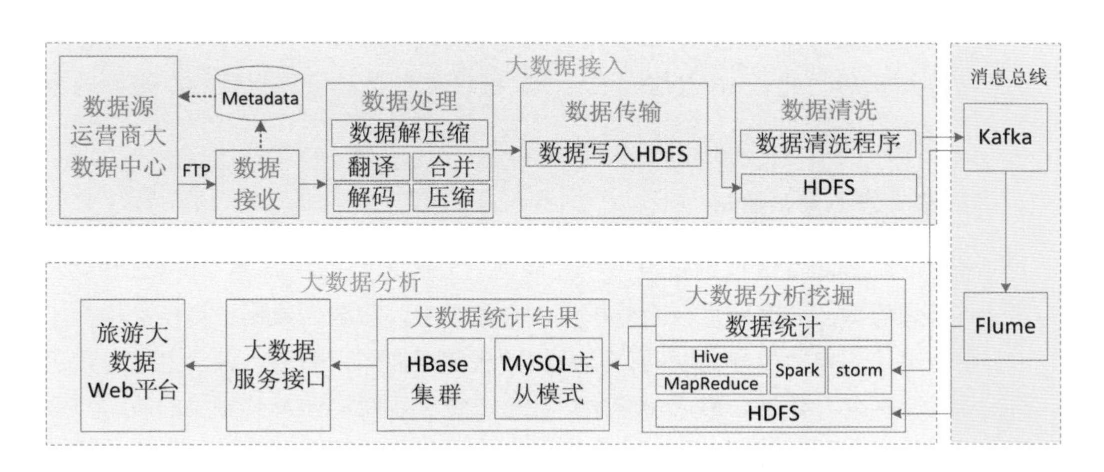

图4–80　大数据接入与分析系统技术框架图

Kafka 数据总线，支持后续的批量处理和实时数据处理需求（见图 4-80）。

大数据分析系统面对海量各类数据接入的高负载、大并发、实时处理响应等要求，数据加工需求多的情况，建设了稳定可靠的数据处理机制。

建立大数据处理流程的 27 个标准化步骤。从覆盖数据采集、数据汇聚、数据处理全过程。处理程序形成标准化、高复用的包封装。通过标准流程步骤，各类数据在处理过程的不同阶段都可被标准化定义。

构造“Hadoop+ 磁盘”阵列存储架构，解决实际的生产、稽核多任务并发，长期数据保持的业务需求。在 Hadoop 集群上，增加磁盘阵列。将对账、稽核任务在单独存储区运行，分担原有集群的工作任务压力。同时，也能为长期保持 PB 级数据提供性价比较高、安全可靠的空间。

构建了一套完整的大数据处理运营体系，解决数据质量评估、保障、提升的闭环运营过程。针对各类数据基于网络、终端、业务、用户四个视角，通过采取批处理及实时处理方法形成基础数据能力模块；对现有数据，根据时效性和应用不同，制定不同的数据处理框架；针对各类数据定制开发全生命周期标准化处理程序；建立完备的质量评估办法；固化深度稽核、质量检测脚本。

大数据分析系统中，融合了中国电信自有的客户数据、无线数据、详单数据、信令位置数据、网络日志数据、基站数据等，并结合来自政府、景区、交通旅游企业的地图数据等，为包括旅游大数据分析报告、数据接口服务、SaaS 服务等形态的旅游大数据分析产品服务提供支撑，实现了旅游目的地接待客情大数据指标体系、旅游出游客情大数据指标体系、旅游主题游分析、旅游实时监控分析、旅游目的地画像分析、旅游节假日实时数据服务等多种功能。

大数据分析系统中，实时监控分析功能可以实现 15 分钟粒度的实时监控分析；旅游客情数据指标可以实现次日 8 点前完成前日数据计算；月度及节假日数据：当月或节假日结束后，此日 10 点前完成计算；接口类型产品可以保证 300 毫秒内数据访问成功。

（二）旅游产业知识图谱

为了深度融合海量电信用户数据与互联网公开数据，支撑游客身份识别模型、游客标签画像模型、游客网络行为分析等多方面需求，旅游大数据平台产品构建了第一个融合电信用户数据与互联网公开数据的旅游产业知识图谱，融合电信海量用户数据和互联网公开数据，形成包含用户和旅游领域客观实体及其相关的旅游产业知识图谱。

旅游产业知识图谱的构建涉及实体识别、关系抽取、事件检测等多方面技术的综合运用。旅游大数据平台产品在构建旅游产业知识图谱过程中，对实体识别与链接联合模型、远程监督与强化学习技术、结构化的事件检测模型等多种方法进行技术创新，极大提高了旅游产业知识图谱的质量及构建自动化程度。

（三）旅游潜客挖掘

旅游潜客挖掘，主要依靠对用户在电信大数据中的行为记录进行挖掘，借助旅游产业知识图谱分析记录背后用户行为中的语义信息，从而进一步推断出用户的出游偏好及可能性。基于中国电信大数据的潜客预测算法，集合了用户在所有网站访问、通话、位置停留等多源数据中的用户行为，突破了传统推荐系统只分析用户在单一数据源的记录的局限性。

旅游潜客挖掘实现了对用户行为记录在不同设备与不同数据源这两个维度上的语义融合，生成用户行为轨迹。基于融合后的用户行为轨迹，针对每对“用户—旅游实体”对提取对象、行为、时间三个维度的不同取值提取行为特征，融合用户与实体本身特征，经过特征选择、数据均衡、模型集成，实现旅游潜客挖掘，提高潜客挖掘的准确率。

（四）旅游舆情监控

旅游舆情监控是通过自然语言理解技术分析用户评论中的观点，用户在每个评价要素上的倾向性。其中，评价要素的抽取是旅游舆情监控的基础。要素可以是被评价的对象或对象的特征。评价要素抽取中的关键是减少假阳性结果，即不是评价要素的可能要素词。

对于这种情况，旅游大数据平台产品在舆情监控中使用的评价要素抽取算法，通过要素抽取模型准确识别文本中的评价要素，通过采用一个反词抽取模型来识别假阳性词，提高评价要素抽取的准确率，辅助提升旅游舆情监控的精准度。

四、应用效果

（一）应用案例一：支撑原国家旅游局大数据中心建设

中国电信旅游大数据平台与国家旅游局“国家旅游产业运行监测与应急指挥平台”打通，提供全国各省日常旅游产业指标数据，并及时更新；支撑国家旅游局大数据中心日常运转（见图 4-81）。

图 4–81　旅游大数据产业指标可视化效果图

（二）应用案例二：对外发布乡村游研究成果

中国旅游研究院与中国电信联合实验室共同研究乡村游发展，基于电信数据对乡村游进行测算分析，联合发布《乡村游发展报告》。探索出了新旅游生态下的大数据应用价值，在国家旅游局提出的旅游与乡村扶贫号召中起到了前战效应，改变了传统的以地方上报的方式发布报告的形式，体现了电信大数据在旅游方向的有效应用（见图 4–82、图 4–83）。

乡村游在旅游扶贫中有重要意义，基于电信数据对贫困地区的游客流入流出情况进行分析，并对旅游出游热门地区和贫困地区进行交叉分析，可以更好地做品牌营销和旅游资源挖掘，通过旅游实现消费正向地从旅游出行活跃的东部、东南部、

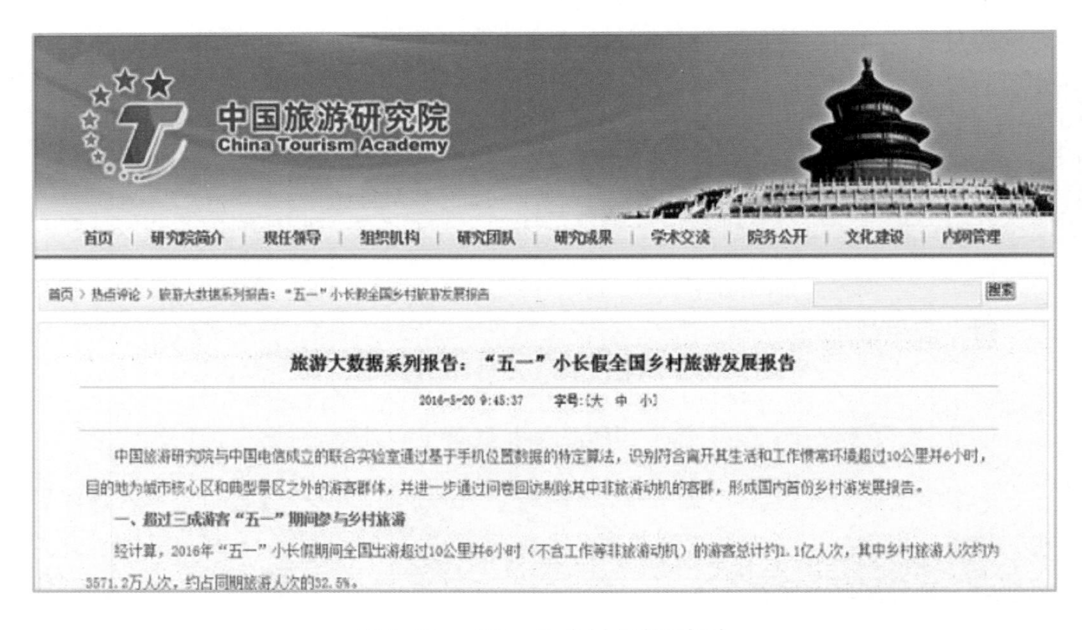

图 4–82　"五一"乡村游发展报告

2016年“十一”长假全国乡村游发展报告

2016-11-28 08:30 天翼大数据 推荐100次

中国旅游研究院与中国电信成立的旅游大数据联合实验室近日通过基于手机位置数据的特定算法对2016年国庆长假乡村游情况进行测算分析。联合实验室识别符合离开其生活和工作惯常环境超过10公里并6小时、目的地为城市核心区和典型景区之外的游客群体，并进一步通过问卷回访剔除其中非旅游动机的客群，最终确认为乡村游游客群。

图 4-83　“十一”乡村游发展报告

川渝地区，向中部、西部和云贵地区流动。

（三）应用案例三：进行主题游研究并对社会发布成果

基于电信数据建模，对都市游、周边游、周末游、自驾游（跨市）、滨海游等进行研究分析，对探索旅游发展模式、提升旅游服务质量有重要作用（见图 4-84、图 4-85）。

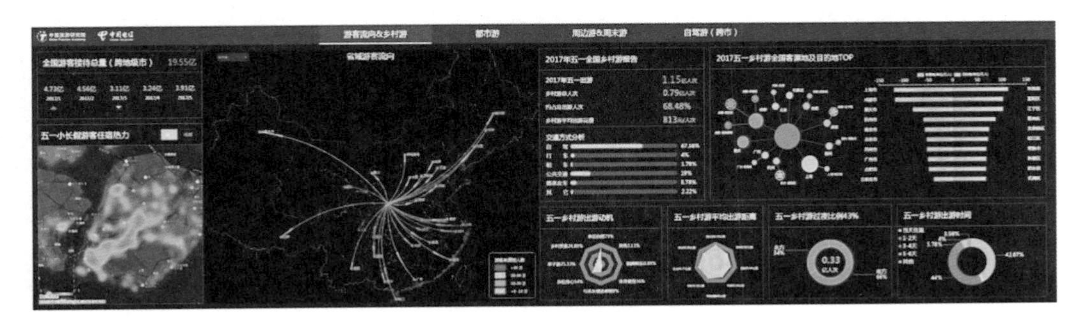

图 4-84　主题旅游大数据分析图

马仪亮：《中国滨海旅游客流大数据报告》

来源：中国旅游研究院　　时间：2018-04-24

4月20日，在2018中国（厦门）海洋旅游热力论坛上，中国旅游研究院旅游统计与经济分析中心副主任马仪亮博士代表中国旅游研究院和中国电信联合实验室发布了《中国滨海计旅游客流大数据报告》。

图 4-85　滨海游大数据报告

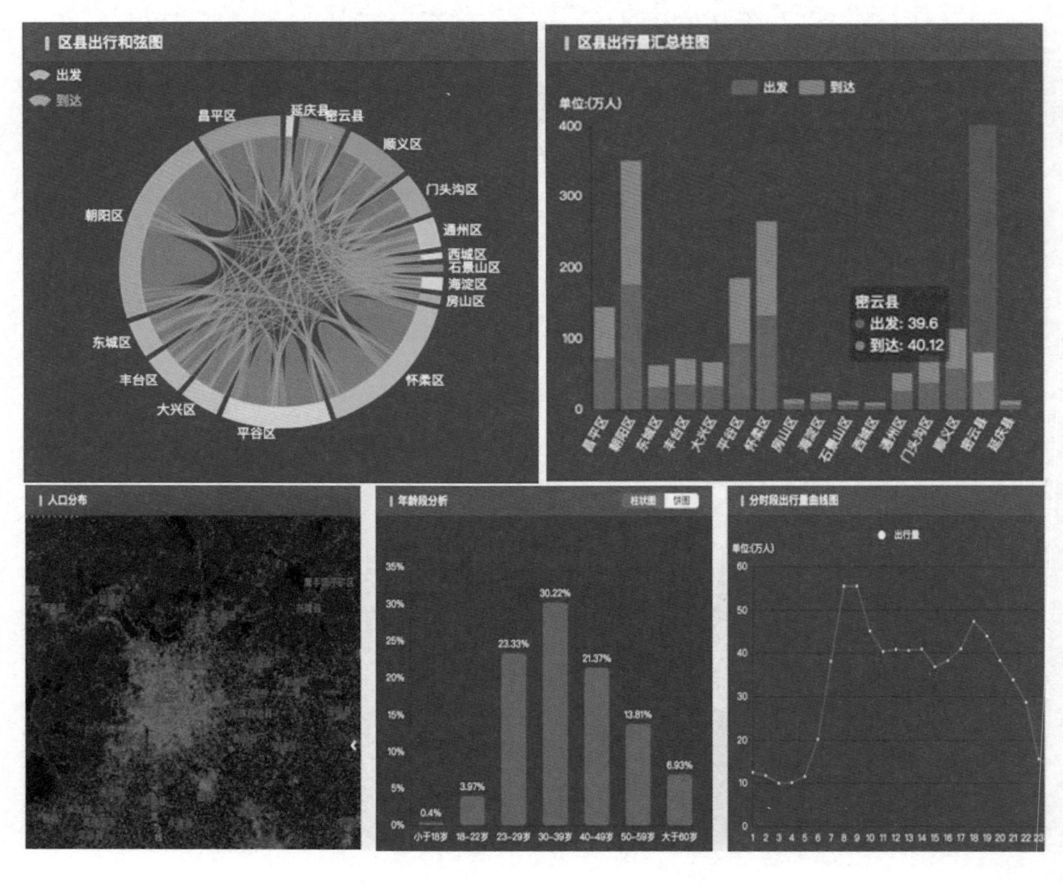

图 4-86　密云区旅游大数据分析图

（四）应用案例四：密云区旅游资源规划

通过旅游模型对目的地游客构成、游客属性、游客来源、游客行为偏好、游客画像、游客停留时间等进行识别，通过交通规划模型对目的地人口分布、出行OD、出行交通方式、工作常住人口分布等进行分析，通过对数据结果进行动态分析，深度挖掘目的地旅游资源，做好规划（见图4–86）。

（五）应用案例五：支撑省/市级旅游局深入分析旅游客情

为多个省市级旅游局提供可视化大屏、SaaS服务平台、旅游相关数据的API接口等，提供包括游客量、来源地分析、目的地分析、交通方式分析、消费能力分析、行为偏好分析、常驻地分析等多样的数据分析维度，可以提供历史数据、准实时数据和未来流量预测，有利于各地旅游局深入了解旅游客情，提升旅游服务质量（见图4–87）。

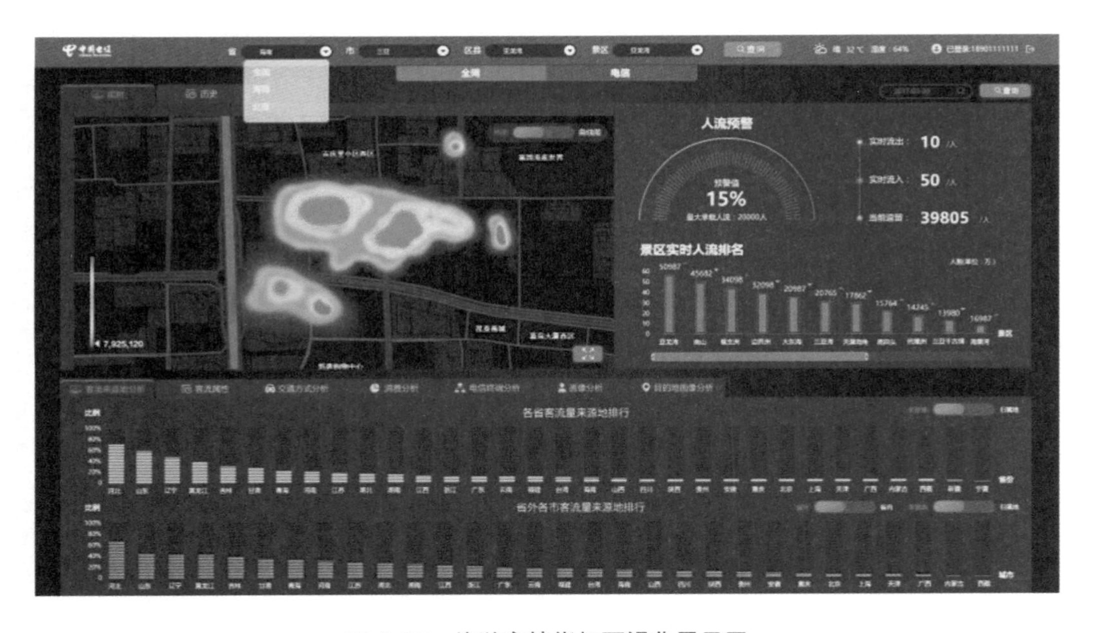

图4–87　旅游客情指标可视化展示图

企业简介

中国电信股份有限公司云计算分公司（云能力中心）是中国电信“智能云改”战略下的直属专业公司，集市场营销、运营服务、产品研发于一体，公司成立于

2012 年，天翼云已经为遍布全球的数百万家政府机关、大中小企业及个人客户提供云和大数据服务。天翼云可为用户提供云主机、云存储、云备份、桌面云、专享云、混合云、内容分发网络（CDN）、大数据等全线产品，同时为政府、医疗、教育、金融等行业打造定制化云解决方案，是政府企业客户信赖的云服务商。天翼云还为“互联网 +”在各行业落地以及“大众创业、万众创新”提供坚实可靠的承载。

专家点评

中国旅游大数据联合实验室旅游大数据平台产品，融合打通了来自电信自有数据、公开数据和合作伙伴数据的多源异构数据，建立了科学的数据处理机制，并综合人群属性、线上隐性偏好、线下行为特征、景区特征等信息构建了多维度旅游大数据挖掘模型，面向景区规划、产品设计、安全监控、客群分析等多种需求提供了精准的数据和技术支撑。中国旅游大数据平台产品基于完善的“数据集市建设—技术研发—产品化落地”体系，充分发挥了大数据技术优势，为全国多个省市旅游主管部门提供旅游大数据平台服务，取得巨大的社会效益和经济效益。

杨晨（中国信息安全研究院总体部主任）

大数据

21

顺丰大数据平台
——顺丰科技有限公司

顺丰大数据平台是基于业内主流技术，并由顺丰科技有限公司自主研发，一站式提供从数据接入到数据服务的大数据管理平台。不仅能为用户提供数据采集、存储、计算、搜索、管理、治理等大数据能力，也能帮助企业增强智能数据构建与管理的能力。

通过丰富而全面的组件及完善的平台能力，助力企业消除数据孤岛问题，打通各业务底盘数据，提升企业数据管理与治理能力。除此之外，通过物联网、区块链、人工智能与大数据等技术的深度融合，打造完整的数字化供应链体系，帮助企业连接产业上下游，构建开放共赢的平台，助力生态链上的企业提升竞争力。

一、应用需求

随着消费结构的升级转型，消费者对企业提供的产品和服务的期望和诉求也逐渐发生着变化，单一的品牌接触点越来越难打动消费者，从单一渠道到多元共生成为大势所趋。随着物流包裹数量的逐年增多及消费者对于物流时效要求的不断提升，将为身处变革中的物流企业带来新的机遇及挑战。

物流行业是一个产生大量数据的行业，在货物流转的过程中海量数据也随之产生。而物流企业需要借助大数据的能力，从海量的数据中挖掘出新的信息，从中创造新的价值；大数据资源的有效利用能让物流企业有的放矢，做到为每一个客户量身定制，让产品和服务更具市场竞争力，让数据赋予能量，助力业务运筹帷幄，引领未来。

顺丰大数据平台结合人工智能与物联网技术，对顺丰自身业务的优化渗透在“每一票快件”的“每一个环节”里。在收派环节，基于大数据和物联网技术的有机结合，打造了“数字化”快递员。基于智能终端及大数据、语音识别算法的应用，提升人机交互效率。例如，以往快递员需要多次打字输入，交互效率较低，采用新技术后，提升了人机交互的效率，大幅降低了快递员的劳动强度。另外，应用大数据技术构建了快递员画像和研发了智能排班模型，能更加高效合理安排工作任务，提升了效率，也提升了员工满意度。

在快件到达中转场后，通过计算机视觉技术对货物、人员、车辆相关的视频和图片进行分析，检测货物状态、跟踪货物车辆轨迹、预测异常行为，实现人员、车辆及场地的智能调度，有效预防货物破损和提高场地运作效率。

在运输配送端，通过物流行业完整的网络与线路规划算法系统，准确划分出了相应的网络层级，针对性地规划出合适的运输线路，并通过车辆飞机智能调度系统有效利用运输资源，更加动态智能地决策，提高网络资源利用率。最终让快件在更短的时间内送达用户手中。

在整个业务运营的全流程中，基于大数据实时计算技术，深度定制开发了业务监控预警系统，能实时发现可能存在的问题并及时进行干预，有效提升运营效率和监管能力。

在过去的物流领域，运营规划主要靠的是人的经验；现代的物流，拼的是时效、服务与客户价值；而未来的物流，拼的是大数据与人工智能。

二、平台架构

顺丰大数据平台采用分层架构的设计，分为采集层、分析层和应用层三大部分（见图 4-88）。

采集层通过完善的数据采集工具，支持对多种数据源的高效采集及处理，并通过物联网数据采集、实时数据采集，整合内外部所有数据，构建统一数据湖方案，帮助物流企业消除数据孤岛，实现数据共享。

分析层提供了体系化的分布式计算、流式实时计算及机器学习的支持，通过提供自主研发的大数据功能，可以极大地节省数据开发、数据获取等方面的时间，降低数据访问的难度，从而推动所有业务环节的数据化，提升数据处理效能，为企业提供数据决策依据。

应用层通过提供基于数字化场景的标准化产品以及基于企业业务的实际应用场景，对数据及数据模型进行封装，提供面向业务的系统性服务，是将数据场景化的最直接体现。

通过以上的分层架构，各分层之间高内聚低耦合，各司其职，可以为未来应用提供极大的扩展性。

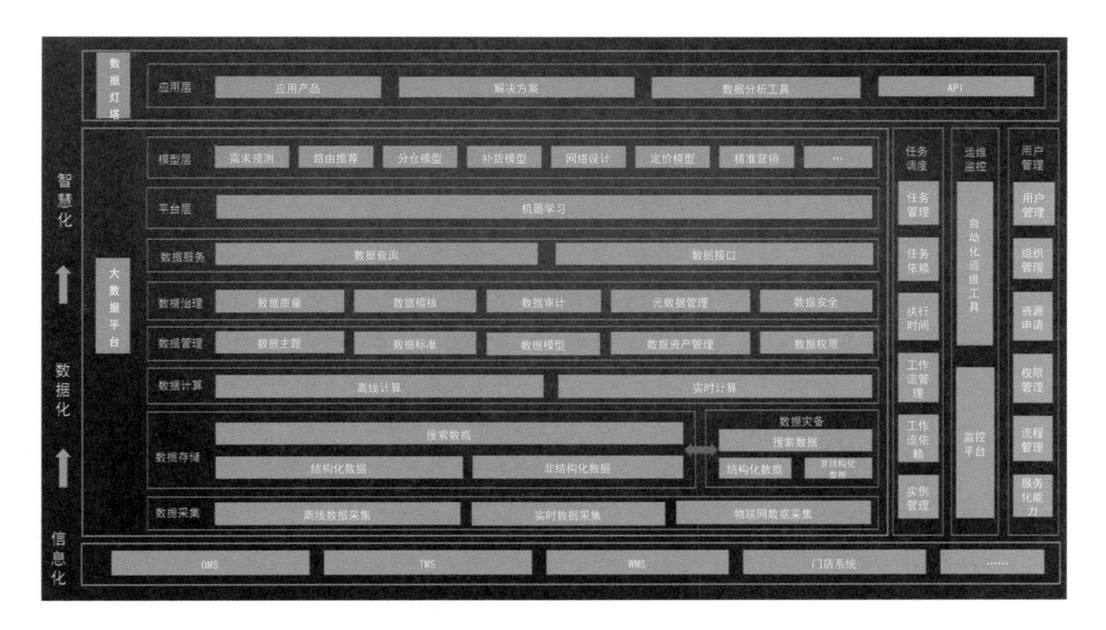

图 4–88　顺丰大数据平台功能架构图

三、关键技术

（一）大数据基础架构

通过自主研发的高可用、跨集群、易扩展、分布式调度平台统一管理任务，解决资源浪费、数据质量低、运维低效的问题，保障任务的稳定高效运行。在业务应用上实现了千万数据的秒级处理能力、千亿数据的实时接入能力，攻克了大数据量、高并发场景下的核心性能问题。

（二）消除数据孤岛，实现互联互通

通过自主研发的读写逻辑分离、不落地全内存处理的异构数据交换平台，覆盖十几种常用的数据库及大数据组件，解决数据源繁杂多样、敏感数据脱敏、性能低效的海量数据同步需求。

（三）完善的安全防护体系

通过自主研发的全自助可视化的数据工作台，屏蔽底层技术细节，降低数据开发门槛，实现数据的全流程安全管制，解决数据分析低效的问题，避免数据泄露的风险。

（四）先进的机器学习技术

基于业内领先的容器及容器编排技术，实现硬件资源的有效管理和分配，重点攻克了 GPU 无法有效共享的业界难题，并提供在线交互式开发环境，让数据更方便地服务于模型开发。支持业内顶级深度学习和机器学习框架，解决机器学习底层技术复杂、支持组件少的问题，让机器学习的训练结果和业务支持无缝衔接。

（五）统一数据处理编程模型技术

通过自研结合开源技术，大数据平台实现了与各种实时流计算、离线计算、内存计算等大数据框架的对接，向上提供一套标准的 DSL 作为统一的编程模型，为数据处理提供简单灵活，功能丰富以及表达能力十分强大的编程接口，让用户得以使用同一套业务程序执行在任意的分布式计算引擎上，从而达到批处理和流处理编码方面的统一，并在产品上进一步封装成仅需使用 SQL 或拖拉拽组件即可实现业务需求，再次降低了用户的使用门槛，极大地提高了业务开发效率。

四、应用效果

（一）应用案例一：某龙头社区零售企业大数据平台与应用建设

该企业成立于 2012 年，为华南区最大的社区零售企业之一。在信息化端，由于历史原因，该企业的 IT 系统由业务部门驱动分散且独立建设，形成了一个个数据烟囱，导致各个系统之间没有统一的数据标准，数据质量较差，无法有效支撑公司业务发展。在供应链端，仓库选址完全靠企业领导拍脑袋，因业务发展迅速，仓储能力跟不上，浪费了大量成本在仓库搬迁上；门店配送车辆也没有统一的路径规划和配送管理，运力得不到充分应用，配送成本居高不下。

2018 年年初，该公司高层高瞻远瞩，围绕“统一规划，统筹建设，统一标准，全局应用”的建设目标与顺丰科技合作建设大数据平台，通过引入大数据相关技术组件，全面提升企业数据采集、存储、计算、分析挖掘和应用的能力，加速该企业的数字化转型、促进智慧供应链的落地。在该企业信息化建设总体架构规划指导下，以原有业务系统为基础，构建具有业界领先水平的包含大数据采集、存储、计算、分析挖掘等基本要素的大数据技术生态，为企业战略制定与落实、经营管理、辅助决策、自助分析等提供一体化平台，实现一个平台，多点支撑；在此基础上推动数据资产在企业内部的高效流转及有效应用，将大数据分析技术融入供应链端，发挥数据价值，辅助业务部门进行智能选址，路径优化，促进业务管理从过往的粗放式向智能化转变，推进业务管理模式创新，发现潜在的利润区和增长点，提升企业核心竞争力，从而推动企业中长期发展战略的落地。

整体的数字化转型建设区分为两个阶段。第一阶段，充分利用已有资源，全面建成大数据平台，具备海量结构化、非结构化和实时数据的采集、存储、计算和展示能力，满足公司数据化转型需求。第二阶段，搭建机器学习平台，构建销售预测、分仓选址、路径优化模型，促进智能供应链落地。引入区块链技术，实现商品从田间到舌尖的全流程可追溯体系，保证食品安全，提高消费者满意度（见图 4-89）。

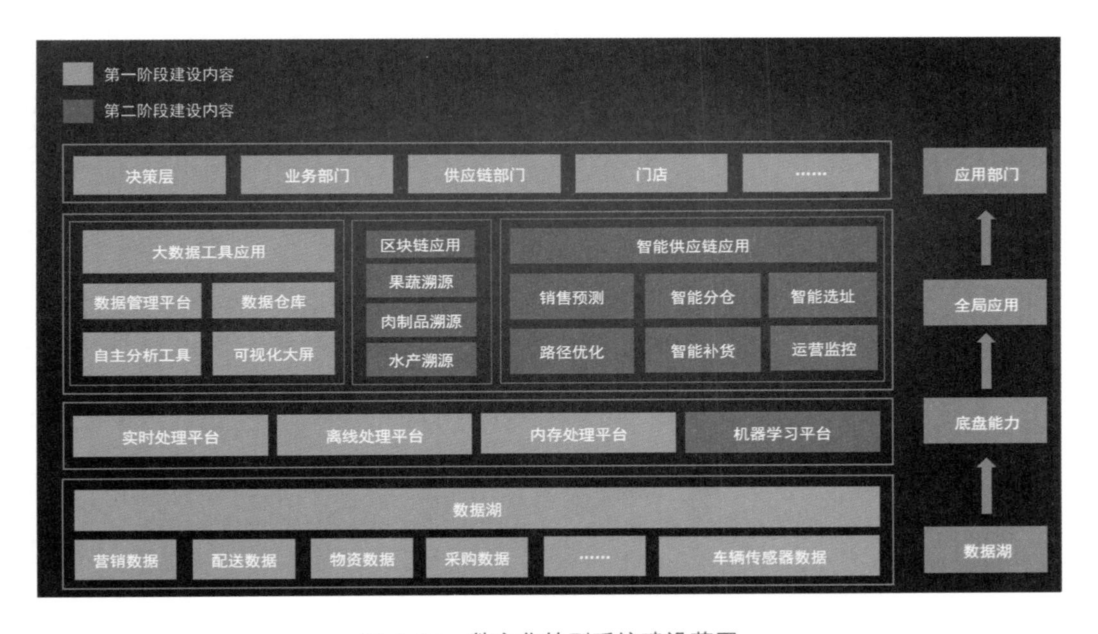

图 4-89　数字化转型系统建设蓝图

经过近一年的建设，该企业已基本建成满足决策支持与深度学习需要的企业级数据中心，实现了公司营销、配送、财务、物质、人资、运营和计划专业多个系统的对接，累计完成超过 15T 数据的抽取，并为各业务部门提供了驾驶舱、专题分析、统计报表、智能探索等应用。在供应链端，数据的深层价值在路径优化和智能选址方面得到了充分体现，从对标的数据上看，车辆的运力得到了充分利用，第三季度与第四季度配送费用同比降低了近 20%，原有的 37 个仓库经过优化重新布局，可满足未来 3 年业务增长的需求，且覆盖面更加广，更贴近消费市场，有效降低了仓库搬迁成本。顺丰科技成功地助力该企业完成了数字化转型。

（二）应用案例二：某手机企业智能分仓规划

某手机企业在华北、华南、华东和华西等大区均布有相当规模的业务量，但全国仅设置了 2 个电商仓，分布在北京和广州。从区位上看，该企业在华东和华西地区的物流服务覆盖能力明显不足。伴随着国内手机行业的竞争加剧，该企业面临着利润低、服务升级和渠道下沉的压力，而由于仓网布局不合理，加之线下市场竞争加剧激化了矛盾，该企业的市场开拓面临了极大的挑战。目前国内手机厂商普遍的利润都不及某些国际一线品牌的十分之一，因此向供应链要利润成为业界共识，于是供应链协同优化问题就摆上了议程；又如渠道下沉问题，由于行业红利渐失，四五线城市成为新的开拓方向，各品牌均加紧线下布局，争夺份额，每家企业都不想失去先机；而精细化竞争加剧，使得市场竞争由粗放型转向集约精细化，消费者对物流服务的要求越来越高，越加凸显了精细化运营的重要性。

总结该企业的痛点，主要体现在如下几个方面：现有物流网络无法满足其渠道下沉需求，线下店铺布局诉求加速；物流速度慢，用户体验不好；物流成本过高。围绕此类客户的需求，以提升整体供应链效能为首要目的，顺丰科技推出了基于顺丰仓网布局下的智能分仓规划，基于企业的历史业务数据，提供个性化的仓网规划方案，可以让企业有的放矢地提前备货至顺丰仓库，做到精准备货、就近发货，从而实现降本增效的目的。

针对该企业的痛点，结合时效和成本两方面维度，建立在顺丰大数据平台的高效计算支持上，运用大数据模型算法，顺丰大数据团队推荐了 4 仓的分仓规划方案，建议该企业在原有 2 仓的基础上，增设 2 个仓。同时对电商仓的作业策略、空间布局、运营能力等输出了仓配一体化的仓储规划方案。

该企业在其分仓决策中采用了顺丰科技的建议，在北京和广州原分仓基础上，增设上海仓和成都仓。完成了仓网优化与仓储协同管理等工作，提高了整体供应链效能，为渠道下沉降本增效、增强消费者体验提供了有效的物流服务支撑。智能分仓规划的效果十分显著：如服务响应方面，该企业对四五线城市及村镇级市场的服务响应速度提升显著，平均可达 40%，总体物流成本降低 4%，总体平均时效提升 23%。

（三）应用案例三：某箱包企业数据可视化平台

某箱包企业为该行业线上销售前五品牌商家，生产销售分公司分布在粤港浙各地，全国五个仓发货。随着电子商务行业的蓬勃发展，该企业加快了全国市场的营销节奏，出货量随之呈现指数级增长态势。但企业信息流的发展跟不上商流及物流的变化，面对数据处理量的急剧增长，企业内部以往人工应对物流统计和数据分析的能力已日渐不能跟上生产销售的步伐，散落各地的系统订单数据、库存数据、发货数据、快递数据等数据孤岛没有打通，造成信息共享滞后，严重影响“双十一”“618”等人造节日等全国统一的营销及快递仓储管理策略的及时调整，难以快速解决快递异常件的处理时效问题，导致消费者体验不佳，严重影响销售业绩目标的实现。

生产销售的现实情况要求实时数据分析的支撑，让市场、物流等相关人员实时掌握订单完成情况，数字化掌控库存及销量状态，助力企业及时调整营销策略，掌握物流动态，及早处理异常件，同时结合地理信息分析等业务场景，各分公司可实时共享业务监控数据，让全国分公司形成销售合力。

为了解决该类型客户的痛点，顺丰科技研发并上线了数据可视化平台。该产品建立在顺丰大数据平台的底层支持上，打通了订单、仓储、物流等环节的数据，实现数据秒级计算，并通过前端可视化页面的呈现，结合顺丰地图，将数据通过可视化的方式直观地展示到企业大屏幕上，有效支持企业进行活动前的准备分析、活动中的全方位监控及活动后的复盘分析，覆盖了如订单全生命周期分析、快递全流程监控、销售区域分布分析，库存备货、仓储分析、流向时效分析等各关键运营环节支持。

通过数据可视化平台，该企业彻底改变了原有依赖人工统计运营分析的局面，数据处理计算效率提升，结合数据可视化的呈现，各分公司数据同步，及时做到分仓备货调货和区域销售情况的实时掌控，助力全国一盘棋的销售策略调整。帮助企业快速处理异常，效率提升60%以上，带来了巨大的经济效益。

企业简介

顺丰科技有限公司成立于2009年，致力于构建智慧大脑，建设智慧物流服务。旨在基于人工智能、物联网、机器学习、智能设备等技术的综合应用，让机器解放双手、让人工智能助力决策、让智能设备汇集数据之源，促使物流行业进入智能化、数字化、可视化、精细化的新时代，提升运作效率，助力上下游产业价值升级。坚持自主创新，实现创新技术驱动物流行业升级。目前已拥有300多个大中型系统，3个数据中心，已获得及申报中的专利共有1645项，软件著作权649个。

专家点评

顺丰大数据平台是顺丰科技有限公司利用物流大数据平台技术结合人工智能等科技创新形成的大数据智能平台，推动建立高效协同的现代供应链体系，打造创新的智慧供应链，通过帮助更多的顺丰产业链上的企业进行数字化转型、升级，有助于良性增益闭环大数据生态体系的建立。

杨晨（中国信息安全研究院总体部主任）

大数据

22

绿湾智子知识图谱智能应用系统
——杭州绿湾网络科技有限公司

绿湾智子知识图谱智能应用系统是基于动态本体论和对象模型的第三代知识图谱技术，支持所有数据类型的灵活、弹性、无损、无缝、全网、全量数据融合，在人员、组织、物品、事件、时间、空间等维度构建各类场景化的关系模型，从而分析出海量实体与事件、实体与实体之间的关联关系。

绿湾智子知识图谱智能应用系统具备动态数据模型、智能数据融合引擎、高性能知识检索引擎、知识计算推理引擎、细粒度数据权限控制等功能，打破组织壁垒、数据孤岛，深度融合异构多源数据，挖掘数据潜在关联，构建万亿级的知识网络，在公共安全、智慧医疗、城市治理、金融风控、能源安全、企业增效等领域得到广泛应用。

一、应用需求

信息技术革命与经济社会活动的交融催生了大数据。我国各行各业信息化建设发展迅猛，大规模的信息化和装备投资产生了海量的结构化和非结构化数据。与此同时，人们对智能技术需求的提升，更需要深入挖掘数据中蕴藏的知识内容，分析数据之间的关系。

如何从海量异构数据中抽取知识，并有序组织和表示这些有价值的知识，并对其进行一定的知识挖掘和关系分析，实现更便捷的人机交互，使计算机更加智能化、自动化和人性化，需要解决以下行业痛点：

第一，数据来自不同系统，数据结构差异很大，因此需要将已有的多源异构数据进行统一清洗、格式化处理并存储。

第二，需要对数据进行分析处理，从各类信息中抽取各种实体、实体属性和实体关系。

第三，需要构建本体模型，本体模型要对真实世界进行客观的、完整的抽象，具备弹性建模能力和对世界的表达能力。

第四，需要支持显性和隐性关联推理。一方面是有灵活的语法支撑显性关系的关联和演进；另一方面是基于规则引擎或机器学习模型，对属性或时空等隐含关系进行推演。

第五，需要对数据关联结果进行直观的展示和操作。将检索后的海量实体、事件、关系通过可视化方式展现出来，并支持时间、空间、标签等进行切片分析、上钻下钻，有助于快速地汇集出相同检索结果以及产生关联的实体，更有效地从数据中发现关系、规律和趋势。

本产品很好地满足了以上需求，从而支撑公安、法院、检察院、证监会、城市治理、金融、工业等政府部门和企业开展情报分析、案件侦查、智慧城市治理、打击非法交易、金融风控、企业风控、企业增效以及“互联网＋政务”等一线业务工作。

二、平台架构

绿湾智子知识图谱智能应用系统架构如图 4–90 所示，由数据层、索引层、关联模型、计算层、功能层构成。

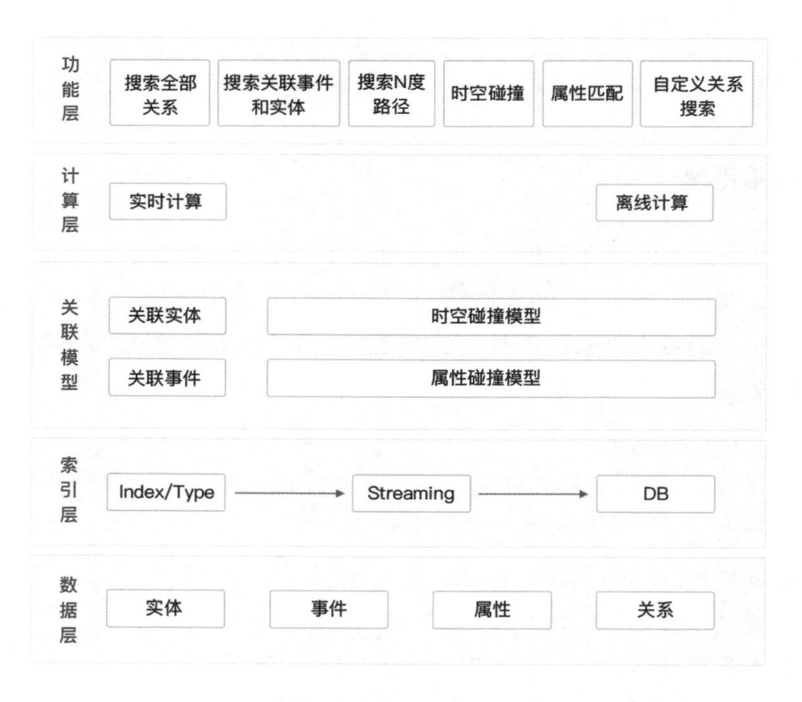

图 4–90　绿湾智子知识图谱智能应用系统架构图

（一）数据层

通过知识图谱技术，从数据中自动提取实体、事件、属性、关系，并通过图数据库存储方式进行数据管理。

本产品引入了知识图谱 Knowledge graph，将知识体系进行结构化形式的表现。在一种专业性很强的领域，可以充分利用 Knowledge graph 的结构去构建大数据实体与实体、实体参与事件的知识体系。这种新的模式可以为政府、金融等体系提供高效、精准的信息服务和决策支撑。

（二）索引层

数据展示依赖于底层知识图谱实体之间相互联系构成网状结构，在索引层可以实现基于数据层数据的快速检索。

索引服务从数据资源中心获取待索引数据，建立索引库，支持实时增量索引和离线批量索引。

（三）关联模型

关系运算模型涵盖了从实体、属性、事件中挖掘虚—虚关系、虚—实关系、实—实关系的分析方法，正确、无损地把原始数据转换为合理的实体和属性，支持在线和离线关系的挖掘。

产品包括基于实体属性的关系推断算法、事件的属性和关联关系的推断算法，有效地挖掘了实体之间的关系，产品更加智能、有效地反映实际的人类社会的关系，为关联关系分析、社会网络分析等奠定了有力的基础。此外，也包括了针对持续性数据导入持续更新实体关系的算法，保证大数据系统关系更新的及时性、准确性。

（四）计算层

为满足图谱关系分析系统需要，关系分析计算层提供了实时计算、离线计算两种模式。

实时计算：支持千亿级实体万亿级关系实时进行关系挖掘，实现 PB 级数据秒级运算。

离线计算：根据具体的计算算法实现全量数据的关联关系计算，计算后的结果返回给分布式存储。

（五）功能层

提供符合业务场景下的图谱分析功能模块，包含图谱关系模型自定义、高效能知识检索、知识计算推演、时空数据融合分析、虚拟身份关联、人员亲密度分析、数据碰撞、属性统计分析、细粒度权限控制等功能，从而打破系统之间的壁垒，深度挖掘数据所有潜在关联。

三、关键技术

（一）核心技术

基于动态本体论（Dynamic Ontology）的知识图谱技术，将多源、异构、多模态数据表示为统一的对象模型（Object Model），包括实体、实体属性、实体关系，将其作为数据分析、计算和推理的基础单元。模型是源数据集的行和列转化为现实世界中实体的概念对象，任何可用数据描述的现实世界对象都可以作为模型。模型之间可以多重组合，构成更大的模型，以支持复杂的计算和分析（见图 4–91）。

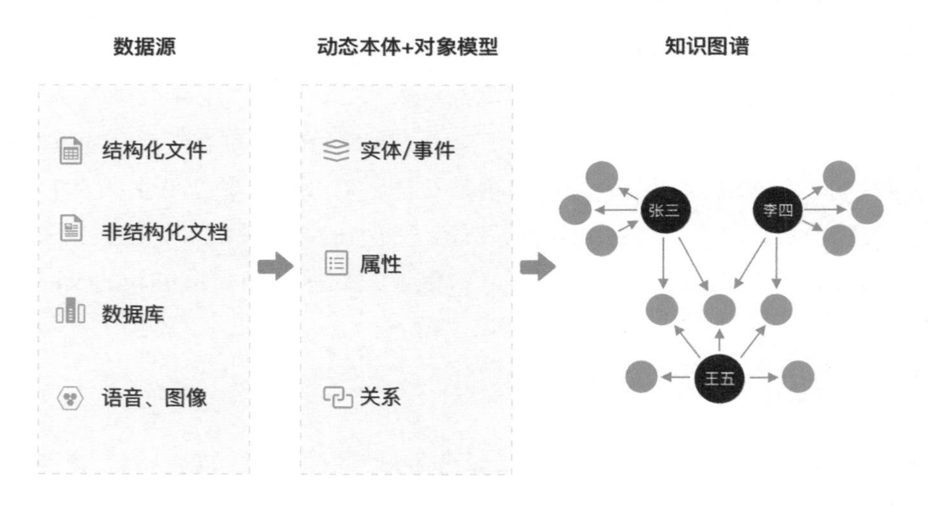

图 4–91　关键技术图

基于动态本体论设计，具备灵活性和动态性，可以根据具体需求自定义设置它，从而显著优于市面上过于笼统的或特定的领域本体方法和知识图谱，而且可以随着组织、业务、技术和数据形态的演变而动态满足，以确保数据和系统长期适应性和价值。

异常数据和正常数据一样重要，利用数据源记录（DSR）保存了这个元数据，还包括每一条数据，甚至每一个属性值所关联的时间、空间等，都完整无损的融合。

采用抽象对象模型技术，支持所有数据类型的深度融合，包括结构化、半结构化和非结构化数据。

（二）核心功能

1. 动态数据模型

通过基于本体建模方式，产品将多源异构数据抽象为实体、关系、属性、事件等关键类型，可针对特定行业的领域概念相应构建本体模型。这些模型本身具有严格的语义定义，随着业务的深化，只需更新模型的定义，无需重构数据，即能够以模型的动态实现数据的“动态”和业务的“动态”。

2. 智能数据融合引擎

根据预先建立的数据模型，可动态将接入的数据进行融合，包括实体融合、属性融合、关系融合。

3. 多维切片化存储方案

能支持不同业务场景配置不同用途的存储组件，可扩展性强；基于数据模型、使用频度等特征，可自动进行切片化管理；支持冷热多级、多地存储。

4. 高效能知识检索引擎

不仅支持通用、直观的图遍历语言，且设计和实现了一套满足深度查询需求的查询语言，检索引擎可智能进行逻辑优化，快速响应检索需求（见图 4–92）。

（1）一键检索。产品实现一键检索关联人员、实体、事件，基于事件的时间、空间、频率等维度构建基于实体中人、物、事件的关系模型，基于构建的关系模型搜索关联人员、实体、事件。

（2）N 度路径检索。在关系图谱中，为了找出和搜索对象相关联的人，设计一度路径搜索，一度路径搜索即搜索对象的所有直接关系人并进行展示。对于更深层次的人物关系来说，需要二度、三度、四度路径的搜索，因此也实现了二度、三度、四度路径的搜索功能，能够实现多人多案间隐性关系挖掘。

（3）属性匹配。基于实体的属性、关系等维度，构建基于实体中人、物、事件的关系模型，基于构建的关系模型搜索关联的人或事件。

（4）自定义关系搜索。由于实体的类型很多、实体间存在很多复杂的关系，所以在已有的搜索功能之外，我们实现了自定义关系搜索功能，这样就更加丰富了系统的使用。在关系图谱中通过自定义的关系搜索，可以自定义选择起点对象、终点

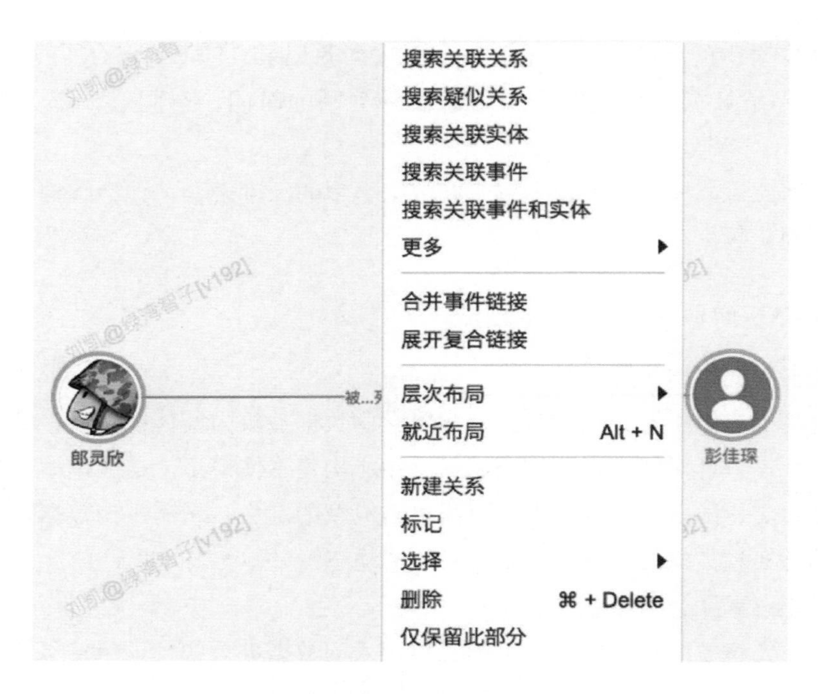

图 4–92　高效能知识检索引擎界面

对象、连接方式，从而进行搜索。

（5）知识计算推理。自主设计和研制的计算引擎，可灵活支持多类型的知识补全、关系推理计算等，且支持在线和离线计算，让时空关系及多维关系分析挖掘简便高效。

（6）时空数据融合分析。可完美解析融合各类庞杂的时空数据，实现所有地址信息的自动落点落图，支持轨迹分析实战应用，分析重点区域内的重点人员、重点事件并与地图轨迹关联分析。

（7）虚拟身份关联。对于数据的关联挖掘及时空碰撞分析，实现虚拟 ID 到真实身份的关联，包括如银行卡、手机号、QQ 号等虚拟实体。再可通过图谱分析，分析出虚拟实体关联的如 QQ 群等，分析团体成员的更多信息。

（8）人员亲密度分析。针对人与人之间的几十种关系(如直接关系、疑似关系、时空碰撞等)，分别给各种关系类型及关系中对应的事件类型打分，并引入与发生时间相关的半衰期函数，从而计算出人与人之间的关系亲密度。

（9）时间线分析。时间线分析功能，可以从时间维度上对图谱的搜索结果进行高效的分析。在结果展示中对图谱内容进行分析归纳统计，在时间轴上进行柱状显示。同时，支持对时间范围的选择，图谱上展示结果相应的交互结果变化（见图 4–93）。

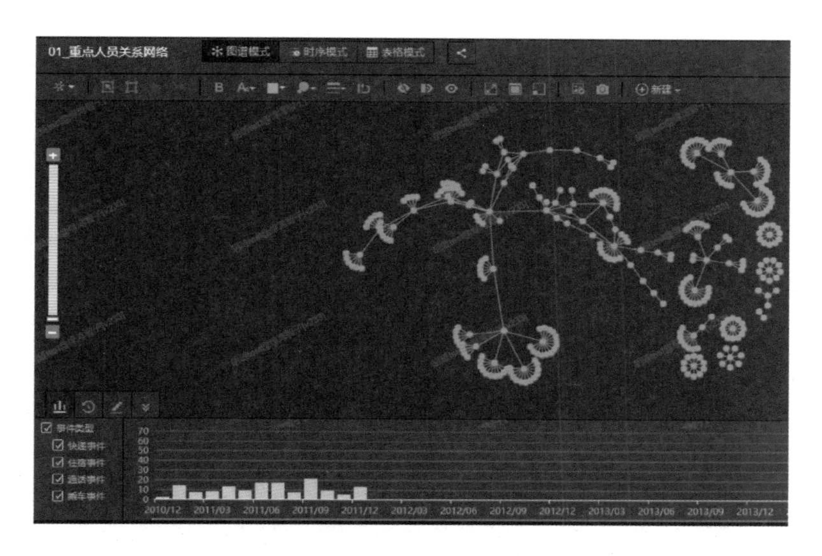

图 4–93　时间线分析界面

（10）属性统计。将图谱中所选中的事件和实体进行属性统计的直方图展示，可点击每一个属性条形图，同时在图谱中找到相对应的节点，实现属性分析与图谱的交互。还可以针对每一个或者多个属性条形图进行选择从而针对该属性进行细化分析。

（11）细粒度数据权限控制。对数据进行分级分类管理，也可以按照数据源进行授权，不同来源数据授权给不同人员读写权限，权限可控制到属性值级别。权限系统除了可以对用户能操作哪些功能进行限定，也还可以对其访问哪些组织机构的数据进行限定。根据角色拥有的数据权限，授予用户对其他部门或者机构的数据进行访问。

（三）性能指标

支持在线、离线计算；支持在安全和授权条件下，计算能力和模型能力全面开放；支持属性级粒度安全；支持万亿级数据规模，数据读取性能单机可达到 6 万—10 万 QPS；数据关联实时计算，动态按需建模。

数据清洗能力：支持按照数据标准对结构化文档、非结构化文档、Oracle、Mysql 数据库、消息队列等数据源进行实时汇聚，以及高效、高质量的数据清洗，清洗自动化率 90%以上，每秒清洗数据量可达到 300 万条以上。

图谱扩线搜索：并发数小于 100 时，万亿级数据，响应时间小于 5 秒。

四、应用效果

（一）应用案例一：某省公安厅大数据实战应用功能项目

某省公安厅采用绿湾智子知识图谱智能应用系统，把线上数据、线下数据与感知数据等数据源进行清洗和深度融合，不但能够快速锁定疑犯，而且还可以预防和打击犯罪（见图 4–94）。

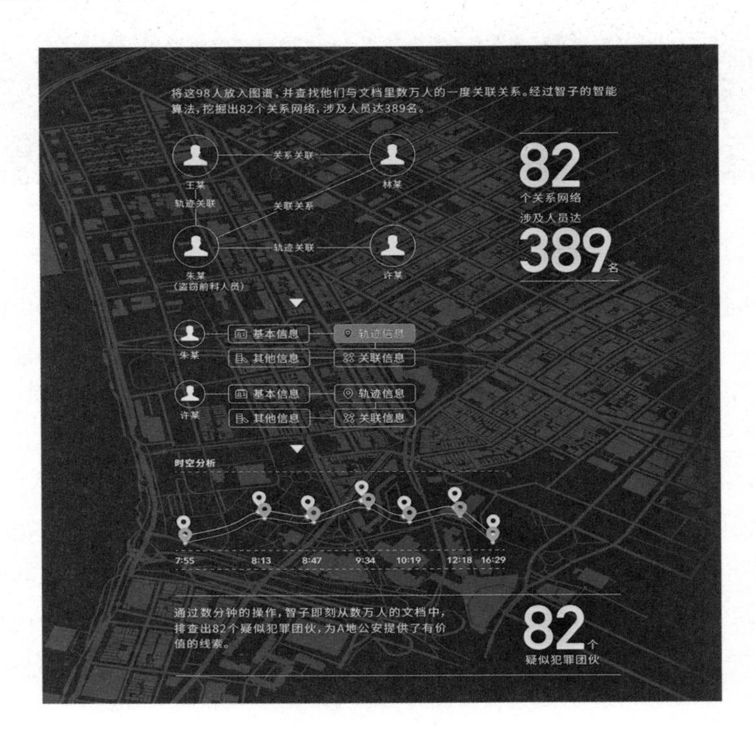

图 4–94　团伙犯罪侦破示意

在该项目中，产品能够基于海量数据构建灵活的关系模型，分析人、车、物、案之间的关联关系，全息透视关系网络情况，在某团伙犯罪案件侦破过程中，提升工作效率 90%以上。

（二）应用案例二：某省高级人民法院法网平台项目

某省高级人民法院法网平台，以服务一线执行部门解决“执行难”为目标，整合法院内部被执行人数据、外部协查数据及各授权的社会化数据，扩大被执行人多维信息数据共享，并利用大数据、机器学习等技术，开发面向被执行人网络查控、失信惩戒等信息分析的功能模块，包括：被执行人电子档案、被执行人案物关系图谱、被执行人债权分析、隐匿查找模型、隐匿财产查找模型、布控预警等功能。通过数据资源整合和大数据分析工具，实现解决执行难的智能辅助（见图 4–95）。

图 4–95　法网平台界面

产品在本项目中，通过接入融合法院内和外部协查数据，构建被执行人案物关系图谱，实现以下业务目标：实现被执行人案物关系图谱分析；实现被执行人三角债、多角债债权分析；实现被执行人隐匿查找功能；实现被执行人隐匿财产查找分析；实现被执行人员轨迹的布控预警。

（三）应用案例三：证监会某项目

目前，随着证券行业的迅猛发展，通过内幕交易、“老鼠仓”等违法、违规行为进行获利的事件时有发生。为了更好地对此类事件进行防控查处，证监会某单位联合杭州绿湾网络科技有限公司运用大数据技术进行积极探索（见图 4–96）。

在本项目中，产品实现了以下业务目标：基于业务场景进行数据建模，将分散的数据进行关联融合，对原始数据进行了整体梳理和管理；直观化、自动化、智能化的图谱分析方式取代以往的人力整理分析数据的方式，提高工作效率。

基于证监会自有数据以及外部社会数据，深度挖掘交易人员、账户之间关联关系和行为特征，为实际案件的侦破提供数据支撑。

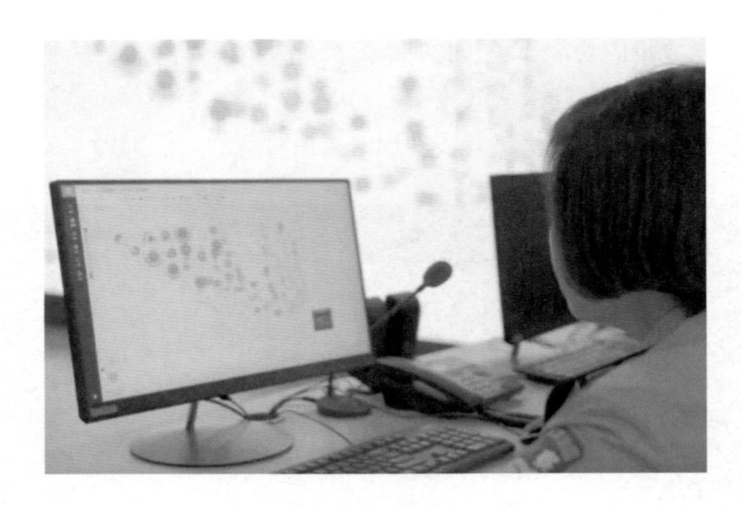

图 4-96　证监会内幕交易分析

（四）应用案例四：人口大数据系统

城市治理中，如何做到服务保障能力同城市战略定位相适应、人口资源环境同城市战略定位相协调、城市布局同城市战略定位相一致？管理者急需通过信息化、大数据手段对全市人口进行动态监测，以优化城市空间、人口及产业布局，让群众有更多获得感和幸福感（见图 4-97）。

图 4-97　人口监测系统界面

在本项目中，运用本系统，汇聚、清洗、智能抽取、融合、关联、存储、归类等海量政务数据、社会数据等宏观数据资源，并与城市治理业务需求相结合，构建该领域专属的知识图谱，建立人口、城市空间和治理行动之间的内在联系，为城市精细化管理、专项行动科学决策等提供数据支撑。

企业简介

杭州绿湾网络科技有限公司成立于2014年9月，是公安部大数据重点实验室成员单位之一，与公安部第一研究所、浙江省公共安全技术研究院、浙江省公安厅、浙江警察学院建立战略合作关系，与中国人民公安大学建立公共安全大数据联合实验室。绿湾科技是一家拥有核心大数据技术和产品的创新型高科技公司，聚焦公共安全、城市治理、金融、医疗等领域，专注于为政府机关和企事业单位提供大数据情报智能分析综合解决方案，编织专属的知识图谱，结合人工智能和专家经验，打造更懂行业的数据大脑。

专家点评

绿湾智子知识图谱智能应用系统，通过自然语言处理、图像识别、语音识别等技术，将多源、异构、海量数据进行清洗、抽取、转换、融合，根据行业业务特征，建立动态本体模型，抽取为实体、实体属性和实体关系，挖掘数据之间显性和隐性的深度关联关系，形成行业知识图谱，可广泛应用于公共安全、智慧城市、智慧公安、智慧检察、智慧法院、智慧金融、智慧医疗等领域，实现公安预防和打击犯罪、法院被执行人分析定位、金融内幕交易行为识别、智慧城市精细化治理等业务目标。

杨晨（中国信息安全研究院总体部主任）

大数据 23

XData 大数据智能引擎

——曙光信息产业股份有限公司

XData 大数据智能引擎是曙光信息产业股份有限公司立足于当前大数据时代背景，面向大数据、人工智能自主研发的分析处理平台。XData 大数据智能引擎结合多年技术积累，实现了对海量异构数据进行存储计算和智能分析。在大数据自主开发平台之上集成了多种开源框架和机器学习算法，提供了数据快速分析和可视化技术，全面打造融合、智能、快速、简易、安全的一体化大数据系统。XData 大数据智能引擎以平台为核心，以适配为抓手，以应用为导向，支撑政府、公安、交通、能源、科研、教育、医疗、环保、电力等各行业大数据的应用业务，全面助力用户挖掘数据价值，拥抱大数据时代。

一、应用需求

随着信息技术的飞速发展，数据容量的增长速度已经大大超过了硬件技术的发展速度，对海量且瞬息万变的大数据来说，如何对海量数据进行采集、存储、计算与分析，从数据中获取价值已逐渐被各行各业所关注，归纳起来，各行业对大数据的需求主要包括以下几个方面。

数据集成需求：如何实现从多个数据系统中实现数据抽取、数据爬取、数据清洗、数据转换以及对应集成管理。

数据治理需求：如何实现对海量数据的预处理与数据管理工作，包括元数据管理、标准管理、质量检测、数据探查等数据生命周期相关管理功能。

数据存储需求：在面向结构化、半结构化、非结构化等异构数据，大数据平台怎样才能提供可扩展的分布式存储技术来应对海量数据的存储。

计算引擎需求：如何才能实现针对不同计算场景和计算模式，选择离线计算、流式计算到内存计算、全文检索等不同的计算引擎，支持异构数据的关联查询。

智能分析需求：面向大数据场景的智能分析处理，需要集成深度学习框架，融合智能算法、智能模型，需要提供方便的工具让用户快速开展智能分析。

二、平台架构

XData大数据智能引擎采用融合的技术架构，深度实现存储融合、计算融合、调度融合、业务流程融合，构建体系化融合的整体系统。可运行在X86服务器集群、高性能集群、虚拟化集群、容器化集群等不同的运行环境中，具有良好的兼容性。总结起来产品架构主要包括：数据集成系统、数据治理、大数据存储计算、大规模并行处理（MPP）数据库、高速交互式数据分析引擎、数据智能平台、可视化分析平台、安全管控、管理运维、应用开发支撑环境等模块。架构如图4-98所示。

图4-98　XData大数据智能引擎架构图

数据集成系统：解决异构数据源数据抽取、清洗、转换、加载等业务应用需求。

数据治理：解决目前企业面临的数据标准问题、数据质量问题、元数据管理问题。

大数据存储计算：实现海量结构化与非结构化数据的存储与离线、实时、内存计算。

大规模并行处理数据库：实现海量结构化数据存储、查询、统计、分析、备份和管理。

高速交互式数据分析引擎：对数据实现高效的分布式查询、分析与挖掘建模。

数据智能平台：提供机器学习平台，解决数据挖掘、机器学习、数据建模等业务需求。

可视化分析平台：实现海量数据的计算分析、快速实现可视化展示，生成报表和仪表板。

安全管控：实现对来自外部和非信任角色的数据访问进行控制和安全管理。

管理运维：帮助管理员轻松完成软件的安装、升级、卸载、扩容等部署工作。

应用开发支撑环境：提供对外数据接口、服务接口等应用开发支撑服务。

三、关键技术

XData大数据智能引擎通过统一数据分析语法、分布式流水线数据处理、高效数据计算、全流程自助建模、全自由度探索分析、全方位安全保障六大关键技术，提升大数据服务能力。

（一）统一数据分析语法

XData大数据智能引擎开发了统一数据分析语法，一种管道式数据处理语言，能够直观地描述数据的处理流程，方便地将语言映射为数据处理拓扑树，指导处理引擎进行计算。

（二）分布式流水线数据处理

XData大数据智能引擎分布式流水线数据处理技术，将统一数据分析语法解析后构造的逻辑执行计划编译为物理执行计划，并在各节点构造计算操作队列，形成数据分析流水线。流水线的初始操作为数据访问算子，从数据源中抽取查询请求需要的数据，提交给后续的操作队列。抽取的数据会划分为数据页，作为计算的最小数据单元，在流水线中流转。缩短了查询响应时间，提高了执行效率。

（三）高效数据计算技术

XData大数据智能引擎数据计算技术封装了高效的查询服务接口，实现了亿级数据的交互查询和单表聚合统计功能；同时基于内存计算框架实现了数据分析处理、多表关联、机器学习等复杂计算功能。为了保证数据请求的高效处理和及时响应，在进行数据请求提交时，会按照请求的数据处理流程，将请求路由到高速查询服务或内存计算框架引擎中，优化了内存查询速度，提高了多任务并发能力。

（四）全流程自助建模技术

XData大数据智能引擎全流程自助建模技术，基于机器学习算法实现，封装了包含数据选择、数据预处理、特征分析、算法执行、模型调度、参数训练、模型评估、模型服务、建模过程存储、结果导出、算法上传等数据分析全流程的数据建模框架，缩短了建模时间，降低了建模项目落地成本，助力企业创造新的业务价值。

（五）全自由度探索分析技术

XData大数据智能引擎探索分析技术，针对无明确分析模型、临时的或验证想法的数据场景，通过设置不同的搜索条件，探索数据中存在的业务模式。最大化挖掘出数据的潜在价值，提升数据服务能力。

（六）全方位安全保障技术

XData大数据智能引擎安全保障技术，基于安全认证、透明加密、访问控制、智能健康扫描、日志审计等技术，规避数据泄露风险，保证数据访问安全。

四、应用效果

（一）应用案例一：某市网格化数据治理平台

某市正处于经济社会转型的关键时期，根据现有的业务，需要建立以党的建设为引领、以社会建设和城市建设管理为重点、以网格化治理为主要手段的网格化数据治理平台（见图4-99），以便有利于充分发挥党的建设引领作用，提升各级党组织服务基层、联系群众的能力。

经过调查研究，某市计划以XData大数据智能引擎为基础平台，借助信息化技术，建设网格化管理平台。通过该平台开展基层党建业务，对农村社区党建、城市社区区域化党建、社会组织党建等领域的信息进行数据统一、综合采集，有效解决数据口径不一问题。同时以信息化为支撑，下沉工作重心，再造工作流程，实现从传统方式向信息化管理转变，从末端处置向源头治理转变。

在项目实施阶段，以XData大数据智能引擎作为技术支撑，结合民生、社区需

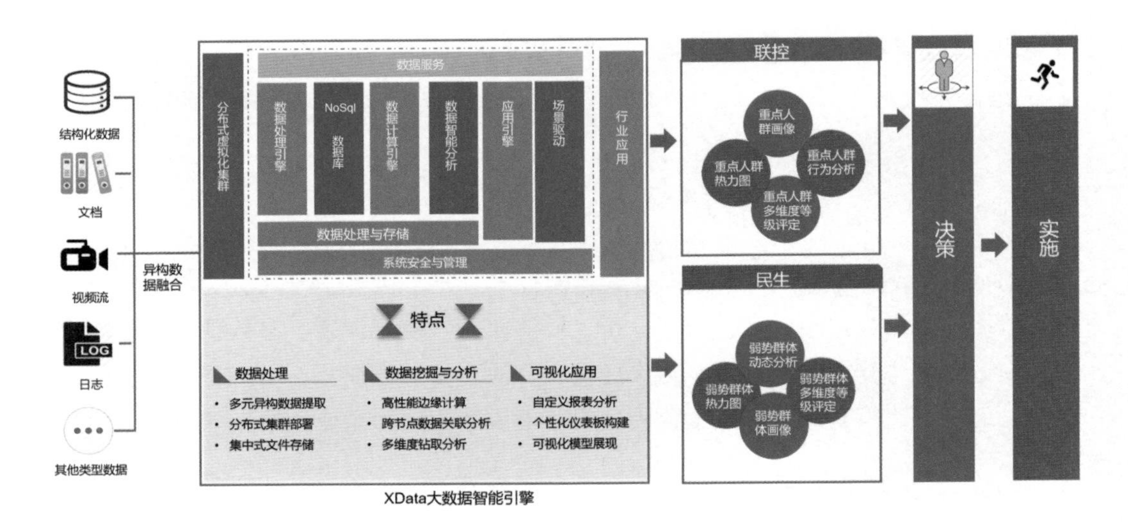

图 4-99　网格化数据治理架构图

求进行数据分析、可视化应用。通过网格化数据治理一方面有力推动了社会治理重心下移；另一方面有力服务了全区工作大局，有力服务了百姓生活。借助 XData 大数据智能引擎协助社区完成了涉及民政、社保、安监、司法、计生等各领域基础工作，为全区基层建设作出了重要的贡献。XData 大数据智能引擎提供的数据服务在深化“一次办好”优化营商环境，实施乡村振兴战略，推动政务服务向基层延伸方面发挥了重要作用，为全区群众提供全方位、全流程“保姆式”服务，切实增强人民群众的获得感、幸福感，得到广大市民的欢迎和支持。

（二）应用案例二：某市交通公安大数据

随着我国经济的快速发展和城镇化的加速，人、车、路的矛盾日益突出，交通拥堵、交通事故频发等问题已经从一线城市蔓延到二、三线城市，庞大的驾驶人群体和机动车保有量，迅猛增长。为了应对以上问题，更好地为民服务，某市交警支队提出了借助 XData 大数据智能引擎构建交通研判分析平台的总体规划。

在项目初始阶段，通过建设该平台，充分利用和挖掘原信息系统以及行业外的基础数据资源，为交管工作建立一套科学有效的分析研判、辅助决策的情报体系；另一方面以 XData 大数据智能引擎为基础架构，提供数据接入、存储、分析服务；将研判整合结果共享到其他业务系统中去，为其他业务应用提供更高效的数据支撑（见图 4-100）。

在项目的攻坚阶段，通过 XData 大数据智能引擎对城市交通流数据分析，实现了对城市整体交通形态的把握，将数据资源转化为实战应用，建立综合性立体的交

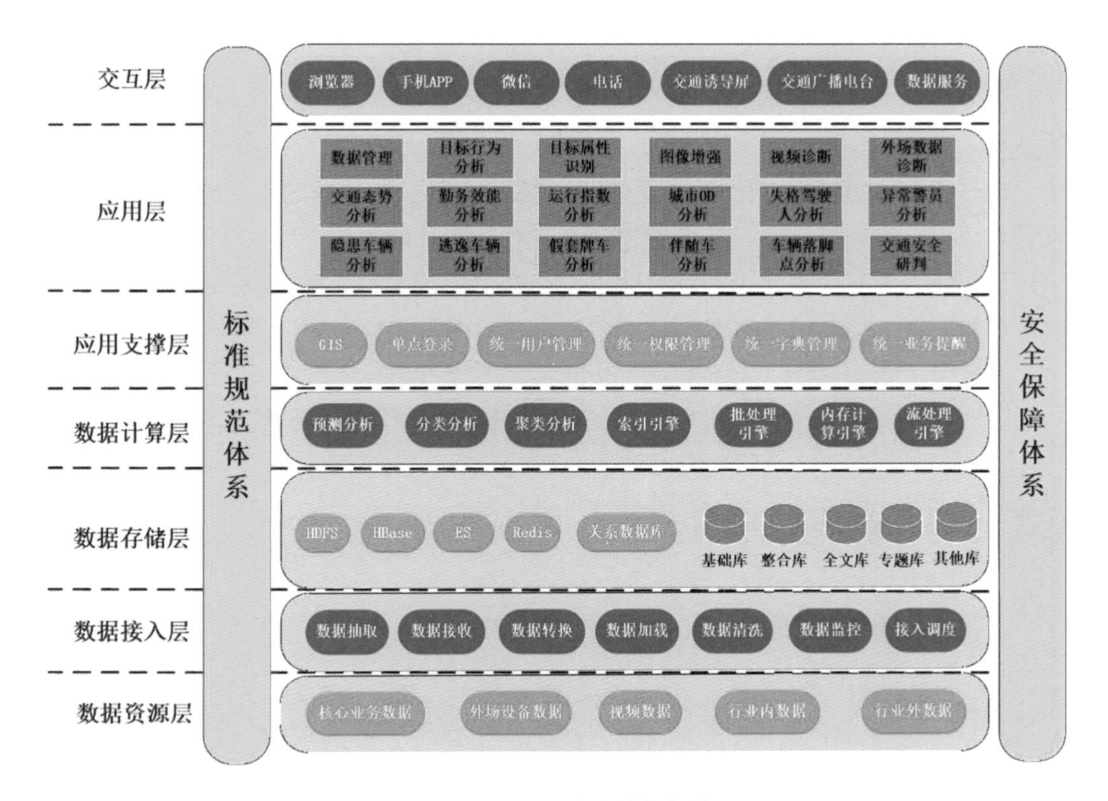

图 4-100 交通公安大数据架构图

通信息体系，通过将不同范围、不同区域、不同领域的数据分析、研判共享，发挥了整体性效能，大大提升综合管理的集约化程度。让公安交警通过应用大数据技术更好地惠民利民、服务群众、服务民生，不断增加人民群众幸福感、获得感、安全感。为部门进一步作出科学决策提供“精、细、实”的辅助支持。

企业简介

曙光信息产业股份有限公司是中国高性能计算、服务器、云计算、大数据领域的领军企业。中科曙光是高性能计算机（超级计算机）领域的领军企业，首度将中国高性能计算机带入全球前三名之列，为推动我国基础科学研究、重大科学装置、行业发展与产业升级提供了坚实的技术支撑。

专家点评

目前国家高度重视大数据产业的健康快速发展，大数据的价值也得到了社会的广泛认可。曙光公司立足于此背景，在先进计算战略指引下，自主研发的 XData 大数据智能引擎在国家建设的各行业中，充分发挥了大数据平台的价值，推动了大数据产业发展，提高了服务民生、服务社会技术水平。

杨晨（中国信息安全研究院总体部主任）

大数据

24

"信通"——建设行业全过程大数据信息化综合服务平台

——天筑科技股份有限公司

"信通"平台是为建设行业全过程相关企业提供端到端大数据处理能力的平台型产品，集数据采集、存储、处理和应用以及运维和运营管理等功能于一体。核心功能包括项目管理、经营管理、投资决策以及行政管理等。"信通"大数据产品已被应用于河南省诚建检验检测技术股份有限公司、河南平原建筑工程造价咨询有限公司等多家企业，平台在整个大数据生命周期各数据处理环节采用并行处理，使企业信息化管理更高效；平台支持掌上设备、智能手机等进行移动办公，通过融合现代企业先进管理模式，采用人性化菜单和模块分类，为企业提供准确的项目实施方案，有效控制项目投资成本，实现项目关键要素的实时动态监控，辅助企业提高项目实施决策能力。

一、应用需求

（一）经济社会背景

建设行业作为我国重要的物质生产部门、国民经济各行各业赖以生存和发展的物质基础，是国民经济的重要支柱产业。随着市场经济的发展和现代工程建设项目规模的不断扩大，建设行业竞争日趋激烈，并且随着施工技术难度与质量的要求不断提高，建设领域施工管理的复杂程度和难度也越来越高，传统的管理理念和手段已无法适应快速发展的要求，施工企业必须进行管理创新和信息化建设，利用现代化的技术手段来提高企业的管理水平。

目前，各级政府部门和行业管理部门制定了一系列合理可行的实施方案和步骤，大力推动施工企业信息化进程，推动高科技和施工企业管理的有效结合。建设行业中的企业信息化技术被列为建设部十项新技术之一，并针对建设行业信息化的发展先后出台了《施工总承包企业特级资质标准信息化考评细则》《建筑施工企业信息化评价标准》，已经引起了社会各界和企业领导层的重视。

（二）解决的行业痛点

在当今大数据时代，建设行业发展仍然存在不足。第一，建设行业的发展很大程度上依赖于资产投资规模，发展模式粗放，工业化、信息化、标准化水平偏低，管理手段落后，建造资源耗费量大；第二，多数企业科技研发投入较低，专利和专有技术拥有数量少，高素质的复合型人才缺乏，一线从业人员技术水平不高等问题；第三，建设行业大多数企业通过大量资金购置大型仪器设备，但由于缺乏共享观念，缺乏有效整合机制和良好资产共享观念。

《2016—2020年建筑业信息化发展纲要》中明确指出“提高行业公共信息利用水平，推进可公开的档案信息共享”。这也是未来建设行业发展的需要和趋势。通过务实的推进工作，实现管理信息化建设的投入，促进企业效益的增长，以效益的增长，加大管理信息化建设投入的良性循环。

（三）市场应用前景

随着企业的发展与扩张，企业的集团化发展已成为一种选择，总部对下属企业的管控无论是操作管理型，还是战略管理型，都需要一个能在上下级之间、各平级机构之间搭起瞬间沟通和协作的桥梁。基于这一思想，“信通”基于体系化的组织模型构架，设计了集团、单位、部门、人员组织机构树，提供职务级别、岗位和各种业务角色的自定义，并支持一人多岗、一人多单位兼职、内部人员和外部人员的区分机制，这种组织结构模型可以长期支持集团化管理的需要。通过个人自建协同流程给组织内外人员，可实现高频高效的日常事务协作和信息沟通。解决跨地域、跨时间、异步与同步兼顾的组织行为管理。

二、平台架构

“信通”平台包括管理决策层（项目管理驾驶舱）与管理作业层。平台架构如图4-101所示。

（一）管理决策层

管理决策分析层通过对工程项目数据的处理并为相应的高管及专业管理人员提供决策需要的建议性数据。利用分析模型提供的算法进行某些指标的趋势分析，更加有助于决策者在海量数据中分析决策。平台管理决策分析系统如图 4-102 所示。

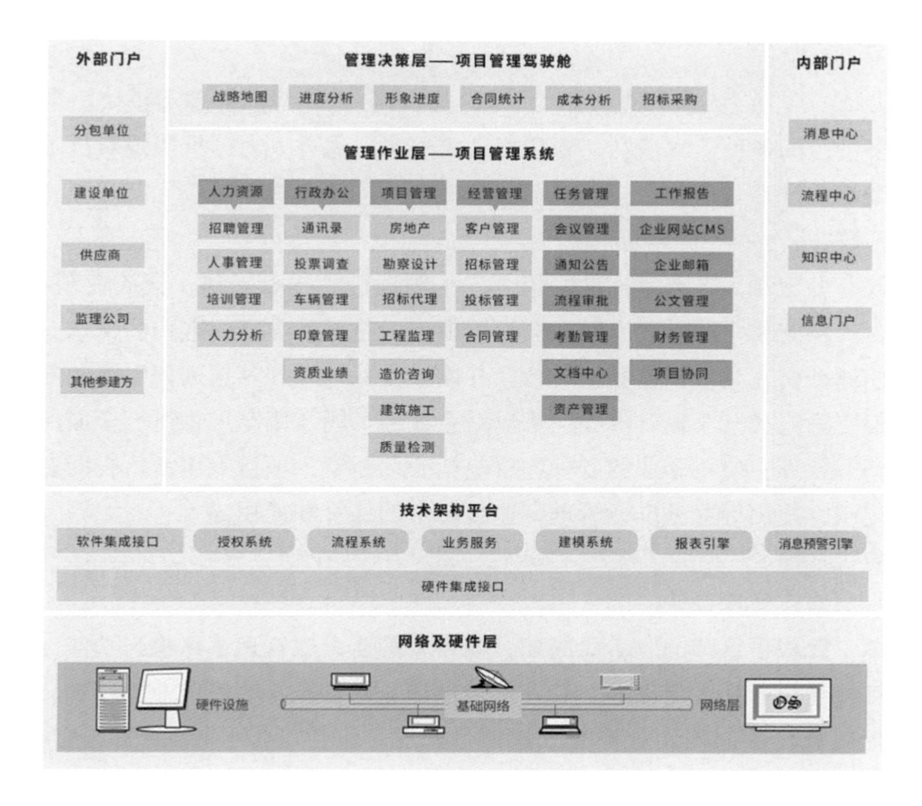

图 4-101　“信通”平台产品架构图

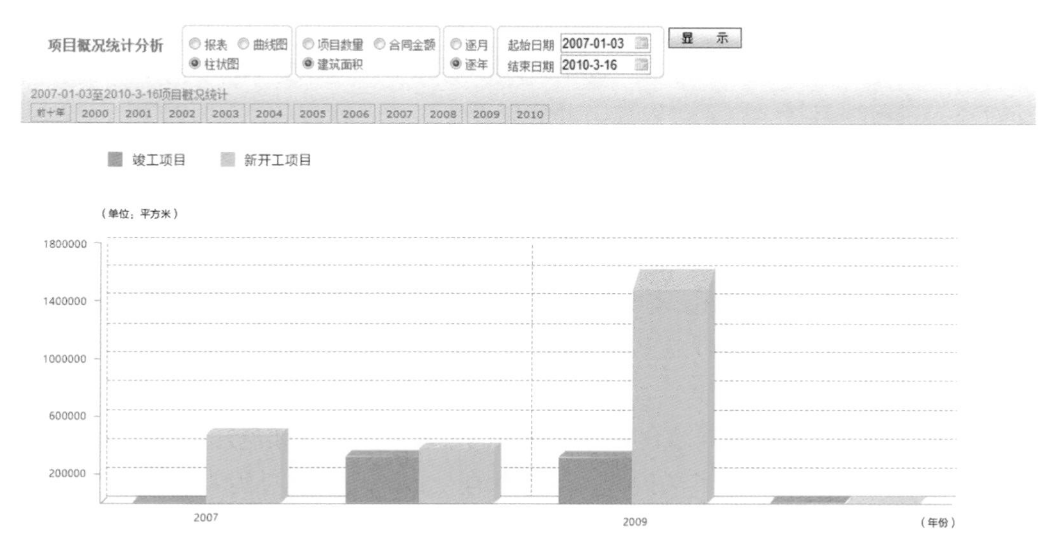

图 4-102　“信通”平台管理决策分析系统

（二）管理作业层

1. 人力资源

人力资源包括：人事管理、招聘管理、人力分析、培训管理等模块。帮助企业精确了解员工的各种档案信息，管理好人才资源。通过人力分析实现对员工信息的分类查询和统计。

2. 行政办公

行政办公包括：通讯录、投票调查、车辆管理、印章管理、资质业绩等模块。信通平台提供的通信录可以准确地获得同事或者是某些项目的客户的信息。在线投票可以使调查研究高效、便利地进行，并能够排除地域和其他远程因素的限制，使调查范围更为广泛。车辆管理模块可以对企业的车辆及用车过程进行全面的跟踪和管理。印章管理主要对企业的各种印章包括公司公章、项目专用章、合同专用章等印章的刻制、使用等业务进行管理，监督印章的保管和使用。

3. 项目管理

（1）房地产开发企业

围绕工程项目管理的全生命周期、项目管理要素和管理主体进行功能设计与实现，对项目建设前期、建设期、后评价期进行业务管控，并形成业务管理、流程管理、信息收集、数据统计分析的工程项目管理。包括：项目前期管理、资金管理、合同管理、进度管理等。项目管理总体流程如图 4-103 所示。

（2）勘察设计企业

涵盖从项目立项、项目策划、项目执行、项目收尾及项目管控的项目全生命周期的管理功能。可以从项目进度、成本费用、资源负荷、质量状况、成果交付等方面对项目进行项目级、企业级管控。勘察设计工程项目管理如图 4-104 所示。

（3）招标代理机构

针对招标机构的项目管理模块，涵盖了项目机会、项目前期、项目立项、招标文件、招标公告、应标、开标、评标、定标及结果公告的全过程管理，为各类招标机构提供一个集办公自动化、招标业务处理、招标费用管理等为一体的协同工作平台。招标代理项目管理如图 4-105 所示。

（4）工程监理企业

工程监理企业项目管理结合科学、专业的建设工程监理规范，实现企业监理业务管理的专业化。建立从市场投标、合同管理、项目管理、过程管控、现场作业、协同办公等企业项目全过程管理业务模式，功能包括：监理规划与细则、安全控制、质量控制、进度控制、沟通与汇报、项目巡检、监理报告、风险管控、项目资

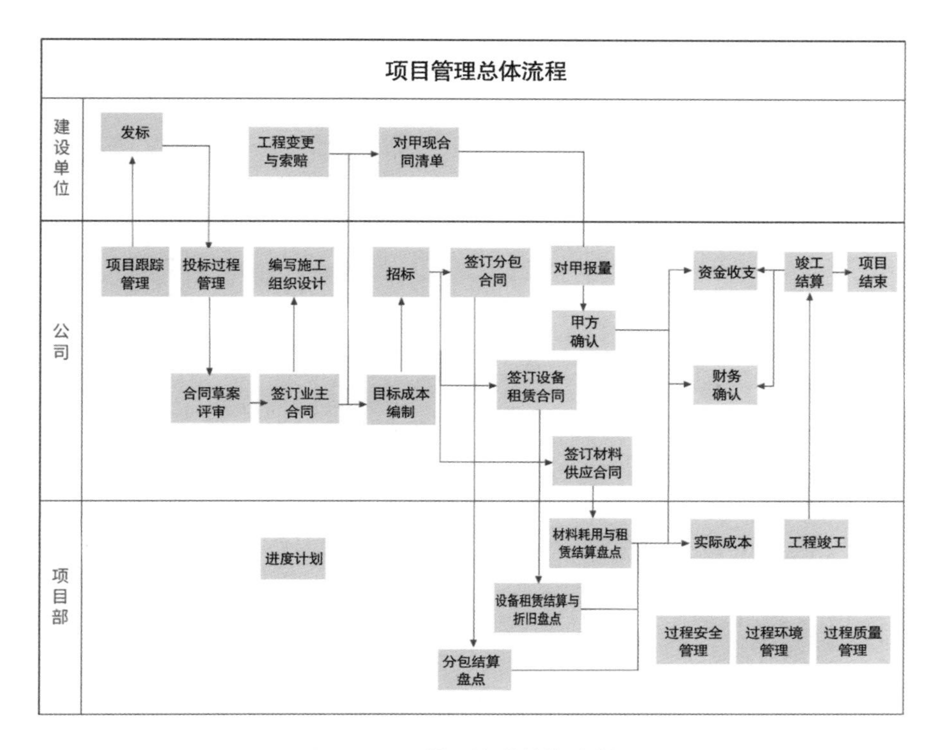

图 4–103　项目管理总体流程图

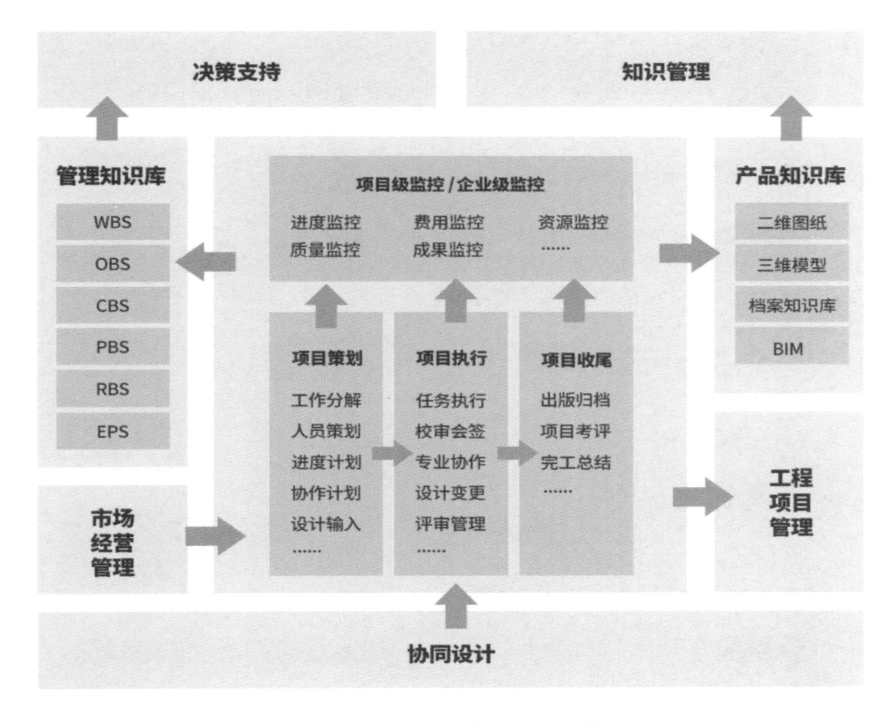

图 4–104　勘察设计工程项目管理

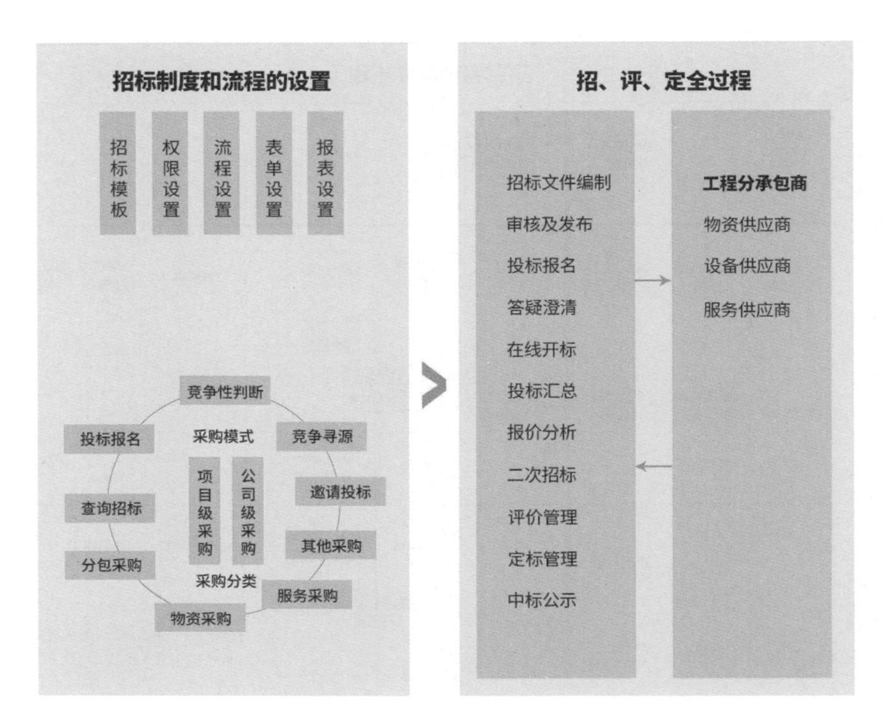

图 4-105　招标代理项目管理

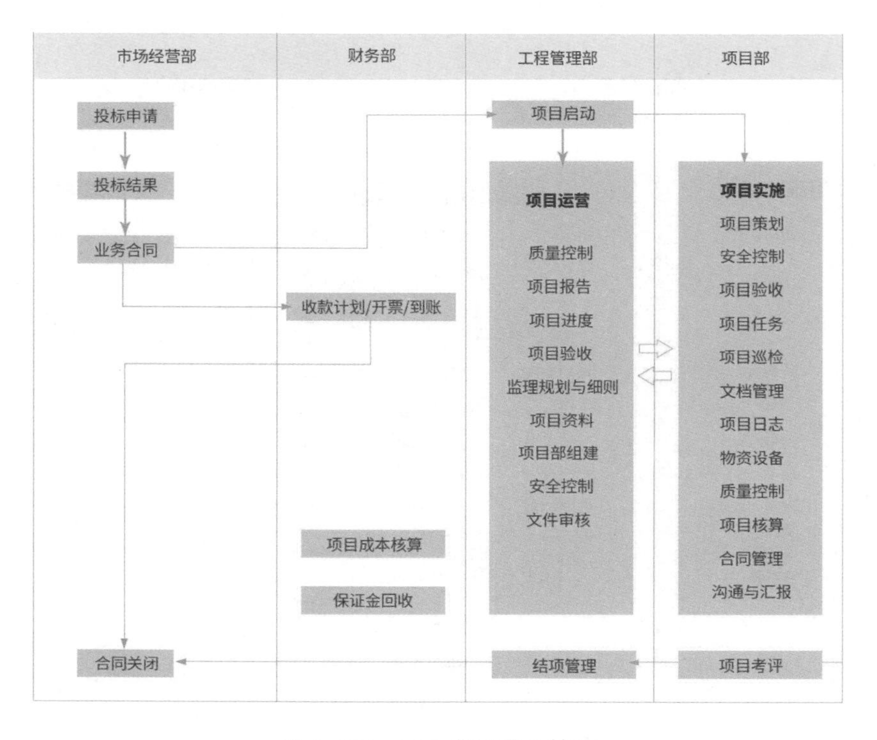

图 4-106　工程监理项目管理

料、竣工管理等。工程监理项目管理如图 4–106 所示。

（5）造价咨询企业

以造价项目为中心，通过招投标上连合同、下接任务，过程中串联项目的各类角色与人员，留存数据。围绕造价咨询项目全流程管理，实现信息实时共享，业务交互留痕，企业数据沉淀。主要功能包括任务管理、多级复核、成果移交、内部核算等。造价咨询项目管理如图 4–107 所示。

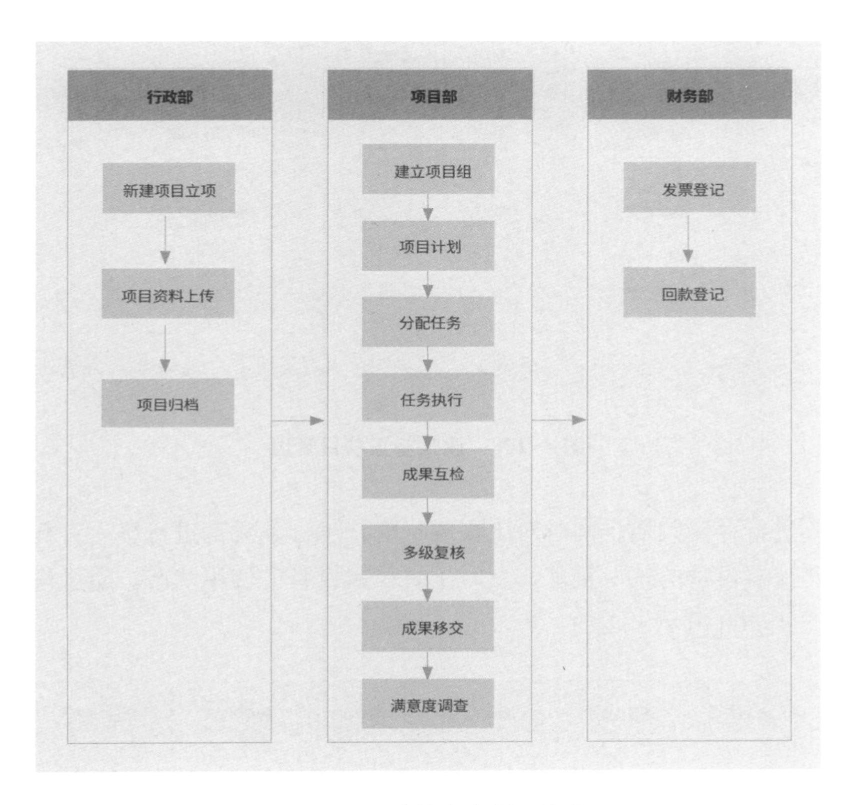

图 4–107　造价咨询项目管理

（6）建筑施工企业

以成本为中心，以资金和进度为主线，合同贯穿整个项目施工过程，把现代化的工程管理模式通过大数据信息化，规范管理项目，解决与建筑工程项目管理有关的材料管理、分包管理、劳务管理、租赁管理等问题，并通过简明扼要的报表数据统筹项目的管理，最终实现项目的成本、资金、进度、质量、安全五大目标。建筑施工项目管理如图 4–108 所示。

（7）质量检测机构

以项目为中心，通过委托受理、任务派发、编制方案、全过程数据记录、检测

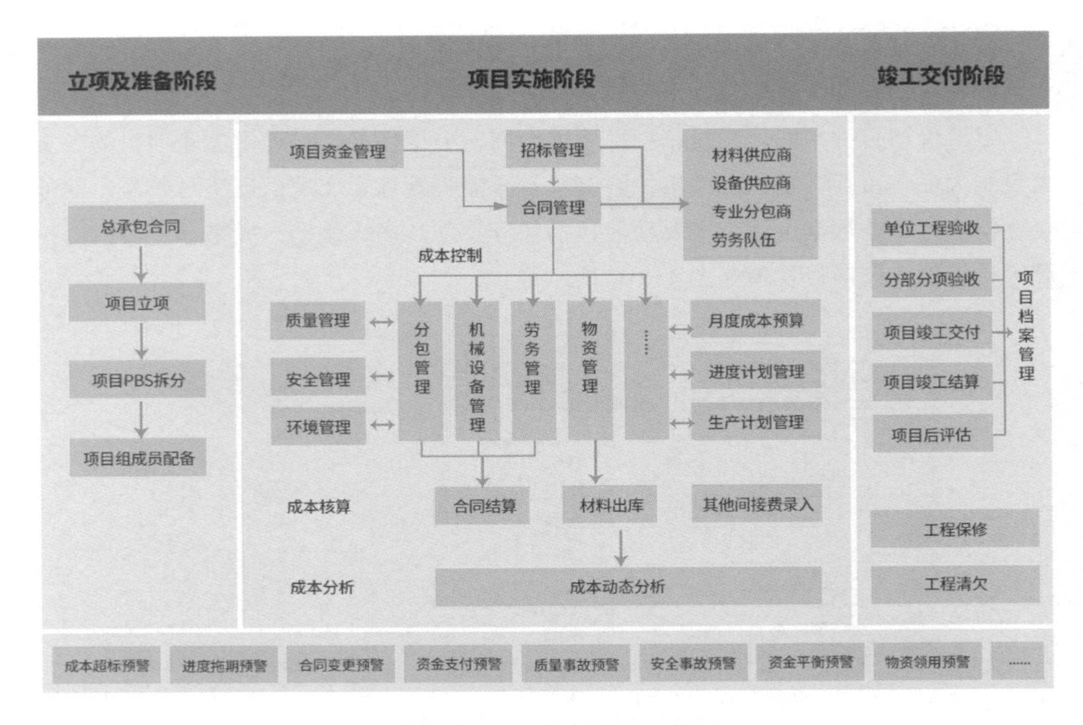

图 4-108　建筑施工项目管理

报告，最终进行存储归档。同时对工程质量的技术标准规范进行统一管理维护。实现检验检测仪器设备的统一管理，及时了解仪器设备的使用状态。质量检测机构项目管理如图 4-109 所示。

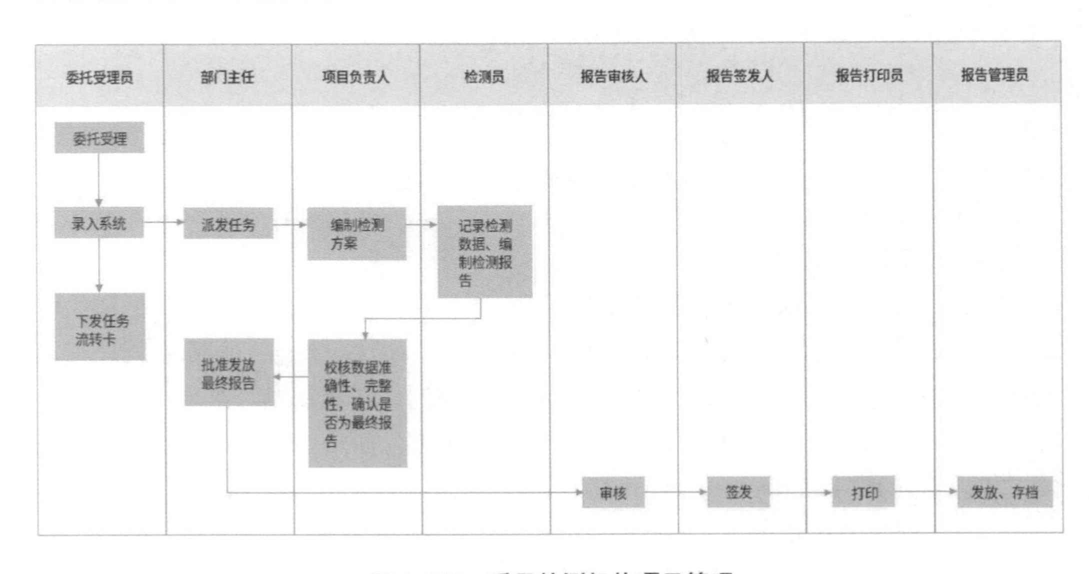

图 4-109　质量检测机构项目管理

（8）物业公司

物业公司使用系统平台相关内容如图 4–110 所示。

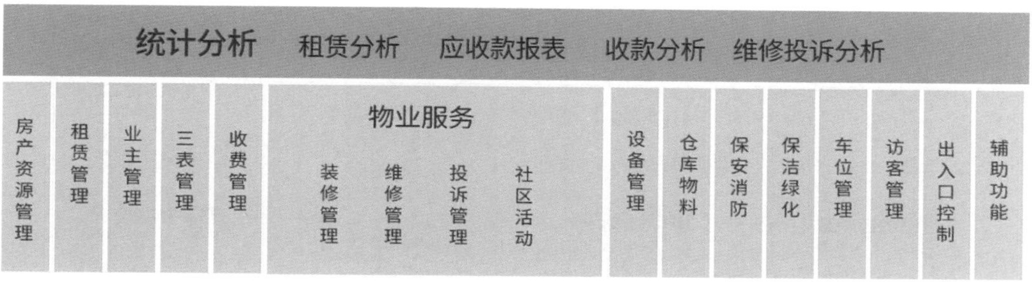

统计分析
租赁分析
应收款报表
收款分析
维修投诉分析
房产资源管理
租赁管理
业主管理
三表管理
收费管理
物业服务
装修管理
维修管理
投诉管理
社区活动
设备管理
仓库物料
保安消防
保洁绿化
车位管理
访客管理
出入口控制
辅助功能

图 4–110　物业公司

4. 经营管理

辅助标书的编制和投标策略的制定，进行投标决策分析和投标文件管理等。帮助用户建立企业过往投标情况、竞争对手情况、企业投标资源信息资料库并对它们进行管理和分析，为投标分析、投标报价和投标决策提供充分的辅助信息。实现投标全过程的管理，积累数据科学决策提高效率和质量。招标管理如图 4–111 所示，投标管理如图 4–112 所示。

招采计划
招标委托
招标计划
招标资源库
招标准备
招标立项
招标方案
招标文件编制
招标模板库
招投标过程管理
招标信息公开
招标文件会签
发标
开标、评标
中标通知
满意度调查
审批会签
供方管理
供方台账
材料供应商
设备供应商
专业分包单位
……
供应商、材料信息库、招标资源库、评标专家库……

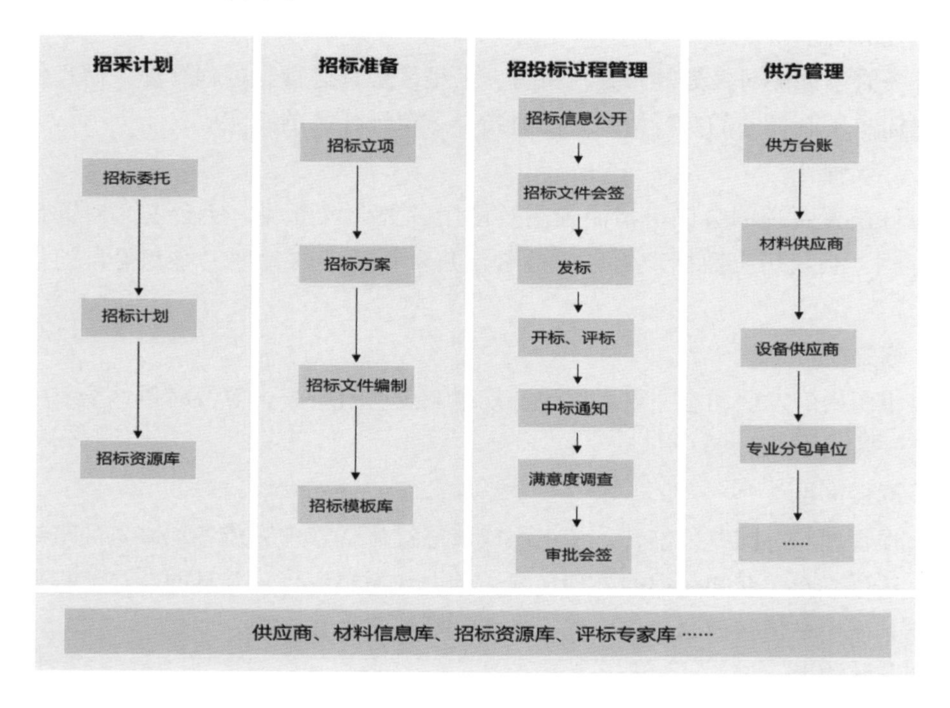

图 4–111　招标管理

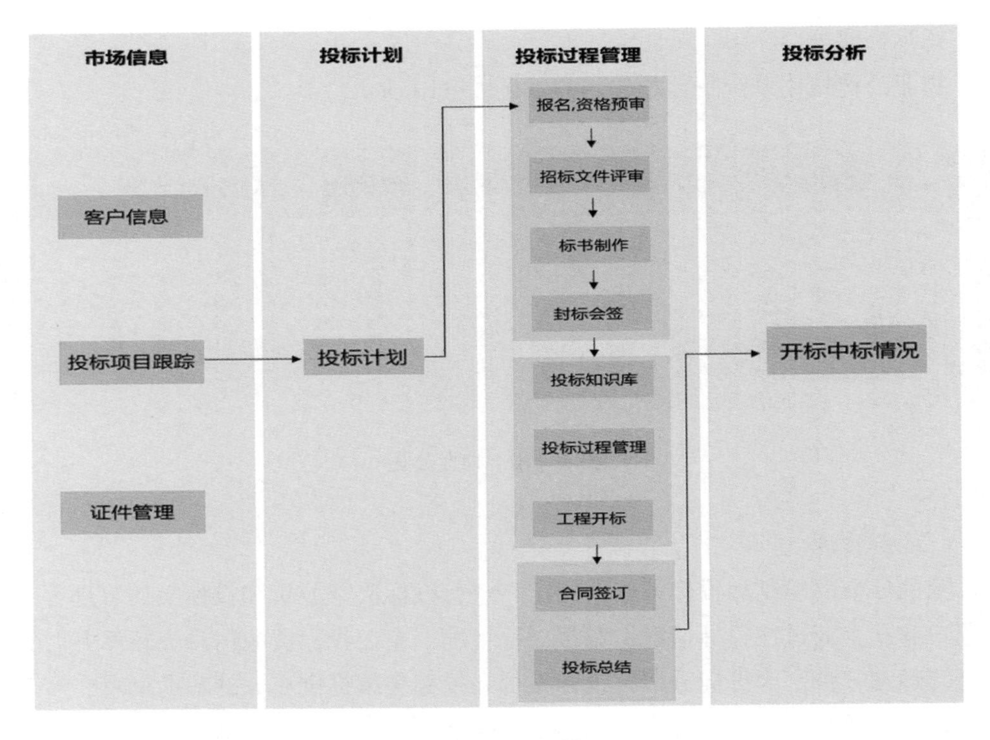

图 4–112　投标管理

5. 任务管理

任务管理能够对任务的布置、执行、汇报、检查进行全过程管理，而且领导也可以随时了解到任务的执行情况，随时指导，保证任务圆满完成。

6. 会议管理

通过设置合理的会议申请流程高效使用各种会议资源，使会议文档资料的发放与存档、会议历史数据、信息的检索与共享等烦琐的管理工作变得自动化与简洁化。

7. 通知公告

将组织内的发展动态、重大事记、规章制度、行政公告等及时传达给每一位成员或某一特定群体。

8. 流程审批

流程管理与协同办公整合，使组织成员通过流程管理完成各项事务的审批办理工作，还可以随时获知流程的办理情况，催办或撤销流程，并且能够在流程办理的同时与其他用户进行即时通信、派发任务，委托审批权限等。

9. 考勤管理

考勤管理用于记录员工的出勤情况，如出勤、外出、出差、休假、加班、调休、替班、迟到、早退、缺勤、旷工。

10. 文档中心

信通平台提供的文档中心通过获得、创造、分享、整合、存取、更新等过程，达到知识不断创新的目的，并回馈到文档中心。

11. 资产管理

对本企业资产的生命周期实行全程监控和管理。

12. 工作报告

对工作遇到的问题和解决方案进行整理和总结，也可通过这个窗口向领导汇报工作。

13. 企业邮箱

“信通”平台集成的企业邮箱作为企业进行国内外事务、商务交流的基本途径，同时利用企业邮箱的部分高级功能可实现来信自动分拣，对常见咨询问题自动解答等，增进内部信息沟通和协同办公能力。

14. 公文管理

支持多种发文类型，通过公文流程引擎实现拟稿、核稿、审核、批示、会签、签发、编号、印制、用印、分发等操作。发文字段和微软 WORD 模版格式严格按照《国家行政单位公文格式标准》制定，并保留历史修改痕迹、批示意见和文件状态，并可以配备电子签章，高效地实现了组织内部中的公文流转。收发文管理流程如图 4-113 所示。

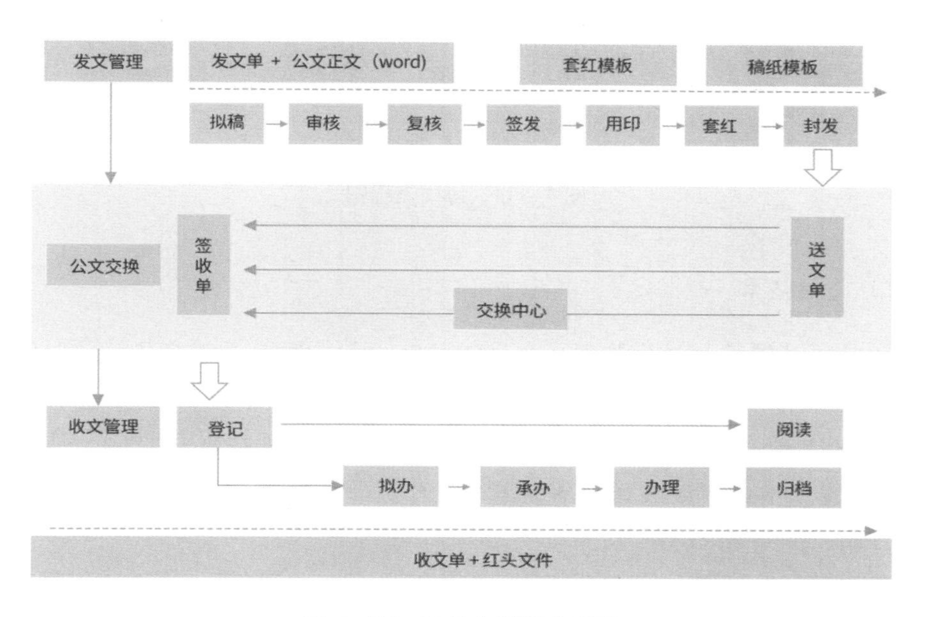

图 4-113　收发文管理流程图

15. 财务管理

财务管理建立了项目全面预算管理、月度资金使用计划、合同管控、结算控制、实际支付、成本核算的资金控制体系。

16. 项目协同

基于大数据的建设行业综合协同平台是在对项目全过程中参与各方产生的信息和知识进行集中管理的基础上，为项目参与各方在互联网平台上提供一个项目管理的协同平台，为项目参与各方提供一个高效率信息交流和共同工作的环境。协同流程如图 4–114 所示。

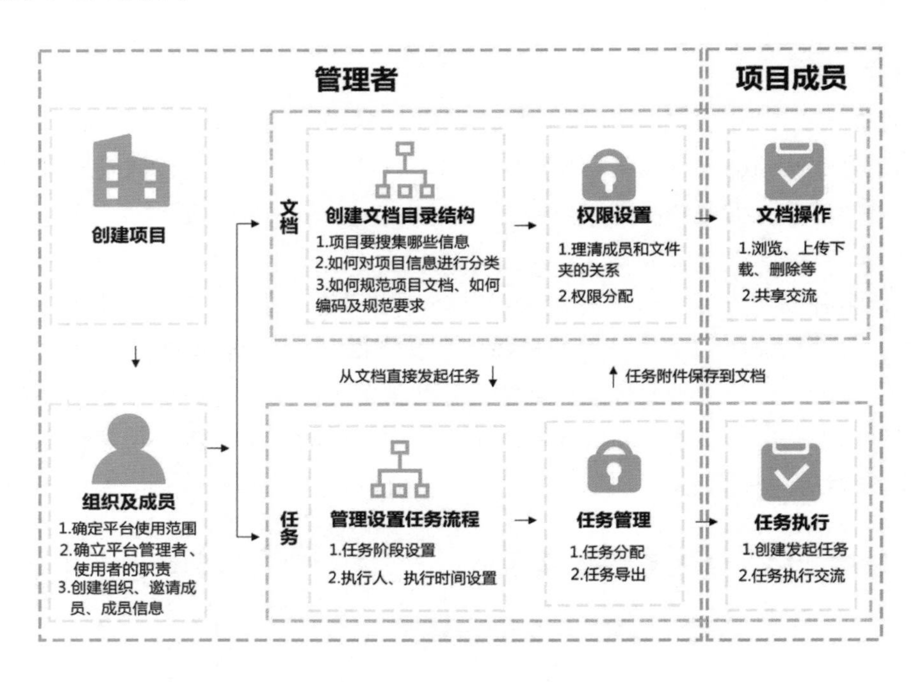

图 4–114　协同流程图

（三）关键技术

采用基于开源的云计算管理平台（OpenStack）大数据演进架构，同时面向服务的架构（SOA）思想构建平台。采用基于分布式文件系统 Hadoop 分布式文件系统（HDFS）进行海量数据存储，并综合运用数据仓库技术（ETL）、认证服务（OAuth2）等技术，并提供基于 WMFC（工作流管理联盟 ）标准的流程引擎。网络安全体系图如图 4–115 所示。

平台通过身份鉴别、自主访问控制、安全审计、入侵防范、恶意代码防范、资源控制、硬件安全、防病毒安全等企业级安全防范策略，以保证系统安全。实时对

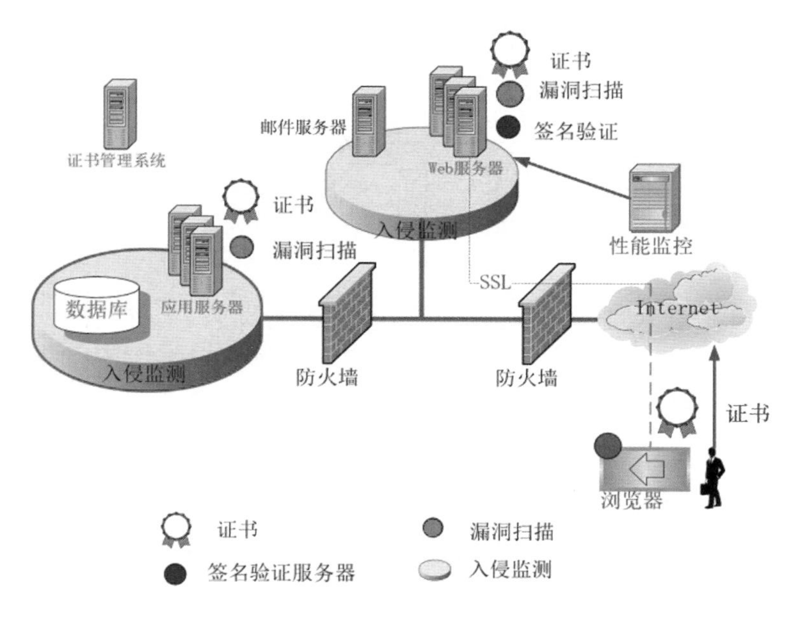

图 4–115 网络安全体系图

数据进行备份和加密方式升级，并制订应急预演计划和灾难恢复计划。

四、应用效果

（一）应用案例一：河南省诚建检验检测技术股份有限公司

河南省诚建检验检测技术股份有限公司，于 2005 年 1 月 28 日成立，2017 年在全国中小企业股份转让系统（新三板）挂牌，是河南省所有 1859 家行业企业中唯一挂牌上市的专业检验检测类公司。

由于公司规模不断扩大和市场竞争的日益激烈，原来的企业经营管理模式已无法满足其高速发展的要求，其问题主要表现在：财务与业务数据不能对应，造成项目投资资金的控制和实际业务发生产生偏差；企业难以及时掌握、控制其下属项目部的成本消耗情况，无法作出科学合理的项目决策。为解决上述问题，该公司应用“信通”平台进行项目规划如图 4–116 所示。

该公司通过“信通”平台的应用，实际应用效果有：实现项目管理业务与财务的集成，实时对业务进行查询、跟踪和控制，数据汇总到动态成本管理平台进行控制、分析，实现财务成本和工程成本的统一；实时、准确地提供领导决策所必需的数据分析，加强公司决策层对公司各级的监控，方便领导准确掌握公司的一切有关

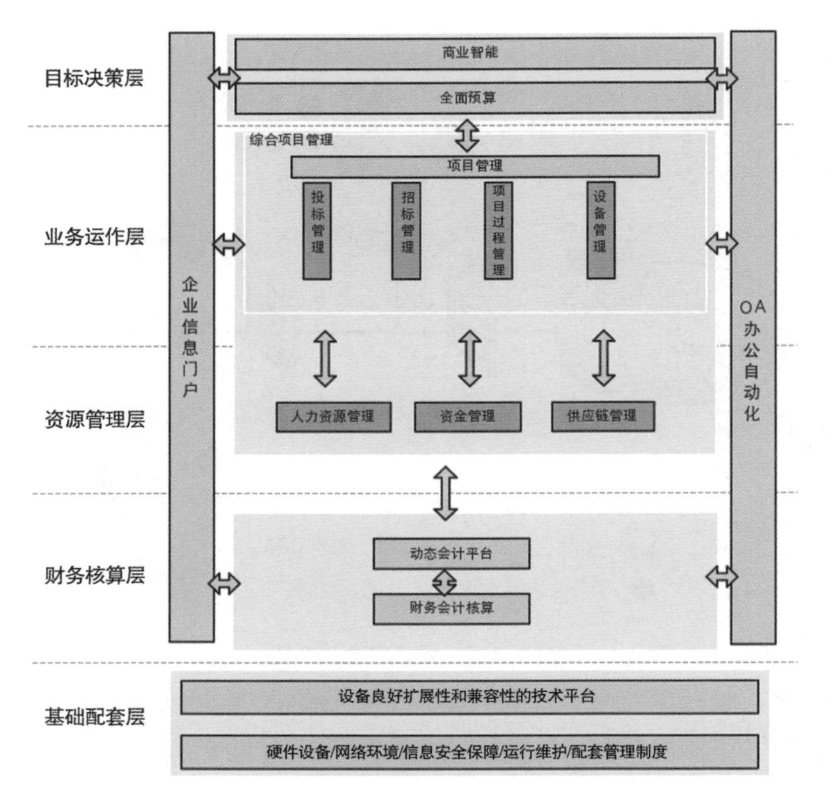

图 4-116　项目规划

资金、工程进度、成本、人力资源等领域的信息；工程项目成本监控实时高效，建立了统一的 TBS、WBS、CBS 等多维度的成本核算体系，有效支持预算管理体系的执行和应用。

（二）应用案例二：河南平原建筑工程造价咨询有限公司

河南平原建筑工程造价咨询有限公司成立于 2009 年，公司现有职工 280 余人，持有城市道路、桥梁、隧道、排水、给水、建筑设计、市政公用工程、工程监理 13 项资质，持有城市规划、风景园林设计、工程测绘、岩土勘察、工程造价、建筑咨询等 6 项乙级资质。形成以市政公用专业为主、建筑和规划并重、监理和勘察、造价相辅、咨询和研究跟进的业务格局。

该公司通过应用“信通”平台，实际应用效果有：第一，建立了以施工项目管理为核心的总公司—分子公司—项目部三层管理体系，强化总公司对项目主要业务的管控力度，协助提升项目效益、规避项目风险。实现了数据的共享、及时传输和汇总、分析，解决了“信息孤岛”问题；系统实际业务流转流程图如图 4-117 所示。

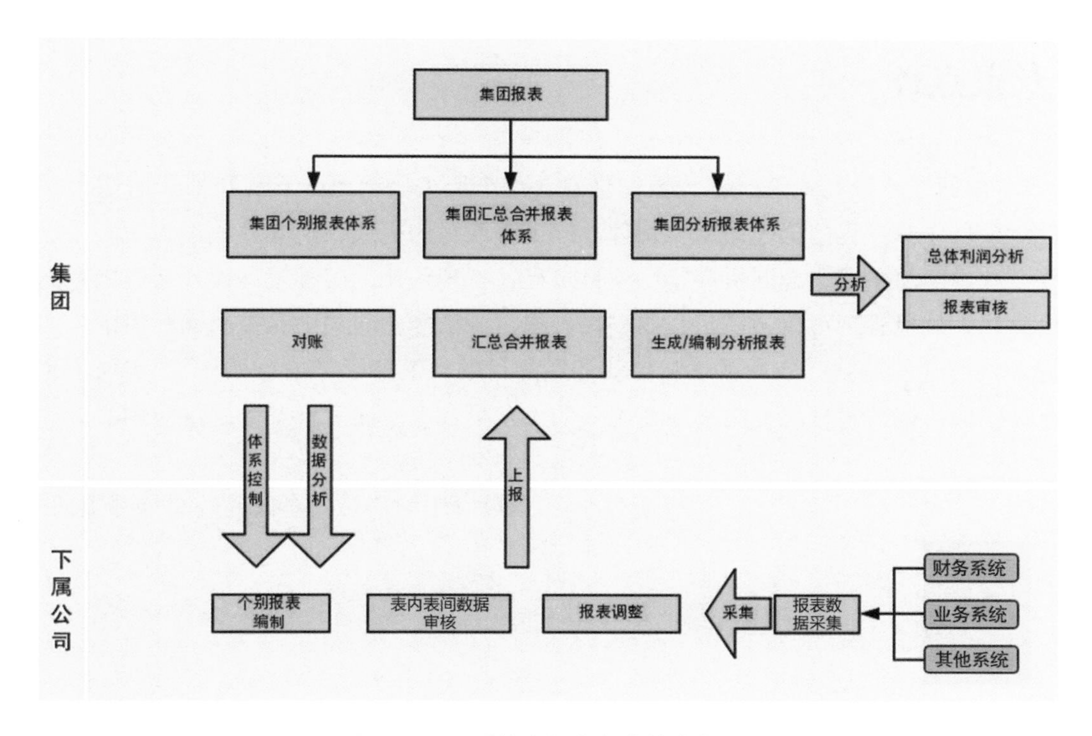

图 4–117 系统实际业务流转流程图

第二，建立了企业从“决策层→管理控制层→业务操作层”自上而下的垂直穿透的企业管控体系，实现了集团财务、资金、供应链、项目管理的综合集中管理。第三，实现企业全项目覆盖的综合项目管理系统的深度应用，有效支撑集团核心业务的垂直管控体系的完善和推广。第四，规范了企业的工作和管理流程，进一步节约成本和提高效率：实时管理多个项目进度：以项目为中心，以工作流为驱动的管理模式提升企业执行力。

企业简介

天筑科技股份有限公司主要从事电子与智能化方案咨询、设计、工程施工、系统集成，软件系统的定制开发、物联网系统及智能硬件产品研发等，业务范围遍布全国各地。目前公司员工总数达 160 人，70%以上人员具有本科以上学历，有丰富的工程设计、施工、调试、管理经验，能独立进行电子与智能化、信息化、物联网行业的开发与应用、施工、技术服务、项目管理咨询等业务，具有较强的研发能力。经过多年技术积累，已形成指静脉、多方协同管理平台等多项核心产品并规模化商用。

专家点评

“信通”建设行业全过程大数据信息化综合服务平台是天筑科技股份有限公司针对项目作业过程的全生命周期管理，以工程项目为主线、建立以成本为中心，以资金和进度为主线，合同贯穿整个项目过程，把现代化的工程管理模式通过大数据信息化，规范管理项目，满足企业多级架构、分散经营与集中管控的实际需求。实现了项目过程控制、信息共享和自动传递的目的，消除了“信息孤岛”，实现了企业操作层、运营管理层、决策层在统一的信息平台上协同工作及分层次应用。

杨晨（中国信息安全研究院总体部主任）

大数据

25

Ficus 大数据平台
——成都索贝数码科技股份有限公司

Ficus 大数据平台（以下简称“Ficus”）是成都索贝数码科技股份有限公司自主研发的大数据集成管理与应用开发平台，覆盖了数据集成、数据存储与管理、数据分析计算及数据应用等多种大数据业务场景，为企业提供全流程、全方位的大数据服务。

Ficus 采用微服务架构，自主研发核心数据存储，解决了大数据治理过程中面临的多源异构数据的采集、超大规模数据的存储和计算、数据安全及生命周期管理、纷繁多样的数据应用等一系列问题。已经在广电媒体、机场等多个行业中得到应用，帮助用户完成从存储数据到探索数据的智能化转变，深入挖掘数据价值，获得了行业的广泛认可。

一、应用需求

随着计算机信息技术的不断发展，数据量高速膨胀，一个大规模生产、分享和应用数据的时代已经来临。越来越多的行业开始由“业务驱动”转型升级为“数据驱动”，期待通过数据分析辅助业务发展。大数据将逐渐成为现代社会基础设施的一部分，如同道路、水电和通信网络一样不可或缺。

我们应用的数据，包括互联网数据、业务系统数据、日志数据和用户终端数据，普遍具有体量庞大、来源分散、类型多样、更迭迅速、价值密度低等特点。在建设大数据平台时，也就面临着以下问题。

（一）多源异构数据采集存储难

大数据来源复杂分散，包含大量关系型和非关系型数据，对这些数据的统一采集和存储，需要专业的数据采集、存储模块来实现。

（二）超大规模数据计算效率低

大数据平台需要处理的数据体量一般高达百亿级，同时，要保证计算效率，数据的高效交互是重要前提。因此，在平台架构设计和存储选择上，需要充分考虑这些因素。

（三）跨媒体数据支撑能力欠缺

大数据中媒体数据占有越来越大的比重，而跨媒体大数据处理能力是许多大数据平台所欠缺的。大数据平台需要对跨媒体大数据存储、跨媒体大数据检索与识别、跨媒体大数据计算、跨媒体大数据应用等关键技术进行深入研究，突破其技术难点。

（四）数据安全难以保障

数据安全是备受关注的一点，特别是针对一些私密性数据。要确保在数据共享的同时重要数据不被泄露，用户的数据访问权限可控，就要优化平台的存储方案。

Ficus 解决了大数据平台建设中面临的问题，支持多种数据接入方式，实现离散数据的快速汇聚，基于分布式与微服务架构，实现超大规模数据的并行计算，独创的媒体数据分布式网格化存储，采用自主研发核心数据存储，提升检索效率，数据安全可控。

Ficus 实现了数据从采集、分析到应用的闭环。帮助用户获取数据并使用数据，具有广泛的实用性和通用性，为各行业提供个性化大数据服务，真正实现大数据应用落地。

二、平台架构

Ficus 总体架构如图 4-118 所示。

（一）数据集成

Ficus 数据集成模块提供数据抓取组件、HTTP 接口、网络爬虫等多种方式，实现了平台数据的采集汇聚。支持结构化、半结构化、非结构化数据的接入，实现了多源异构数据的集成与预处理。

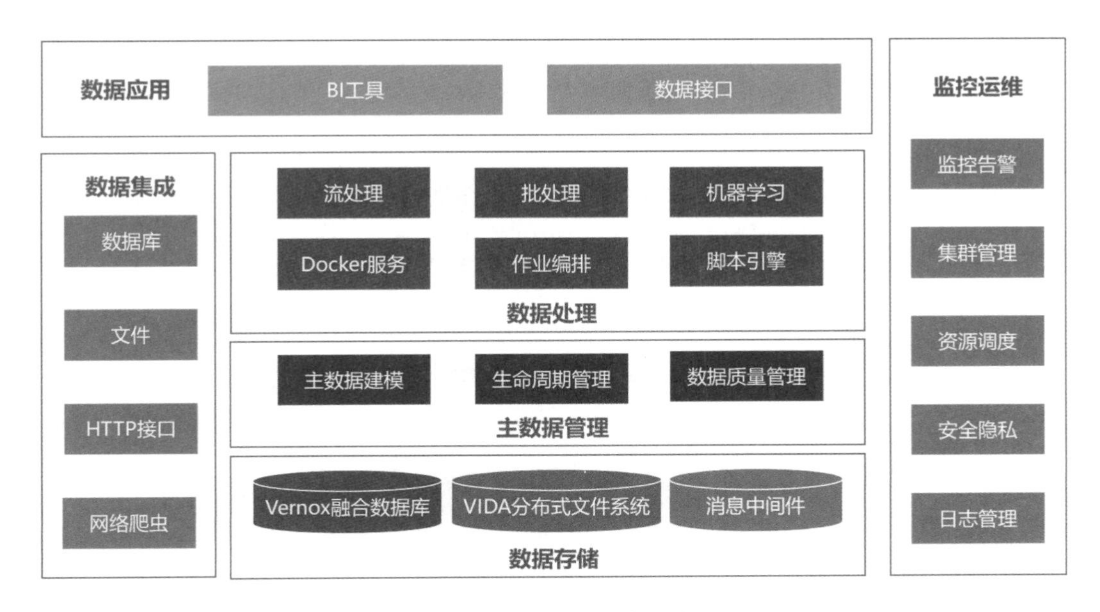

图 4–118 Ficus 总体架构

（二）数据存储

Ficus 采用自主研发的 Vernox 融合数据库作为核心存储，实现了异构数据融合存储，同时具备强大的中文检索能力，数据访问快。采用 VIDA 分布式文件系统，独创的媒体数据网格化存储方案，有效提高了跨媒体大数据处理能力。Ficus 数据分布式存储，满足 PB 级数据存储需求，分担数据存储和访问的高负荷，解决了传统集中式存储系统中单存储服务器的性能瓶颈问题，优化数据处理性能，提高了数据存储的可靠性和安全性。

（三）主数据管理

Ficus 主数据管理模块支持主数据建模，灵活定义字段格式，支持 JDBC、MongoDB、Kafka、ElasticSearch、XML、File 等多种数据形态。完善的数据生命周期管理与数据质量管理体系，规范平台数据，为数据分析工作提供坚实的基础。

（四）数据处理

Ficus 数据处理模块融合大数据的批处理和流处理，具备百亿级数据处理能力。具有丰富的媒体数据处理技术积累和实施经验，支撑跨媒体大数据的处理。同时能够串联机器学习算法组件，更深入挖掘数据价值。数据处理模块支持 Java、Python 的二次开发，提供可视化作业编排页面，更大程度地满足用户个性化的数据分析需求。

（五）数据应用

Ficus 数据应用模块包括 BI 工具和数据接口两个部分。BI 工具支持报表和大屏的制作，提供丰富的图表类型，采用拖拽的操作方式，方便用户快速上手。开放的 API 接口，为其他用户或系统使用 Ficus 的数据提供统一标准的入口。

（六）监控运维

Ficus 实现平台轻量化运维，服务自动化部署，通过可视化页面监控集群服务运行状态、资源消耗状态、异常日志状态并告警，帮助用户及时作出合理的任务调度及资源调度，保证系统的最优化状态。控制数据访问权限，保障数据的安全隐私。

三、关键技术

Ficus 基于微服务技术实现了大规模数据的并行计算，完全微服务化的设计，自主定义业务逻辑流程，自动化作业分片与调度，提升了系统性能。采用自主研发的 Vernox 融合数据库作为核心存储，支持异构数据融合存储，具备杰出的中文检索能力，自主可控，极大地保障了数据安全。采用 VIDA 分布式对象存储和独创的媒体数据网格化存储方案，极大地改善了跨媒体大数据处理效率。

（一）基于微服务的数据并行处理框架技术

Ficus 基于微服务技术构建了一套支持大数据并行处理的框架，具有良好的高可用性与可扩展性，解决了超大规模数据的分布式存储和并行计算的问题，提高系统的性能。

1. 通用组件和数据处理组件微服务化

Ficus 的通用组件和数据处理组件都实现了微服务的虚拟化封装，微服务之间低耦合，能够快速完成系统的搭建。具有完善的服务生命周期管理模块，实现规范化的服务注册、测试、部署、升级、回退等流程。

数据处理组件采用微服务化的设计，用户可以进行二次开发，针对不同的业务场景，通过像积木一样堆叠不同的数据处理组件来进行适配，用户自定义业务逻辑流程，实现个性化的数据处理需求。

Ficus 某项目数据处理流程如图 4-119 所示。

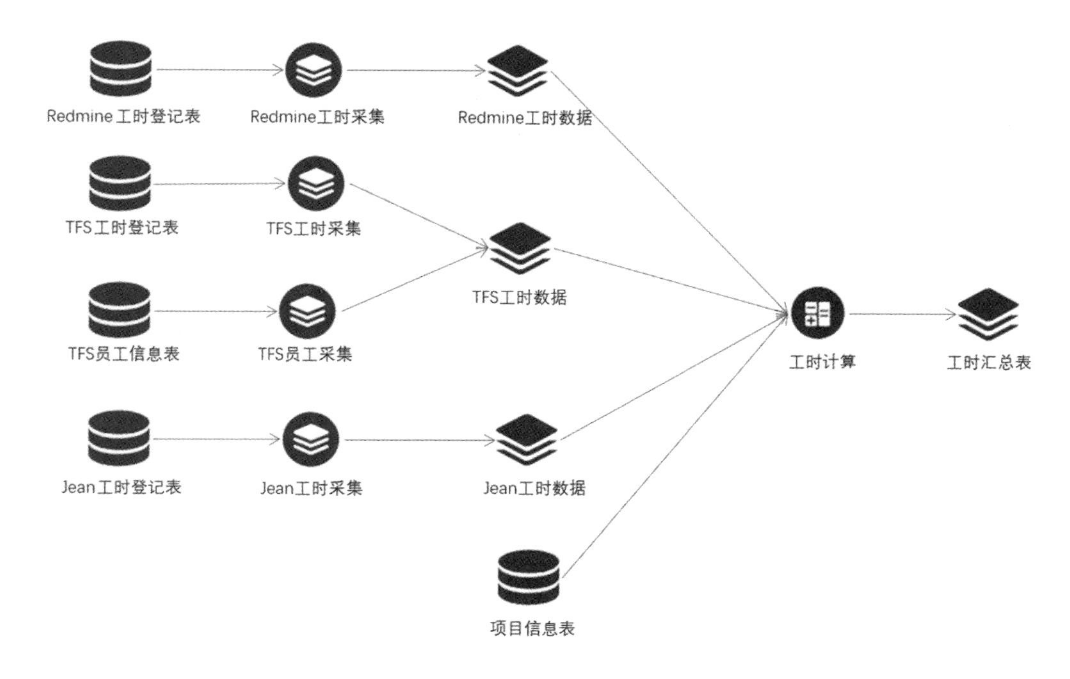

图 4-119 Ficus 某项目数据处理流程

2. 并行处理与调度管理

Ficus 采用集群部署，根据业务需求实现系统资源的灵活扩展，采用负载均衡和高可用方案，具有良好的可扩展性和高可用性。实现数据的并行计算，提供百亿级数据计算能力，缓解系统压力。

Ficus 基于索贝研发的集群服务管理平台，实现集群资源管理、作业调度等。例如针对一条 SQL 查询处理，Ficus 会先根据数据量等因素估算出工作量，然后集群服务管理平台分析每个节点的资源消耗情况，自动分片到每个节点的容器上处理，实现数据处理作业的分片调度，提升计算效率。

Ficus 集群计算组件监控页面（部分）如图 4-120 所示。

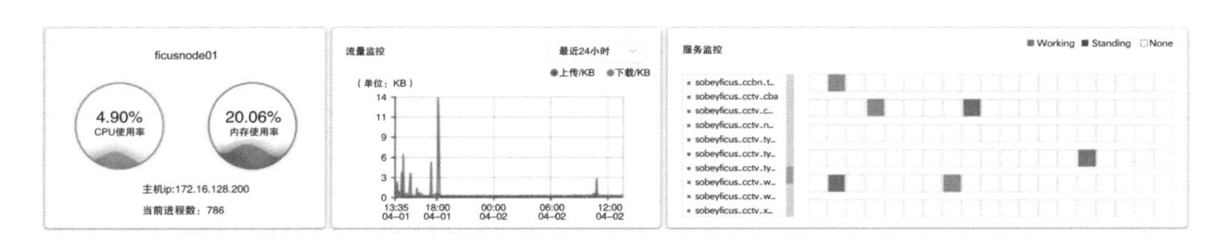

图 4-120 集群计算组件监控页面（部分）

（二）以自主研发的 Vernox 融合数据库为核心存储

当前大数据处理环境下，大多数企业采用的模式都是使用开源数据层。如以 MySQL 为代表的关系型数据库、以 MongoDB 为代表的文档型数据库、以 Redis 为代表的内存数据库等。

将这些开源框架组合，能够很好地完成海量数据管理、处理，形成一套可用的大数据处理数据层。但是，越来越多的开源框架存在着安全风险、维护难度高等问题。

Vernox 融合数据库是索贝自主研发的、不基于任何开源代码的、完全具备自主知识产权的、半开源的数据库框架。它作为一个融合数据框架，提供了一个融合的数据库，也提供了一个能兼容开源大数据处理流程的数据环节。

Vernox 将关系型、图、文档（json）功能融合于一身，支持多种 schema 联合操作，支持多种事物模型，支持分片、副本多种集群模式，致力于以最低成本带来最高操作效率。

同时在汉字模糊检索上，Vernox 具有无可比拟的优势。Vernox 创新地将字符串后缀算法与 B+ 树相结合，形成了独具特色的字符串索引，借此通过索引进行中文模糊检索的速度，远超传统关系型数据库百倍至千倍。

Vernox 是 Ficus 大数据平台的核心存储，使用 Vernox 数据库，极大地增加了数据存储的安全性，由于其自主研发，也便于维护。同时它融合了关系型数据库、非关系型数据库、内存数据库、图数据库、消息队列的特性，在搭建大数据系统时采用 Vernox 可以减少数据库种类的选择，简化大数据系统框架。

（三）采用 VIDA 分布式对象存储实现跨媒体数据处理

在大数据处理中，媒体数据包括视频、音频、图片等的处理占有越来越大的比重，因此，关于跨媒体数据的存储和处理是一个亟待解决的技术点。

索贝独创的分布式对象存储架构 VIDA，通过媒体数据封装，实现了大规模媒体内容数据的分布式网格化存储，解决了多码率、多幅面、多格式的媒体内容数据分布式并行计算的问题，极大地提升了跨媒体数据的存储与处理性能，支撑多样化的媒体数据分析应用场景。

媒体数据的处理采用 MapReduce 思想，将数据切割 Map 到多个执行器上并行处理，然后把生成的中间结果以 Reduce 过程合并成最终结果。利用分布式的存储和分布式的运算解决了海量媒体数据处理在硬件资源限制上的瓶颈，大大提高了数据处理效率。同时借助于 VIDA 的网格化媒体数据存储方式，在 MapReduce 架构中规避了 Reduce 过程中大量的数据搬移以及接口处拼接处理消耗大量资源的问题，让数据处理的速度更上了一个台阶。

Ficus 在跨媒体数据处理上的突出能力，得益于索贝在媒体数据处理上丰富的经验积累和着眼于跨媒体大数据与智能上的独特视角。相较于传统大数据平台，拥有强大的核心竞争力。

四、应用效果

（一）应用案例一：某传媒机构足球大数据项目

足球大数据项目是 Ficus 在传媒行业的典型应用，通过这个项目，展现出 Ficus 在传媒行业的实用性和通用性。

某传媒机构作为中国体育赛事信号制作及版权运营架构的建造者，拥有亚足联、中国队、中超联赛、足协杯等所有重大足球赛事的数据资源，针对中国足球联赛（亚冠、中超等）进行了 10 年的数据沉淀，并且一直保持着最新数据的更新。这些数据包括每场 120 分钟的比赛视频录像、70MB/ 场的包含上万数据量的比赛 XML 记录等比赛详细记录，具体到每个球员的动作、每一秒的球路。

这些数据对于整个行业而言，具有非常重要的意义，不仅能作为数据记录，同时也为数据分析提供最佳资料。因此，该机构期望通过建设一个具备“大数据处理能力、媒体大数据分析能力、数据应用呈现能力”的平台，将这些足球大数据进行统一存储、管理和分析，以提供更全面的指标分析，更权威的球员、球队数据对比，更专业的比赛复盘数据，更准确的潜力球员、球队挖掘。球员分析实现效果如图 4-121 所示。球队对比实现效果如图 4-122 所示。

为实现项目需求，达到以上数据应用效果，Ficus 构建了一套对历年足球大数据导入、分析和查询的整体框架。足球大数据处理框架如图 4-123 所示。

Ficus 设计和开发一套数据读取程序，完成对足球大数据的导入与预处理。构建了 ETL 引擎、分析建模引擎、数据处理引擎等，完成对大数据的实时计算。依托于索贝丰富的视频处理经验，联动视频的管理和分析，最终呈现出数据分析应用结果。Ficus 实现了对足球大数据采集、分析、加载、呈现的一个完整的数据处理流程。

Ficus 在足球大数据项目上的应用，充分证明了 Ficus 在大数据处理、大视频分析、数据应用呈现上的能力。同时，Ficus 在整体架构和模块设计上，充分考虑了业务的通用性，在传媒行业及其他行业，也能得到广泛的应用。

图 4–121　球员分析实现效果

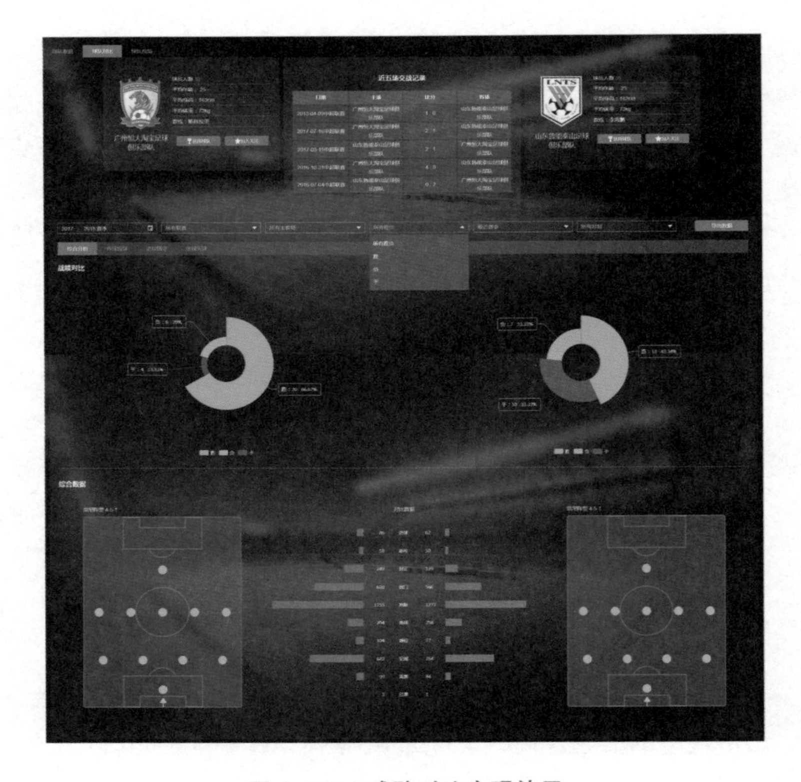

图 4–122　球队对比实现效果

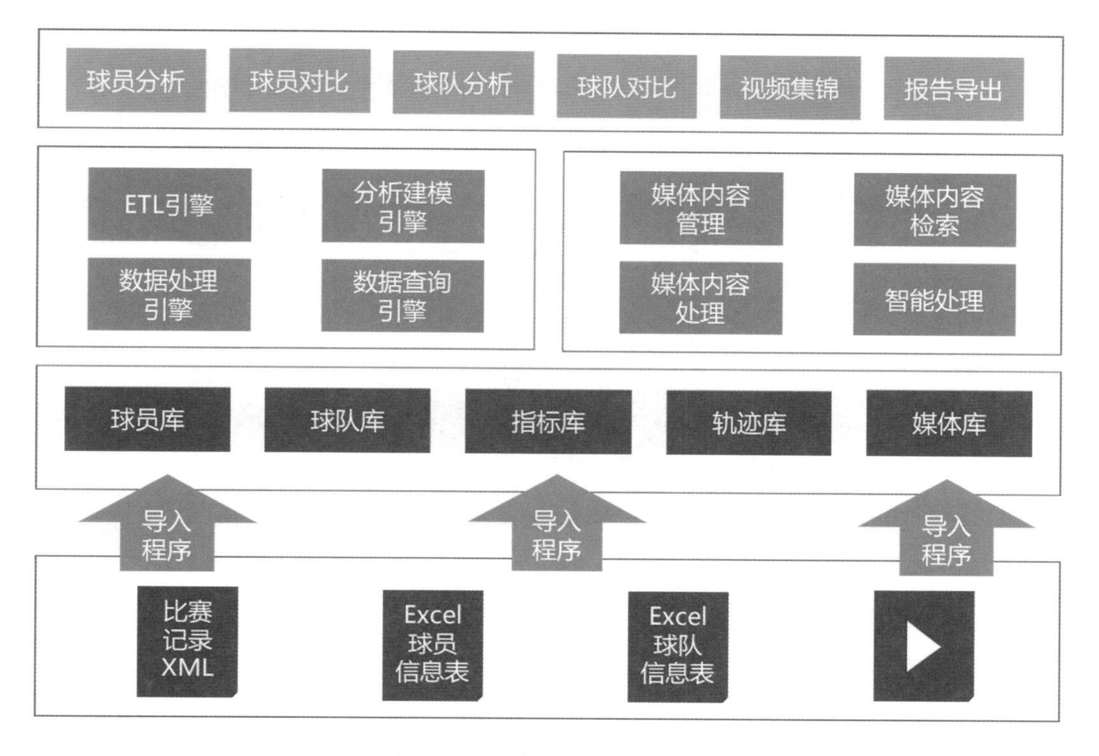

图 4-123 足球大数据处理框架图

（二）应用案例二：某机场数据治理项目

某机场作为中国主要航空枢纽，有多家中外航空公司在此运营，年旅客吞吐量超过 5000 万人次。可以想象，需要完成如此大体量的业务运营，该机场 IT 应用环境的复杂程度与细化程度。机场 IT 应用环境如图 4-124 所示。

目前，机场共有 40 多套 IT 应用系统，这些系统分别由 15 家以上不同时期集成商承建。由于设计理念、建设时间、技术选型等因素的不一致导致系统独立为“信息孤岛”，系统之间的数据“网状连通”，数据交互存在断层，数据访问烦琐、数据不同步、数据不统一等问题成为业务发展的瓶颈。

大数据时代，业务数据与业务系统捆绑的模式已经行不通，因此需要建设一个开放的大数据平台，实现各业务系统数据的整合，支撑业务系统的运行，使管理用户可以自主掌控应用数据。Ficus 就是这样的一个大数据平台。Ficus 完成了机场中 40 多套 IT 应用系统的数据集成，实现机场数据的统一管理，深度分析并挖掘数据的价值。

机场航班信息大数据分析如图 4-125 所示。

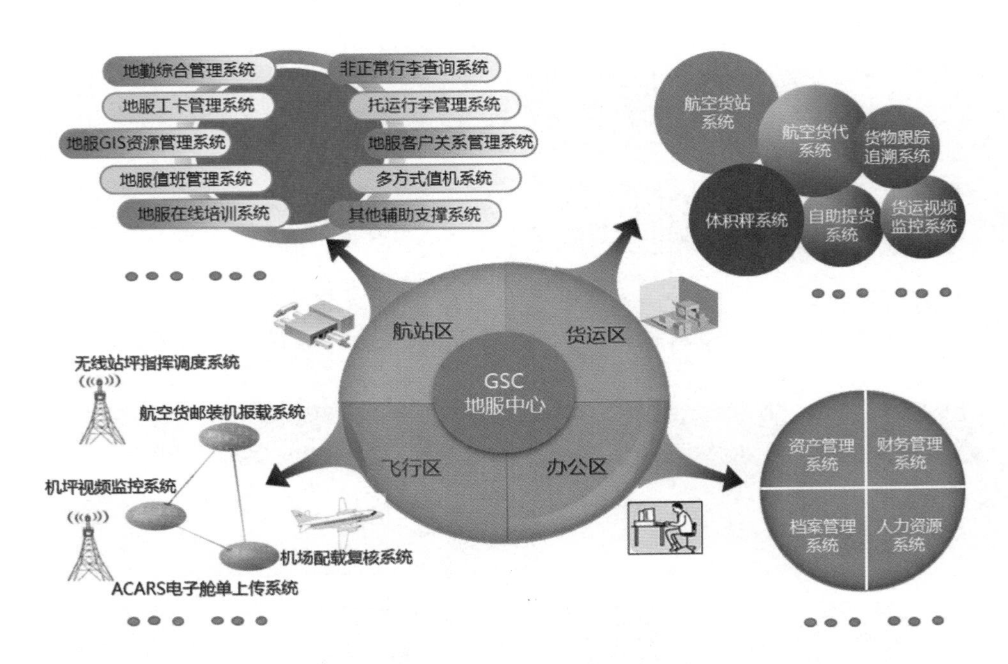

图 4-124　机场 IT 应用环境

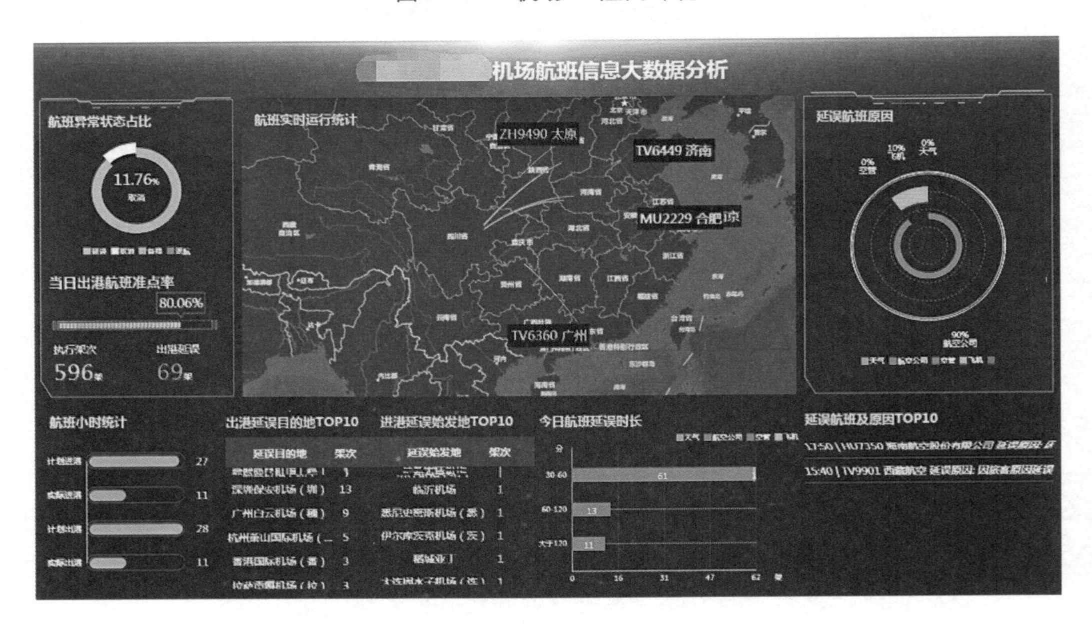

图 4-125　机场航班信息大数据分析

Ficus 对业务应用系统的数据进行采集、清洗和分析，实现大规模数据的高效查询、调用、计算、存储，具备视频、语音、日志等非结构化或半结构化数据的处理能力与智能算法集成能力。利用业务分析组件提炼出有价值的数据，业务系统可以进行二次利用，为业务发展提供数据依据。

机场大数据处理框架如图 4-126 所示。

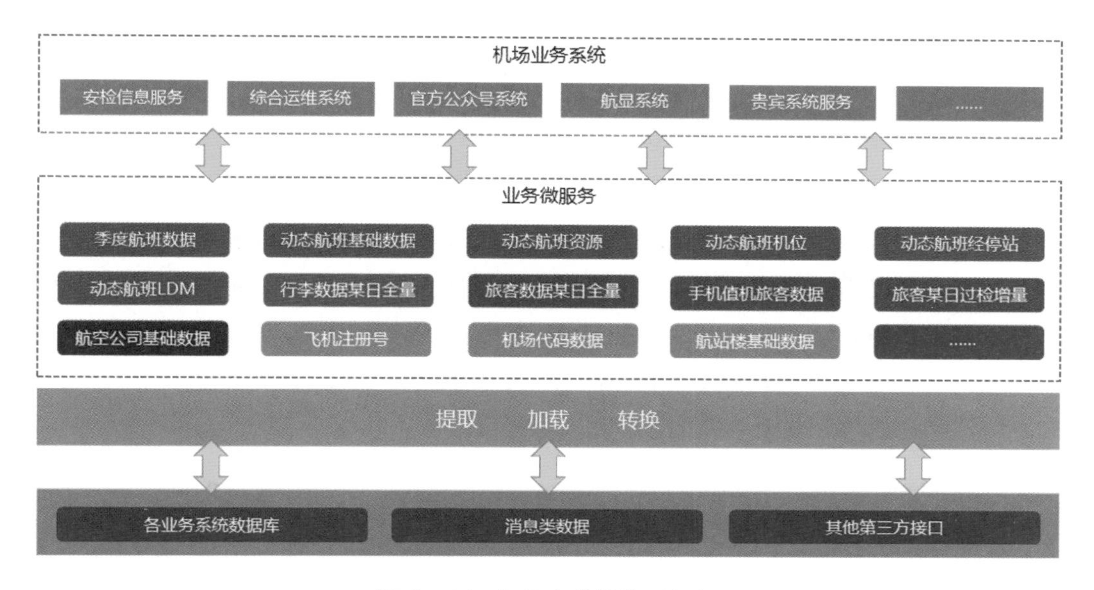

图 4-126　机场大数据处理框架

Ficus 大数据平台完成了机场中“综合运维管理系统”“智能运维服务系统”“新航显系统” 等数十个应用系统的支撑，每天解析航班 XML 消息 5 万多、同步并提供旅客数据 7 万多、同步并提供旅客过检数据 7 万多、提供航班数据 1700 多、提供航班资源数据 2500 多、提供航班机位数据 1700 多……基本解决了不同时期、不同部门、不同厂商建设的业务系统之间数据共享难、调用难的问题。并且通过数据报表工具与可视化工具轻松搭建专业的数据应用，帮助用户深入理解数据。

Ficus 在机场的应用，展现了其跨系统数据集成能力与大规模数据存储与计算能力，为用户提供更灵活的数据应用服务。

企业简介

成都索贝数码科技股份有限公司是专业视音频制播技术解决方案提供商，成立于 1997 年，2003 年 6 月 9 日在成都市登记注册。公司专注于融合媒体、广电全台网及大数据领域的软件开发和系统集成服务。从业 20 余年以来，公司在国内媒体行业拥有3300余家用户，占据国内新闻节目制播相关领域70%以上的市场份额，在国际媒体市场，公司自主研发的媒体视音频制播技术和产品成功应用于欧美、亚太主流媒体，覆盖全球150多个媒体机构。

专家点评

索贝公司的Ficus大数据平台是企业一站式大数据集成管理和应用开发平台，实现了大数据采集、存储、管理、计算、应用的闭环。该平台基于微服务并行处理框架，采用自主研发的数据库Vernox和分布式对象存储VIDA，提供完成的大数据平台能力与优质的大数据服务。Ficus已经在多个行业实现应用的落地，具有广泛的实用性和通用性，具有一定的示范意义。

大数据

26

面向多领域的可视化数据挖掘平台

——五八同城信息技术有限公司

五八同城信息技术有限公司（以下简称“五八”）面向多领域的可视化数据挖掘平台大数据产品是通用的平台型产品，集大数据存储系统、离线和实时计算、数据采集传输、数据统计分析、数据可视化、数据挖掘等功能为一体，其核心产品包括数据可视化平台、数据挖掘平台及多维分析平台等。目前该产品方案已成功部署至国内知名 O2O 服务品牌“58 到家”，并为“58 金融”提供风控反欺诈模型，为企业提供从数据采集到数据挖掘等大数据场景的一站式生态支持。

一、应用需求

（一）海量数据时代需要专业的大数据平台提供分析和处理服务

数据的指数增长对互联网公司提出了新的挑战，它们需要对 TB 级别和 PB 级别的数据进行分析处理，以发现哪些网站更受欢迎，哪些商品更具有吸引力，哪些广告更吸引用户。庞大的数据量需要新的处理平台，因此业界出现了 Hadoop 生态系的一系列大数据平台，并很快成为目前分析海量数据的首选工具。

（二）“互联网 +”时代，互联网数据是市场服务信息的统计和监测的有效补充

大数据具有以下几个特点：数据量庞大；数据增长速度快；数据的多样性，数据的格式包括网页、图片、视频、音频等；不稳定性，即数据的来源和数据量不稳定。以上大数据的特点意味着增加了有效使用数据的难度，再加上政府综合统计和政府部门统计之间出于各种原因造成数出多门，影响了政府统计数据的精准性。传统的统计和监测模式，已经不能完全满足政府监管和市场服务的需要，需要互联网端利用积累的大数据进行补充和验证。

（三）中小微企业迫切需要数据分析工具提高营销效率

我国小微企业数量庞大，已成为国民经济中不可忽视的力量。小微企业能否利用大数据获取更多的发展机会是目前许多企业面临的重要问题。由于我国企业的信息化、数字化发展比较晚，因此我国小微企业在网络营销中存在一些问题，企业缺乏对消费者有效的数据统计和分析，以至于营销决策时，企业十分盲目，难以形成量化趋势，成本更是飘忽不定。有许多企业依赖着网络用户庞大的基数对用户进行信息的狂轰滥炸，使不少消费者产生了厌恶心理，更适得其反。所以，中小微企业迫切需要大数据应用服务平台来匹配用户需求和精准营销，同时还要操作简单，而五八研发的大数据应用服务平台既能帮助中小微企业降低运营成本，又能提高营销效率。

二、平台架构

本产品面向多领域的可视化数据挖掘平台致力于为各行业企业提供简单易用、高效便捷的大数据分析挖掘解决方案，涉及数据可视化、邮件报表、BI、多维分析、实时统计分析等领域，主要面向集团数据开发、数据分析、产品、运营、市场等人员，旨在帮助企业简单高效地挖掘数据中的价值，助力业务数据驱动。

产品总体架构图如图 4-127 所示。

图 4-127 产品总体架构图

产品各模块主要功能如下几个方面。

（一）数据可视化平台

数据应用过程中，很多时候需要将数据以图表和邮件的方式定时推送出去，云窗提供数据可视化及自定义图表功能，多种数据源接入支持，丰富的可视化图表选择，拖拽式界面操作，一键快速分享和定时邮件推送，与数据仓库和查询统计无缝衔接，直观地向用户展示数据之间的联系和变化，帮助用户深层次理解数据，轻松高效搞定日报、周报、月报等。

（二）多维分析平台

为了解决传统 BI 报表开发周期长、工作重复度大、可视化效果差、维度指标支持少、海量数据响应慢等业务痛点，该项目开发了基于 Kylin 的通用大数据多维分析平台，亚秒级快速查询、多维度指标任意组合、可视化对比分析、业务数据 5 分钟快速接入、自定义粒度权限管理和审批，业务可以轻松搭建定制化多维分析 BI。

（三）实时分析和监控平台

在海量数据的环境下，实时处理方面，并没有很好地解决 Business-user-driver 与交互式分析的问题。传统的海量数据分析平台 Hadoop 架构，在面临实时处理时，已经无法满足用户的需求。而另一方面，当前主流的实时处理引擎，如 Storm、Spark streaming，以及一些新架构的实时处理系统，如 Heron、Flink 等，也都是仅仅从平台的角度去尝试如何更加高效地进行实时数据处理。但是真正能够简单、面向业务通用需求，尤其是通用的多维分析需求，同时又能提供交互式分析能力的实时分析与统计平台却少之又少。为此研发的“飞流”平台，一个简单且强大的通用实时多维分析与统计平台，很好地满足了这个需求（见图 4–128）。

（四）数据挖掘平台

人们在日常生活工作中时常会遇到这样的情况：医学领域研究员希望通过在已有的大量病历中找出某种疾病患者的相同特征，为预防及诊断疾病提供帮助；气象台可通过数据分析与挖掘技术，预测天气状况；超市经营人员希望将同时被购买的商品放置在一起，增加销售额。企业利用用户在平台中产生的行为，针对不同人群推荐定制化的商品及广告。传统的统计工具或者人工分析，仅对数字进行简单的处理，而不能对这些数据的内在信息和联系进行提取，并且随着数据量的激增，人们

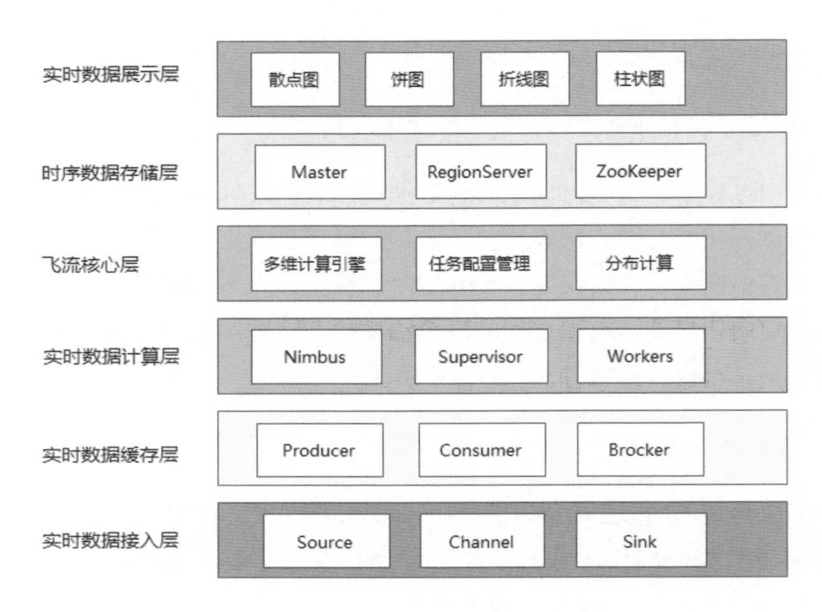

图 4–128　飞流层次架构图

已经无法通过简单的统计规则进行分析，越来越希望能够拥有更高层次的数据分析能力，更好地进行决策支持或科研工作。

为了满足这些需求，数据挖掘技术应运而生，但是众多的数据挖掘算法和技术，入门门槛高，需要大量的专业知识以及较强的编程能力。为了解决这些问题，数据挖掘平台产生了，通过类似于搭积木的形式将各个模块化的数据挖掘算法进行组装，尽可能自动化地为用户提供挖掘实验，平台将算法与代码封装于可视化的组件中，用户无须编写代码，即可在最短的时间内完成数据挖掘过程。同时，用户可在平台中在线实验，也可配置为周期性定期任务，自动进行离线分析。

三、关键技术

（一）大数据存储与管理

按数据类型的不同，大数据的存储和管理采用不同的技术路线，面对大规模的结构化数据，通常采用新型数据库集群；面对半结构化和非结构化数据，通过对 Hadoop 生态体系的技术扩展和封装，实现对半结构化和非结构化数据的存储和管理；面对结构化和非结构化混合的大数据，采用 MPP 数据库集群与 Hadoop 集群的混合来实现对百 PB 量级、EB 量级数据的存储和管理。

（二）大数据分析与可视化

大规模数据的可视化主要是基于并行算法设计的技术，合理利用有限的计算资源，高效地处理和分析特定数据集的特性。

四、应用效果

得益于极强的通用性和可复制性，目前，该产品已成功部署至国内 O2O 生活服务品牌“58 到家”，助其完成数据接入、数据存储、数据查询、数据开发、数据可视化等数据管控。该方案还为“58 金融”提供风控反欺诈模型。

未来，该方案将帮助更多的互联网 + 传统服务业和新兴服务业企业完成数据解决方案的部署和服务：面向互联网 + 传统服务业企业，除提供完整解决方案的部署，还提供长期的技术支持，并协助其找到业务与互联网的最佳结合点，助力传统服务业实现业务和数据的双升级；面向中大型新兴服务业企业，提供解决方案详情并协助部署，且在一定周期内进行技术支持，便于其后续维护；面向小型创业型新兴服务业企业，提供解决方案租用，一键部署，且服务期内承担后续维护和升级管理，最大限度助其降低前期成本。

企业简介

五八同城信息技术有限公司是一家研究和开发互联网分类信息技术的公司，旗下拥有国内知名信息分类网站“58 同城”。公司总人数 2784 人，并拥有一支 1100 多人的研发技术团队。截至目前，公司已经发展成为国内覆盖全领域的互联网生活服务平台，58 平台月独立用户访问量超 4 亿，季度活跃商户达 700 多万，其中付费会员数超 200 万，月度信息发布量超 2 亿条。经过多年技术积累，已经在大数据等领域取得多项核心产品并规模化商用。

专家点评

面向多领域的可视化数据挖掘平台解决方案，针对中小企业急需解决的问题，利用大数据存储与管理、大数据分析和可视化，对生态圈内所有场景数据进行有效的统计、分析和处理，根据不同商户、企业的业务类型，分析各项业务对应用户的行为特征，为企业的决策者和产品设计人员提供有效的数据支撑。实现基于大数据的精准营销，提高平台信息服务质量和效率，目前已在多个领域取得了良好应用。

李新社（国家工业信息安全发展研究中心副主任）

第五章 数据清洗加工

大数据 27 大数据治理与资产管控平台
——成都四方伟业软件股份有限公司

四方伟业大数据治理与资产管控平台（以下简称“管控平台”）是为政府和企业大数据建设提供全面数据治理环境的应用。管控平台以政府或企业掌握的数据资源为核心，面向数据应用与服务、信息数据资源标准化与治理，实现数据资源横向集成、纵向贯通、全局共享的运转模式。借助四方伟业大数据治理与资产管控平台（SDC Govern）工具，很好地完成数据治理过程落地和资产管控，SDC Govern 主要包括数据标准管理、元数据管理、数据模型管理、数据质量管理、数据资产管理、数据服务管理、调度管理等能力，实现快速、自动、稳定、持续的数据质量提升，保证信息资产的可用性、一致性及安全性，确保及时、准确的数据支持和服务。管控平台已在“政务、金融、教育、交通、政法、电力、能源、军工”八大重点领域得到了应用，累计成功部署 70 余个项目。

一、应用需求

随着大数据产业的快速发展，现代政府和企业已积累了大量数据。除用以支持业务流程运转外，这些数据在决策支持、风险控制、产品定价、绩效考核等管理决策过程中被广泛应用。此外，日益全面、严格的监管措施及信息披露要求，对政府和企业数据提出了前所未有的挑战，并且要求政府和企业能有效管理数据，以此避免因数据价值得不到很好体现而对政府和企业造成的负面影响。如今，政府和企业纷纷推动数字化转型计划，以改善财政状况并提高竞争力。新型的数据组织将替代原有的数据管理体系，为政府和企业提供更优质、更及时、更完整的数据，让其在政务管理和经营市场中脱颖而出。

数据是资产已成为行业共识，数据已经成为基础设施，数字化转型成为政府和企业的必选之路。然而现实中，对数据资产的治理和应用往往还处于摸索阶段，数据资产管理仍面临诸多挑战。首先，大部分政府及企业的数据基础还很薄弱，存在数据标准混乱、数据质量参差不齐、数据“孤岛化”等问题，严重阻碍了信息资源的共享应用。大数据治理，已成为实现政府和企业大数据顶层设计的核心要点，是实现数字化转型的有效驱动，也是信息资源共享、智慧城市建设、企业运营管理的重要基石。

四方伟业经过反复研究和论证，推出了一套实用、智能、可推广的大数据治理与资产管控平台。管控平台提供了大数据治理和资产管控的方法和手段，解决目前大数据建设过程中所面临的数据标准落地难，数据资产盘点难，海量数据准确性、一致性差，跨系统间大数据共享难等问题，为业务应用和分析赋能，全面挖掘数据的潜在价值。管控平台将分散、多样化的核心数据通过标准化、质量清洗及监控等手段进行优化，形成企业和政府内的核心数据资产。管控平台作为政府和企业“一张网”的核心基础平台，依托端到端的从数据采集、治理、共享服务、可视化呈现的大数据全生命周期管理，结合“互联网 +”“大数据”背景下中国特大型城市管理的先进理念和优化模式，创新社会多元主体参与载体，结合大数据模型分析，提高政府和企业管理的精细化、智能化和社会化，有效满足数据共享开放，积极促进政府和企业治理能力提升，推动政府和企业数据资产变革。

二、平台架构

大数据治理与资产管控平台提供了一整套端到端的从数据采集、治理到共享服务的解决方案。管控平台以元数据智能驱动，由数据标准、数据质量、数据共享服务等产品组合，提供统一的用户管理、数据源管理、建模设计、任务管理、数据权限等基础模块。管理平台总体架构分为外部数据源层、数据治理基础平台、数据治理服务平台、服务门户层四部分，各层自下而上依次为上层提供支撑服务，平台系统框架如图 5-1 所示。

（一）外部数据源层

可以对接数据资源池外部各种数据源，实现对各种主流数据库系统的支持，如 Oracle、DB2、SQL Server、Sybase、InfoMix 等主流数据库，MySQL、PostgreSQL

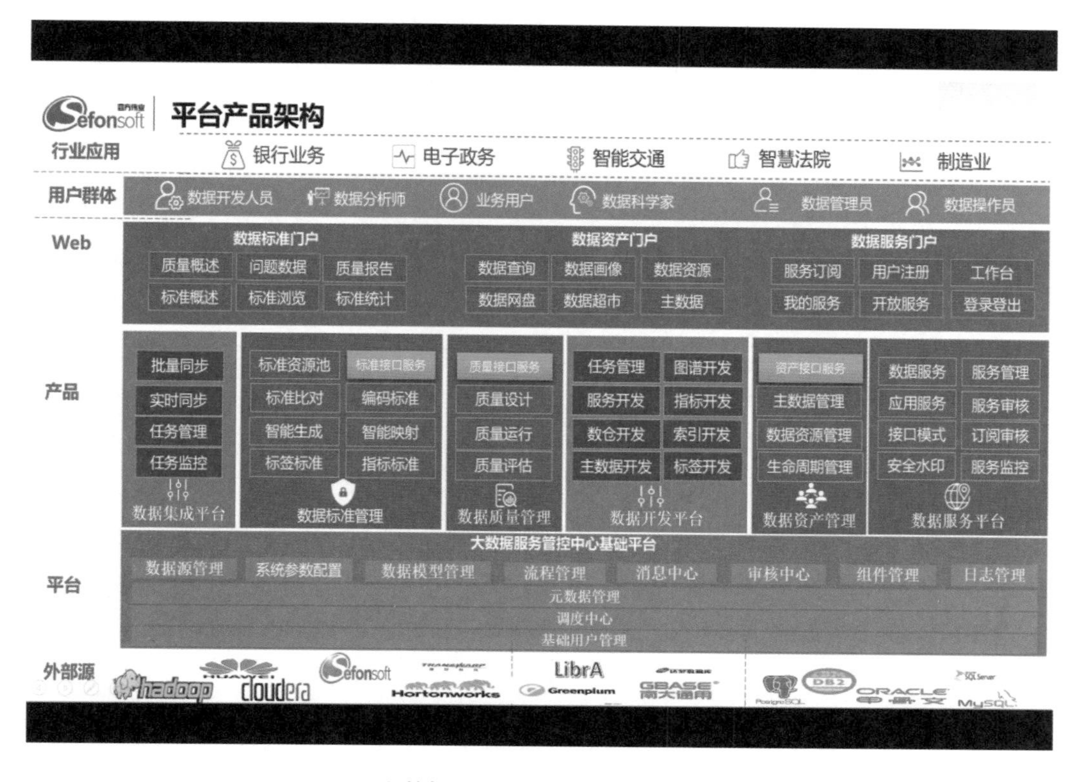

图 5–1　大数据治理与资产管控平台整体架构图

等开源数据库，达梦、汉高、神通、GBase8t、KingBase 等国产数据库。支持 HTTP、JMS、FTP、Web Services 等协议和其他应用系统进行交互，接入数据主要包括政府部门业务系统数据、文件数据和互联网数据等。

（二）数据治理基础平台

提供元数据、调度、算法、组件的管理和控制能力，为上层产品提供基础的组件能力。

从数据治理的全流程出发，提供针对数据全生命周期的治理机制，基于元数据实现对数据全过程管理，采集、存储、应用及管理过程的全记录与监控；通过对数据关系脉络化的分析，实现对数据间流转、依赖关系的影响和血缘分析；建立统一的调度引擎，实现对治理过程的多种任务进行调度和监控；构建算法模型，为智能化生成数据标准提供可能；提供组件化的插拔能力，实现业务的可扩展性。

（三）数据治理服务平台

主要涉及数据治理和共享门户两方面。数据治理服务能力包括数据集成、数据标准、数据质量、数据开发、数据资产、数据服务；共享门户主要提供数据服务查询、申请能力。

通过多元化的数据接入，实现对数据的汇集管理；通过规范化数据标准，以质量管理组织和质量管理工具为支撑，实现对数据全方位的管理，进一步提升数据质量，实现可定义的数据质量核验和维度分析，以及问题数据的全流程透明化跟踪管理；通过数据开发，实现对数据的清洗、转换、融合、加工等处理；通过数据资产、实现对资源目录、数据生命周期、主数据维护，以及数据查询的有效管理；通过构建大数据中心的服务目录，将服务、应用、数据进行目录化服务，是大数据中心内外部提供数据服务的基础。打造数据政府内部基于共享的协同服务，提供元数据服务、模型数据、分析决策数据、工具服务等，打造数据服务视图。对外打造政府数据融合开放平台，引入社会力量参与数据生产、加工、挖掘、分析，形成技术创新、模式创新、产品创新及应用场景创新的开放性服务。通过加密、签名、脱敏、分级授权等方式，脱敏脱密后有选择地提供给第三方应用使用，实现数据服务能力开放。通过数据资产化服务、数据服务评价监控、数据服务留痕等，形成常态运营数据资产服务，在个人、政府、社会企业等主体之间最终形成一个生态链，不断发展不断优化（见图 5-2）。

图 5-2　数据共享门户

（四）服务门户层

建立大数据资产门户，延伸数据资产链条，打造数据资产服务一体化体系，通过内部互联共享、外部融合开放以及数据自服务，打造数据“有用、好用、不用不行”，发挥数据的价值潜能，实现通过统一的门户访问和使用发布的共享数据。

三、关键技术

（一）数据源管理丰富

支持采集国内外主流关系型数据库元数据，包括 Oracle、DB2、SQL Server、Mysql、PostgreSQL、达梦数据库、神通数据库、南大通用数据库；支持采集 MPP 数据库元数据，包括：Greenplum 、LibrA、Gbase8a，神舟通用 MPP 数据库；支持采集国内外主流的安全模式下的商业发行版大数据平台元数据，包括华为 FusionInsight、星 环 TDH、CDH、HDP、Apache Hadoop、SDC hadoop 的 HDFS、HIVE、HBASE ；支持采集基于开源 ETL 工具 kettle 的元数据、华为 DATA IDE、四方伟业 ETL 产品元数据。

（二）元数据智能驱动

平台支持独立的元数据模型管理，并根据 OMG Common Warehouse Metamodel（CWM）元数据标准，实现对业务元数据、技术元数据、管理元数据的统一管理和存储。提供影响分析、血缘分析、全链分析等功能，支持业务元数据和技术元数据关系自动解析，同时提供友好的图形展示分析界面。通过解析数据汇集平台中 ETL 元数据，自动形成技术元数据之间的血缘、影响和全链关系，支持组件化、拖拽式的元数据质量稽核，包括对标稽核、一致性稽核、属性填充率稽核、重复性稽核、命名稽核，并形成稽核报告。

以元数据为核心，对外提供统一元数据接口，智能驱动治理业务衔接，形成数据标准、质量标准、安全标准、服务标准。

（三）数据标准智能管理

提供了针对异构数据形成权威“数据元”基础标准体系，更针对业务级提供决策统计的指标标准体系和应用级提供数据分析的标签体系，并且内置多种行业标准，可快速地引用行业标准构建企业的内部标准。增强了标准责任主体落实到部门或个人；线下标准实现线上管理；国标 / 行标与本地标准进行差异化比对；数据全生命周期实现标准化管理。

平台依据数据访问频率、数据引用情况、数据唯一性、元数据属性等进行智能识别，基于技术元数据的分类样本进行训练，智能生成数据元标准和数据集，同时智能生成数据元与技术元数据、数据集与技术元数据的关联关系，以及复杂的数据配置工作。

（四）数据质量全面管控

平台支持根据质量规则，智能生成单表或整库的质量流程。在可视化图形界面中，使用人员无需编码即可灵活、方便地设计出各种数据质量流程。实现了从数据接入、问题发现、数据修正的全流程闭环管理，问题数据责任到人，形成人人参与的治理生态，同时通过质量评分模型量化了数据治理成果；增强了跨数据库的治理能力，提供了双引擎计算模式，具备分布式数据质量执行能力。

（五）数据资产管理

平台支持数据资产全生命周期管理，根据存储周期自动计算每行数据的存储时限，并根据存储时限进行数据自动归档。同时增强了主数据管理能力，支持主数据的集中式管理和分散式管理两种模式。从主数据采集、主数据维护、主数据质量、主数据分发这四个阶段进行全生命周期管理。通过基于标准的模型规范和可靠的分发机制来保证相关主题域和业务系统之间主数据的实时性、完整性和有效性。将主数据从应用系统中分离出来，使其成为一个集中的、高质量的、可管理的、可重用的核心数据资源。支持对目录内容采用灵活的多级目录配置方式，可对资源信息进行维护，形成各类平台之间信息资源物理分散、逻辑集中的信息共享模式，实现以目录树的形式展现标准信息，实现目录内容快速定位。支持政务资源目录的编目、汇总、上报以及发布服务的功能。

（六）数据共享服务

基于微服务架构，系统提升了服务开发效率，简化了服务注册、服务调用等工作。同时，服务接入更规范、简洁、灵活；可快速接入新服务，方便用户快速获取和使用数据。

平台通过 Web 界面即可实现数据服务接口的服务发布、审核、共享，无需编程人员开发代码，可实现结构化、非结构化数据共享。结构化数据可推送至请求方的数据库；非结构化数据可推送至请求方的 HDFS、FTP 中。同时系统支持请求方调用接口直接获取所选数据。

（七）统一调度中心

平台提供强大、统一的调度引擎支撑各种复杂的任务调度流程高效运行，为海量异构数据的校验和同步提供保障。系统支持两种任务触发模式（手动触发和计划任务触发），以适应人工参与、自动化无人工干预的批量数据校验、同步等多种场景。任务调度采用中心式设计模式。调度中心基于集群 Quartz 实现，任务分布式执行。任务执行器支持集群部署，可保证任务执行 HA。

（八）可视化建模

数据治理提供针对数仓的可视化建模，同时支持对数仓的数据接入、元数据、质量、生命周期等一系列的管控。有了这一套数据模型的顶层设计，形成企业数据结构的基本蓝图，数据模型的标准化管理和统一管控，有利于指导企业数据整合，提高信息系统数据质量。

支持逻辑模型的构建，提供基于数据标准快速建表，导入 pdm、Erwin 等多种方式快速生成逻辑模型的能力。支持模板式的数仓分层分主题域的构建，内置多行业的数仓分层和主题域模板。

四、应用效果

管控平台目前已在北京市信息资源管理中心、国家邮政局，多个城市的智慧城市、政务资源、金融、教育等项目中进行应用，可以帮助用户快速实现自动、稳定、持续的数据质量提升，并收到良好应用效果，受到客户一致好评。

（一）应用案例一：助力国家邮政局，提升数据资源管控水平

国家邮政局数据资源建设项目主要目标是加强和提高邮政行业内部的数据资源整合利用，解决“各自为政、条块分割、烟囱林立、信息孤岛”等问题，通过对国家邮政局相关系统的各项数据进行汇总、梳理、分析和归类，消除“信息孤岛”，实现信息资源整合与应用系统集成。本项目总体架构如图 5–3 所示。

本项目中使用四方伟业数据治理平台作为元数据的智能驱动。提供统一的用户管理、数据源管理、建模设计、任务管理、数据权限等基础模块，对国家邮政局抽取上来的数据实现快速、自动、稳定、持续的数据质量提升，保证信息的可用性、一致性及安全性，确保及时、准确的数据支持和服务。本项目完成邮政局

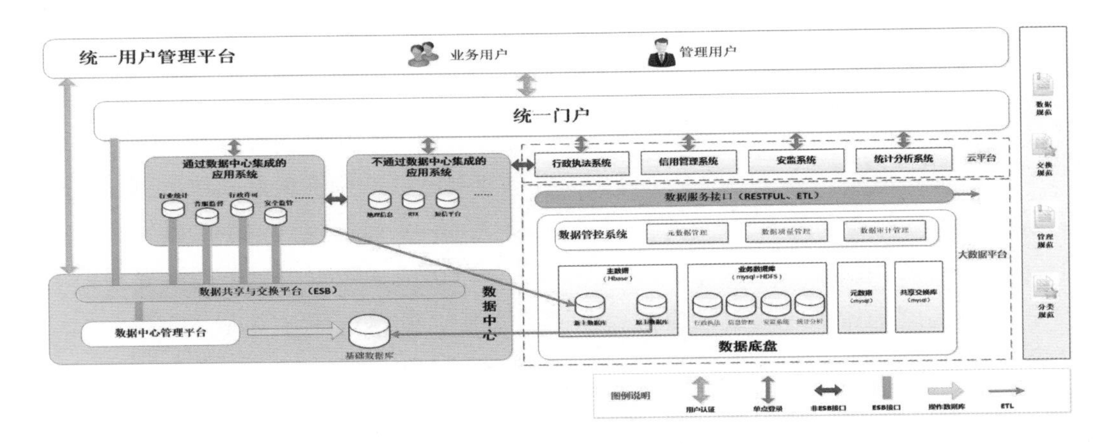

图 5–3　项目总体架构图

图 5–4　数据资产状况可视化

图 5–5　数据使用状况可视化

数据的“互联互通、融合共享、统一管控”的目标，为邮政局统筹规划和科学决策提供支撑（见图 5-4、图 5-5、图 5-6）。

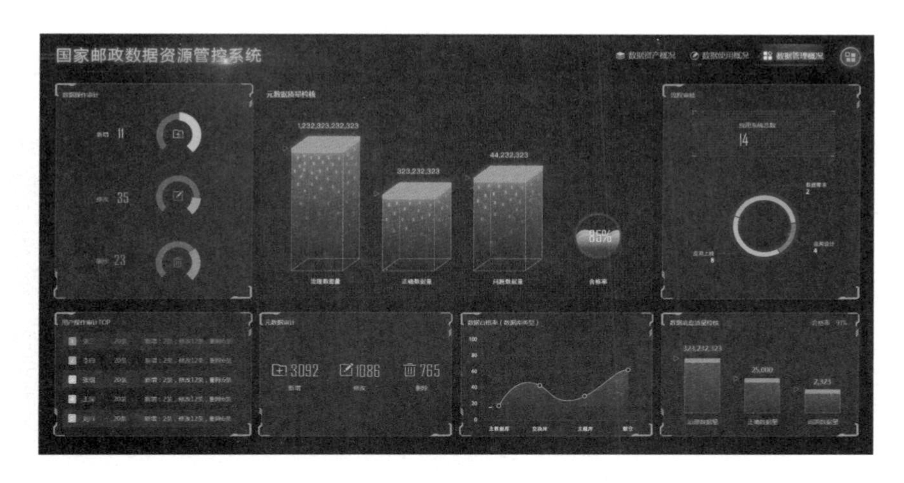

图 5-6 数据管理状况可视化

（二）应用案例二：“北京市信用平台”项目建设

因为数据质量问题，北京市信息资源管理中心的“北京市信用平台”项目建设一度延后，用户急需一个高效实用的数据资产管控平台，以提升信用管理平台底层数据质量，为平台管控业务人员提供一套高效易用的数据资产管理工具，同时满足对问题数据进行灵活的自定义标识等需求（见图 5-7）。

四方伟业数据治理平台提供了易用的可视化数据治理工具，很好地满足了业务

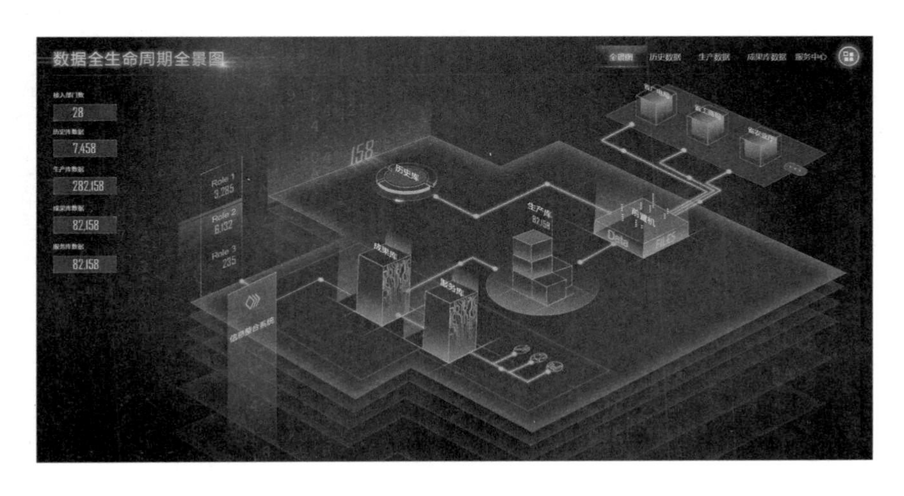

图 5-7 数据全景视图

用户数据填报的需求，并帮助业务用户快速进行问题数据的定位、标注和统计，从而形成规范的数据报告；为用户提供成熟的模块化数据治理功能，帮助用户快速定制流程化的数据治理工具，进而提升了数据治理的工作效率，大大降低了数据治理的成本，有效地提升了信用管理平台的数据质量（见图 5-8、图 5-9）。

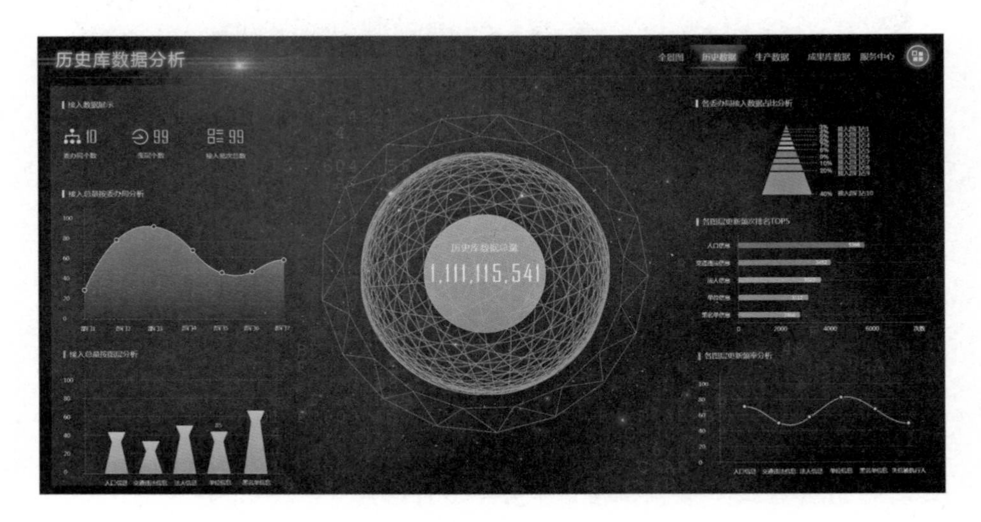

图 5-8　历史库统计分析

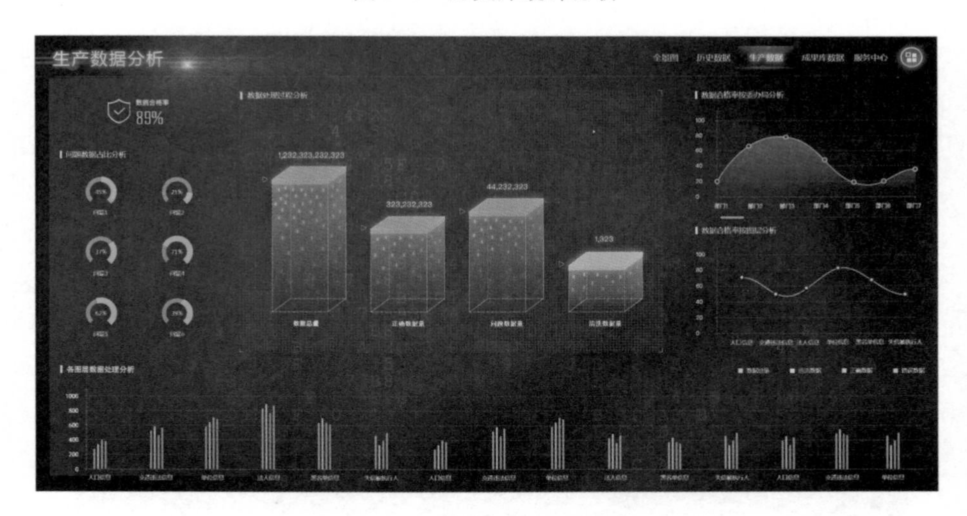

图 5-9　生产库统计分析

四方伟业数据治理产品，实现了北京市信用信息管理平台中数据信息的统一管理和数据标准，支撑了整个平台的信用信息披露、信用信息共享、公共信用查询、联合信用监管与奖惩等应用（见图 5-10）。

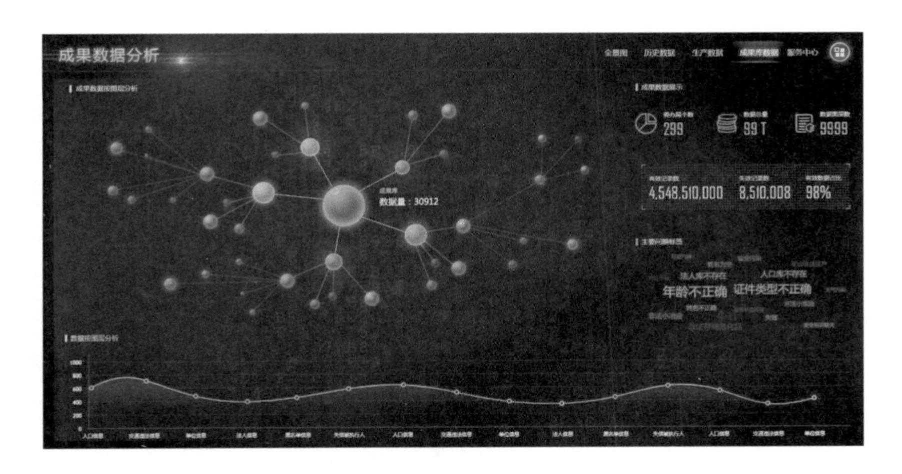

图 5–10　成果库统计分析

企业简介

成都四方伟业软件股份有限公司致力于超大规模的数据处理和数据挖掘服务，是全球领先的大数据、人工智能产品及服务提供商，目前已为全球 70 多个国家和地区的超过 500 家政府机构、企事组织提供了产品和技术服务。

专家点评

当前，大数据技术处在众多创新技术应用的核心位置，但是大数据技术的运用，依赖于大规模有质量可管控的数据资源体系。做好数据资源的治理管控，夯实数据资源基础，才能够充分利用不同数据来源的各类数据信息，有效支撑大数据乃至人工智能技术的应用落地。这方面现在已经成为政务智慧化建设、企业大数据应用乃至智慧城市建设的重要组成部分。四方伟业运用自己研发的大数据治理平台，面向政府、企业等不同领域，结合自身经验提供的大数据治理解决方案，具备实际的案例和成果，将帮助各行业做好数据管控开辟新的道路和方向，带来一定的价值。

杨晨（中国信息安全研究院总体部主任）

第六章　数据交易流通

大数据 28 基于物联网大数据技术的“互联网 +”现代农业供应链一体化平台

——北京云杉世界信息技术有限公司

基于物联网大数据技术的“互联网 +”现代农业供应链一体化平台是基于“互联网 +”的现代农业供应链（采、仓、配、销）一体化平台，包括标准化农产品品类等级数据库建设、智能产地生产实时监控系统、智能云仓储及配送系统以及移动互联网下的农产品电商服务平台。

通过全面打造“互联网 + 农副产品”的采、仓、配、销一体化平台，压缩中间环节，一端走向产地直接对接生产商及农业基地，一端连接着 1000 万家商户和 13 亿消费者。通过这些需求撬动现有的农产品供应链，整合仓储、物流资源，把省去中间环节挤出来的利润空间让利给农民、农业合作社和城市菜篮子以及数以千万计的小微商户。同时，面向生产端和消费端的具体需求，提供数据分析、数据咨询等大数据服务。

一、应用需求

北京云杉世界信息技术有限公司（以下简称“美菜网”）在行业中地位领先。美菜网主要服务的对象是中小餐饮企业。目前国内虽然有零星针对餐馆配送企业的，但是规模都非常小，技术低，管理落后，市场占有率几乎可以忽略不计，竞争力也不强。在近期的运营也体现出美菜网具有价格相对较低，品种齐全、质量可靠，准时送达的一流服务等竞争优势。凭借这些优势，可迅速挤占市场。目前美菜网客户高达 200 万家，每天下单的客户即高达数万家，每月销售收入超过 6

亿元。目前在北京有每天有 1 万—2 万多的活动商户，500 多辆的配送车，采取固定线路式和晨间配、午间配、夜间配等作业配送，能够实现一对一配送，从基地采摘到食材上桌以最短 8—12 小时的流程周期，满足客户需求，提供优质、新鲜、环保的健康食材。

根据大众点评网 2015 年统计，全国 40 大核心城市餐厅数超过 200 万家，餐厅采购规模达 9000 亿元。而美菜网的目标客户，中小餐厅约占市场份额的 95%，这些餐厅通常需要自己采购，费时费力，价格无优惠，无专业、稳定的供应商为其服务，原材料品质无法得到保证。因此，美菜网所提供的服务是目标客户所需要的，同时，市场空间也非常巨大。

大数据平台和服务紧密衔接整条农产品供应链。利用先进的互联网技术，针对农产品的采购、质检、称重、包装、配送、签收及售后的全流程服务设计研发了一系列的设施和软件，提升鲜活仓储和物流的标准化和时效性，升级和改造传统农产品供应链。未来，随着大数据技术和服务的不断完善，结合人工智能技术、自动化技术、信息技术的发展，物流的智能化程度将不断提高。在库存水平的确定、运输道路的选择、自动跟踪的控制、自动分拣的运行、物流配送中心的管理等问题方面将得到更好解决，对农业行业的大数据分析和市场服务业也将更加完善。

二、平台架构

该大数据产品以物联网、大数据、云计算为基础技术，基于公司自有智能云仓储技术、分布式大数据挖掘技术、智能配送管理技术、全流程实时监控管理技术，

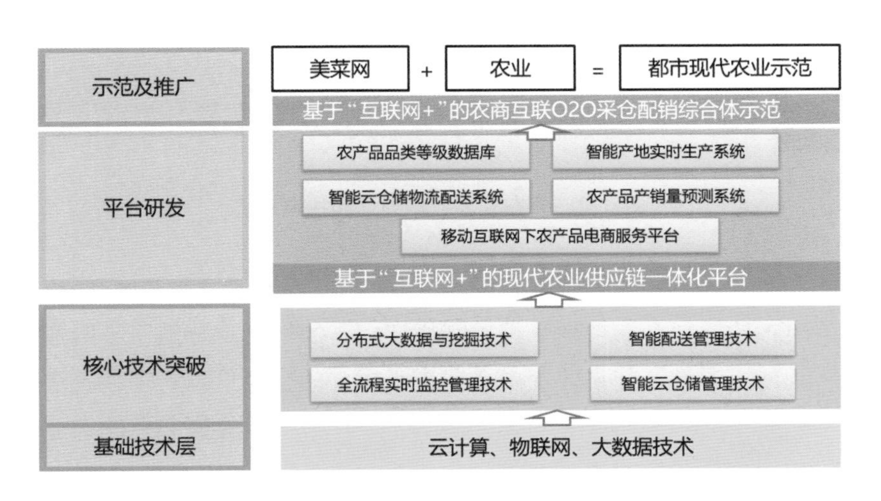

图 6–1　平台架构图

全力打造基于“互联网 +”的现代农业供应链一体化平台，包括标准化农产品品类等级数据库建设、智能产地生产实时监控系统、智能云仓储及配送系统以及移动互联网下的农产品电商服务平台。压缩中间环节，从而推动农业供给侧结构性改革，以规范农产品的标准化。平台架构如图 6–1 所示。

三、关键技术

（一）核心技术

1. 分布式大数据与挖掘技术

分布式大数据与挖掘技术用于农产品产销量预测系统和农产品品类等级数据库建设，最终形成“互联网 + 农产品”的采、仓、配、销一体化平台成果转化落地项目农产品交易大数据分析决策系统，该系统是指客户订单和交易流程的接受、处理优化、订单整合、数据分析和辅助决策的过程。系统是实现企业运营优化战略目标的关键环节，它决定了订单执行的效率、准确性并负责反馈基于交易数据的业务调整可得性，最终决定了客户的满意度，是本项目在智能电商服务领域的核心竞争力之一（见图 6–2）。

支撑优化交易流程

将上游用户下的订单或交易产生的数据进行拆分，并加工转换成库房可生产的定单；根据排产计划和履约路径，将可生产的订单转至合适库房进行生产；在保障履约的前提下，节省运营成本。

变数据为价值

运用数据仓库、在线分析和大数据挖掘等技术来处理和分析数据的崭新技术，目的是为企业决策者及行业发展提供生产经营及决策支持，连接数据与决策者，变数据为价值。

处理海量、高并发的交易数据

协调交易数据在订单管理系统、云仓储管理系统、智能配送管理系统等众多相关集成业务系统的流转和运行，保持数据的一致性和完整性。使订单在系统间的流转具备可运营、可监控、易部署、易水平扩展的重要特性。

图 6–2　分布式大数据处理和挖掘系统

2. 智能分布式云仓储管理技术

基于云模式的智能仓储管理系统，利用“云”的概念将分散于不同区域的、与实体仓储相关的资源整合起来，交由企业中心建立的仓储信息管理系统进行统一调度管理，形成一个以分布式仓储为云，核心信息管理系统为服务器的企业内部仓储管理系统（见图 6–3）。

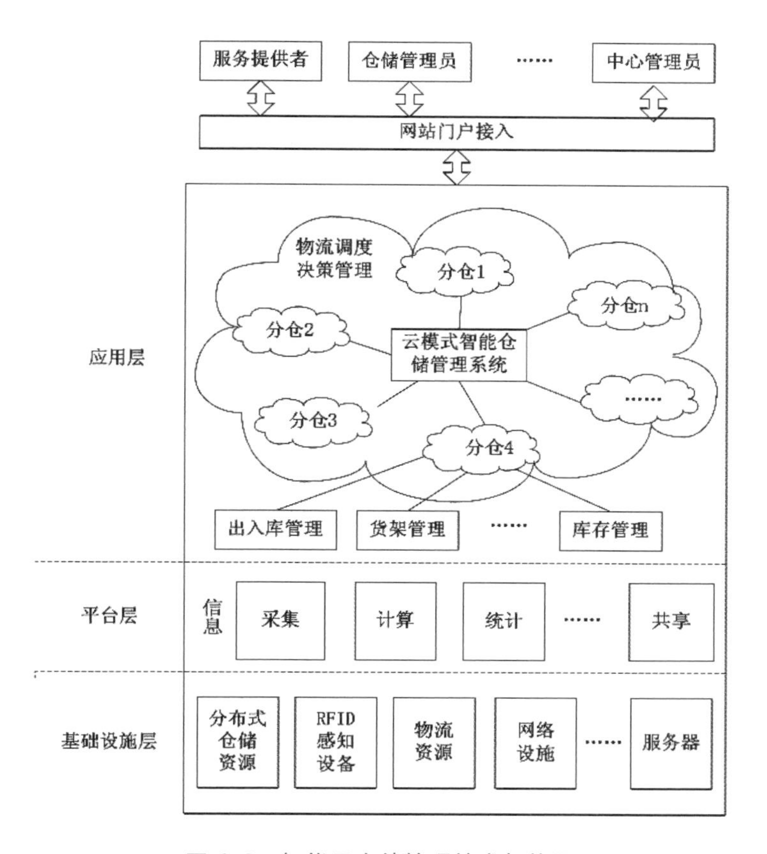

图 6–3　智能云仓储管理技术架构图

3. 智能配送管理技术

大数据智能配送管理通过技术手段实现了配送业务的信息化管理，形成了公司级完整统一的配送管理平台，它将配送运营、车辆调度、地图监控等业务统一管理，实现配送运营数据分析、运营调度管理智能化，从而满足仓储、配送业务的综合运营要求。同时，系统也会提供运输运营开放服务，形成专业的社会化运输共享平台。最终实现公司配送车辆和社会化车辆、公司内部和社会货源的资源共享大融合。

（1）配送服务统一化。融合仓储和配送运输业务，管理仓储和配送的运输车辆和承运商，承载公司内部所有运输业务，同时开放公司自有车辆和承运商，承载公司外部运输业务。

（2）数据采集智能化。通过智能数据采集与分析技术，采用自动化设备接口直接采集运输过程中车辆 GPS、OBD、油耗、ETC 等关键数据。

（3）操作流程标准化。运输作业流程标准化，按照系统流程进行车辆预约、派车、运输任务交接，减少线下沟通和时间等成本，提升运输作业效率。

（4）跟踪监控透明化。透明化的运输过程监控，实时跟踪运输状态和货物状态，遇到异常情况及时调度，尤其是对三方承运商的配送监控，提升配送及时率和客户满意度。

4. 移动互联网下的农商平台

菜农商互联电商服务平台，实现线上下单、线下配送、农商对接的农产品电商服务新模式。实现交易环节的生鲜产品交易数据采集和物流数据采集，为农商交易服务运营管理提供一体化流程和数据分析；为订单物流服务营运管理提供基础数据信息，加强配送环节的管理和监控，提高整体营运管控水平。

（1）联产品。与农产品供销社、农产品加工企业开展深度合作，按照电商销售标准对优质农产品进行集货、筛选、分等、分级、包装和运输，不断提高农产品线上销售比例，打造品牌农产品供应商队伍，开辟农产品销售新渠道。

（2）联设施。自建冷库、冷藏车辆、吸收公共运力等物流和冷链等基础设施，实现线下资源与线上需求的低成本、高效率对接。

（3）联标准。农产品生鲜物流仓配标准化、全程冷链运输标准化，形成覆盖生产和消费、融合线上和线下的农产品电子商务标准体系。

（4）联数据。生鲜农产品交易大数据、物流大数据、订单消费大数据，建立农产品电子商务“大数据”体系。

（5）联市场。直接对接农产品的连锁超市、市场内的经销商、批发商、城市菜篮子工程，开展生鲜冷链“宅配”、B2B 食材配送，为消费者提供高效便捷的配送服务。

（二）实现的核心功能

1. 基于大数据的农产品产销量预测开发

（1）销量预测。传统销量预测一般利用 Markov 模型、灰色预测模型和神经网络模型来预测商品的销售状况，但大多都是单一的模型，而且模型的精度也不是很高。本项目利用灰色系统理论的知识在传统的 GM（1，1）预测模型基础上构建了无偏 GM（1，1）预测模型，消除了原来 GM（1，1）预测模型固有偏差，提高了预测模型的抗干扰能力。其次，利用 Markov 理论的相关知识对无偏 GM（1，1）预测模型的相对残差序列进行了相关的修正，利用修正后的模型既能预测数据序列的发展趋势，又能体现数据的波动性特征。最后，利用粒子群优化算法白化无偏 GM（1，1）-Markov 预测模型灰区间的参数，得到经粒子群优化后的无偏 GM（1，1）-Markov 预测模型，模型的预测精度得到了显著的提高。

（2）农产品数据采集。作物生长参数的遥感定量监测方法主要分为两种：一种方法称为统计模型法，即通过作物光谱特征及其组合而成的植被指数与生物量等作物生长参数建立统计关系。常用的植被指数如两波段的归一化植被指数、比值植被指数、三波段的大气阻抗植被指数等。该方法虽然简单实用，但是受到作物类型和应用区域等因素限制。本项目采用另一种方法称为物理模型法，即通过辐射传输模型反向运算得到值，研究较为成熟的辐射传输模型等。物理模型法不依赖于植被类型，具有普适性。

（3）将采集到的数据与作物生长模型耦合。目前耦合的方式主要可以分为驱动策略、同化策略、更新策略。驱动策略对于遥感观测次数要求较高，而当前遥感数据无法在空间、时间分辨率上全部满足区域作物生长模型的时间步长的要求，通常采用插值的方法得到遥感反演参数序列；更新策略应用到遥感信息与作物生长模型耦合的研究时间较短，因此其耦合机制及数据同化算法仍需深入研究；本项目目前耦合指标的选择是同化策略的基础，最常见的耦合指标为遥感获取到的作物冠层光谱信息，因此准确度很高。

（4）利用数据分析预测出区域产量。基于高性能服务器集群（HPC）和Hadoop平台搭建分布式存储数据库HBase，及完成与Mysql数据库迁移转换接口，完成物联网农业大数据存储、查询和数据挖掘任务。同时开展基于Map Reduce的农业物联网数据的分布式计算方法研究，设计出合适的Map和Reduce函数，实现Kmeans算法对数据的并行化处理，完成大数据的分布式快速处理，进而完成对该区域产量的预测。

2. 标准化农产品品类和等级数据库开发

传统产品信息库，因为抽象模型不够，层级结构缺失，产品信息之间没有联系，造成管理困难。首先，本项目通过建立抽象模型，运用海量数据挖掘等大数据技术开发农产品等级品类数据库，通过对产品信息进行合理抽象建模，按照品种、内包装和外包装三个层次的设计产品分类；其次，根据产品自身属性不变，使用场景多变的特点，将产品自身属性信息和使用场景属性信息进行分离，当产品信息在多业务场景下使用时，只需要单独配置所处的使用场景即可，大大提高产品信息的可复制性和使用灵活度；最后，基于产品信息的分层和分离化，通过数量关系的设定，可实现产品信息之间的关联性支持多个产品信息之间的转换。

该数据库的分类、分离、分层次的开发和设计，将使农产品等级品类库具备更好的扩展性，最终实现任何其他系统在接入本项目农产品等级品类库时，只需要配置自身所需要的使用场景属性，就可以方便地使用库内已有的所有产品信息，便于迅速匹配采购需求。

3. 智能产地实时生产系统设计

本项目的研究将突破传统农产品供应称重、分拣、包装烦冗复杂、多环节、效率低的弊端，创新研发智能称重打包一体的加工设备：技术上整合电子秤、标签打印机、电脑、扫描枪、无线网络，将打包耗材以及符合人体工程学移动台车，为高效打包作业提供有力支持。

设计研发智能农产品加工系统，既支持仓内加工生产，也支持在农产品基地加工生产，支持按订单加工，也支持按标准化加工，适应多变的农产品加工业务场景。同时，也支持非称重的标品打签作业。

设计研发集中式、定制化、云计算的架构部署。相比较其他电商如京东，本项目大幅度降低了 IT 硬件成本约 50%。分拣全程采用 RF，根据订单任务，既可以扫码投筐，也可以点数投线。

4. 创新订单集合单任务众包模式

业界现有的众包物流平台，都是基于单件商品或单个订单，是零散的众包行为，适用于“个人”“小车”形式。本项目首创订单集合任务形式，最大限度地利用配送资源。该项技术需要解决如何生成合适的集合单的难题。集合单生成：根据下单商户所处经纬度位置，智能计算司机行车路线，排列组合出刚好能满足货车装载容积且司机行车路线最优的方案组合，以最优组合安排司机去配送。

5. 智能云仓储及物流配送系统建设

（1）WMS 仓储管理系统。自主研发并全面推广使用的 WMS2.0 仓储管理系统，能够对仓储进行全流程信息化监测管理，有效提升现场作业的效率。并实现商品仓储的信息化、自动化管理。

（2）TMS 配送管理系统。自主研发的 TMS 系统，可以运用大数据，计算出每天每辆车货品承载量，并合理规划配送路线。通过车辆 GPS 定位系统等物流配送管理平台，做到冷链物流科学管理，车辆实时控制。

四、应用效果

以“整合资源、共享数据、提供服务”为基础，建立大数据服务平台，推进大数据与农业深度融合。美菜网通过搜集生鲜电商平台数据，进行综合分析，准确判断市场需求，并将市场需求及时反馈给农民，指导农民选择种植品种并及时提醒更新品种，避免农民盲目种植农作物导致的滞销问题。美菜网通过为河北围场等多个标准化基地的合作社及农户提供“大数据服务 + 技术指导服务 + 金融服务”等多维度支持，真正解决了农商之间的信息不对称难题，带动了当地农业转型升级（见图 6–4）。

图 6-4　美菜采购团队在河北围场马铃薯基地采购现场图

企业简介

北京云杉世界信息技术有限公司（以下简称“美菜网”）成立于 2014 年，现有 40 多家子（分）公司分布于全国各地。主要通过自主研发移动电商平台，为核心城市的中小餐厅提供一站式、全品类新鲜食材（米面粮油、蔬菜、畜产品、水产品）的采购、配送服务，并自建仓储、物流、配送体系，创新升级了农产品供应链，砍掉中间环节，一端链接田间地头，一端链接城市，实现农产品从地头到餐桌高速的流通，让利两端。截至 2018 年年底，业务覆盖城市约 220 个，服务餐厅商户 200 多万家，实现收入约 220 亿元，建立了 44 个仓储中心，日包裹处理量超 200 万，拥有配送车辆 1 万余辆。美菜网经过 7 轮融资，目前估值超过 70 亿美元，在 2017 年大宗电商评选中获得了大宗电商评选百强第四名的荣誉，2018 年 3 月美菜网荣获“独角兽”称号。

专家点评

北京云杉世界信息技术有限公司通过切入中小餐厅每日的采购服务这一核心刚需，让中小餐厅老板通过美菜的移动电商平台下单，满足其采购需求，提供价廉、方便的送货上门服务，帮助其降低采购成本，提升其盈利能力；依托物联网大数据技术打通从地头到终端的农产品供应链，缩短农产品流通环节，降低商户供应链成本，减少供应链人力，实现菜品从田间到餐桌的每一处细节的全流程精细化管控；同时提高农民收入，减少压货风险，降低农民损失，促进资源的合理分配，在农业领域具有很好的示范作用。

杨晨（中国信息安全研究院总体部主任）

第七章 数据可视化展示

大数据 29 思迈特大数据分析软件
——广州思迈特软件有限公司

思迈特大数据分析软件（Smartbi）是企业级商业智能和大数据分析平台，历经多年的发展，整合了各行业数据分析和决策支持的功能需求，提供一整套满足客户需求的报表、自助分析、数据挖掘和数据可视化的解决方案。

Smartbi 定位于前端可视化分析工具，具有数据采集、仪表盘、大屏、图表分析、地图分析、企业报表、分析报告、自助查询、多维分析、人工智能、移动应用 APP 等功能模块，适用于领导驾驶舱、KPI 监控看板、财务分析、销售分析、市场分析、生产分析、供应链分析、风险分析、质量分析、客户细分管理、精准营销、业务流程分析等多个业务和管理领域，已广泛应用于金融、电信、政府、制造等行业，拥有大量高端客户。

一、应用需求

（一）社会背景

近几年来，随着计算机和信息技术的迅猛发展和普及应用，行业应用系统的规模迅速扩大，行业应用所产生的数据呈爆炸性增长。动辄达到数百 TB 甚至数十至数百 PB 规模的行业 / 企业大数据已远远超出了现有传统的计算技术和信息系统的处理能力，因此，寻求有效的大数据处理技术、方法和手段已经成为当今世界的迫切需求。

大数据在带来巨大技术挑战的同时，也带来巨大的技术创新与商业机遇。不断积累的大数据包含着很多在小数据量时不具备的知识和价值，大数据分析挖掘将能为行业 / 企业带来巨大的商业价值，实现各种高附加值的增值服务，进一步提升行业 / 企业的经济效益和社会效益。由于大数据隐含着巨大的价值，世界主要国家普遍认为大数据是“未来的新石油”，对未来的科技与经济发展将带来深远影响。因此，在未来，一个国家拥有数据的规模和运用数据的能力将成为综合国力的重要组成部分，对数据的占有、控制和运用也将成为国家间和企业间新的争夺焦点。

（二）产品价值

1. 电子报表

所有的信息管理类项目几乎都有报表、查询统计类需求，我们提供的电子表格工具就是匹配这个市场，我们致力于打造功能最强大、最易用、高性能的报表工具。

2. 可视化工具

随着国内大数据市场的兴起，所有的 ISV 或集成商在给最终客户提供大数据分析应用的时候，都需要一个基础的大数据分析和可视化工具的支撑。

3. 同一平台

存在工具厂商太多且不统一的问题，Smartbi 计划从单一的 BI 工具扩展到“统一大数据服务平台”，包括：数据处理 ETL、数据存储计算（Hadoop、MPP）、智能化（数据挖掘、人工智能）等。

Smartbi 创新引入 AI 进入 BI 领域，实现人工智能和数据分析的“首次融合”，开创了“智能化 BI”的新篇章。Smartbi 通过融合语义识别和语音交互等人工智能技术，支持用户与系统的语音交互，使用户可以实现更简单、更智能的数据获取和交互手段，大幅提升了系统的工作效率，帮助管理者更方便地获取数据，实现智能的数据分析。

（三）市场应用前景

Smartbi 软件产品已广泛应用于银行、保险、证券、电信、电力、教育、税务、工商、财政、气象、卫生、国土、社保、航空、支付、传媒、物流、零售、地产、汽车、制药等众多行业，拥有大量高端客户，口碑良好，在全球财富 500 强的 10 家国内银行，就有 8 家选用了 Smartbi。

二、平台架构

大数据产业链主要有三部分：最底层提供基础计算和存储平台，比如各 MPP 数据库厂商、Hadoop 厂商；中间层提供数据分析和可视化工具；最上层是行业分析应用层，比如财务分析、供应链分析等（见图 7-1）。

思迈特大数据分析软件处于大数据产业链的中间层，为上层分析应用提供分析

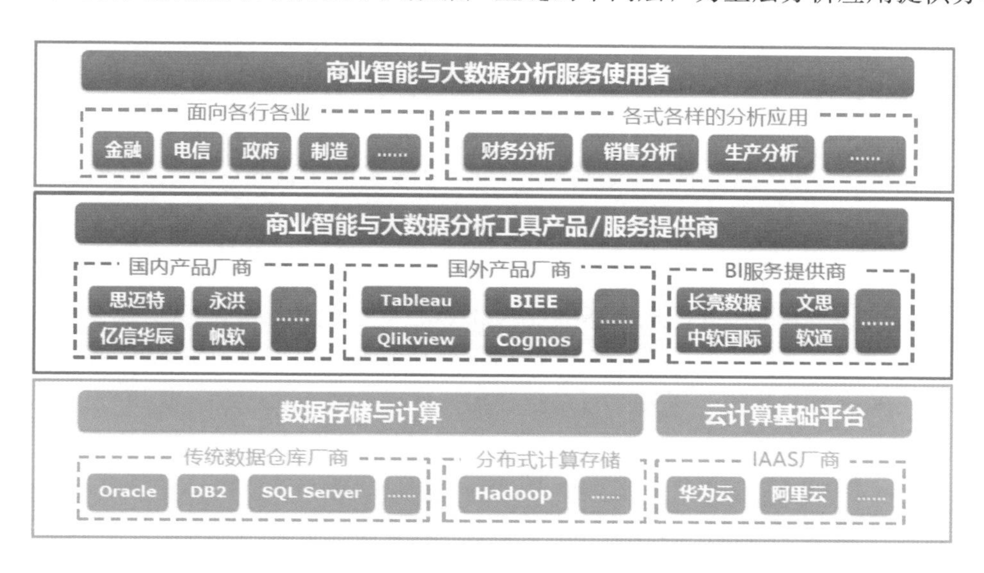

图 7-1　大数据产业链架构图

图 7-2　思迈特大数据分析软件功能架构图

工具，也需要基于底层的分布式存储计算平台；同时，也有向上下蔓延的趋势，一方面会将开源的分布式计算产品整合到Smartbi产品中去，另一方面也会在特定优势行业做一些应用产品（见图7–2）。

三、关键技术

思迈特大数据分析软件采用J2EE、Ajax、HTML5等最新、主流的技术进行开发；支持的操作系统包括Windows、IBM AIX、HP-UX、Linux等；支持的数据库包括DB2 UDB、Oracle、Sybase、Microsoft SQL Server、Teradata、Greenplum、Netezza等。在构件开发、SOA、数据语义层定义、SQL查询优化、缓存机制、个性化门户等领域拥有深厚的技术和实践。

（一）设计微内核组件架构

其他功能通过组件装配，用户的特殊需求开发只需要按接口定义实现新的功能组件即可装配到系统中，保持原有系统稳定，使整个系统更灵活，扩展性更强。

（二）可视化设计器

可直接使用Excel作为报表与可视化设计器，这项创新不仅获得了友好的操作性，放大了Excel自身格式、公式、图形、预警等耳熟能详的数据分析功能，更保护了企业和员工在成本和技能上的投资，将定位个人的Excel摇身变成了企业BI应用的开发工具，使其能在企业数据分析平台上发挥更大作用。

（三）融合最新的人工智能技术

系统支持直接使用日常中文文本而不是使用SQL或者其他计算机语言来进行数据访问；支持使用文本命令来进行数据分析操作；支持直接在移动设备上直接使用语音进行数据分析，或者用语音通过移动设备在PC或大屏设备上进行数据分析。

（四）多浏览器支持

采用J2EE技术框架、B/S架构，跨平台，支持IE浏览器以及非IE内核的其他浏览器，如Safari、Chrome、Firefox等。

（五）支持异构数据库查询

支持将不同的数据源关联，比如将Oracle和SQL Server两种数据源关联，应对不同接口数据统一访问问题，无须再进行数据抽取。通过多个数据库系统的集合，可以实现对数据的共享和透明访问。

（六）支持多用户并发

性能表现优越，单节点配置可支持300个并发用户的快速响应，根据应用需要可集群配置多个节点支持几千个并发用户。

四、应用效果

（一）应用案例一：金融类应用——银行自助取数与分析平台

1. 应用背景

（1）外包人员增多。随着银行业务发展，业务需求变化频繁，外包人员逐步增多，成本不断增加，工作效率低下。

（2）数据需求频繁。业务人员需要对银行各业务系统数据进行快速查询、分析及挖掘，同时伴随着大量临时需求，技术响应压力大大增加。

（3）业务口径变化。不同的业务部门对数据的业务口径理解不一样，技术部门需针对不同的口径进行开发，人力投入大大增加。

（4）数据质量难以发挥大的价值。数据资产作为一种无形资产，是企业重要的战略资源，其价值基于对数据的分析，而目前缺乏一种有效的数据分析工具。

（5）业务场景与数据结合难以实现。不同的业务场景，需要不同的数据作支撑，如何提取业务场景、发挥数据资产价值，目前也是各家银行的难点。

2. 客户痛点

（1）业务需求变化频繁。业务需求变化频繁、汇报工作基于手工、临时需求响应不高、业务无法快速获取数据。

（2）内部流程多效率低。IT与业务交流流程长，业务需求理解存在偏差，开发过程需求调整，需要进行多次业务交流。项目成果达到预期效果流程长，效率不高。

（3）实施周期长响应慢。业务需求多，数据组装工作量大；业务需求从提出到业务人员使用周期长，响应速度慢；没有统计基础数据平台、没有统一展现平台。

（4）维护成本高。业务需求稍有变化，IT人员就需要大量编程进行数据准备，同时前端展现也需要java人员编程，周期长、成本高（见图7–3）。

图 7–3　银行数据分析痛点

3. 解决方案

（1）业务建模。业务沟通、准备明细数据，搭建自助分析平台，完成数据治理确保数据质量，根据业务设计好数据模型。

（2）自助分析。在数据源上建立“统一语义层”，构建面向业务分析的主题；业务人员通过拖拉拽选实现业务自由的分析。

（3）数据响应。基于 Smartbi MPP 高速缓存，实现高性能的分析效果。

（4）权限管理。使用 Smartbi 的分级管理功能，结合银行的组织架构，实施管理角色与数据权限分离管理，确保数据安全（见图 7–4、图 7–5）。

图 7–4　使用 Smartbi 进行自助分析示例

图 7-5　使用 Smartbi 自助仪表盘制作示例

4. 应用价值

数据回归业务部门，使数据快速产生业务价值。

（1）简化流程、降低成本。简化业务部门与技术部门的工作流程，无须过多交流，技术部门无须前端编写，只需建模及数据组装，大大节省传统 IT 数据加工编写程序的投入，业务部门可快速获取和分析数据，并可自助生成领导汇报文档。

（2）自助分析提升效率。在业务具有全貌数据视图的同时，Smartbi 提供了自助分析功能，能快速地满足不同业务口径分析，主要体现在条件的自助、度量值自助、计算字段辅助等功能，通过拖拉拽方式即可实现分析操作。

（3）业务价值共享。由于银行各分支机构业务水平存在一定的差别，在数据价值挖掘方面贡献大的分支机构，可通过共享平台把业务主题分析共享给全行及分支机构，达到业务价值全行共享，减少业务部门的重复劳动，提高全行的数据分析水平。

（二）应用案例二：教育类应用——高校数据中心教师画像

1. 应用背景

高校已经开展了多年的教学评价，包括同行、专家、学生，但是评估结果可信度不高，支持度不高；同时教师科研情况没有做进一步分析和利用。

（1）高校教师发展中心。教师发展中心的职责是以教学、科研发展为核心，建立完善的教师发展培养体系，期望准确了解每个教师的科研情况，教学情况以达到合理配置，合理利用，奖惩有尺。

（2）学校分管副校长。期望合理利用教师资源，配置教师资源，优化教师资源。

2. 客户痛点

（1）学校开展了多年的教学评价，包括同行、专家、学生，但是评估结果可信度不高，支持度不高。

（2）教师科研情况的数据没有用起来，缺乏进一步分析和利用。

3. 解决方案

（1）建设校级分析、院系分析、专业分析、主题画像分析、分析报告等主题分析应用。

（2）对重点指标做来源分析、过滤分析、关联分析，建立可视化数据分析与解读视图。

（3）通过决策树、贝叶斯、聚类等数据挖掘算法挖掘数据深层次蕴含的业务本质，实现对教学业务实时监测、动态优化、预警预测。

图 7–6　教师的个体画像

（4）以教师结构组成、教师教学、教师成长、综合评教四个方面为主题，刻画教师的群体画像和个体画像（见图 7-6）。

4. 应用价值

（1）使用多种数据挖掘及行为分析技术，包括画像、决策树、贝叶斯、指数、最优化求解、拐点、标签、离异点、聚类、单因素等。

（2）使用数据拟合技术，派生出衍生指标，解决原有数据不足的问题。

（3）整个应用既有整体的全景视图，也有落地的个体分析。既有高度，同时也能落地执行。

（三）应用案例三：政府类应用——城市电子政务指挥大屏系统

1. 应用背景

为贯彻落实国务院办公厅关于促进电子政务协调发展指导意见有关精神，按照各地政府统一部署，结合市政府重点工作和智慧城市行动计划纲要，基于行政服务中心建设，推进电子政务服务大数据服务平台建设。通过电子政务平台大屏，提高部门之间的联动性和数据的融合性；利用大数据技术实现大数据应用发展转型升级，进一步推动政府系统电子政务科学可持续发展，稳步促进管理模式创新，提升政府服务效能，提高便民服务水平。

2. 客户痛点

（1）缺乏统一平台展示政务信息。

（2）各部门孤立分散的政务服务资源，信息滞后、调度难、协作难，事务处理效能低。

（3）应用系统多、操作入口多，难以管理。

（4）数据越来越多，数据的形式越来越复杂。

（5）部门之间的联动性和数据的融合性要求越来越高。

3. 解决方案

使用大屏系统统一展示电子政务平台信息，实现结构化数据和非结构化数据治理，规范数据格式，为后续数据挖掘奠定基础。

梳理并展现大屏系统分析和挖掘主题和相关 KPI 指标，包含城市综合管理运行监控、应急指挥处置、创新行政服务运行和展示、智慧建设等主题（见表 7-1）。

表 7-1　12345 的主题包含 KPI 指标

<table>
<tr><td rowspan="26">12345 主题</td><td rowspan="4">运行数字</td><td>受理数</td><td rowspan="4">时间：可选时间段</td></tr>
<tr><td>派遣数</td></tr>
<tr><td>在办数</td></tr>
<tr><td>结案数</td></tr>
<tr><td rowspan="5">五率数据</td><td>受理率</td><td rowspan="5">时间：可选时间段</td></tr>
<tr><td>先行联系率</td></tr>
<tr><td>按时办结率</td></tr>
<tr><td>诉求解决率</td></tr>
<tr><td>满意率</td></tr>
<tr><td rowspan="3">12345 案件分类数据</td><td>违法建筑</td><td rowspan="3">时间：可选时间段</td></tr>
<tr><td>跨门经营</td></tr>
<tr><td>……</td></tr>
<tr><td rowspan="3">趋势分析（近 7 日内）</td><td>受理数</td><td rowspan="3">时间：可选时间段</td></tr>
<tr><td>在办数</td></tr>
<tr><td>结案数</td></tr>
<tr><td rowspan="5">13 个街道热线处置情况</td><td>派遣</td><td rowspan="5">时间：可选时间段</td></tr>
<tr><td>接单</td></tr>
<tr><td>处置</td></tr>
<tr><td>处置完成</td></tr>
<tr><td>超期</td></tr>
<tr><td rowspan="5">各委办局热线处置情况</td><td>派遣</td><td rowspan="5">时间：可选时间段</td></tr>
<tr><td>接单</td></tr>
<tr><td>处置</td></tr>
<tr><td>处置完成</td></tr>
<tr><td>超期</td></tr>
</table>

对于主题指标提供探索功能，及时发现政务运行中存在的短板问题并定位到相关部门（见图 7-7）。

保障系统健康稳定运行，使用 Smartbi 的知识库自动定时备份，一旦系统出现故障，把知识库马上恢复到之前正常的状态，然后把问题知识库发给 Smartbi 进行分析和诊断（见图 7-8）。

图 7-7 城市综合管理运行监控

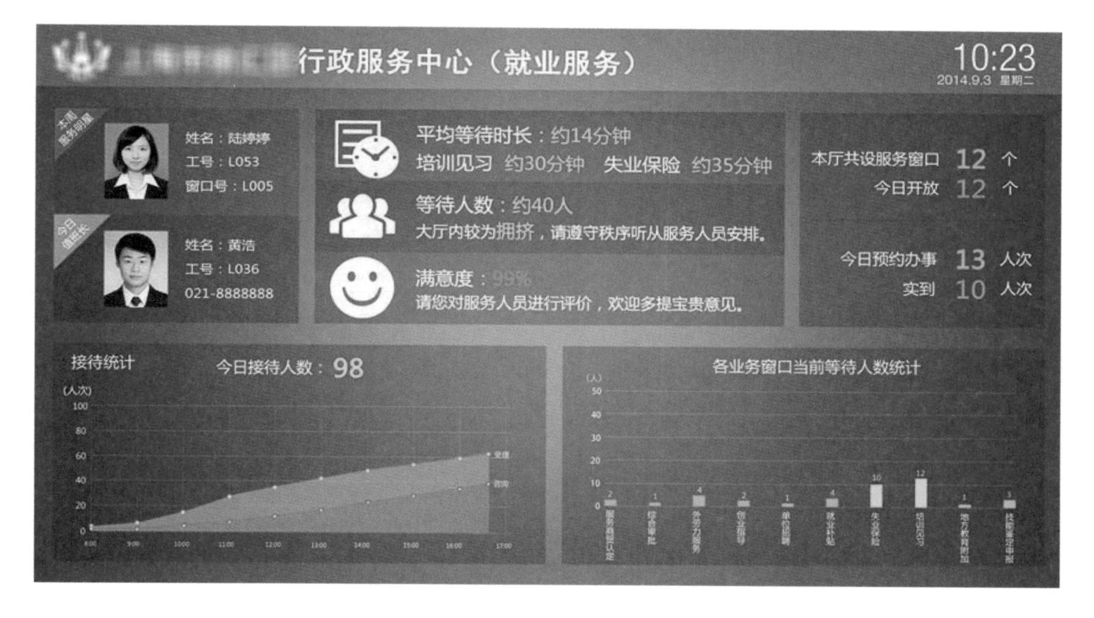

图 7-8 相关的综合数据分析与探索

4. 应用价值

电子政务平台将为政务办公平台和各政务部门网站提供网络和安全支撑，为各个业务应用系统的运行提供支撑。

实现跨部门、跨地区的信息资源共享，促进业务系统的互联互通和信息共享，提高政府的监管能力、服务质量与政务信息化水平。

实现社会治理从条块分治向联动转变，从被动应付向主动服务转变，从传统管理方式向信息支撑转变，从分析管理向扁平化管理转变，从单打独斗向共同协作转变，不断推动社会治理体系和社会治理能力现代化。

企业简介

广州思迈特软件有限公司是国家认定的“高新技术企业”、广东省认定的“大数据培育企业”，专注于商业智能（BI）与大数据分析软件产品与服务，2017 年获得“大数据百强企业”和“中国十佳商业智能方案商”称号，入选“2018 中国 IT 生态新生力量 100 榜单”“2018 中国科技创新企业 100 强”。思迈特软件致力于为企业客户提供一站式商业智能解决方案，通过 Smartbi 为客户提供报表、数据可视化、数据挖掘等成熟功能；通过 Smartbi 应用商店为客户提供场景化、行业化数据分析应用。

专家点评

思迈特大数据分析软件不仅包括前端报表、自助分析、数据可视化等功能，也提供数据的采集、存储和计算，是一站式的商业智能解决方案。通过引入人工智能，实现用户与系统的语音交互，使数据的获取和分析变得更加简单、智能。通过移动 APP，用户可以随时随地通过手机、平板电脑查看和分析数据。同时，思迈特大数据分析软件可应用于各行各业，为客户提供场景化、行业化的大数据分析应用，让数据为客户创造价值，为客户的经营管理提供决策支持，提升企业的经济效益和社会效益。

宫亚峰（国家信息技术安全研究中心副总工）

大数据

30

大数据领导驾驶舱数据分析系统
——浪潮软件集团有限公司

大数据领导驾驶舱数据分析系统是基于浪潮软件集团有限公司（以下简称“浪潮”）的 GS 产品 BA 分析平台，提供 ETL 和商业智能分析的可视化管理工具，如数据交换、多维分析、即席查询、数据挖掘、监控预警、Web 仪表等，通过快速搭建领导看板、经营分析、风险预警、预测仿真等商业分析模型，可以满足最终用户基于大数据仓库的数据获取、制度管控、风险防范和决策分析等多种需求。用户可以利用此工具进行 Cube 数据的展现，切片、切块、旋转分析，并能图表联动。在电子地图基础上进行业务数据分析展示，可直观地通过地图底色、跟地图关联的图表方式表示关键数据。为满足移动办公的需求，该分析系统提供移动端展示，提高办公效率，随时掌握关键数据。此外，提供 ETL 功能可对业务系统数据进行集成并针对业务分析应用建立分析模型。

一、应用需求

（一）覆盖广泛数据

数据覆盖范围广泛，深入各个业务子系统，拥有自己的数据仓库，建立集团系统数据中心，包括现有系统的结构化数据整合和其他手工填报的数据整合。

（二）多位分析体系

建立主题分析体系，包括梳理业务指标，建立分析模型和分析主题，为决策支持提供数据支撑。

（三）模块化分析

建立模块化的数据仓库平台，包括满足系统的快速调整和复制，满足业务模式与架构变化，后期需求扩充能够平滑扩展。

（四）性能指标优秀

性能上支持对大批量级数据处理，处理速度要快，满足 1 秒定律。

（五）可视化展示

需进行可视化展示，为管理者提供直观的展示方式。

二、平台架构

（一）分析范围

结合浪潮项目经验提出大数据分析应用的框架，即“1133”系统分析应用框架。具体要求为：规划 1 套标准规范和安全管理体系，构建 1 个大数据中心，提供 3 类分析应用，支持 3 种终端访问形式。在此框架下形成以下分析模型体系：

1.“数说企业”大屏展示

是建立面向政府单位、上级单位，面向客户的分层级数据展现方式，使来访者能迅速了解企业概况，建立对外宣传窗口。主要以大屏的形式进行展现。

2. 领导驾驶舱

是以 PC 电脑端为载体，面向集团领导、子公司、分公司领导建立的看板导航，通过驾驶舱，各级领导可以用与其管理职权相对应的权限进行查询、分析、预警，实时、快速、高效地访问相关内容，了解企业运行状况。

3. 移动驾驶舱

是以移动手机端为载体，面向集团领导、子公司、分公司领导建立的看板导航。其展示内容与 PC 端保持一致，各级领导可随时随地进行查询、分析数据。

（二）架构设计

大数据领导驾驶舱数据分析系统是一款基于 VUE 框架实现的单页面 Web 应用（Single Page web Application，SPA），前后端完全分离的开发模式。

基于数据仓库，利用可视化平台工具对数据进行加工处理，按照主题、维度对各业务深度挖掘，进行展现、分析和预警。BI 系统应实现各类数据的抽取、存储、建模管理，提供各类查询报表、分析图形的处理工具和展现平台。通常包括数据采集层、数据存储层、分析主题层、应用访问层（见图 7-9）。

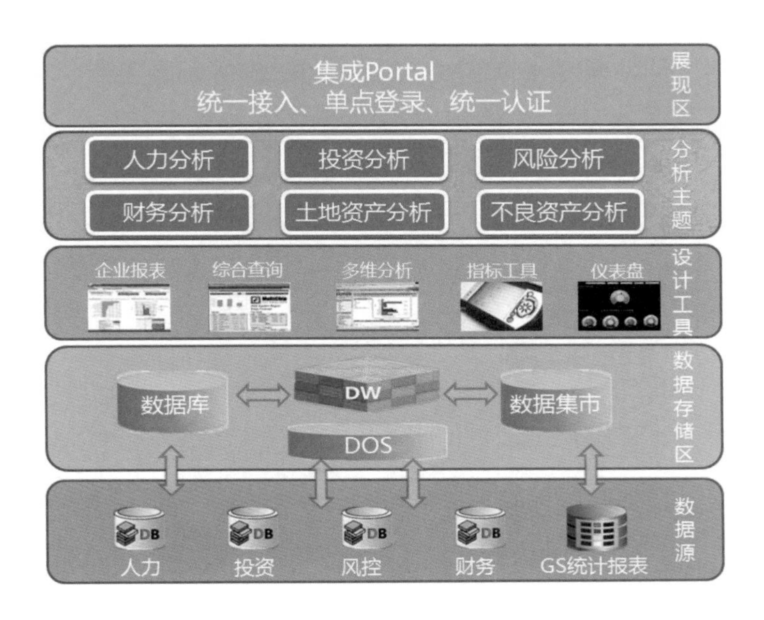

图 7-9　大数据分析平台应用架构图

1. 数据采集层

数据采集包括手工填报、系统抽取两种方式。手工填报适合的情形有：目前没有业务系统、系统抽取难度大、当前管理颗粒度不需要系统抽取等。手工填报可以通过统计报表填报，然后通过 ETL 采集到数据仓库中来。系统抽取适用于采集目前业务系统中需要分析的数据，可以根据系统的数据量、采集频率等情况，开发合理的 ETL 任务包将数据载入数据仓库。

2. 数据存储层

ETL 抽取的数据通过维度建模，存储到标准化的事实表与维表中。基于数据仓库，可以根据各业务主题构建数据集市，开发各主题的数据模型。

3. 分析主题层

基于数据与商业分析平台，构建决策中心，逐步建立人力、投资、风险、财务等各个管理主题分析模型；建立综合查询平台，为全员提供适当的报表以及图形分析，满足全员查看分析不同信息的需求。

4. 应用访问层

各级人员可以通过门户系统单点登录至 BI 系统，访问权限设定内的分析内容。

（三）架构部署

BI 系统基于 GS 管理软件与 Oracle 数据库搭建，为保障 GS 业务模块的访问性能，BI 应用和数据库采用与 GS 主业务分离搭建的方式。BI 系统搭建包含 BI 应用服务器（同时承担 ETL 调度功能）、BI 数据库服务器（即数据仓库），如图 7-10 所示。

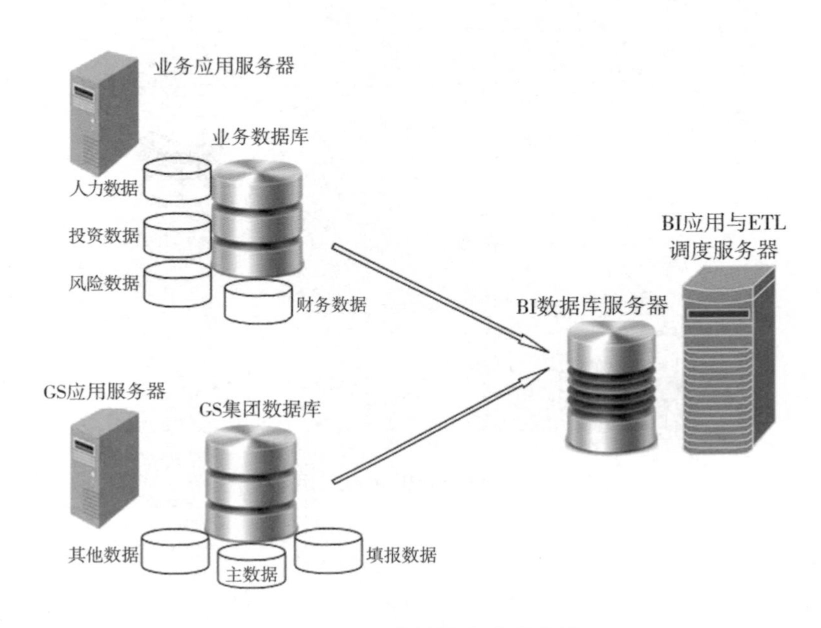

图 7-10　架构部署方式示意图

单位各业务子系统数据库、GS 产品业务数据库、GS 主数据、GS 统计报表填报数据都将被加载至数据仓库。

三、关键技术

前端主流框架采用面向组件的开发思想，即前端通过固定的接口与多个独立的功能模块建立联系，以达到便捷开发、分工协作和系统升级方便的目的。

大数据领导驾驶舱分析系统以 Element-ui、Mockjs、Echarts 等前端框架和技术调用后端浪潮 BI 系统内配置的数据集，通过前后端分离开发的模式，减少前后端数据交互的流量，提升用户体验。同时，因功能模块的独立和接口的固定也提高了整个代码的复用性。

四、应用效果

（一）应用案例一：大屏版“数说企业”

通过大屏展现方式向政府、上级单位、客户以及其他来访者提供一个全面了解企业概况、战略、产业布局、企业文化、价值理念、经营状况的窗口。通过“数说企业”展现企业良好形象、经营业绩以及数字化经营成效。对政府、上级单位、客户可以制作有针对性的“数说企业”的主题内容。对外展示主题可根据需求划分，如：走进企业、企业发展战略、企业奉献发展等。

“数说企业”的页面效果如图 7-11 所示。

图 7-11　“数说企业”大数据分析（大屏）

（二）应用案例二：PC 端领导驾驶舱

领导驾驶舱是一个综合管理信息中心系统，能够帮助高层经理及时、深入、具体地了解和控制单位业务信息，以提高管理决策。这种“一站式”决策支持通过提供对业务活动指标的各种图表多维度展示、监控和预警，从而加强单位对关键指标的建立、运用和反馈，建立完善的、实时可控的监管体系，改善管理水平，提高竞争力。通过收集和整理人力、投资、风险、财务等业务板块的相关数据，统计分析各类业务活动的总体情况，例如股权项目的经营情况和发展趋势等，可以通过图表、报表等生动形象地为各级管理单位提供预警分析、决策依据，满足不同层次用户的业务需求，为业务发展提供战略辅助功能。

领导驾驶舱由经营管理、纪检监事和综合信息看板三部分构成。

1. 经营管理

经营管理部分展示高层领导必须关注的重要信息，包括投资额、营业收入、营业总成本、利润、净资产、总负债等核心数据，支持对完成进度、同比增长等指标的分析，同步支持各单位明细联查，各类指标数据明细构成分析等，效果如图 7-12 所示。

图 7-12　集团经营管理分析页面

2. 纪检监事

纪检监事部分则根据领导分管的业务领域进行展示，如经营考核、组织机构、风险预警信息等数据（见图 7-13）。

基于企业风控平台，以风控系统底层数据为基础，进行预警分析展示。包括风险管理过程及业务流程监控和风险事件、风险事故及关键指标预警、损失数据收集、

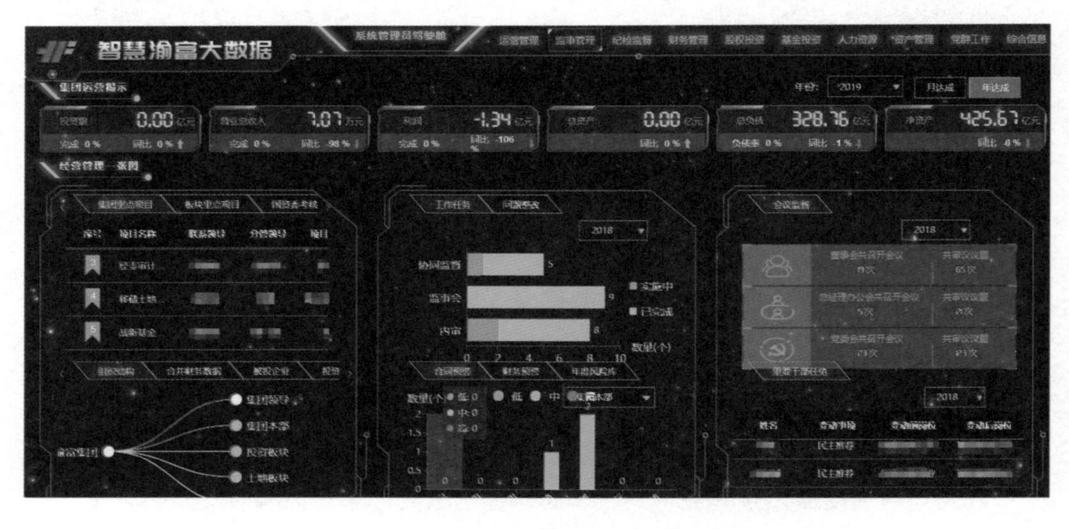

图 7-13　大数据领导驾驶舱纪检监事页面

量化模型与分析等。涵盖了风险管理全过程及财务、投资、风险、股权状况等方面的指标。按管理需要形成各类风险与控制报表，并为管理者订制多种管理视图。

支持风险预警多维度展示，将集团层面、板块层面、子公司层面风险逐级展开，提供适合的风险预警仪表。按照风险重要性可分为高、中、低三个风险等级，设定对应的红、黄、绿三种亮灯形式。风险监察红黄绿灯可以让领导者了解各个成员单位总体的亮灯情况，通过企业风险预警信号，查看所有成员单位各类指标的趋势、亮灯及风险程度（见图 7-14）。

图 7-14　年度风险库监控页面

以合同预警为例，通过对管理系统实时监控，根据合规指标直取各个关键合同业务环节的数据，同步进行建模分析，及时发现预警信息，并统一将各项预警事项时时展示到监事会领导驾驶舱，为领导进行全面风险管理提供分析平台。其中合同预警监控如图 7-15 所示。

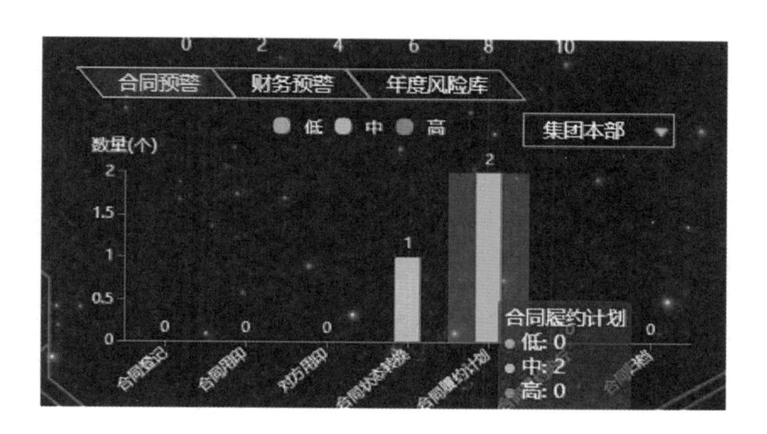

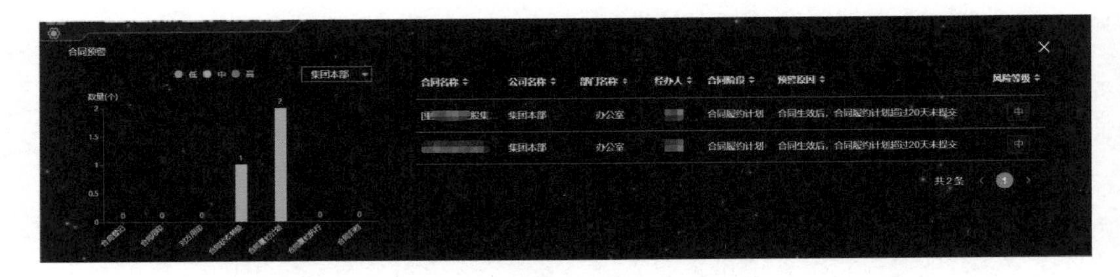

图 7-15　合同预警监控页面

3. 综合信息看板

综合信息分析主体从人力、投资、风险、土地资产等业务板块进行分析。该页面可供企业全员查看，有助于企业人员了解企业实时发展情况，如图 7-16 所示。

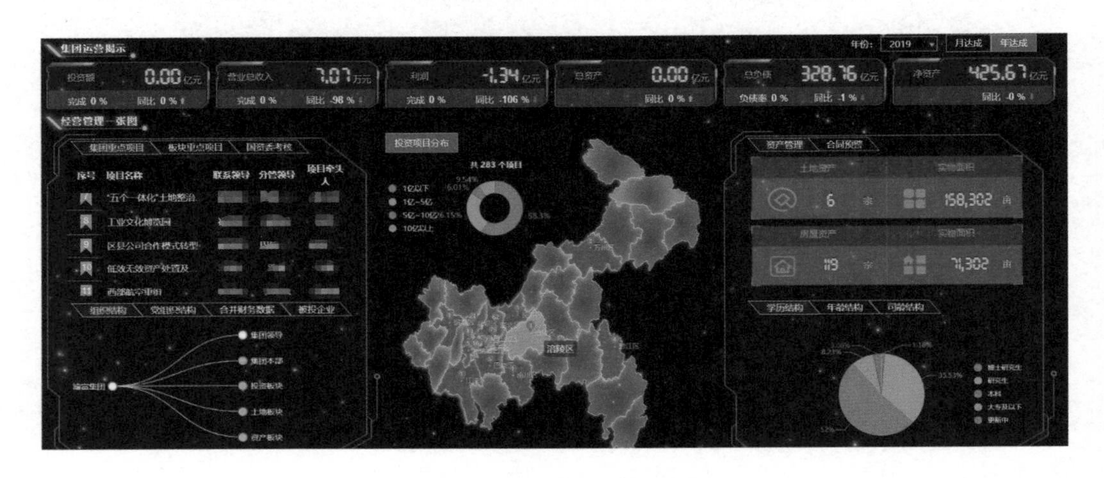

图 7-16　综合信息看板页面

（三）应用案例三：移动端领导驾驶舱

考虑到移动化办公，大数据分析同步支持移动端展示，与大数据领导驾驶舱共享同一数据库仓库。用户可以使用移动设备，进入大数据分析页面，同样以图文并茂的方式将企业的各项关键业务数据、运营数据、财务数据、党群工作、监事工作、资产情况等分析结果，直观地展示到用户的手机界面，并同步支持二级联查、三级联查。其效果如图 7-17 所示。

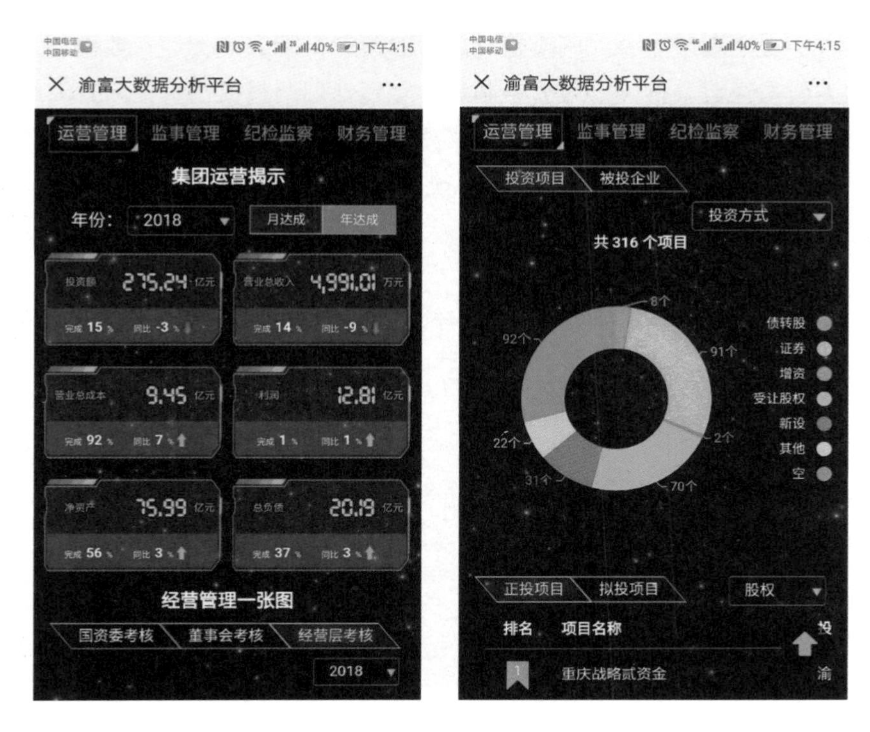

图 7-17 移动端大数据分析页面

企业简介

浪潮软件集团有限公司 1945 年在上海成立，已有 70 多年的历史，拥有四大产业群组：云数据中心、云服务大数据、智慧城市、智慧企业。浪潮企业大数据通过将企业内部数据与互联网数据进行整合，形成企业大数据，然后利用分析平台，探索、展示、分析与挖掘各业务信息资产，降低管理决策中“凭经验、拍脑袋”的风险和隐患，提高企业在市场中的应变力与竞争力。浪潮大数据分析平台囊括事前预警、事中分析、事后处理的分析应用，为企业数据的全面分析构建完整的生态链条。

专家点评

大数据领导驾驶舱数据分析系统通过建立风险平台数据库，按照“三道防线”的原则嵌入合同管理、投资管理等业务过程。从提升集团的内部控制能力、资金安全控制能力、安全生产能力、风险管理能力的角度，围绕各类经营数据的采集与集中存储、为公司经营分析、发展战略制定、经营计划调整提供直接而有力的信息支持、满足内部及外部系统间有效集成，实现经营业务一体化管理等任务，整合并融入集团现行各项制度规范、形成风险识别体系、构建大数据中心辅助决策，全面提高集团的内部控制与风险防范效率。

宫亚峰（国家信息技术安全研究中心副总工）

大数据 31

智能交通数据资源交换共享与可视化展示平台

——中国交通信息中心有限公司

智能交通数据资源交换共享与可视化展示平台充分利用和挖掘交通运输数据资源，搭建行业综合交通数据资源采集、清洗、交换共享“链条式”数据管理体系，实现交通数据资源要素按需流通和“一站式”共享服务，显著提升信息共享能力；同时构建多元时空综合交通运行监测体系，涵盖高速公路、普通公路、城市道路、城市公交、出租车、共享单车、轨道交通、民航、铁路等主题，实现分系列，宏观—微观、指标—态势、静态—动态、历史—实时—预测相融合的多元时空可视化展示监测。

一、应用需求

（一）数据资源整合与管控需求

针对信息资源分散在各业务主管单位不同时期建立的、独立的应用系统和数据库中，数据资源“散、小、乱”，缺乏系统组织，数据共享属性、数据如何提取、数据质量如何等不明确问题，需加强数据资源整合与管控，提升行业数据要素的流通效率和利用价值。需在数据标准和目录体系基础上开展数据治理和数据资源建设，完成行业数据与依赖系统的松耦，并依据规约对质量不高的数据集中进行清洗；同时结合业务系统的建设工作，不断完善感知监测数据库、基础数据库和业务数据库。

（二）数据可视化分析展示需求

实现对交通要素、交通基础设施等多元数据综合查询功能，支持关键字搜索、三维数据关系透视功能；实现对交通基础设施、运载工具等基础数据元多维度的统计分析、可视化展示等功能。构建按主题，分系列的多元时空可视化监测体系，提升综合交通运输监测能力。

（三）数据交换共享功能需求

数据交换共享需求主要包括行业数据交换共享管理，实现跨层级、跨区域、跨业务领域、跨系统的依需共享，主要包括信息资源目录服务、数据共享桥接管理、数据服务监控与统计、数据共享门户等应用。平台支持数据资源的全生命周期管控，从数据采集接入、数据存储管理、数据交换共享等各环节进行使用状态和使用情况的监控分析，切实提升对数据共享应用流程的可视化管理能力。

二、平台架构

智能交通数据资源交换共享与可视化展示平台总体框架分为基础设施云平台、支撑系统层、数据资源层、业务应用层、用户展现层五个层面（见图 7-18）。

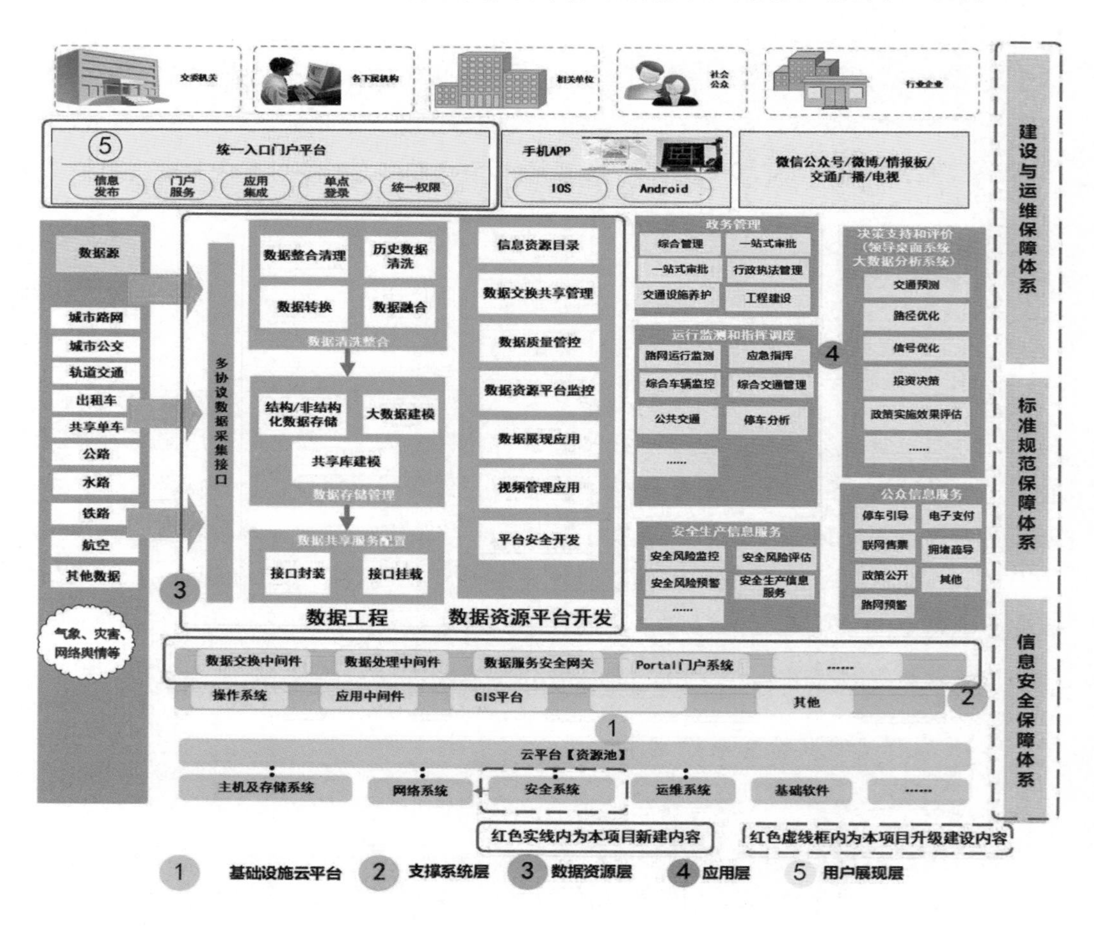

图 7-18　平台架构体系图

（一）设施云平台

满足平台所需云计算、存储资源及安全、备份等相关要求。

（二）支撑系统层

包括应用服务中间件、数据交换中间件、数据处理中间件、GIS 平台等支撑软件。

（三）数据资源层

通过搭建行业数据资源平台，联通信息孤岛，实现各单位业务系统的采集汇聚、整合清洗，质量管控。实现行业各单位系统之间的数据交换和调度管理，并为开展大数据分析应用提供可靠数据。建立交通运输数据资源平台，实现数据采集汇聚、清洗治理、质量管控、交换共享、数据开放、数据展示应用体系。建立交换数据库、共享数据库，满足交通运输行业的数据整合利用要求、数据交换共享要求及统计分析要求。

（四）应用层

主要包括本平台可支撑服务的行业综合分析类系统、政务办公类系统、安全生产服务类系统等各类应用服务。

（五）用户展现层

包括数据运维管理方、数据消费方、数据提供方。

三、关键技术

（一）GIS 地图服务

GIS 地图服务以开放地理空间信息联盟（OGC）协议为标准，服务器端负责各类地图服务的发布，客户端向服务器端发送特定请求，以获取所需的地图和 GIS 功能。利用这种方式调用地图，可以屏蔽平台间的差异，便于服务聚合和数据共享与相互操作，利于将服务分布在不同服务器上进行分布式计算。为实现地理信息数据共享和综合管理，根据各类地理数据特点，数据由 WMTS（Web 地图切片服务）和 WFS（Web 要素服务）服务接口提供。

（二）空间数据库动态更新

GIS 平台集成了大量的相关业务数据，要求相关的专题数据库能实时更新，以保证系统现状数据库中存储的空间信息的现实性。不同于关系数据库实时更新的模式，空间数据库无法直接实现空间数据的动态更新，需要设计其他的策略。对于并发用户少，空间编辑简单，耗时较少的情况，可将专题数据发布为 WFS 来完成。WFS 具有插入、更新、删除、查询和发现操作的特性，事务型 WFS 还支持事务操作。利用这种模式就可以完成对地理要素的动态增删改，达到客户端操作与数据库更新的同步性。

（三）交通流预测技术模型和基于深度学习的视频流量及事件分析

在研发过程中，除对大规模多元时空数据基于 GIS 平台进行展现外，还应用到了交通流预测技术模型和基于深度学习的视频流量及事件分析等技术。其中，交通流预测技术模型改进了传统的单一依赖时间波动的自回归滑动平均模型（ARMA）和差分整合移动平均自回归模型（ARIMA），利用神经网络和深度学习技术，基于自回归条件异方差模型（ARCH），实现一种更为精准的复杂条件下的交通态势预测。基于深度学习卷积神经网络 CNN 的视频流分析技术，通过计算交通流量、识别道路阻断，进而实现对车道拥堵状态的精细化预测。

四、应用效果

智能交通数据资源交换共享与可视化展示平台可以形象地比喻成数据大管家，对内起到“交换枢纽”节点作用，对外作为行业的“唯一出口”，发布数据并提供服务。平台实现了交通运输行业多源异构数据资源融合共享，并在此基础上初步实现了跨行业的数据互联互通。

（一）案例一：统一数据服务体系

搭建行业综合交通数据资源采集、清洗、交换共享“链条式”数据管理体系，辅以数据资源全生命周期监控，显著提升信息共享能力（见图 7-19）。

通过对交通运输行业各领域数据的梳理和编目，汇聚到统一的数据资源平台中，实现数据采集接入、数据质量处理、数据中心建设、数据交换共享、数据全生命周期管控等功能。基于庞大的业务数据，打造集多源数据融合共享、数据监测与预警、数据追溯于一体的链条式数据管理应用服务技术。提供集中、远程、统一的

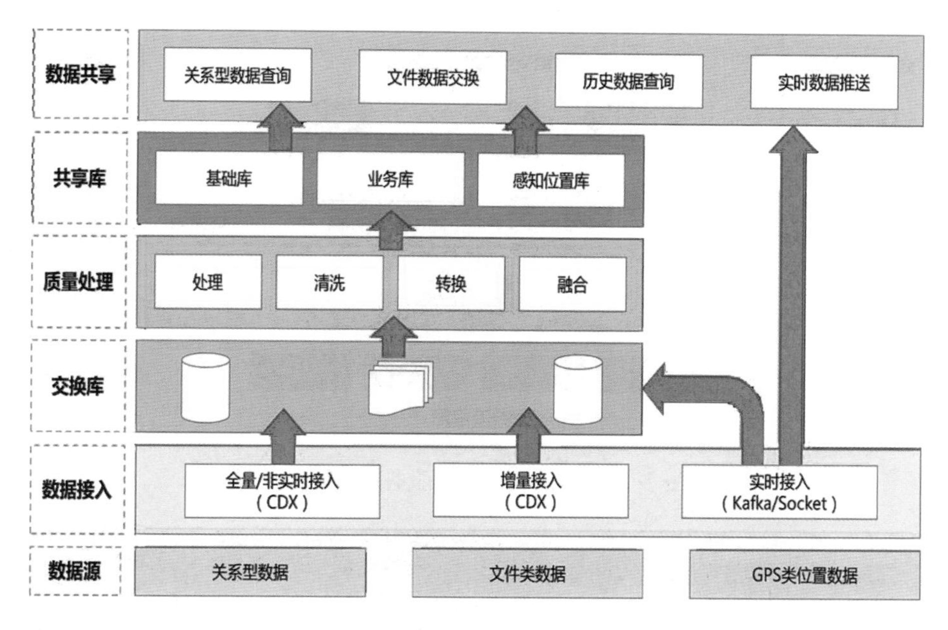

图 7-19 平台数据服务体系架构

管理模式，对数据全生命周期问题自动监控、识别及告警；提供异常处理机制，通过人机结合方式分析异常、确认异常和处理异常；建立数据追溯机制，自上向下快

图 7-20 信息资源目录服务

速定位异常数据节点，自下向上评估数据变化造成的影响，提升问题处理效率，保障数据应用质量。平台支持行业海量动态交通运行数据交换共享，保证实时类数据共享时效性与展示效果（见图 7-20、图 7-21、图 7-22、图 7-23）。

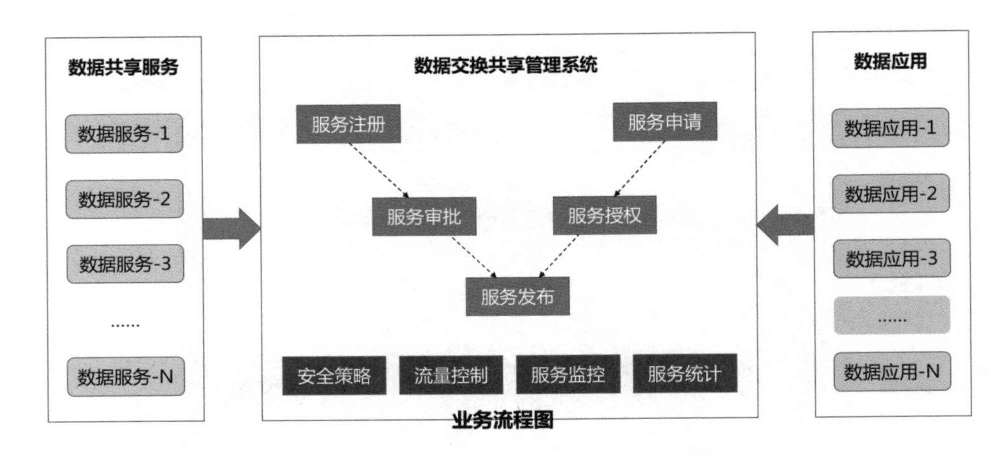

图 7–21　数据交换共享服务应用架构图

图 7–22　综合查询应用

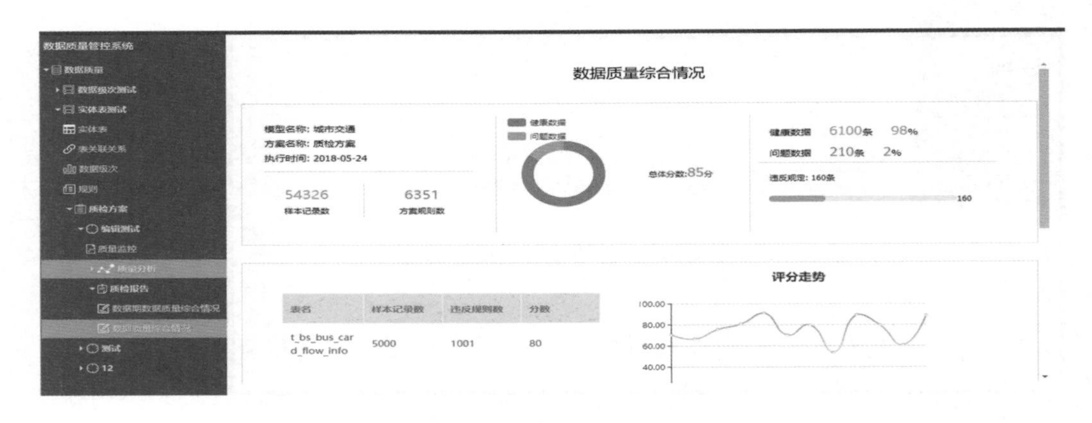

图 7–23　数据质量管控应用

（二）案例二：全面交通态势感知

突破交通数据资源共享壁垒，汇聚各主题核心信息，构建运行监测指标，实现全面交通态势感知。按高速、普通公路、城市路网、地面公交、出租车（含网约车）等10个主题基础及运行数据展现；按主题，分系列，宏观—微观、指标—态势、静态—动态、历史—实时—预测相融合的多元时空可视化监测，更好做好管理、规划、决策和服务等体系。

（三）案例三：行业多维指标融合计算

支持跨行业、跨领域、多维度的指标计算融合、配置技术与指标提取技术，依据交通运输行业数据特征及其使用习惯，在传统数据库基础上建立以键—值形式存储的数据结构，对指标项进行唯一标识。通过无差别的存储结构更好地保证不同指标项的独立性和指标项间组合的灵活性，采用统一的操作接口满足不同类型的访问和管理需求。支撑基于构建的指标，实现多领域多维度的监测分析，支持实现不同周期、工作日与非工作日、早高峰与晚高峰综合交通运行特征分析。统一整合复杂异构数据，以表征交通领域运行特征规律为基本原则，进行数据特征提取、数据关联计算等。

（四）案例四：视频事件智能识别

基于地理位置的视频分析技术实现车流、客流量计算及事件分析，融合GPS、GIS合成技术、28181协议转REST协议播放流媒体技术，基于RTSP协议流媒体服务器技术、HTML5视频处理技术、视频分析技术等技术，遵照28181协议，从各行业领域视频管理系统中取出车辆、卡口等视频流，将视频流按更适合流媒体播放的rtsp协议方式发布，满足了用户在地图上点播观看实时视频的要求；基于RTSP协议流媒体服务器的实现方案让流媒体在IP上自由播放，让平台在不同浏览器下都可以正常访问、实时播放视频。基于地理位置的视频分析技术实现主干线、重要路段及卡口的车流量，场站及车站客流量技术及事件分析。

企业简介

中国交通信息中心有限公司以“智慧+传统产业”为核心战略，致力于智慧城市、智慧交通、智慧港口、智慧流域、智慧物流等提供咨询设计、开发集成、总承包、投资运营全产业链服务。目前已完成数千项重点项目咨询设计工作，百余项开发、集成及总承包项目，有10多项获得国家科技攻关项目成果奖及交通运输部科技进步奖和部优秀成果奖。作为交通运输部认定的综合交通运输大数据处理及应用技术和交通运输网络安全技术两大研究方向的行业研发中心，具有智慧交通全产业链自主知识产权。中心研发的基于IOT智能物联网平台、数据共享集成平台、数据治理管控平台、数据可视化应用等系统已得到成功部署与应用，应用效果反映较好。

专家点评

智能交通数据资源交换共享与可视化展示平台充分体现了交通运输行业数据特点和业务特性，技术架构先进，应用效果良好。同时数据资源平台的通用特性对其他行业或企业具有较强借鉴意义和推广价值。通过对案例的广泛宣传推广，加强全社会对大数据以及新兴技术的认知和关注，引导各行业领域交流学习，有利于统筹推动大数据产业发展，贯彻国家大数据战略。

宫亚峰（国家信息技术安全研究中心副总工）

第八章　安全保障

大数据 32　360 企业安全威胁情报平台——北京奇安信科技有限公司

360 企业安全威胁情报平台，作为情报数据收集、维护、使用的一个综合型平台，是威胁情报落地、完善攻击行为发现、事件分析响应、事件处置及预警监测相关工作的有效工具。该系统平台提供总量数十亿计的实际威胁情报数据，提供多种 API 查询方式，情报类别包括 IOC 失陷检测，IP 情报、文件信誉情报、安全预警通告等实现情报数据的高速查询和关联分析，能够有效提高使用单位及企业的威胁检测的能力。目前该产品已应用于军队、公安、能源、金融、通信等多个行业，在国家电网、平安集团等多家企业中应用并起到良好的安全监测作用，有效地整合安全体系各类产品设备，实现数据驱动安全的先进网络安全理念。

一、应用需求

当前的网络犯罪已经形成了一个完整、专业、成熟的产业链，专业的分工和丰富的资源使网络攻击者往往具备较高的技战术水平，使传统的安全技术难以检测、防御这种新型的网络攻击。APT 攻击更是手段多样、潜伏期长、目标明确，及时发现这种攻击更是安全人员的巨大挑战。

安全行业已充分认识到靠单纯地采用基于攻击特征或者漏洞的防御方式往往防不胜防。需要基于威胁的视角，了解攻击者可能的目标、工具、方法以及所掌握的传输武器的互联网基础设施情况，做到知己知彼，有针对性地进行防御、检测、响应和预防，这就需要威胁情报。依靠威胁情报提供的威胁可见性和对网络风险及威胁的全面理解，可以快速发现攻击事件，采取迅速、果断的行动应对重要和相关的威胁。威胁情报已经成为网络安全中最重要的一环。

威胁情报系统，作为情报收集、维护、使用的一个综合型平台，是有效使情报落地、更高效利用情报完善攻击发现、事件分析响应、事件处置及预防相关工作的最佳工具。

二、平台架构

从基础信息采集，到数据分析整理形成威胁情报库下沉至用户本地设备（见图8-1），通过建立平台管理功能后，威胁情报（简称“TIP”）提供相关的 Web 服务和 API 的方式，将威胁情报与安全运营进行对接。

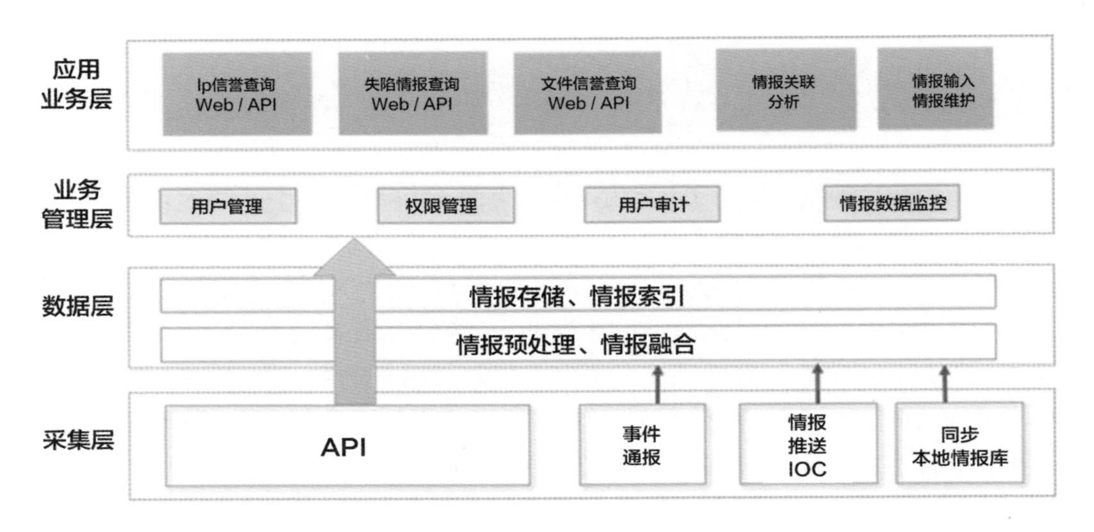

图 8-1　平台架构图

360 企业安全 TIP 产品的具体功能模块包括：提供安全通告下发、关联分析情报应用；根据数据日志匹配情报 IOC 等提供告警展示及关联分析功能；提供 API 和 Web 访问方式；API 聚合查询及整合第三方情报接口等。

三、关键技术

在本产品开发、威胁情报生产及相关案例实施过程中，采用并创新了多项核心技术及方法，共计申请专利 16 项，其中授权专利 9 项，主要技术创新包括以下四点。

（一）海量情报数据的高速查询能力

利用 KV 引擎数据处理技术来建立 Pika 库，便于本地建立海量威胁情报数据平台的高速情报查询。

（二）基于神经网络的情报挖掘能力

在情报生产阶段，通过机器学习实现对海量数据进行分类整理，建立一个有效的基于 BP 神经网络的恶意代码同源性分析模型，实现从海量数据中进行威胁情报挖掘的目标。

（三）国内领先的 APT 发现能力

截至 2018 年年底，360 威胁情报中心持续发现超过 6 个针对中国境内实施攻击活动公开的 APT 组织。相关威胁情报已建立模型并应用在本产品中。

（四）优异的性能指标

1. 本地化威胁情报平台情报库机读情报数据统计

截至 2019 年 3 月，应用在具体项目中的失陷检测类情报，已超过 5000 万条，文件信誉类情报超过 11 亿条，其中文件白名单超过 3.98 亿条，文件黑名单超过 7 亿条。

2. 本地化查询性能统计

失陷检测情报在各种并发情况下的持续测试中，查询接口能稳定保持 QPS 在 14000—15000 的水平（见图 8–2）。

文件信誉库在不同并发情况下的持续测试中，查询接口能稳定保持 QPS 在 17000—18000 的水平（见图 8–3）。

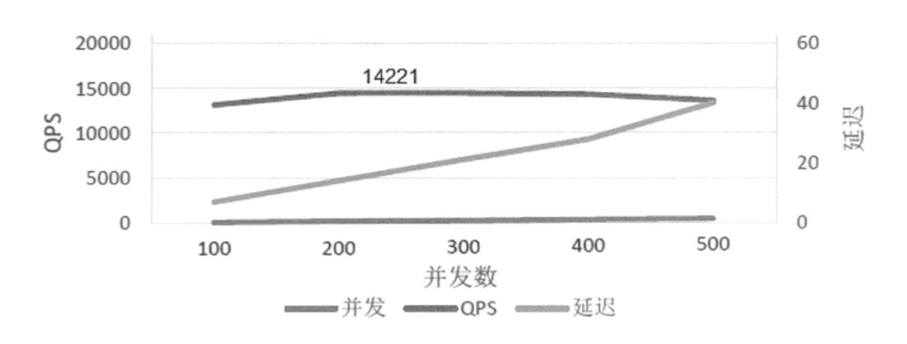

图 8–2　失陷检测 API 性能统计

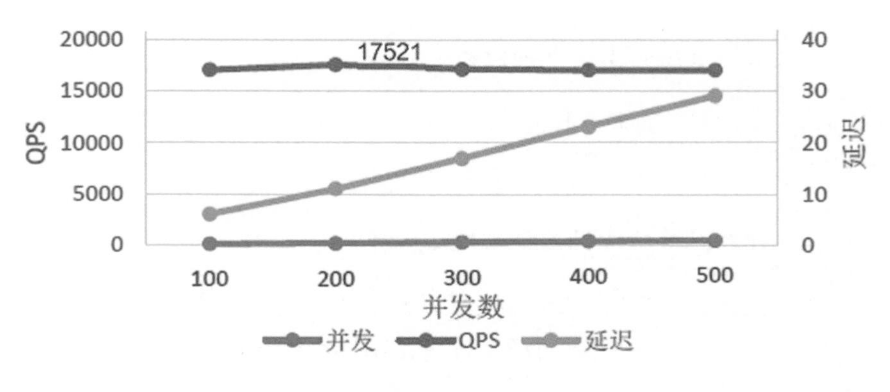

图 8-3　文件信誉 API 性能统计

四、应用效果

（一）应用案例一：网络与信息安全风险预警分析风险管理软件项目

为了满足国家电网信息安全新的需求，解决电网各环节业务系统面临的信息安全新问题，本次进行“网络与信息安全风险预警分析风险管理软件”项目建设威胁情报平台（见图 8-4）。

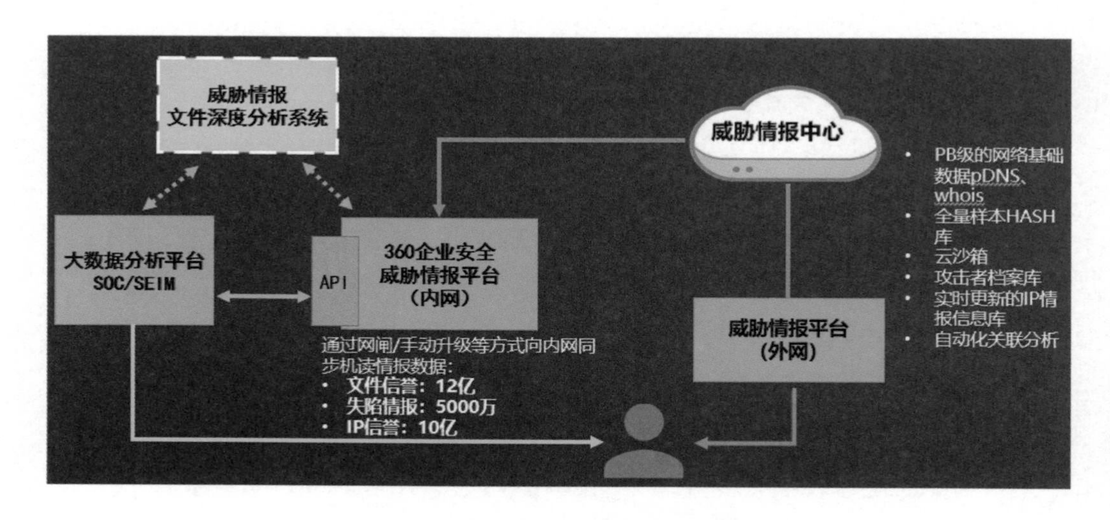

图 8-4　威慑情报系统部署示意图

项目主要任务包括：设计构建完善的威胁情报利用防护体系；通过开展基于威胁情报的线索追踪分析，形成电网大规模异构数据环境下的攻击确认；通过向国家电网全业务单位开放威胁情报；通过研究基于威胁情报的电网信息网络安全主动预警技术，完善电网信息网络安全主动预警技术体系；通过威胁情报加强业务系统全生命周期安全管控。

本项目中，360企业安全TIP部署在国家电网内网中（与外网逻辑隔离），通过部署在网络隔离设施两边的代理设备实现外网查询和定期情报自动更新机制。威胁情报系统TIP通过与国网建设的S6000大数据预警分析平台进行联动，将大数据分析平台的海量数据与360企业安全TIP提供的失陷检测、文件信誉、WHOIS信息等情报接口进行关联查询，检测出海量数据中的恶意行为和恶意信息。通过对多源情报融合技术，支持海量数据的快速检索能力，将大数据平台中各类异构数据中有价值的信息进行分类、提取、归一化及去重后进行数据分析及上下文关联，提供海量数据查询能力，能够对安全事件进行分布式关联以及多维关联。针对SOC等大数据平台汇总收集到网络中各类安全设备上报的IP、MD5、Domain等必要信息，威胁情报能力协助整个企业网络环境中的态势呈现并提供报警研判，形成大数据分析加攻防研究的整体提升（见图8-5）。

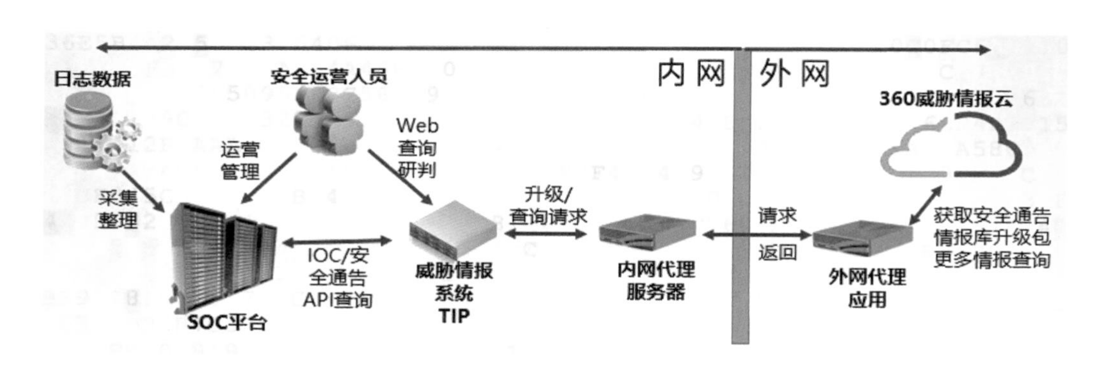

图8-5 实际部署架构图

项目投资额500万人民币，主要建设内容是搭建本地化的威胁情报软硬件一体化平台，各项技术性能指标达到国内一流的水平。实际应用方面，此次建设的威胁情报系统面向国网总部、27个网省公司和各直属单位等多家单位，已关联上万条告警数据。

（二）应用案例二：神华信息安全综合监控、态势展示及应急响应平台建设项目

平台采用“总分总”建设，首先，站在集团信息安全体系一盘棋的目标高度，通过开展顶层设计，将项目方方面面的工作以及将来纵向（集团总部、四大互联网出口区域、子分公司）、横向的互联互通、信息共享、业务协同等需求进行总体

规划。其次，根据需求的轻重缓急，采取急用先行原则，进行分步建设、逐步见效。最后，对项目各块内容进行总体集成，形成整体，从而构建起安全、稳定、适用、高效的安全综合监控、态势展现及应急响应平台，以下为平台拓扑设计（见图 8–6）。

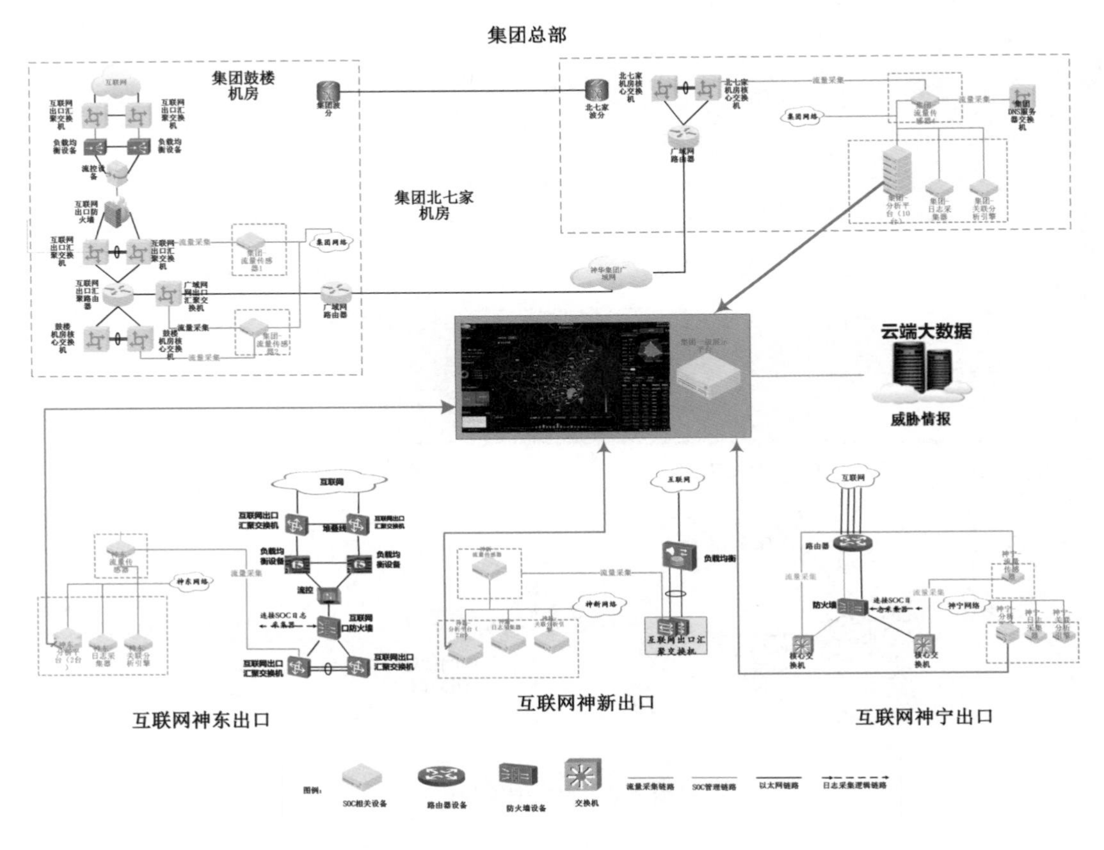

图 8–6　平台拓扑设计图

功能上，该平台通过海量数据收集以及处理，结合威胁情报，实现对网络安全威胁与安全健康指数进行态势展现，实现直观和布局友好的安全态势展示效果。通过数据分析提取多维度的安全 KPI 指数，对各区域的安全检查、威胁处理、攻击定位、应急响应等工作情况与效果进行科学的量化统计与展示。开展安全健康指数播报，综合各安全区域的资产情况、漏洞情况、威胁攻击事件、失陷事件等信息对各安全区域的健康指数进行直观展示（见图 8–7）。

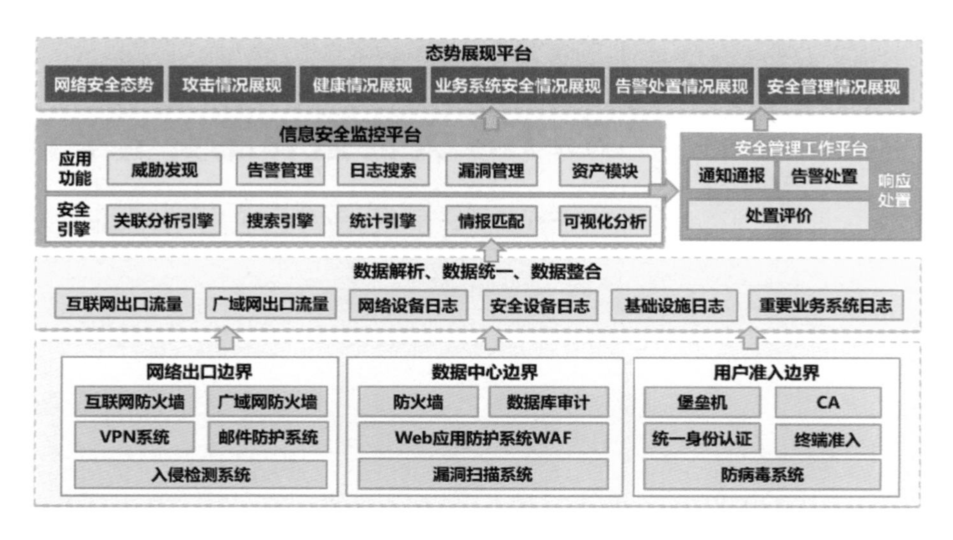

图 8–7　平台设计图

企业简介

北京奇安信科技有限公司专注于为政府和企业提供新一代网络安全产品和服务，负责牵头建设“大数据协同安全技术国家工程实验室”。公司以“保护大数据时代的安全”为企业使命，以“数据驱动安全”为技术思想，创新建立了新一代协同防御体系，全面涵盖大数据安全、云安全、网关安全、终端安全等全领域安全产品及解决方案，为中央部委、央企等超百万家企业级客户提供了全面有效的安全保护。

专家点评

360 企业安全威胁情报平台为金融、互联网、能源等多种类型的企业用户提供基于海量情报的威胁监测、分析、预警等安全能力，其提供的失陷检测、文件信誉、IP 情报等可机读情报帮助快速、精准地发现攻击威胁；威胁分析应用为报警事件的处置提供误报分析、攻击定性、关联溯源等全方位的事件响应决策信息；各类事件、漏洞、恶意软件的预警通报帮助企业应对关键型威胁；战略层面的安全报告为管理层确定安全建设方向提供坚实的事实和数据支撑。

宫亚峰（国家信息技术安全研究中心副总工）

大数据 33

AiLPHA 大数据智能安全平台

——杭州安恒信息技术股份有限公司

AiLPHA 大数据智能安全平台采用 Lambda 大数据架构，通过对业务全流量数据和系统内日志类数据的采集、清洗和标准化，结合大数据智能关联分析引擎，深度分析和挖掘高级持续性威胁，实现态势感知和威胁预警。AiLPHA 大数据智能安全平台已被广泛应用于运营商、金融、政府部门等各行各业，为企业用户提供全局安全态势感知能力和业务不间断稳定运行提供安全保障，为用户信息系统安全决策提供数据支撑。

一、应用需求

近年来，伴随移动网络新兴技术的发展，互联网已经逐渐成为人们生活中不可或缺的重要依靠，然而信息安全的问题也随之越来越严峻，对于安全管理者和高层管理者而言，如何描述当前网络安全的整体状况，如何预测和判断风险发展的趋势，如何指导下一步安全建设与规划，则是一道持久的难题。目前，木马、僵尸网络、钓鱼网站等传统网络安全威胁有增无减，分布式拒绝服务（DDoS）攻击、高级持续性威胁攻击等新型网络攻击愈演愈烈，黑客攻击正在从个人向组织化方向发展，他们目的性强，动机明显，往往有明确的商业、经济利益，攻击手段从传统的随机病毒、木马感染以及网络攻击，发展到利用社交工程、各种“零日”漏洞以及高级逃逸技术（AET）发起的有针对性的高级持续性威胁（APT）攻击，具有高级化、组合化、长期化等特点，并且能够轻易绕过传统的安全检测和防御体系。

据《2017 年中国网络安全报告》统计分析，针对物联网智能设备的网络攻击事件比例呈上升趋势。根据国家信息安全漏洞共享平台（CNVD）收录漏洞的情况，近三年来新增通用软硬件漏洞的数量年均增长超过 20%，漏洞收录数量呈现快速增长趋势。信息系统存在安全漏洞是诱发网络安全事件的重要因素，而2017年，国家信息安全漏洞共享平台“零日”漏洞收录数量同比增长75%，这些漏洞给网络空间安全带来严重安全隐患，加强安全漏洞的保护工作显得尤为重要。2017年国家信息安全漏洞共享平台收录的物联网设备安全漏洞数量较2016年增长近1.2倍，每日活跃的受控物联网设备IP地址达2.7万个，影响设备的类型包括网络摄像头、路由器、手机设备、防火墙、网关设备、交换机等。针对我国工控网的网络安全攻击也日益增多，曾发生多起重要工控网安全事件。2017年，国家信息安全漏洞共享平台上收录的工业控制漏洞达351个，比2016年的191个几乎翻了一番。累计监测到联网工业控制设备指纹探测事件88万余次，并发现来自境外60个国家的1610个IP地址对我国联网工业控制设备进行指纹探测。工业控制系统主要存在缓冲区溢出、缺乏访问控制机制、弱口令、目录遍历等漏洞风险。

AiLPHA大数据智能安全平台能够有效发现、预警和联动安全设备处置网络安全威胁、异常活动和突发事件。加强了对重点网站和重要信息系统的安全监督管理，同时对互联网网站与在线信息系统进行全网检扫，掌握网站的基本信息如网站指纹信息、网站安全、网站数量等情况，发现和堵塞了安全漏洞，确保重要信息系统的安全，并掌握当前形势下的安全形势、安全问题与各地的安全水平，做到信息安全建设心中有数。并做到实现全天候重点网站监测，主动预警通报安全事件，收集破案线索，建立智能化的安全大数据搜集、分析、处理体系，为相关部门的工作建立统一的业务规范及应急处置流程，建立统一的公共网络及重点网站网络安全态势感知预警监测平台。

根据施耐德电气有限公司（Schneider Electric）的报道，预计到2020年，全球会有500亿—2000亿个互联设备，随着互联网技术的发展和硬件成本的逐步降低，以及国家相关的网络安全法律法规的完善，各行各业逐步重视企业的信息化建设，逐步认识到网络安保建设的重要性，但由于技术缺乏，安保能力不足等情况困扰着每个行业信息化的发展。从市场情况来看，网络安保建设是一个不可逆转的发展趋势，有互联网存在的地方，就有网络安全、信息安全的存在，网络安全行业快速发展，网络安全投资迎来热潮。2017年，安全领域创业企业总融资额创新高。据不完全统计，网络安全领域当年全球投资300亿美元，国内为5.4亿美元，2018年全球安全支出超过960亿美元，比2017年增长8%，预计市场需求将会保持50%以上增长率，应用前景十分广阔。由此可见，大数据安全市场规模庞大，在国家利好政策的支持下，能满足行业大数据应用需求，又符合国家信息安全战略需要的产品，整体市场前景非常广阔。

二、平台架构

AiLPHA 大数据智能安全平台采用大数据追踪溯源、用户画像、异常聚类和机器学习的智能分析技术，结合历史安全事件的总结、当前安全事件深度分析以及未来安全态势感知的整体信息系统安全生命周期解决方案。主要致力于解决基于行为分析的高级威胁挖掘和关联。

大数据安全分析的价值取决于很多因素，包括安全指标体系、数据挖掘和关联分析能力。创建一个满足所有这些需求的网络需要有前瞻性，不仅要考虑基础架构能够支持的伸缩规模，还要考虑不同类型的应用程序如何共存于一个通用环境中。

AiLPHA 大数据智能安全平台关键环节包括：大数据平台将归一化的数据，从 kafka 提取存储于大数据平台。并实现原始流量数据日志秒级实时查询；建立采集接口规范，数据转换、存储的规范；采集部分采用数据标准化引擎和 ETL 实现统一数据采集、清洗等功能；数据标准化引擎与 ETL 平台对接实现数据采集、清洗、存储等功能，大大提高对流数据的处理能力与效率；大数据平台为整个云化 ETL 的计算和存储能力中心，提供标准化后数据的缓存和存储索引能力（见图 8-8）。

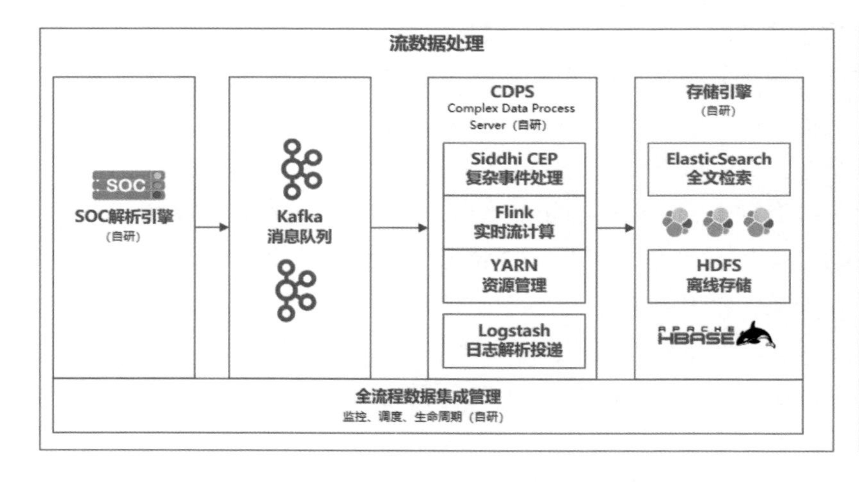

图 8-8　平台数据处理流程图

AiLPHA 大数据智能安全平台能够实现对整个高级威胁攻击链的全面关联分析和网络系统安全态势感知功能，该功能的研究内容主要包括以下模块：大数据安全分析分析模块、异常行为发现和行为库维护模块、大数据深度威胁关联分析引擎、安全事件溯源取证模块四个方面，在整体上提升了网络系统对威胁攻击的感知和防御能力。

三、关键技术

AiLPHA 大数据智能安全平台对目前市面上现有的安全威胁检测类产品和技术进行了深入的调查和研究，针对当前难以实现真正联动分析、态势感知和追踪溯源存在的不足之处，创新性地采用大数据技术和机器学习，结合场景分析的自学习建模，很好地解决了市面上现有的安全威胁检测类产品和技术的一些难题。

（一）实时挖掘和分析海量安全数据技术

基于开源大数据框架对采集的业务全流量数据、安全设备数据、资产类数据等多源数据进行加载、清洗、解析及标准化处理，并通过消息队列进入分布式文件系统 HDFS 中进行存储，建立安全大数据中心，通过对系统运行状况、安全攻击事件、弱点及漏洞等进行多维度关联分析展示，挖掘相关的安全漏洞利用及未知威胁，集中分析并完善网站相关服务资产信息。其次，研究构建基于安全用户场景的行为分析模型，对企业网络中的主机威胁安全事件、网络安全威胁事件、应用安全威胁事件等进行融合关联分析，并研究基于机器学习算法的异常行为发现模型，将传统的基于规则的安全监测方法转变为基于自学习能力的自发现异常行为能力。通过利用大数据集群的计算能力，实现对海量数据的挖掘和安全分析。

（二）基于安全场景的行为威胁分析技术

实现了弱点深度关联分析和安全场景分析，重点完成了弱点挖掘包括但不限于应用层弱点、数据层弱点、组件漏洞、框架漏洞，就安全事件的攻击方式分析、漏洞详情分析、安全事件攻击轨迹分析，来总体判断弱点是否被利用，以及弱点防护状态的分析、安全场景分析，能结合不同安全事件的关联性和先后逻辑与网络系统的依赖关系分析，重点实现了特定的安全场景分析（见图 8-9）。

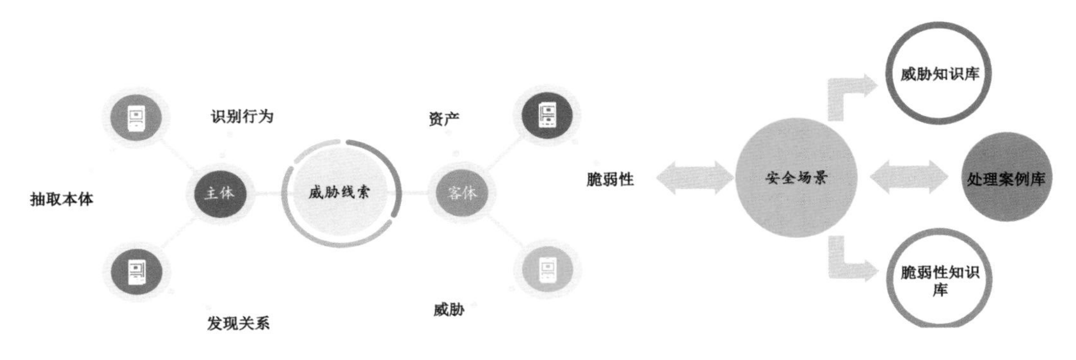

图 8-9　基于安全场景的行为威胁分析技术流程图

（三）基于机器学习的异常行为风险分析技术

通过无监督聚类学习的模式，采用贝叶斯混合高斯模型，精确拟合出应用服务器压力，建立正常访问行为的基线，实现对异常访问行为的纠察（见图 8-10）。

图 8-10　智能异常行为学习流程图

（四）安全事件合规映射技术

首先对合规制度进行梳理，为安全事件打上特定的标签，结合流程梳理在平台支撑的基础上，实现相应的数据合规服务。

（五）基于深度威胁分析的多维态势可视化技术

对安全事件包括历史的和当前的安全事件进行综合关联分析，利用深度智能分析引擎，根据不同的安全场景选择对应的分析模型和对应的数据进行深度分析，生成分析结果，研究对多维安全态势的可视化技术，将整体研究的内容和技术进行清晰的展示，实现对网络系统整体运行状况进行多维度分析展示，为安全分析人员提供直观、强大、清晰的安全威胁预警能力，以及重大问题、事件的整体性报告，从而在业务流程规范、系统安全服务、安全风险评估等方面提供可靠的数据支撑，为企业安全管理员、安全决策人员提供可靠的数据保障，并进行产业化。

本产品可以为企业用户带来如表 8-1 所示的功能价值。

表 8-1　AiLPHA 大数据智能安全平台核心能力表

异构数据处理	系统实现多数据源的接入，支持流量数据、日志数据、弱点数据、性能数据、情报数据等数据源，支持结构化和非结构化的数据接入
	实时流数据处理技术，单台设备可达到 30K EPS/ 秒的处理能力，不限制日志源类型、品牌和设备型号
	具备智能的数据接入监控，数据聚合、重排、过滤等功能
	具备全流量数据接入功能，可根据流量进行协议分析、行为识别、模式识别、应用识别、文件检测、病毒检测等高级功能
高级安全威胁监测能力	为用户提供 APP 客户端应用实时监测大数据分析产生的威胁告警
	为用户提供多维并列可视化视图的方式进行安全可视化，可实现对安全要素编排、重组以及安全威胁流程自动化等高级功能
	主机威胁检测、网络威胁检测、Web 安全检测等安全分析模型与传统的安全设备植入规则如 WAF、IDS 等相比准确率有大幅提高，误报率明显下降
	企业整体网络安全态势诊断与评估，具备可视化呈现安全态势，具备根据知识图谱的安全事件推理和溯源
平台扩展和高可用能力	支持系统热部署。系统可以在运行状态中加入新的组件或者卸除已有的非核心组件，整个过程都不影响系统的运行
	支持在线、不影响业务扩容节点
	利用大数据集群，支持多个管理节点，支持任 1 节点宕机的情况下，平台高可用
	平台支持 IPv4、IPv6 以及 IPv4/v6 混合环境

四、应用效果

（一）应用案例一："G20"官网安全态势监测分析

由安恒信息自主研发的 AiLPHA 大数据智能安全平台围绕数据与监管业务为核心，采用"云 + 平台 + 端"的部署构建方式，该平台在"G20"网络安全指挥中心作为核心系统在大屏上实时地显示了核心业务和系统的实时网络安全态势。在"G20"期间通过该平台及子模块等共发现和拦截来自美国、俄罗斯、法国等 20 多个国家的恶意攻击行为 300 余万次，阻断 IP 近万余。

AiLPHA 大数据智能安全平台对接了"G20"官网实时访问攻击的数据和重点酒店 APT 数据，同时在"G20"峰会期间开展了对杭州市的 1590 个重点网站进行重点监控，进行一次摸底排查，对存在安全隐患的网站给出相应的漏洞整改报告，并通过短信 +APP+ 邮件的方式进行通报，并在 APP 上处理过程并进行跟踪和反馈。截至 2018 年 8 月 31 日，共进行了 3 轮通报预警和处置工作，杭州市 1590 家重点网站中所有的中危及中危以上漏洞都已整改完毕，保障了“G20”期间杭州市重点网站的安全。

鉴于安恒信息在“G20”峰会期间对全网安全防护工作的突出贡献，成功保障了“G20”峰会期间杭州市重点网站的安全，安恒信息技术团队负责人范渊获得了组委会颁发的“G20”峰会安保特殊贡献奖，同时公安部网络安全保卫局、浙江省人民政府、浙江省公安厅等相关政府机构对安恒信息的工作给予了充分肯定，并对安恒信息的重要贡献表示了衷心感谢。

（二）应用案例二：某医疗行业安全分析案例

安恒信息 AiLPHA 大数据智能安全平台部署全市医疗行业安全大数据分析总平台（AiLPHA 大数据平台），在市本级医院和各县区卫计局及医院部署分布式数据探针（16 套），各分平台安全数据接入总平台，进行对全市医疗行业的安全大数据检测分析。为医疗用户提供核心的安全威胁感知、异常行为捕获、业务稳定性监控、勒索病毒溯源、安全通报预警等网络安全功能和建立安全威胁监测通报体系（见图 8–11）。

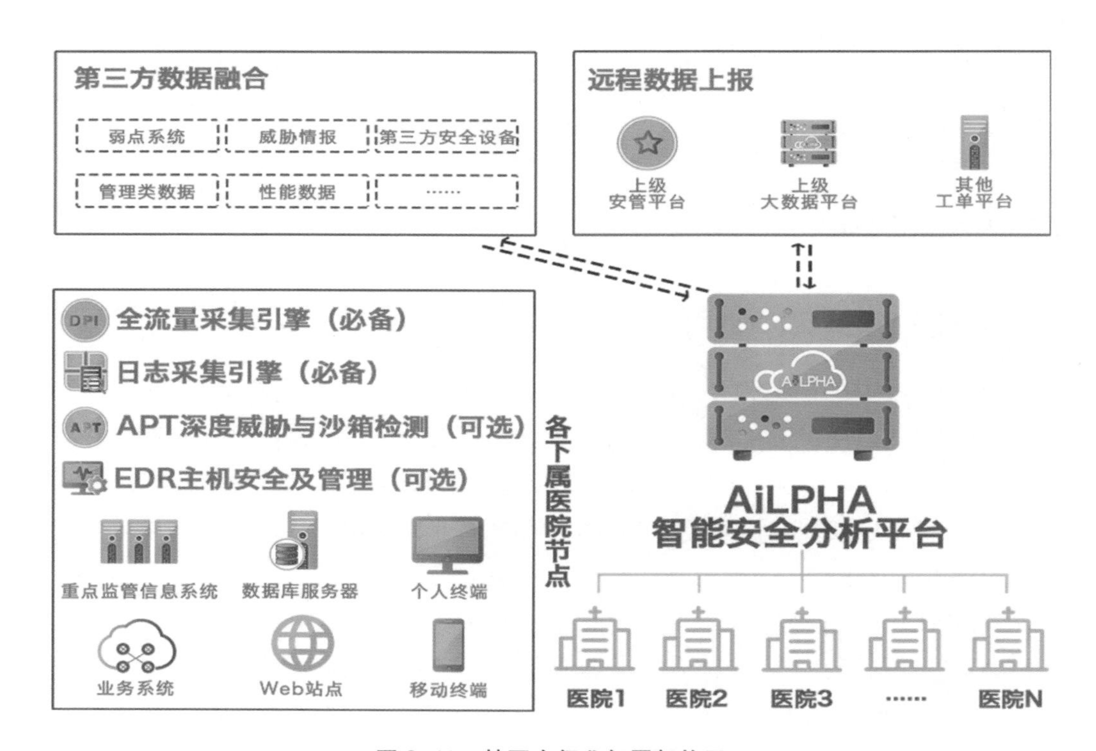

图 8–11　某医疗行业部署架构图

企业简介

杭州安恒信息技术有限公司主营业务涵盖大数据安全、云计算安全、应用安全、数据库安全、物联网安全、互联网安全、智慧城市安全等。企业现有员工1400余名，企业自成立开始一直积极参与国家重大活动的安全保障工作，近三年先后参与连续三届“世界互联网大会”、“G20”峰会、“一带一路”国际高峰论坛、“十九大”的网站安全保障工作。安恒信息多次入选由美国著名网络安全风险投资公司（Cybersecurity Ventures）推出的“全球网络安全企业500强”榜单。

专家点评

AiLPHA大数据智能安全平台采用大数据分析技术架构，结合专业的安全经验，以“AI驱动安全”为产品理念，为企业用户提供全局的安全态势感知能力和业务不间断稳定运行提供安全保障，为用户信息安全决策提供数据支撑。平台致力于大数据存储分析、行为分析、风险分析和态势感知的研发，帮助客户利用大数据技术解决复杂的安全威胁问题，平台特有的大数据关联分析引擎，可实现简便的安全AI建模。

宫亚峰（国家信息技术安全研究中心副总工）

第三部分

大数据应用解决方案篇

——政务

第九章 政府服务

大数据 34 X-Cloud安防大数据管理应用平台——深圳市信义科技有限公司

“X-Cloud安防大数据管理应用平台”大数据应用解决方案是深圳市信义科技有限公司（以下简称“信义科技”）针对安防行业数据管理业务自主研发的一款综合应用型产品。该产品融合了视频解析、语义分析、知识图谱等大数据处理技术，实现了安防行业相关数据的即时采集、存储，快速清洗加工以及深度分析挖掘等功能，其核心包括大数据基础平台、大数据分析应用平台。目前，“X-Cloud安防大数据管理应用平台”已在深圳市公安局龙岗分局、福建省诏安县公安局、福建省漳浦县公安局、广州无线电集团等多家公安部门及企业单位应用，为安防单位提供了从前端数据采集到后端数据存储再到清洗加工、分析挖掘及最终的可视化展示等大数据场景的全面支撑。

一、应用需求

近年来，在改革开放的大环境下，中国社会发展迅速，在人民生活水平和科技发展水平不断提升的同时，犯罪手段也在日益翻新，城市治理面临的局势日益复杂，公安部门维护公共安全所需要的信息质量随之提升。随着移动互联网、物联网技术的发展，国内庞大的人口基数带来了海量、多源的数据，如何有效收集实时数据、如何存储海量数据、如何从海量数据中提取有效信息、如何整合多方数据资源消除“数据孤岛”问题，成为公安部门在公共安全新形势下迫切需要解决的问题。近年来，人工智能、大数据技术的引入，为数据处理与分析带来了新的思路。

作为公共安全业务领域的深耕者，二十多年来，信义科技全程伴随公安信息化建设的发展，并始终在公共安全创新技术的应用上保持领先地位。目前，信义科技在智慧警务、数字视频大数据关键技术和智能视频数据分析领域已取得重要成果，针对公共安全领域的“X-Cloud 安防大数据管理应用平台”即是其中之一。通过建立规范的数据采集标准，打造智能化的数据采集服务，构建纵向畅通、横向联通、高度集中、运转高效的安防大数据管理平台，全面提高了数据采集、传输、清洗、分析挖掘等过程的效率，进一步提升了安全部门维护稳定、反恐处突、治安防范、侦查破案、服务群众的效能。

二、平台架构

平台围绕“采、治、用、管”四个维度构建，共分为大数据采集层、大数据存储计算层、大数据服务开放层、大数据应用层四个层面（见图 9–1）。

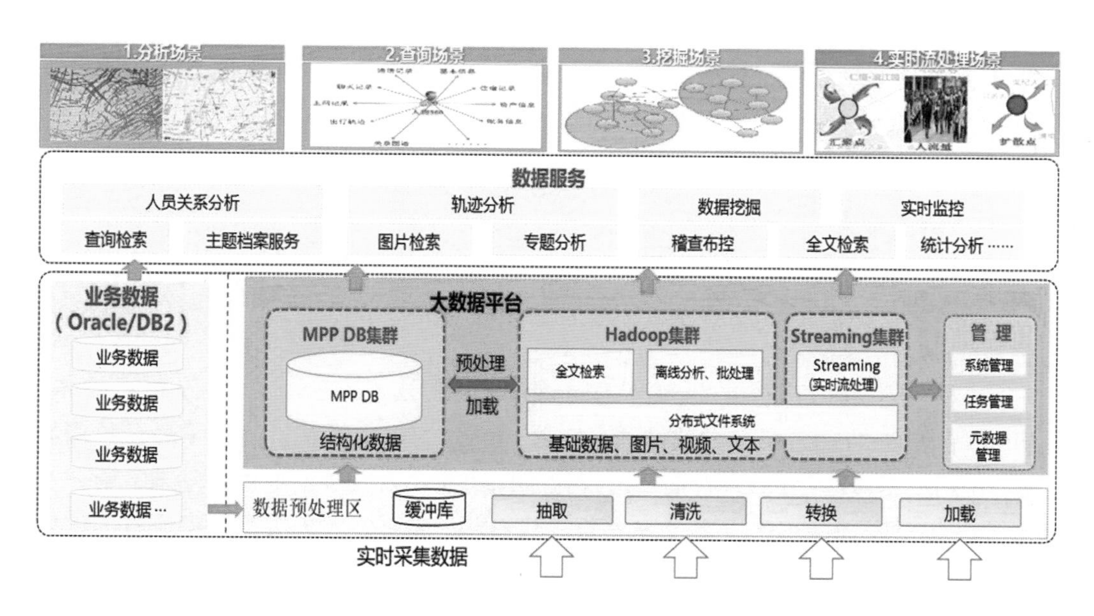

图 9–1 X–Cloud 平台架构图

（一）大数据采集层

支持数据的实时与非实时接入，支持爬虫采集，支持可视化 ETL 的抽取与清洗。此层面实现了与公安各业务系统的对接，如：110 接处警系统、电子笔录系统、公安警用 GIS 系统、公安视频综合应用平台、公安信息资源库云平台、公安多维警情分析系统等。通过与各系统的对接对获取的数据进行抽取、清洗整理、加载，完成外部基础信息资源的抽取。

（二）大数据存储计算层

支持各类格式数据的存储，如文件存储、对象存储以及分布式关系型数据的存储；计算方式支持离线数据批处理计算、流式实时计算、全文检索、MPPDB 实时查询分析计算；大数据基础平台支持多种数据挖掘分析算法，包括分类、聚类、关联规则、预测等相关算法；同时支持文本数据的语义分析与挖掘、知识图谱等服务。

（三）大数据服务开放层

通过微服务的形式，将大数据的存储、分析、挖掘能力开放给应用层。

（四）大数据应用层

主要包括信息查询、智能挖掘、多源碰撞、可视化分析、大数据看板、质量监测等功能模块。

三、关键技术

（一）基于公司自主研发的 X-Cloud 大数据平台技术

X-Cloud 大数据基础平台基于 Hadoop 分布式技术、全文检索分布式技术、MPPDB 技术，结合公司在大数据项目实践过程中的丰富经验，整合了海量数据的采集、存储、管理、分析、查询及可视化展现功能。以大数据平台为基础，为公安行业应用提供全面的解决方案及服务的定制开发，为公安实现海量数据应有的信息价值（见图 9–2）。

（二）基于自然语言处理技术的案件、事件关键信息挖掘

基于深度学习算法的高准确度语义识别技术，以及分词、词性标注、命名实体识别、依存句法，通过对文本的处理，对案件录音或记录进行电话号码抽取、日期抽取、身份证号抽取、姓名抽取。实现公安非结构化文本数据的存储、检索与自动处理，关键信息的抽取与关联分析，推动警务工作转型升级。

图 9–2　基于自然语言处理技术的警情案件梳理平台

（三）面向高价值密度数据的并行分析技术

并行分析技术打破了传统关系型数据库分析的瓶颈，实现了列存储、智能压缩、智能索引、多线程并行计算、MOLAP 优化等功能。通过并行分析技术，构建大规模 MPP 集群，提供轨迹分析、伴随分析、团伙分析、昼伏夜行分析、落脚点分析等功能，满足公安对海量数据实时的、大规模复杂的分析需求。并行计算数据库实时分析百亿级数据时，可实现 3 秒内响应（见图 9–3）。

图 9–3　并行分析技术能力

（四）面向智能安防的知识图谱构建技术

面向智能安防的知识图谱技术，通过大规模的数据处理，实现人、事、地、物、组织、虚拟身份的关联，进一步提高预警研判的准度、精度。面向智慧城市、智能安防的知识图谱构建技术，主要研究包括知识融合（实体链接、知识合并）、知识加工（本体构建、知识推理、质量评价）与知识更新技术。知识图谱技术实现千亿级关系存储，关系查询响应时间在3秒内（见图9-4）。

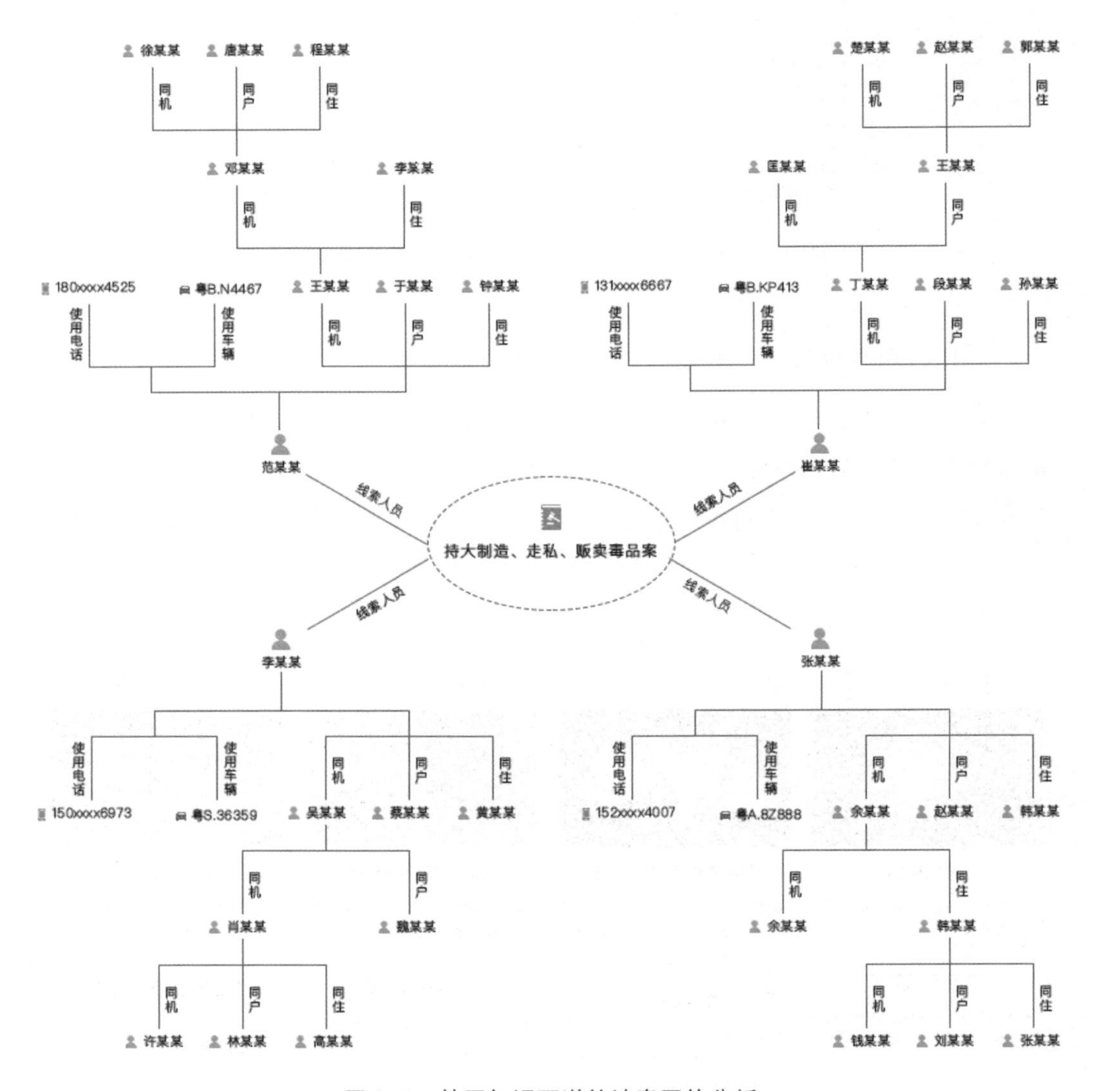

图9-4 基于知识图谱的涉毒团伙分析

四、应用效果

（一）应用案例一：深圳市公安局龙岗分局

本产品已应用于深圳市公安局龙岗分局，采用了人脸识别、自然语言处理、知识图谱、视频结构化等先进技术，搭建了可存储千亿级警务数据的 X-Cloud 大数据平台（见图 9–5）。

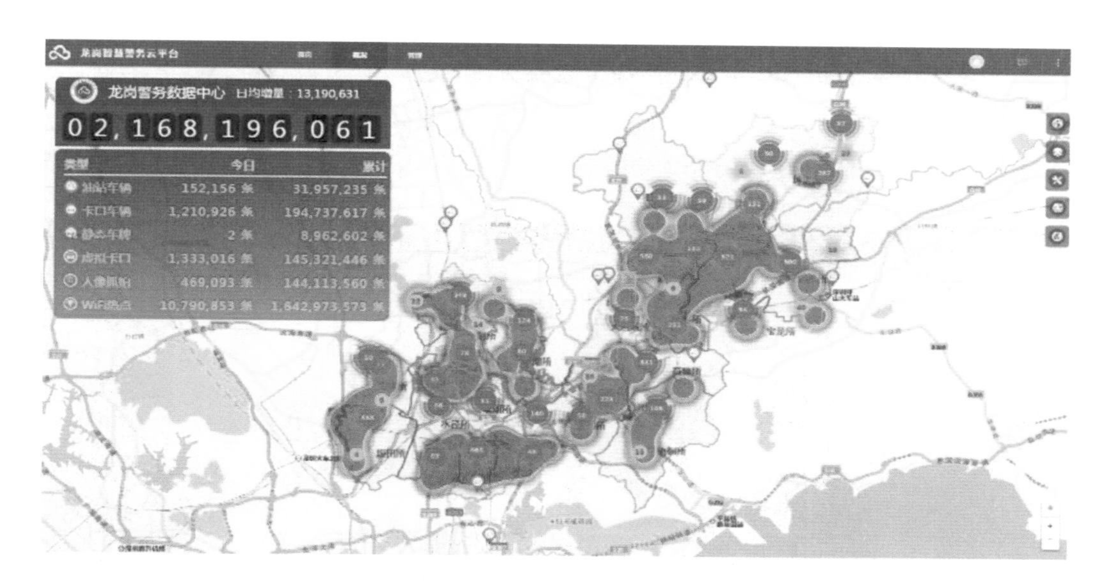

图 9–5　龙岗智慧警务云平台

1. 系统使用成效

系统用户数 2967 人，日均登录量 575 人次，日均查询量 5439 人次。

2. 数据汇集成效

“车辆”识别点 245 个，日均采集数据 300 万条，累计 8 亿条；“WIFI”采集点 6000 个，日均采集数 3000 万，累计 82 亿条；“人脸”识别点 3096 路，日均采集数据 450 万条，累计 10.6 亿条。

3. 系统应用成效

随着智慧警务建设的不断推进，龙岗区的社会治安持续向好，打击效力不断提升，2018 年全区刑事治安警情同比下降 28.62%，降幅居深圳市第一，其中八暴警情同比下降 44.62%，两抢警情同比下降 53.44%，两盗警情同比下降 50%，刑事治安警情同比下降 29.83%，刑事诈骗警情同比下降 24.28%。

（二）应用案例二：广州无线电集团智慧园区

本产品已应用于广州无线电集团智慧园区，基于“X-Cloud安防大数据管理应用平台”的数据采集与处理能力，结合广州无线电集团智慧园区建设要求，信义科技为其搭建了智慧园区大数据平台。平台以园区卫星地图为基础展示园区全景，并在地图上叠加显示园区内所有人像摄像机、车辆摄像机、高清监控摄像机的安装位置，点击摄像机可查看该摄像机的实时视频、实时过人/过车数据和图片、过人/过车量统计数据。地图上实时显示园区内人、车大数据分析数据，包括园区总人数、各楼栋人数分布、访客人数、各时段人流统计、历史人流趋势、园区车辆数、停车位空置率、车辆按地域统计数据、车辆违停告警数据等，直观、完整展示园区整体情况，帮助管理者精细掌控园区运行态势（见图9–6）。

图9–6　广电智慧园区大数据应用平台

企业简介

深圳市信义科技有限公司成立于1997年，现有员工227人，隶属于国有控股上市企业广电运通旗下，是一家专注于为公共安全领域提供人工智能技术研发及大数据综合应用业务研究的“国家高新技术企业”“广东省自然语义分析及其应用技术工程技术研究中心”。公司不断探索研发面向智慧公共安全的前沿技术，现已取得百余项专利及软件著作权，参与编制十余项行业标准并获深圳市科学技术标准奖，核心产品及技术曾获国家科学技术进步奖二等奖、国家公安部科学技术奖一等奖、公安部科学技术奖三等奖，广东省大数据应用示范项目等多项荣誉。

专家点评

X-Cloud 安防大数据管理应用平台，是以大数据、物网联、云计算、智能引擎、视频技术、数据挖掘、知识管理为技术支撑，以公安信息化为核心，通过互联化、物联化、智能化方式，促进公安系统各个功能模块高效协同，是实现警务发展新理念和新模式对警务信息“强度整合、高度共享、深度应用”要求的成功探索。

杨晨（中国信息安全研究院总体部主任）

大数据

35

基于公安视频资源的全目标大数据解析解决方案

——北京格灵深瞳信息技术有限公司

北京格灵深瞳信息技术有限公司（以下简称“格灵深瞳”）基于公安视频资源的全目标大数据解析解决方案，基于AI和大数据分析，通过对社会面视频资源整合，提供以全目标解析为核心的智能关联与数据分析服务，包括全目标结构化、危险事件布防、立体化综合布控、大数据警情研判等多层应用。解决方案面向公安、综治、交通提供视频图像智能应用，从对数据的感知、传输、分析、服务到最终面向公安多警种的不同实际业务需求，建立服务于各警种的大数据公共服务类平台。解决方案在实战工作中已取得重大战果，大量节省警力的情况下，快速分析预警社会危险人员线索，为犯罪嫌疑人员抓捕提供最佳时机，真正地建立事前防控、事中指挥、事后研判的大数据立体化防控应用模式。

一、应用需求

（一）方案背景

2015年，九部委联合发布《关于加强公共安全视频监控建设联网应用工作的若干意见》（发改高技[2015]996号）文件，提出到2020年，基本实现“全域覆盖、全网共享、全时可用、全程可控”的公共安全视频监控建设联网应用，同时又提出“应充分运用视频结构化描述、数据挖掘、人像比对、车牌识别、智能预警、无线射频、地理信息、北斗导航等现代技术，加大在公共安全视频监控系统中的集成应用力度，提高视频图像信息的综合应用水平”。

随着公共视频资源的不断增长，公安机关对视频图像信息的深度应用需求也已十分迫切。例如，指挥中心等部门需要能够快速、准确调看突发事件现场的视频图像信息；刑侦、反恐等部门需要按事件的视频图像信息进行分析研判；情报部门需要重点人员、车辆的视频图像信息进行综合研判；治安部门需要利用大型安保活动现场的视频图像信息分析；交管部门需要通过车辆的视频图像信息开展重点人员、车辆的识别、比对和布控；督察部门需要通过视频图像信息对派出所、监管场所等单位进行网上督察等。因此，建设基于AI大数据的视频图像解析系统，有利于提升视频图像信息资源的共享和综合利用水平，能够进一步提升公安机关情报收集、协作办案和快速反应处置能力，从而建立公安立体化防控体系。

（二）现状分析

“平安城市”系统的建设极大地促进了治安防控工作的进展，但是，建设中也逐步暴露出一些问题，突出表现为各地视频监控、卡口平台独立运行，大量数据形成信息孤岛，缺乏面向实战的分析研判与预警系统，没有充分利用以物联网、云技术、大数据为代表的新技术的优势，影响了视频图像资源、卡口资源的深度应用，已无法满足新形势下公共安全工作对掌控、预警、实战的需求，具体表现在以下几点。

1. 数据未有效整合

各地视频监控、卡口系统存储的视频监控资源、车辆图片数量巨大，由于各地视频监控系统、卡口电警系统建设厂商不一，数据库平台不一，涉及的设备品牌型号、设备性能、设备功能和数据汇聚方式不同，无法做到视频专网范围内的数据互联互通，一定范围内形成信息孤岛。如何利用先进技术整合利用这些数据资源，是公安信息化建设亟待解决的问题。

2. 图片资源未充分利用

目前建设的视频、卡口、电警系统大多尚未对海量的视频、图片资源进行深入挖掘和应用。然而，随着违法分子反侦查能力的增强以及犯罪作案手法的不断升级，实战过程对所获取的图片处理技术和功能应用提出了更高的要求。特别是在涉车案件中，急需将非结构化的过车图片转换成计算机可检索的结构化过车数据，以过车数据为主线，与人员、案件、物品、现场勘查、电磁轨迹及社会资源等资源数据库进行关联、碰撞、分析与挖掘，为掌控、预警、实战提供强有力的支撑。

3. 缺乏统一的监管和实战平台

各地的视频、卡口、电警平台都是独自建设，数据间没有共享，省、地市局主管单位无法完全掌控下属各地的实时过车情况，亟须在整合各地数据的基础上，建设统一的监管和实战平台。

（三）需求分析

1. 物联网数据资源整合需求

随着建设内容的不断完善，整合的资源不再只有视频或者卡口资源，为了更好的实际应用，项目中将接入 WIFI、RFID、电子围栏或者 ETC 等资源信息。如此多元的资源数据，需要一个稳定的接入系统统一对接资源，实现数据资源的整合。

2. 视频图像信息解析服务需求

项目中保存了大量的视频和卡口资源，需要更有目的性、更有效、更便捷、更快速的方式查找。对重点视频或者卡口资源实时结构化，提取更多有效的特征属性，有目的地进行检索，将会大大提升使用的效率。

3. 视图大数据应用需求

接入各种类型的资源数据，数据量庞大并且不是所有的数据都是有价值数据，从大量数据中挖掘出对案件有力的数据才能真正地起到应用效果，所以需要对多元数据资源进行深度的碰撞挖掘，找到彼此之间的联系。

4. 多警种综合实战业务应用需求

各级中心为扁平化应用模型，改变原有条块化的模块设计，打破人工界限，实现开放式业务流程应用。各个警种可以根据自身业务需要进行合理的业务服务组合，满足实战需求，在恰当的授权条件下，各分中心可调用其他各中心的存储、计算、网络等硬件资源，调用云计算服务等软件资源，通过弹性扩展能力构建大型视频云计算中心，按照用户需求提供多元化服务能力，满足多样需求，实现面向多警种的多业务使用。

二、平台架构

（一）解决方案技术架构

系统平台主要组成如图 9-7 所示。

1. 物联网视频云平台

实现新建与利用旧视频资源整合，流媒体传输，视频云存储、综合运维和视频的基础应用功能。实现与政务外网、视频专网的国标对接。

2. 视频图像智能解析系统

实现视频结构化数据分析与检索、人脸比对实时预警、综合研判、统计分析、权限管理等功能。

3. 视频大数据分析系统

基于海量结构化数据，分析人员、车辆等全目标数据，快速找出目标人、车，以及基于分析模型实现异常人员、车辆、事件预警。

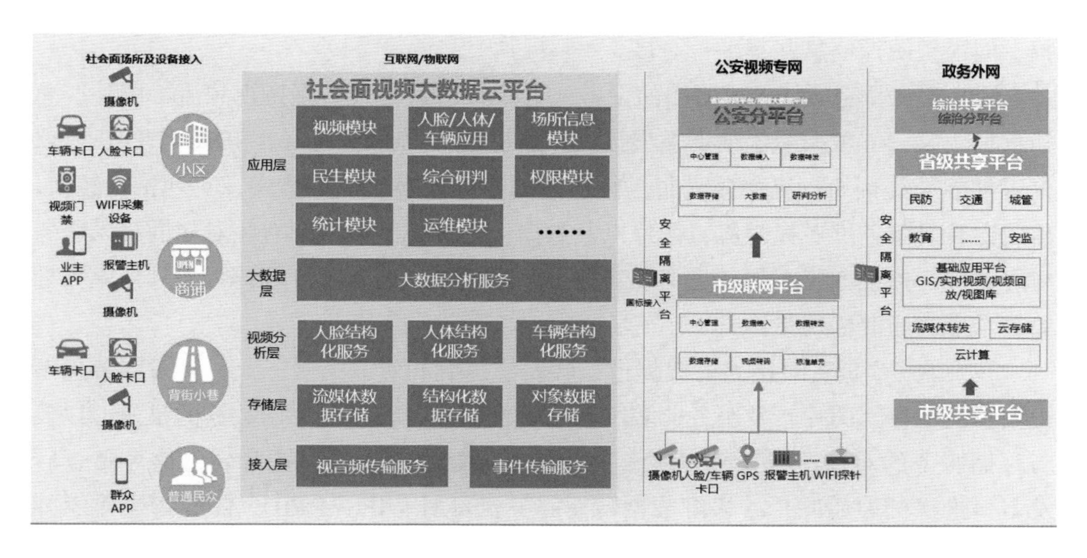

图 9–7 解决方案技术架构图

4. 群防群治综合应用系统

实现群众参与周边治安管理及便民服务，实现看视频、随手拍、一键报警等应用。

（二）系统功能

1. 物联网视频云平台

（1）前端设备接入。

存量视频资源接入：当前，社会单位已建的视频资源多为传统监控摄像机，这类设备并不支持互联网的主动注册接入。云平台提供不同规格的视频网关，可应用于不同类型的社会单位，支持 8 路接入、64 路接入、128 路接入；支持 GB/T 28181、Onvif 以及私有协议设备接入；支持视频云存储；支持前端历史视频调阅。

国标协议摄像机接入：GB/T 28181 协议从 2016 版本开始支持主动注册，可应用于互联网接入，社会图像资源接入平台须支持 GB/T 28181—2016 协议的摄像机直接接入。实现视频查看、云台控制、参数配置等功能。

智能前端设备接入：平台支持人脸抓拍机、车辆微卡相机等智能前端设备接入，实现实时视频浏览、结构化数据上传、视频云存储、参数设置等功能。除摄像机的基础参数外，还包含智能参数：智能识别（人脸、人体、车辆）开关、抓拍最小尺寸（人脸、人体、车辆）、可信度等。

（2）视频平台服务。

社会视频资源接入平台汇聚社会面视频资源，支持基于 GB/T 28181 协议与视频专网视频图像信息共享平台对接。

统一接入服务：负责对前端的设备或者平台进行对接，支持视频流、图片、感知数据、第三方数据库等数据类型接入，支持DB、WebService、SDK、FTP、协议等组件的采集接入。统一接入服务将接入的数据转换成内部格式，实现格式转换，然后向转发服务推送视频流、图片以及数据。各种类型接入都有相对应的接入服务与之对应，保证各接入服务之间相互独立，避免因某一个服务坏掉影响其他服务导致整个系统崩溃的现象。

转发服务：负责对接入的数据进行转发推送到相对应的服务上，转发服务包括视频转发服务、图片转发服务、多维数据转发服务。实现对原始数据的推送，以及与存储服务的对接。视频转发服务负责转发原始的视频流，图片转发服务负责转发卡口推送的原始图片，多维数据转发服务负责对WiFi、RFID、GPS等多维感知数据进行转发。每个转发服务对应一个类型的数据，保证数据的完整性，并传输稳定。

存储服务：负责对转发服务推送过来的原始数据以及二次识别的数据进行存储，支持各类数据的不同主题存储。存储包括视频流存储、图片存储，图片存储包括原始图片以及二次识别后的图片。并且在存储服务中有一个缓存空间，缓存图片以及其他数据，方便上层服务快速地读取数据，并保证数据的完整性。

中心管理服务：负责承接整个物联网数据资源整合平台的功能逻辑，并作为平台对外的唯一信令出口。实现对整个系统服务、设备、功能逻辑的管理，保证物联网数据资源整合平台所有服务的正常运行，并保证彼此的独立，为上层服务提供底层技术支持。

统一配置服务：负责提供设备资源、卡口资源、接入服务、接出服务、消息服务的动态管理，实现所有前端资源的统一的配置、统一管理和展现，为上层应用平台提供全面的数据资源信息。

接入层对外接口服务：负责对接入的数据进行映射转换、过滤，数据清洗后，输出给上层应用或第三方接口。接口服务需要按照指定的配置信息配置完成相应的推送接口，支持对数据的补传以及日志回溯。

2. 视频图像解析中心设计

视频图像解析中心系统通过整合车辆数据、运动目标、人脸数据、WiFi信息、身份证信息、事件信息、GPS等数据，建立视图资源分析服务平台，以视频云存储服务、大数据服务、视频云计算服务为基础，视频大数据与多种采集数据碰撞挖掘方式，提供标准的数据服务接口和分析接口，为上层应用平台提供开放、高效的多资源数据共享与分析服务。

视频图像信息解析中心依托视频云架构，采用深度学习算法，对视频和图片进行结构化处理，提取视频图像中人、车、物、行为等关键目标的属性，并进行语义描述（见图 9-8）。

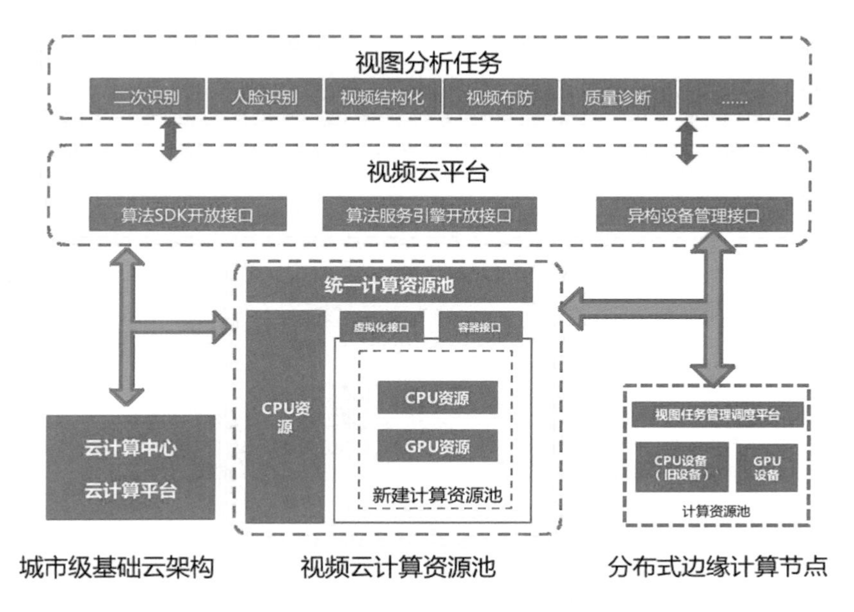

图 9-8　公安视频图像解析中心架构图

（1）解析中心算法能力。

目标检测与跟踪，支持同时检测视频中的车辆、非机动车、行人、人脸四类全目标，并准确区分类别，通过对检测目标的多帧跟踪，进行抓拍目标的质量判断，实现同一个目标至少抓拍出一张特写图像。

支持对卡口图片中的车辆、非机动车、行人、人脸的全目标特征抽取，以用于以图搜图功能。输入待搜索图片，系统可自动区分车辆、非机动车、行人目标，并以相似度排序方式返回 TOP N 条最为相似的结果。机动车特征识别，可识别抓拍车辆的车牌、车型、车款、车身颜色、年检标、遮阳板、纸巾盒、挂件、摆件、不系安全带、开车打电话等细分特征。非机动车特征识别，可检测抓拍图片中的非机动车，并进行非机动车分类、颜色、姿态等细分特征的识别。行人特征识别可检测抓拍图片中的行人，并进行细分特征的识别，包括性别、年龄段、头部特征、附属物品、衣服颜色纹理等。支持对实时视频、历史视频和图片进行人脸检测，识别人脸的时间和位置信息以及表情、是否戴眼镜等信息。并且应支持对检测的人脸进行特征信息提取，为人脸分析提供数据基础。

（2）解析中心运算能力。

资源调度服务在任务计算资源方面起到了合理调度硬件资源的作用，在进行大规模、多任务的处理工作中，云计算单元能够发挥重要的作用，云计算单元在底层应用方面可以将CPU、内存、网络等资源合理分配划分，并且由云计算中心管理机制对任务进行合理的分发调度，使每一个计算任务都能获得足够的、合理的计算资源以供利用。

视频云计算服务支持统一管理GPU服务器与CPU服务器。上层应用平台在提交视图处理任务时，可根据需求选择使用CPU集群或GPU集群进行处理，系统会根据应用平台的要求调度不同的资源执行任务。系统能够在CPU集群或GPU集群中的一种计算资源被完全占用时，自动将等待队列中的任务切换到另外一种资源进行计算（见图9-9）。

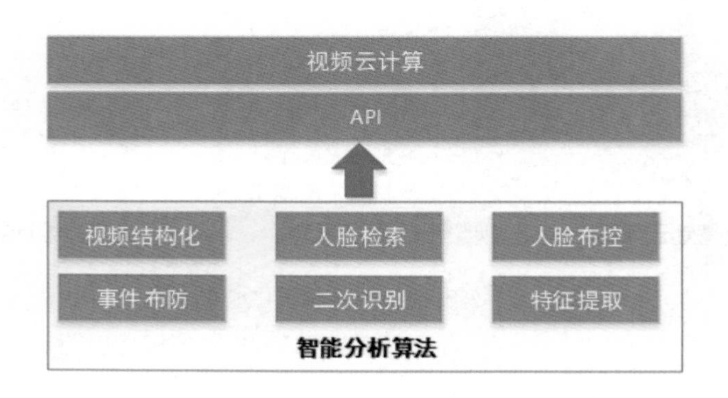

图9-9　视频云计算API接口

3. 视频大数据分析系统（见图9-10）

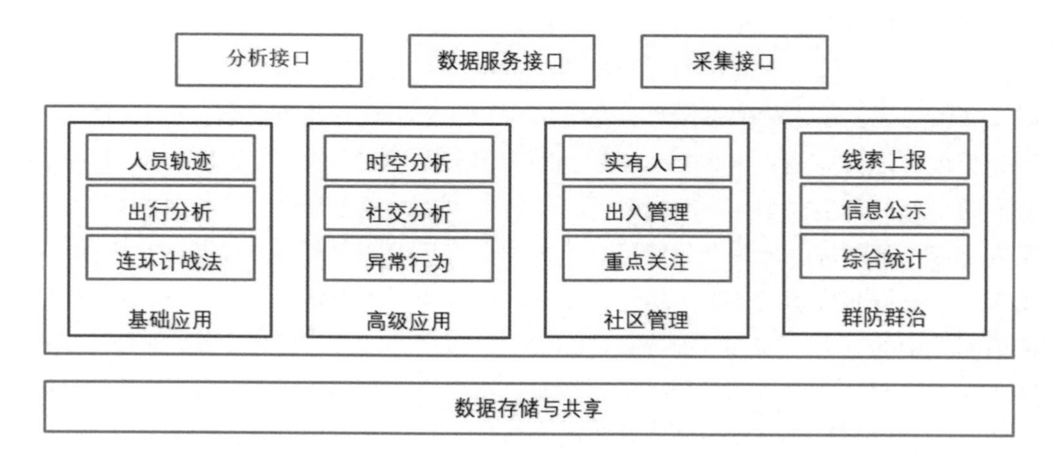

图9-10　公安视频大数据分析系统架构图

（1）基础应用。

人脸碰撞：支持根据多个区域，不同时间段进行碰撞，找出同时出现的人脸，进而缩小排查嫌疑人员范围。

频繁出没：支持特定监控点位出没人员数量及次数的分析与排序，查找目标人员。

频次分析：支持分析指定人脸图片在各监控点出现的次数，并对结果排序。

伴随分析：支持基于指定人员出现的轨迹点位，分析出与该人前后伴随出现的其他人员。

轨迹查人：支持按照轨迹查找符合的人脸信息，结果按照相似人员聚类方式展示。

连环技战法：单一的技战法在实战中不能充分发挥威力，需要采用多种技战法的组合，形成连环技战法，当通过视频分析，找出嫌疑人的人体特征，进而进行身份确认时无效，人脸轨迹也中断时，可以及时调整侦查方向，通过嫌疑人所乘坐的车辆进行检索，对于疑似采用套牌车的车辆，通过以图搜图搜到原车，通过落脚点分析确定车辆活动范围，最后进行车辆布控。这一连串的技战法，都可以在系统中方便地进行跳转，并可拓展出无限的应用模式。

（2）高级应用。

围绕“人、地、物、事、组织”等基本治安要素和“吃、住、行、消、乐”等基本活动轨迹，建设闭环的智能采集前端，可以实现对区域内过往人员更精细的管理，通过自我学习，逐步认识每个人并了解每个人，从而可以提早发现有异常事件，包括：行为特征分析模型，基于时空关系，建立视频身份档案；人员评价机制，自我学习，逐步认识每个人；社交分析；异常行为模型的建立与分析。

（3）社区管理。

实有人口包括两部分人群，首先，包括社区居民信息库；其次，很多房屋出租未登记，通过人脸识别，对每天早上离开社区、晚上回社区，且不在居民信息库里的人员，也定义为社区实有人口。

针对社区外来人员，根据抓拍记录，以及固定轨迹，逐步自我学习，建立可信外来人员库。对于陌生外来人员，系统会建库并跟踪，一旦有可疑现象，则报警提示。

出入人员记录，示社区当日进入多少人：其中实有人口多少、外来人口多少，以及每个人的出入抓拍照片。外来人口进入未离开的都是什么人，设置社区关注人员库，可以了解每个人的详细出入记录，以及现场照片、同行人员等信息。

异常人员提示，多日未出现实有人口；进入未离开外来人口；戴头盔人员、口罩人员；比对报警人员；陌生外来人口。

异常行为提示，抓拍人脸超出小区平均水平的单元楼；活动轨迹覆盖小区大部分单元楼的人员。

（4）群防群治综合应用系统。

群众 APP：周边视频查看、线索提交与一键报警、信息发布。

人力情报信息管理系统：主要用户为情报管理人员和社区工作人员，管理端包含的功能主要有：综合统计、信息管理、评论管理、情报管理、群众管理、用户管理。

三、关键技术

（一）资源联网核心技术

1. 面向服务的架构

平台采用面向服务架构（Service-Oriented Architecture，SOA）设计，可支持应用程序的不同功能单元（以下称为“服务”），通过这些服务之间定义良好的接口和契约联系起来。SOA 凭借其松耦合的特性，使得用户可以按照模块化的方式来添加新服务或更新现有服务，以解决新的业务需要，提供选择从而可以通过不同的渠道提供服务，并可以把用户现有的或已有的应用作为服务，从而保护了现有的 IT 基础建设投资。

2. 中间件技术

基于中间件技术，提供良好的开放兼容性，采用进程隔离技术把第三方的模拟摄像机、数字摄像机、模拟矩阵、编码器、硬盘录像机、人脸卡口、车辆卡口等设备以及其他感知型设备整合进入系统。

3. 进程隔离技术

平台采用进程隔离技术，在使用进程隔离技术的系统中，针对每一种前端采集设备，平台会单独启动一个独立进程对异质品牌或异质设备种类进行独立接入管理，每个进程均单独调用所辖设备的兼容组件，如某个设备的组件有问题，只会影响该设备的进程，而不会影响到整个平台的正常运行。这样将平台接入系统分割成了多个小进程，极大提升了平台接入系统的可靠性和易用性，不会因为个别进程出现了问题导致整个监控系统的故障。

4. 数据同步技术

平台具备先进的数据同步技术，各系统节点状态始终一致，如果某个系统节点在很短的时间中状态发生了变化，整个系统的各个节点能很快重新同步。

5. 管流存合并技术

平台具备业界先进的管流存合并技术。在正常情况下，中心管理控制单元、媒体转发单元各司其职，独立完成管流功能。如当流媒体服务器出现故障或断网后，管理控制单元可接替出故障的媒体转发单元临时自动开启对应功能接替故障服务相关功能，整个视频监控系统仍正常运行。

6. 流媒体集群技术

节点互联和平台内部（含客户端）的视频传输通过流媒体技术进行码流复制转发，通过平台软件实现视频路由功能，码流分发不依赖网络传输设备实现。

系统平台采用成熟的视频流媒体技术实现对视频码流的实时直播和历史点播的逐级转发，具备高效稳定的节点间链路优化功能，满足大量用户同时访问同一路视频源的低延时需求。可支持节点间多级联网又同时支持分布式独立自治域部署。

7. 区域自治、断网重连技术

平台支持断网重连技术，用户使用客户端调阅图像时，若网络出现中断，负责转发图像的服务器会自动保持现场信息，并启动自动重连服务，不断查询网络状态，在一定时间内，若网络恢复正常，将自动恢复图像传输，用户只有少许的图像停顿感觉，可进行正常查阅图像并进行 PTZ 控制。

在联网环境中若上下级网络全部断开，各级中心均可查看本级接入图像。在网络恢复后，上级调看的图像可自动恢复。

（二）分布式数据库技术

在海量数据进行汇聚后，数据库技术的选型和规划，对后面的业务应用功能上线、未来新功能规划、系统扩展具有决定性的意义。

对于系统应用层的数据业务进行分析，支持关系型数据库（提供 SQL 语句）与分布式数据库（提供面向海量数据分析 OLAP 业务的分布式数据库）两大应用场景。

（三）视图智能分析技术

视图智能分析技术基于深度学习技术，实现公共安全视频图像信息资源的半结构化解析和结构化解析。

1. 深度学习技术

深度学习技术，通过一套模拟人类大脑感知周围世界方式的算法，大大地提升了机器在理解、感知和预测等多方面的性能，是近年来人工智能领域最重大的突破之一。深度学习在计算机视觉领域中的应用，让机器在感知、理解和识别图片内容的能力得到了历史性的提高。本产品创造性地将深度学习技术应用于视频分析、检测、识别领域，大大提高了识别精度。

（1）自动特征提取。传统的机器学习方法，都是通过手工设计的特征来理解和识别图片内容，但是这种做法准确率很低，难以达到实际应用的标准。根本原因是手工提取的特征不足以刻画和区分不同物体，故导致准确率低。而深度学习技术可自动抽取图像的深层特征，大幅提升了物体识别的准确率，使之可以达到应用的水平。

（2）多层模型。传统识别方法一般都是基于浅层模型，而深度网络有着一层层提取物体特征的优势，高层特征信息是底层特征信息的线性和非线性变换。相比于浅层网络更能提取出能够刻画欲分类物体的本质特征，从而提升模型性能。

（3）End-to-end 学习。传统技术的模型训练过程是割裂的，而深度学习技术是完全端到端（End-to-end）的数据驱动。端到端的数据驱动意味着模型的输入是原始图片，输出是分类结果，中间层的特征提取不需要人工参与，而完全由数据自我驱动。深度学习技术使用的完全数据驱动的算法可以最大程度上学习到分类物体的高维特征，提升识别性能。

2. 高性能计算技术

深度学习算法中含有大量的数值运算操作（如矩阵相乘、矩阵相加、矩阵—向量乘法等）。为了提高算法的运算速度，本产品利用 GPU 作为运算单元，可以充分发挥其数以千计计算核心的高效并行计算能力，在处理海量数据的场景下，所耗费的时间大幅缩短，占用的服务器也更少。具体能力体现在：

（1）识别功能全。设备支持多类目标的检测、识别，包括：车辆特征识别，支持 14 种细分特征；人体特征识别，支持 24 种细分特征；非机动车特征识别，支持 14 种细分特征；人脸特征识别，支持 5 种细分特征；目标（人 / 车 / 非 / 脸）特征提取（以图搜图）。

（2）分析识别准。在细分结构化特征的识别率和以图搜图指标方面技术优越。

（3）兼容能力强。高性能服务器可同时支持实时视频、历史录像、本地录像文件、图片资源的接入，支持视频、图片资源的同时处理，支持各摄像头厂家标准设备的接入。提供标准二次开发接口，供应用集成。

（4）集群可堆叠。部署灵活，支持单台部署；支持集群扩展和运算存储资源的弹性扩展；智能负载均衡，方便统一资源管理。

(四)数据挖掘技术

数据挖掘是一个闭环的、反复循环的过程，通过对视频图像数据资源抽取出有意义的、潜在有用的信息和知识，并进行提炼，可以基于综合业务应用，对未来做出一个较为完整、合理、准确的分析和预测。

数据挖掘涉及大量的业务流程和数据挖掘模型，需针对不同的业务需求建立相对的挖掘模型并验证后使用。系统为后续的数据挖掘预留统一接口，未来可进行相应二次开发。

(五)微服务架构技术

微服务是一种软件架构。微服务架构由一组单体服务构成，每个单体服务独立部署、运行在不同的进程中、可独立扩展伸缩并且定义了明确的边界。不同的单体服务之间通过如 Restful、RCP 等轻量的通信机制交互，不同的单体服务甚至可以采用不同的编程语言来实现，由独立的团队来维护。

四、应用效果

(一)应用案例一：新疆维吾尔自治区乌鲁木齐市公安局视频图像大数据综合实战应用平台项目

新疆维吾尔自治区乌鲁木齐市公安局视频图像大数据综合实战应用平台，作为新疆公安部门科技化建设的重要组成部分，采用了先进的人脸识别技术和大数据应用功能，能够快速识别人脸，辨别身份，锁定目标，对精准布控、防范犯罪提供了有效的技术支撑，对于提升乌鲁木齐市的社会治安防控、反恐维稳等能力方面具有重大意义。

本项目包含三部分内容：

1. 对乌鲁木齐市市区重点区域补充建设人像卡口，完善乌市人员人像防控体系

乌鲁木齐市市区检查站、医院、地铁、社区等重点区域补建人像卡口，前端人像卡口点位补建 182 路，通过人像卡口对乌市市区内人员进行身份验证，接入车辆图像采集布控点位达到 100 路，对乌市市区内车辆进行特征提取。乌鲁木齐市新建的地铁设施，作为乌市重点安全防控区域，新建 90 个人像卡口点位，做到从通车之日起，保障地铁设施和人民通行时的生命财产安全。平台能实现分级布控预警权限、GIS 地图展示人员轨迹、手机 APP 报警消息推送等功能。

2. 结合多维数据源感知，构建视频图像智能分析体系

前端建设人像卡口点位 600 路，接入车辆卡口点位 500 路，结合移动通信设备信息、RFID 射频信息等扩展资源信息，丰富接入数据源类型，实现前端数据多维感知。平台能通过接入大量的人脸、车辆、移动通信设备信息、RFID 射频信息等数据资源信息，扩展数据源类型，实现人脸与移动通信设备信息、车辆与移动通信设备信息的数据碰撞，并将人像识别、车辆识别的结构化结果等数据存储到视频图像信息数据库，通过大数据运算分析，描绘人员轨迹，针对性地开展人员管理工作，为视频图像大数据分析提供基础数据服务支撑。

3. 打造视频图像大数据综合实战应用

实现对接全市车辆卡口数据，平台通过对海量的多源数据的汇聚、分析，将多种类型数据源进行优势互补，还原人员基于时间 + 空间的轨迹信息，掌握人员的日常动态。利用人脸聚类手段，对人员进行识别聚类分析，生成“一人一档”的轨迹信息库。通过大数据分析研判，实现人脸碰撞、频繁出没、频次分析的实战应用。

项目建设第一年，已累计实现 5000 万人员的静态检索，通过各类大数据分析手段，比中嫌疑人千余人次，为重点人员实施抓捕提供充分依据。

2018 年 5 月，新疆乌鲁木齐市公安局图像侦查支队宣布与北京格灵深瞳信息技术有限公司，共同组建“图侦支队—格灵深瞳联合实验室”。图侦支队与格

图 9–11　新疆乌鲁木齐市公安局与格灵深瞳联合实验室签约仪式

灵深瞳签订了《警企共建联合实验室合作协议书》，双方对服务基层、服务实战，充分发挥警企合作优势，助推“警企联合实验室”规范化、实战化发展，研发符合实战需求的科技信息化产品达成一致意见，并初步明确了多个研究方向（见图 9-11）。

（二）应用案例二：曲靖市平安城市建设项目

曲靖市建设完成 1300 路高清视频监控摄像头，虽然可以准确地获得车辆行驶通过的位置和时间，但是并不能提供更丰富的研判信息，对于查处违法违章行为的帮助有限。如何更好地利用已经建设的卡口、电警设备，为查处交通管理中的违法违章行为提供更多的有力证据，成为困扰交警部门的难题。具体缺点如下。

第一，交通视频监控设备利用率较低，违法违章场景回溯困难，监控视频往往会占用很大的存储空间，很难保存很长时间，无法提供有力的证据。

第二，缺乏对海量车辆通行记录的快速检索能力。由于传统关系型数据库缺乏分布式计算能力，所以面向大数据时只能越来越慢，不能满足大数据应用的要求，造成严重的性能瓶颈。

第三，缺乏对海量数据的深入挖掘与深度应用。大部分已建卡口缺乏通过大数据分析技术深度挖掘海量数据中的潜在规律和线索，导致有价值的信息白白流失，此外，车辆布控都只能进行单点的布控和对比报警功能，资源之间缺少信息互通，缺乏一个统一系统将这些信息资源进行整合，无法对信息资源进行深度应用。

通过曲靖市平安城市建设项目，使全目标视频大数据结构化与卡口电警图片二次识别功能对接，打通情报指挥联动环节，提升视频监控在平安城市中的监控作用。格灵深瞳全目标视频大数据系统与情报指挥平台进行对接，实现了车辆在道路上的实时特征识别及事后特征检索。通过与平台联动，为应急实战提供强有力的车辆跟踪和识别技术保障。

该项目采用先进的深度学习算法、高性能计算、大数据以及数据挖掘等技术，面向海量的道路车辆过车卡口图片数据，而构建的公安交通大数据智能分析处理系统，为全市交警科技信息化建设向智能化发展，提供有力的技术支撑和应用服务支撑。真正地实现快速、实时、准确的查找违法违章车辆，提高交警查处效率，协助交警部门保障道路交通安全和经济社会建设。其中，主要的实际应用成果如下：

1. 道路车辆抓拍图片信息进一步挖掘

通过对前端采集的车辆卡口图片进行二次识别，有效提高车辆信息采集的完整性。

2. 提升车辆特征识别的准确度和处理能力

采用先进的深度学习算法和高性能计算服务，对图片中车辆进行特征信息提取。

3. 深度解析监控视频数据使之发挥更大作用

提高视频监控数据量的利用率和智能化程度，深度解析监控视频数据，自动检测识别视频中的目标，并进行特征属性提取，从而减小大容量存储带来的压力，使证据数据存储更长的时间，为执法回溯提供有力证据。

4. 加强对海量车辆通行记录的快速查询能力

要满足高效的检索需求，需要建设一套高效的分布式集群数据库，设计应对车辆大数据的复合型检索机制，保障性能和设备数量的线性提升，从而实现百亿级数据秒级相应的能力。

5. 基于实战业务的深度应用

丰富交通执法智能化手段，包括未系安全带、开车打电话等行为检测，放下遮阳板有意遮挡驾驶员脸部检测，假套牌车的分析，为交警执法提供更多的提取证据的途径。

通过全目标视频大数据的建设应用，曲靖市公安局在亿条结构化数据的检索仅仅需1—2秒的系统响应时间，极大地节省了刑事案件过程中的人工检索时间。通过高倍速的离线分析功能，将离线数据分析的时间最大缩短60倍，充分发挥应急指挥针对时间的高要求，案件处理率不断提升。

2019年3月，曲靖市公安局交警支队与格灵深瞳联合召开《警企共建联合实验室》创办仪式，共同提升交通违法犯罪打击能力，丰富技术研判手段，创造平安城市。

企业简介

北京格灵深瞳信息技术有限公司成立于2013年，是一家同时具备计算机三维视觉和深度学习技术以及嵌入式硬件研发能力的人工智能公司。作为一家视图大数据产品和方案提供商，自主研发的深瞳技术在人脸识别、车辆识别方面技术水平较高，在公共安全、智能交通、金融安防、智慧零售、无人驾驶、机器人和智能医疗等领域进行生态的建立。公司的车辆大数据产品、全目标视频结构化、深瞳云等解决方案广泛应用于城市计算中，持续为智慧城市AI赋能。

专家点评

北京格灵深瞳信息技术有限公司利用 AI 大数据技术将企业的智能算法、智能设备、应用平台、云技术等技术进行整合，打造了产业化智能应用解决方案，通过整合大量视频数据进行汇聚分析，建立城市级大数据应用实战平台，实现城市安防能力的全面升级。有效提升了公安事前防控、事中指挥、事后研判的效率，节省了大量警力。该解决方案的成功实践，有助于人工智能技术向全国公共安防领域推广落地，并对其他行业具有重要的辐射意义，有重要推广价值。

于浩（理光中国投资有限公司联席总经理）

大数据

36 基于大数据的地下综合管廊智慧运行管控平台

——青岛智慧城市产业发展有限公司

基于大数据的地下综合管廊智慧运行管控平台通过运用大数据关键技术，实现了大数据管理、大数据分析、大数据处理和大数据展示监测城市地下综合管廊，提高了综合管廊环境监测的智能化水平，从而有效解决了城市内涝、马路拉链、空中蜘蛛网等城市病，促进了城镇化发展质量和水平的全面提升，具有良好的社会效益及经济效益。

一、应用需求

综合管廊是一种新型的城市地下空间管理方式，它将多种市政管线集中于一体，实现地下空间的综合利用和资源的共享。避免了由于敷设和维修地下管线频繁挖掘道路而对交通和居民出行造成影响和干扰，降低了路面多次翻修的费用和工程管线的维修费用。建设城市地下综合管廊是提升当前城市环境、交通等承载力的必然选择，是城镇化快速发展的科学规划支柱，是弥补之前城市建设中存在的历史欠账，是解决不重视城市“里子”建设的关键布局，是补充城市投资建设短板问题的有效途径，是保障城市运行的重要基础设施和“生命线”，并最终达到提升城市综合服务能力，实现城市基础设施现代化和地下空间利用合理化。

但是综合管廊具有封闭性强、救援难度大、灾害扩散性广等特点，这决定了安全是城市综合管廊中的首要问题。近年来，水灾、火灾、爆炸以及空气污染等事件在一些城市投资运行的综合管廊内时有发生，造成了巨大的人员财产的损失，可见，综合管廊运营需要降低安全事故的发生概率，保证安全运行。

青岛智慧城市产业发展有限公司利用“互联网 +”的思考模式，站在“智慧城市”的高度，从城市基础设施运营商角度，来把握综合管廊设计监控过程中的每一个环节。运用“物联网、大数据、云计算、移动互联网”等信息技术，逐步应用落实到功能强大的信息化支撑管理系统，如建筑信息模型应用系统（简称“BIM应用系统”）、工程管理系统、大数据信息采集系统、计费结算系统、大数据运行分析系统、网络集中监控系统等，实现管廊运行管理各个环节的新技术和新设备的协同建设和无缝衔接，并最终构建成一个强大的可视化基于管廊大数据的运营指挥调度平台。打造了大数据与商业智能的运行管理为两大核心支撑体系，将分散的设备数据转换为系统的管理大数据，变被动式运维为主动式运维，结合业务特征，在大数据云端策略及经验库的指导下，实现对管廊的统一管理和优化控制，打造智慧的“城市生命线”。

系统在大数据的分析指导下，将人防、物防、事防三防合一，把安全管理做到事前控制、事中管理、事后核查。通过视频监控、红外防入侵系统、气体探测器、人员跟踪定位等实时信息有机结合，确保了管廊人员安全，同时在系统内可按照大数据历史经验智库的指导在移动巡检、日常运维等管理工作中，根据管廊内部管架、阀门法兰、膨胀弯等重点部件及介质进行专项检查，实现风险防控科学管理。该系统具有综合性、长效性、可维护性、高科技性、复杂性等特点。在国内同类产品中，方案更完整、监控更全面、运行更科学；相对于国外同类产品，该系统更加经济适用，更加符合国内建设发展的现状。目前在青岛市高新区、青岛市新建机场、青岛市董家口、青岛市江山路、青岛市市级管廊平台、合肥高新区、北京中央商务区等地区都有推广应用。

二、平台架构

针对综合管廊内部的一些管理特性，以整个平台为核心进行建设，通过对监控和报警系统的建设，将三维地理信息和环境信息以及安全防范信息同视频图像进行融合，同时要融入多种其他各类系统信息，建立统一的资源数据库，保证能够在不同的时间段内调出资源数据库，并能够结合历史数据库来进行有效的分析和预测，满足大数据的空间积累，全面进行融合。与此同时，平台覆盖了所有的综合管廊信息领域，通过分布式方式对所有数据进行实时管理，能够有效地实现系统空间的需求，也能够高效地集成和扩容，为用户提供了科学合理的平台产品，满足各种部门不同场景的业务需求（见图9-12）。

（一）系统集成层

将各集成系统的数据结构、数据传输协议进行归类整合，实现监控数据、业务数据、视频数据、地理信息等数据分类抽象，统一调用。实现了标准化交互接口，

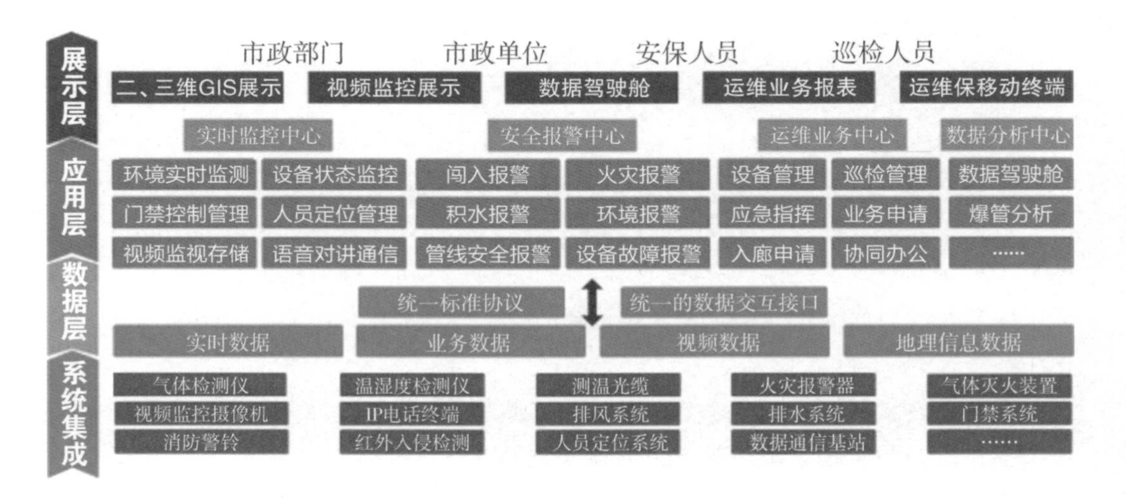

图 9–12　平台架构图

采用工业数据采集协议标准（OPC）和数据采集传输接口（Web Service）完美解决各独立子系统因数据结果差异，开发语言不同所造成的数据闭塞问题，将各应用程序间相互操作，通过网络完成各应用子系统间的协同整合和远程过程调用，使资源充分共享，实现集中、高效、便利的管理模式。

（二）数据存储层

将数据通过离线分析计算平台和实施在线分析平台进行两部计算分析，运用大规模数据集的操作函数（MapReduce）、针对分布式数据库操作语法（Hive SQL）等技术对基础数据进行初步的归类清洗，抽象建模，形成基础数据中心，为在线分析平台提供预运算，从而加快数据运算效率。在线分析平台运用 SQL 优化、库内计算、内存计算、分布式计算，结合数据分析特征模型，能够快速进行数据分析，得出分析结果。

（三）业务应用层

通过监控、报警、分析、运行管理等不同的业务应用层，结合不同的侧重和部分划分，具有不同的治理特点和监管手段，系统按照各类业务划分，体现了管廊监控协同和精细化管理。将各类系统功能区域划分，统一管理，统一展示。

（四）功能展现层

主要实现各种设备远程采集，数据共享，远程集中监控管理，负责协调各子系统实时数据的储存，完成相应子系统的监控、历史数据的查询和显示，生成和打印各类运行管理报表，为管廊各级部门、领导、工作人员提供最全面的解决方案。

三、关键技术

（一）可视化应用管理

利用BIM技术对管廊仿真分析，将三维地理信息、设备运行信息、环境信息、安全防范信息、视频图像、预警报警信号、巡检信息等内容进行融合，统一在三维可视化平台进行集中展现，实现综合管廊一体化的立体监控和调度。并在2017年度获得山东省建筑信息模型（BIM）技术应用竞赛技术创新组最佳应用奖。

（二）智慧的运行管理

将设备管理、施工管理、维修维护、安全应急等集成在一个数据充分共享的大数据平台上，实现设备管理可视化、检修维护自动化、安全监管准确精细化、信息管理集约化、应急响应智能化。2016年召开的“2016中国国际地下管线大会”上使用该综合管廊智慧运行平台的青岛高新区管廊被评为全国“最智慧”的管廊，获得了业内人士的高度关注。

（三）灵活的系统配置

由于管廊系统管理设备众多，监控内容庞杂，系统规模逐渐扩大，从现场监控系统到区域分监控中心到主控中心各层级逐步建设，因此对系统的开放性和扩展性要求很高，需要架构和监测设备可灵活配置、外围系统接口可灵活添加修改、功能模块可灵活添加、网络层级可延伸扩展等。

（四）先进的模拟演练

利用大数据、云计算等技术，将大量的、多种类的数据集成，保证数据的完整性和系统之间的数据关联性，实现各类管廊灾情信息入库进行灾情推演。通过专家库实现知识挖掘和利用预案管理及数据分析实现智慧决策，预测事故影响范围和发展趋势，辅助规划警戒区、集合点、疏散路径和救援路线等。

（五）海量的设备驱动

平台通信协议支持广泛：支持通过RS232、RS422、RS485、电台、电话轮巡拨号，以太网、移动 GPRS、CDMA、GSM 网络等多种方式和设备进行通信；支持主流的 DCS、PLC、DDC、现场总线、智能仪表等 1000 多种厂家设备的通信协议，也可以按照用户提出的通信协议和硬件接口，在较短时间内开发新的驱动程序。具备在线诊断设备通信功能，可以动态地打开、关闭设备，通信故障后具备自动恢复功能；支持控制设备和控制网络冗余，控制设备进行切换时，通信会自动切换。

（六）统一的共享交换

平台遵循先进技术标准和规范，为跨地域、跨部门、跨平台不同应用系统、不同数据库之间的互联互通提供包含提取、转换、传输和加密等操作的数据交换服务，实现扩展性良好的“松耦合”结构的应用和数据集成；同时要求数据共享交换平台，能够通过分布式部署和集中式管理架构，可以有效解决各节点之间数据的及时、高效上传下达，在安全、方便、快捷、顺畅地进行信息交换的同时精准地保证数据的一致性和准确性。

四、应用效果

（一）应用案例一：智慧城市青岛高新区管理平台

从 2014 年开始青岛智慧城市产业发展有限公司聚焦综合管廊信息化建设和信息化运维，与高新区政府合作在高新区 55 公里综合管廊展开试点研究，引进和培养管廊信息化建设和运维的科研及运维管理人员，建立了一套科学、合理的综合管廊运维管理体系，并研发了一套基于大数据的综合管廊智慧运行管控平台。先后加入了中国城市规划协会地下管线专业委员会，中国城市地下综合管廊产业联盟、山东省建筑信息模型（BIM）技术应用联盟等专业协会，参与了山东省和青岛市的综合管廊技术规程和运维技术规程的编制。

在通过对高新区综合管廊平台的建设探索和发展中，实现了高新区综合管廊的数字化管理，解决了原先管廊信息化集成度不高、各系统无法联动、前端控制系统不足等弊端，完成了对综合管廊全面彻底的监管。在统一平台、统一资源的管理下，整合物联传感、人员定位、及时通信、结构监测等技术，实现对管廊主体结构、设备及管线健康运行的全生命周期智慧化运行管理（见图 9–13）。

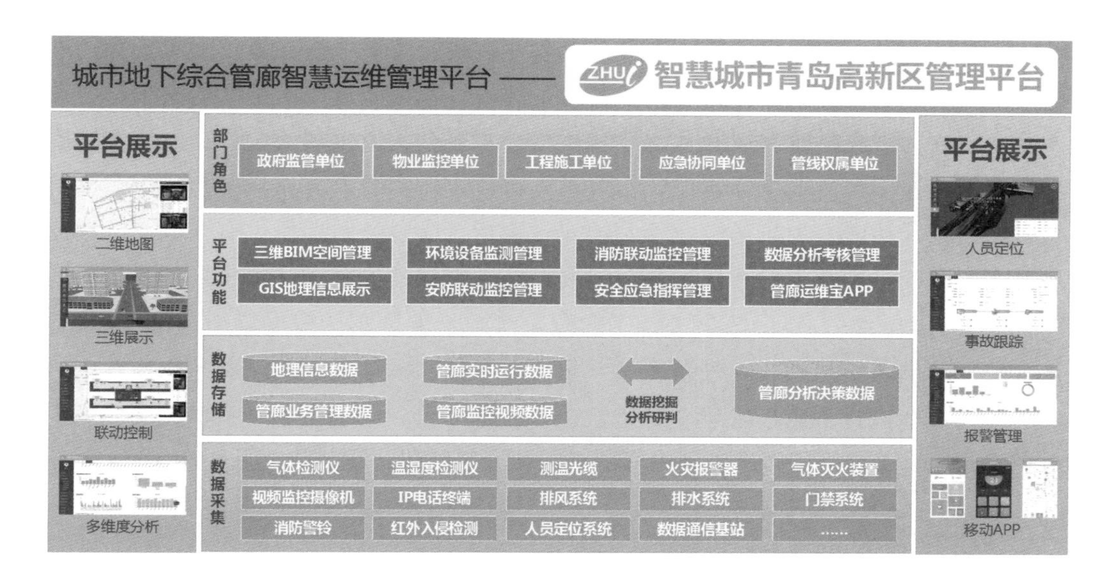

图 9-13　青岛高新区管廊平台架构及功能图

（二）应用案例二：青岛胶东国际机场项目

青岛胶东国际机场位于青岛市西北，胶州市胶东街道办事处辖区内，占地约15.56平方公里，该项目由中国建筑西南设计研究院有限公司、青岛市市政工程设计研究院等公司设计，建成后将成为齐鲁新门户，特色商贸、智慧绿色新机场。新机场地下综合管廊建造位于机场的飞行区、航站区、工作区主干道路地下，长约20公

图 9-14　青岛胶东国际机场项目系统界面图

里。将燃气、供水、电力、通信、热力等多种市政管线集中于一体，因此管廊的安全运行及应急处置显得尤为重要。如若发生故障，很可能造成灾难性的事故，引发一系列问题，造成民航客运紊乱，危害社会公共安全。通过基于大数据的综合管廊智慧运行管控平台的信息化建设，实现了运行监控的实时监测、报警与定位、设备间联动控制等功能。为机场综合管廊的安全运行、应急处置提供了有力保障。在此基础上，又针对管廊内部管线和相关附属设施进行了监控管理，将机场的供热、燃气、供水管网的压力流量数据进行了监测，实现了大数据的管网模型信息化模拟。并将相关的供热换热站、燃气调压站、雨污水泵站、一体化泵站、调蓄水池等周边附属场站设施进行了监控管理，打造了综合管廊平台、海绵机场平台、能源机场平台，完成了对整个机场市政管理内容的全局化、系统化、智慧化（见图 9-14）。

企业简介

青岛智慧城市产业发展有限公司创立于 2000 年，公司以“致力智慧城市建设”为企业愿景，通过智能识别、数据融合、移动计算、云计算等大数据技术的应用，为城市管理提供全方位的智慧城市顶层设计规划及建设运营，为智慧城市各行业用户提供先进的整体解决方案及技术应用服务。公司具有电子与智能化资质、安防资质、涉密资质、ITSS 认证等资质荣誉，拥有知识产权百余项，参与了管廊行业国家标准及山东省、青岛市地方标准的编制。

专家点评

作为国家百年工程，高效可靠的管理方式对管廊可持续性发展十分重要。基于大数据的地下综合管廊智慧运行管控平台通过运用三维建模、优化系统配置等技术手段，实现了包括数据采集、大数据分析存储共享、业务应用、功能展现在内的架构，结合 BIM 信息系统、地理信息系统，提出了面向时空信息的多源异构数据集成、联动与融合构架模型，将综合管廊从数字化运行阶段演变为智慧化运行阶段，打破了传统的被动式监控管理模式，实现了主动式的预警处理，为未来综合管廊的发展提出了更好的解决方案。

于浩（理光中国投资有限公司联席总经理）

大数据

37

“分表记电”在线监管平台
——中国船舶重工集团公司第七一八研究所

根据当前环境保护的严峻形势和国家的相关政策，中国船舶重工集团第七一八研究所依托于自身在传统工业监测行业的技术积累，使用大数据分析和云计算技术，建立起一套可广泛应用于工业企业的“分表记电”在线监管平台，目前该平台已大量应用于河北省邯郸市、邢台市的钢铁、焦化、水泥、电力等重工业行业，并且正在向唐山市和天津市铺开市场。“分表记电”在线监管平台为工业企业的用电计量、工业排放起到了自动化监管的作用，同时该平台积极地支持了政府对工业企业的生产限产、错峰生产、生产监管等工作，为河北省的大气环境治理提供了有力的科学支持。

一、应用需求

随着工业行业环保力度的增加，环境保护方面相关工作面临的压力也越来越大，环境形势依然严峻。在工业行业中，不同行业、不同企业的污染种类不同，污染贡献不同，对环保的认知也不尽相同，差别化针对性管理非常困难。虽然国内环保工作不断推进、国家对环境监测治理日益重视，但是工业企业现场的环保监管还是靠人员现场驻守和巡查。如何从根源控制污染的产生，以及分析各类企业经济生产和环境污染的深层关系，解决企业和政府的对立问题，避免“一刀切”管理制度等逐渐成为环保监管部门的关注重点。

“分表记电”是通过对工业企业进行电路改造，安装智能电表分别采集生产设施和治污设施的关键参数，并安装多参数采集终端，将采集到的关键参数发送到数据中心，利用大数据技术和数据可视化技术进行分析和显示。同时，“分表记电”在线监管平台接入现有环保监测设备的大气环境和污染排放数据，进行横向对比佐证，实现对工业企业生产过程和治污过程的在线分析和监控，提供政府对企业的监管功能，从污染源头控制企业的大气污染排放。

在“分表记电”在线监管平台的规划和设计过程中面临的现实难点主要包括三个方面：第一，基础数据非常分散，大部分工业企业在信息化建设方面投入较少，对能源管控重视度不够，采用传统的人力抄表的形式进行每日的能源消耗统计，甚至有部分企业仍采用传统的机械电表，对能源数据的收集工作造成了非常大的困难；第二，数据规模非常庞大、数据种类十分复杂，工业企业生产流程复杂，每套生产流程都配有一个或多个电力站，每个电力站包含几十个电力监控设备，众多企业形成了规模庞大的监测点位集群；第三，数据流转速度非常快，监测设备时时刻刻向平台发送实时数据，数据具有时效性，如果平台不能在极端的时间内从海量的实时数据内提取到有效信息，那么非常可能造成关键数据的丢失，对平台的处理结果的及时性、准确性造成影响。

“分表记电”对工业企业生产、环保监管需求主要是通过软件平台，实现环保设备、生产设备、排污节点的虚拟绑定，杜绝企业偷排偷产、治污设备使用不及时、污染设备不按规定使用等问题，实现污染治理设施的规范化、标准化运行；通过采集设备运行的关键参数，绘制负载曲线，实现各种治污设备的“身份绑定”；通过分表记电系统的部署，方便监管部门实施掌握企业生产设施和污染治理设施的使用情况，使平台的大数据分析结果成为监管部门的执法依据。

二、平台架构

“分表记电”在线监测平台基于云计算和大数据技术，整体系统采用集群化架构，从数据接收、数据存储、数据流转、数据可视化方面解决大数据量引起的高并发、高吞吐问题，其主要架构分为五个模块，分别是：负载均衡、分布式数据库、缓存集群、中间件 MQ 集群、Hadoop 集群（见图 9-15）。

负载均衡主要用于缓解应用服务器应对的请求和通信压力。采用复杂均衡框架和分布式服务，将数据传输和用户请求均匀地打到系统层面，让系统可以采用集群化支撑更高的并发压力。

平台采用数据库分库分表和读写分离技术进行设计和开发。采用数据库分库分表，是将一个数据库拆分为多个数据库，采用分布式技术部署在多个数据库服务器上，主数据库服务器用于承载写入请求，将数据库用来承载读请求，这样可以有效的分散数据库读写压力，应对高并发量的情况。

缓存集群用来应对平台的高并发问题，当平台对数据库进行写操作时，同时也写入一份数据到缓存集群中，然后使用缓存集群来承载大部分的读请求，通过缓存

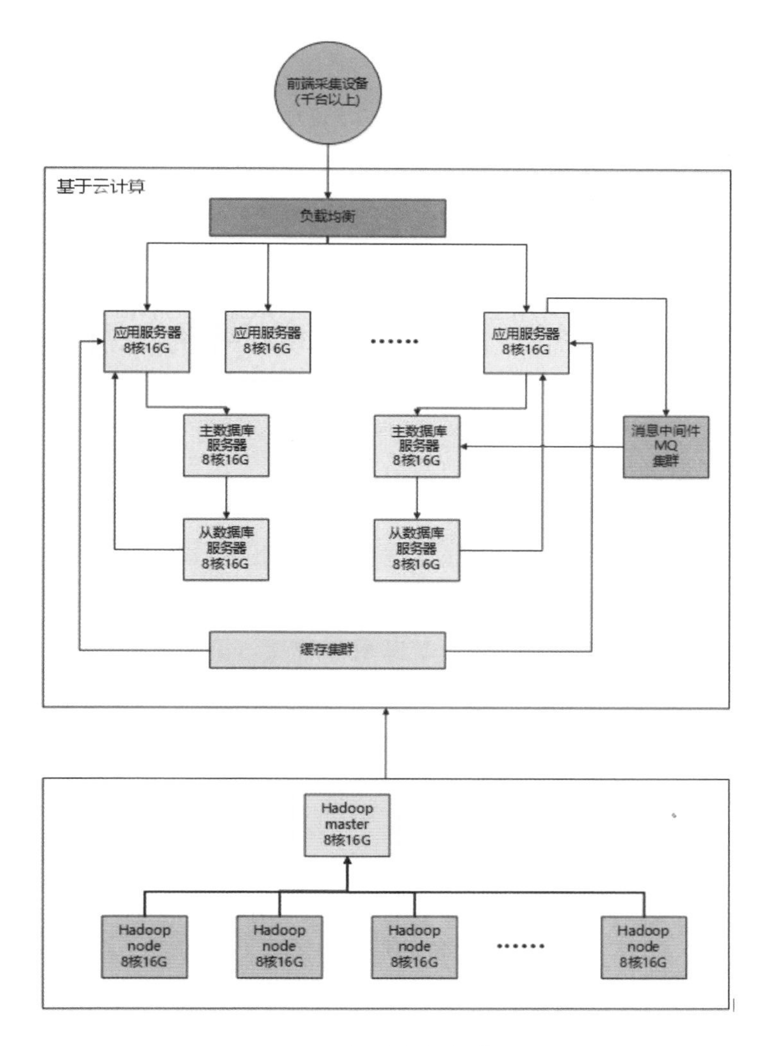

图 9–15　平台整体架构图

集群，极大地降低数据库服务器的读取压力，使用更少的硬件服务器资源承载更高的并发。

消息中间件 MQ（消息队列）集群主要用于降低数据流转的压力，利用消息队列，是平台系统在并发压力非常大的情况下，对重要数据进行及时的处理和读写，对数据流量“削峰填谷”，极大地提升了数据处理的及时性、正确性和稳定性。

Hadoop 集群主要用于大数据并行计算。采用 Hadoop 并行计算和 MapReduce 框架，利用其高吞吐和海量存储的特点，可以快速地计算和分析出关键量和参数，提高平台的计算效率。目前并行计算在系统中主要应用在：数据分类模型训练、焦化行业出焦量计算、钢铁行业排放量计算、污染物排放统计等。

三、关键技术

（一）大数据管理

大数据管理层主要进行数据的采集、存储和管理。通过物联网感知端对多样化监测设备进行数据的采集，利用分布式框架对结构化数据和非结构化数据进行存储和有效管理，主要解决数据的多样性、多源异构和高并发。

平台采用传统数据仓库架构与大数据分布式数据仓库架构两者相结合的架构设计，两者紧密配合共同承担大数据处理任务。以 MySQL 建立传统数据仓库实现对结构化数据和元数据的集中存储与管理，以大数据应用框架 Hadoop 平台的数据仓库作为传统数据仓库的补充，实现对非结构化数据的存储和管理，并对海量数据查询提供支撑。同时根据需求建立面向主题的数据集市，中央数据仓库将被划分为三个逻辑存储区间：操作数据存储（ODS）、数据仓库（DW）和数据集市（DM），ODS 存放各业务系统的原始数据；DW 区域存放经过整理过的数据；DM 区域存放各个应用系统所需的综合数据。与此同时在 MySQL 和 HBase 数据库之间建立连接，利用 Kettle 定时进行数据交换，两种数据仓库共同为大数据应用提供数据支撑，从而实现数据共享，分摊压力和数据备份的目的。

（二）大数据分析应用

平台对海量数据进行分析以实时得出预测、分析结果并进行知识更新，发现数据的价值应用。通过构建各种模型算法，应用分析工具、引擎，对环境数据资源价值进行分割、集群、深入挖掘分析，应付大数据的大体量，提高处理速度。数据分析模块主要包括：业务应用、报表查询、决策支持、预警预测、知识发现、主题分析、指标监测和挖掘预测等行业领域应用。

由于采集与集成的数据种类繁多，因此采用特征工程和数据清洗中的方法对原始数据进行预处理，为提高机器学习算法预测和分析准确性提供有力的数据支撑。通过特征构建、特征提取和特征选择将原始数据转为训练数据。在特征构建中主要进行属性分割和结合，将现有特征构建为新的特征组合；在特征提取中主要通过 PCA 主成分分析进行数据分布最优子空间搜索，达到降维、去相关的目的；最终通过随机森林模型对特征进行选择，度量每个特征对模型精确率的影响，计算特征纯度影响，剔除冗余的特征。

针对采集数据体量大、知识密度低特点，需通过多变量时间序列分析和增量式聚类方法对海量数据进行知识提取。多变量时间序列分析可以准确地定位污染事件和用户行为出现的位置，主要通过 ARCH 模型解决数据的非线性、异方差和非平稳特性。增量式聚类方法不仅能将具有相同特性的事件聚类为簇，通过相对较小的样本刻画海量数据知识，而且基于大数据不断更新的特点对聚类结果不断进行修正和生成新的群。

通过上述方法为数据挖掘和机器学习阶段提供更加优质且体量小的训练数据，针对不同业务逻辑和用户需求选用统计学方法、数据挖掘方法和机器学习方法有针对性地为用户搭建数据分析模型。

（三）大数据可视化决策

大数据可视化决策主要进行数据的展示、呈现。应用多种可视化表现形式将大数据分析结果以各种科学、简洁的界面进行展现，为用户提供形象、直观、立体、简单明了的可视化信息展示平台，主要包括：地图、数据分布、数据排行、数值统计和数据趋势等结果的展示。应用柱状图、折线图、饼状图、热力图、表格、地图等多种表现形式组合，形成全业务宏观分析、重点展示的界面，通过数据图像化让数据自己说话，让用户直观的感受分析结果。

四、应用效果

（一）应用案例一：可视化展示

平台总体采用数据可视化工具进行用户交互设计。在平台利用大数据分析功能执行完成动态分析工作后，以可视化的形式，将分析结果和数据展示给用户，可视化管控的设计思想是借助图形化的手段，清晰有效地传达信息（见图 9–16）。

利用可视化管控，政府的环保监管人员可以快速地获取企业污染排放情况、生产情况、违规情况，极大地减轻了监管人员对企业的现场巡查、产量计算、排放计算等工作，节省了大量的人力和物力成本。同时企业用户通过可视化管控，可以快速地获取当前企业内的生产、环保、能源情况，以信息化的手段对企业内生产数据、环保数据、能源数据进行掌控，并且起到辅助决策的作用。

（二）应用案例二：单位能耗智能排放分析

“分表记电”在线监测平台接入的数据包括了生产设备电能数据、环保设备电能数据、污染物排放数据，这三种类型的数据完整覆盖了一个生产流程。生产设备电能数据和环保设备电能数据记录了某一生产过程的全部电力能源消耗量，污染物

图 9–16　可视化展示效果图

排放数据记录了某一生产过程的全部污染物排放量，三种数据相互关联。基于这种数据关系，该项目使用数据清洗、数据分类、深度挖掘等工具，对数据进行了建模，模型对单位耗能排放智能分析结果如表 9–1 所示。

表 9–1　单位能耗排放智能分析表

工序名称	规模	排放量标准值（毫克 / 千瓦时）
高炉	1080 立方米	11.5198
高炉	460 立方米	46.7809
高炉	600 立方米	23.6137
转炉	50 吨	45.7667
转炉	80 吨	622.6878
烧结	130 平方米	59.2803
烧结	200 平方米	17.9574
球团	球团	284.3593
均值		26.4337

根据分析结果，可以得知在钢铁行业，每消耗一千瓦时的电力资源时，某个工序的大气污染物排放量。从表 9–1 可以看出，虽然 1080 立方米的高炉生产规模要

高于460立方米的高炉生产规模，但是其排放量远远小于460立方米的高炉排放量，这是由于小规模高炉生产工艺落后所造成的。

单位能耗排放智能分析基于大数据分析技术，为政府和企业淘汰落后产能，降低大气污染排放，起到了指导性的作用。同时，平台运行中也在计算当前工序产生的单位能耗排放量，如该排放量超过了平台计算的基准值，则表示该企业的生产工艺落后，或者设备出现了故障问题，这可以为政府提供大气环境监管的执法依据，还可以让企业及时发现自身生产问题，对问题及时解决和改进。

（三）应用案例三：企业横向分析

企业横向分析是利用平台内存储的工业企业生产用电能耗、环保用电能耗、污染物排放数据，在月度、季度、年度三个维度上，使用大数据分析和并行计算技术，对企业能源消耗和污染排放进行横向对比。横向分析指标一般包括以下三类。

1. 生产能耗分析

生产能耗分析是将某一区县内同一类型企业的生产总能耗进行横向比较，根据能耗总量对企业进行排序，并且计算行业内的能耗均值。生产能耗分析可以使环保监管人员快速地了解该区域内企业的产能情况，方便政府制定限产、错峰生产的相关政策，分析结果示例如图9-17所示。

2. 治污能耗分析

治污能耗分析是将某一区县内同一类型企业的治污设备总能耗进行比较，根据能耗总量对企业排序，并且计算行业内的治污能耗均值。治污能耗分析可以使环保

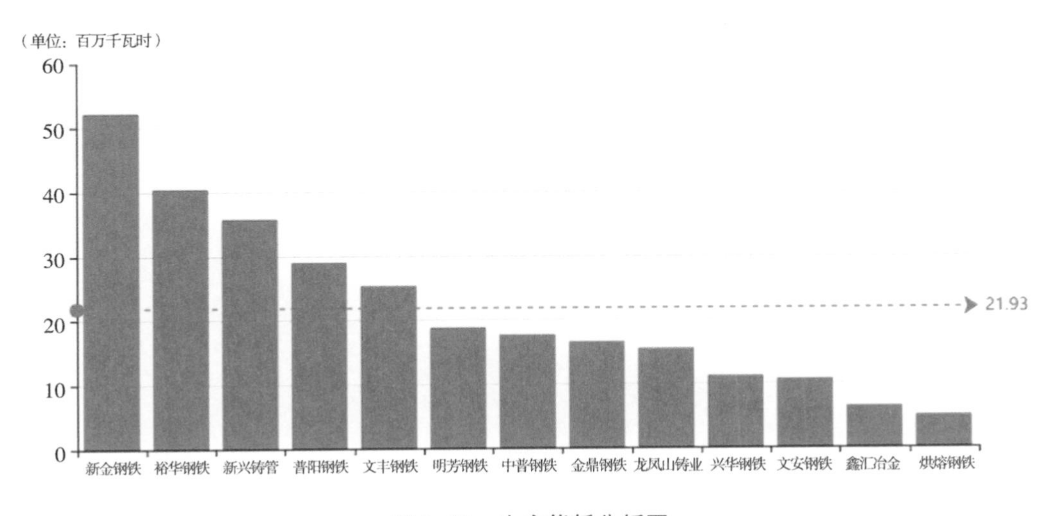

图9-17　生产能耗分析图

监管人员了解企业的环保治理力度，增强政府对企业的环保监管力度。治污能耗分析也可以和生产能耗分析相结合，综合考察企业污染治理情况。分析结果如图 9–18、图 9–19 所示。

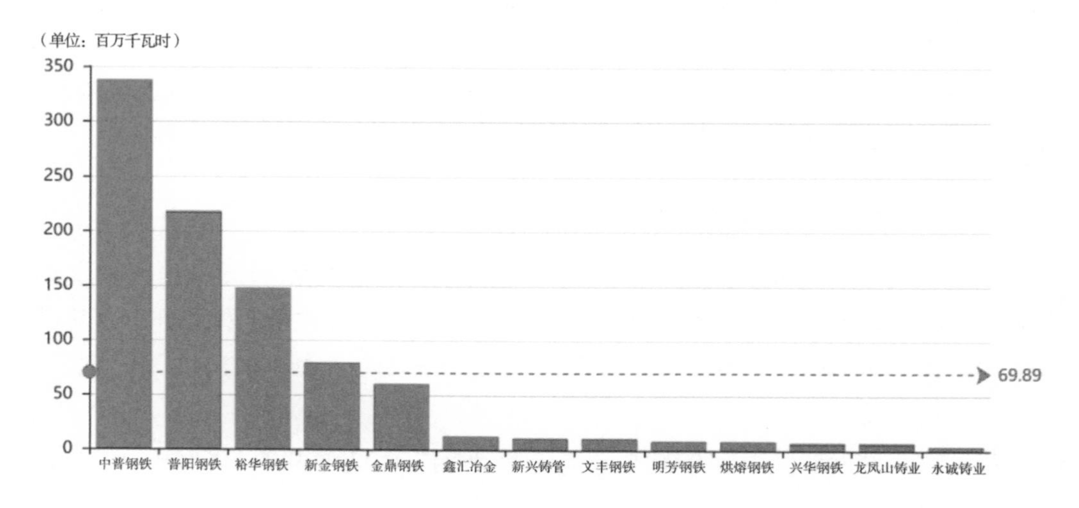

图 9–18　治污能耗分析图

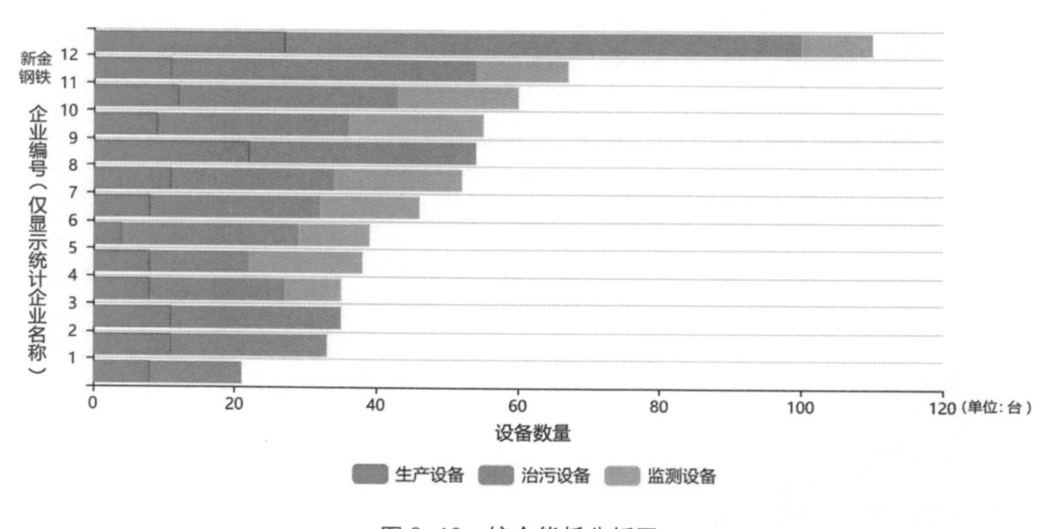

图 9–19　综合能耗分析图

3. 污染物排放与空气质量关系分析

污染物排放与空气质量关系分析是将全部企业的污染排放总量进行计算，单位为每天，然后与每日的空气质量指数进行对比，分析结果如图 9–20 所示。

如图 9–20 所示，武安市污染物排放量与空气监测数据呈负相关，污染排放数

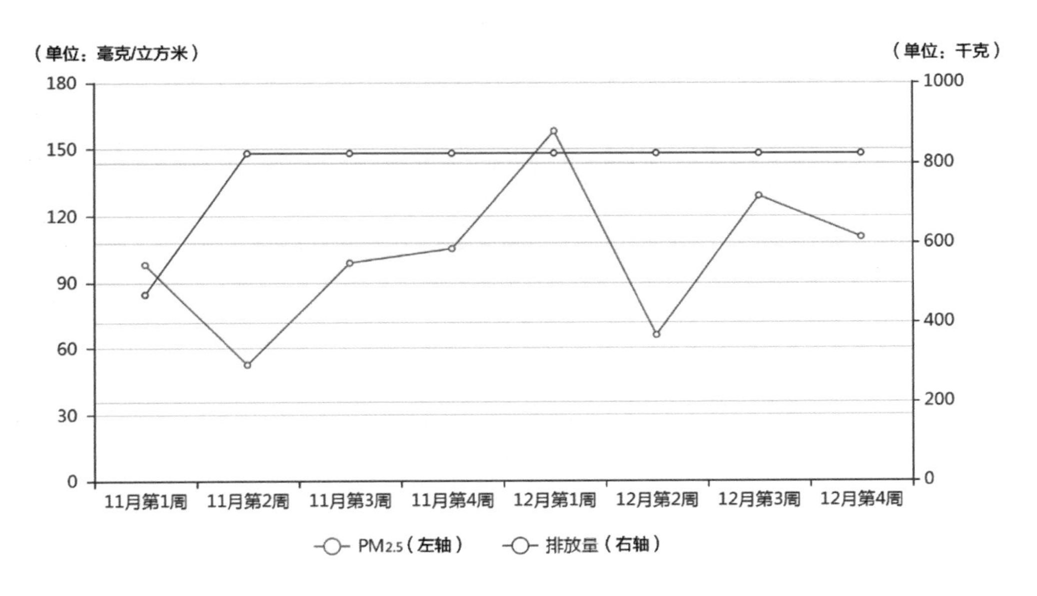

图 9–20　污染物排放与空气质量关系图

据采集稳定后近乎成直线而 PM2.5 波动较大。通过似度分析，双曲线相似度为负，呈负相关。在现有条件下得出结论：武安市企业颗粒物排放量对同期 PM2.5 检测值没有影响，但对辖区内污染起到正向作用。为进一步提高数据分析的准确性，建议优化污染源排放在线监测系统，并对企业无组织排放进行监管。

（四）应用案例四：产量推算

企业生产、环保用电量和产量之间存在着一定的关联关系。通过对焦化行业的焦炉地面除尘站的功耗变化趋势，结合焦化厂实际的出焦量，得出可以根据功耗变化规则推算出企业焦炉实际的产量。

如图 9–21 所示，每次焦炉出焦时，功率曲线会有明显的波动变化，在焦炉连续出焦时，曲线在峰值有一定的规律。

根据这种情况，项目针对平台功能，采用大数据技术和机器学习，训练出了一套焦化行业出焦量计算模型。产量推算功能为政府监管部门提供了企业实际产能产量计算，可以避免企业偷产偷排的现象，为环保执法提供技术依据。

企业简介

中国船舶重工集团公司第七一八研究所隶属于中国船舶重工集团公司，创立

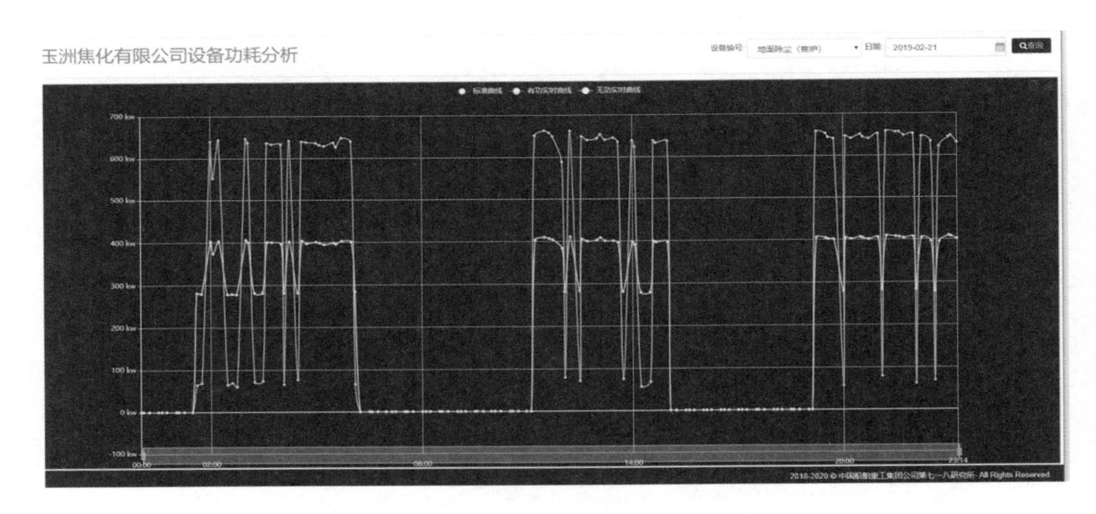

图 9–21　焦炉除尘功率曲线图

于 1966 年，总部位于河北省邯郸市，是集科研开发、设计生产、技术服务于一体的国家级科研单位。主要从事高能化学、制氢及氢能源的开发、特种气体、精细化工、辐射探测、环境工程、气体分析、工控节能、核电安全、空气净化、医用制氧等方面的专业研究设计。全所现有职工 2000 多人，其中科技人员 800 多人，享受国务院政府特殊津贴 30 人。

专家点评

中国船舶重工集团公司第七一八研究所利用大数据技术，将工业企业的用电数据统一存储、统一管理、统一分析，为政府的环保监管和治理提供了智能化工具，节省了环保巡查的人力和物力，提高了政府的环保监管效率。同时“分表记电”为企业的用电能耗进行了统一管理，并且利用机器学习、深度学习算法，建立数据分析模型，计算出工业企业电能的纵向和横向分析结果，为企业节能增效提供了有力的数据支持。

于浩（理光中国投资有限公司联席总经理）

大数据

38

旅游大数据应用解决方案
——成都中科大旗软件有限公司

旅游大数据应用解决方案将全面整合国家、省、市、区县旅游主管部门数据、涉旅部门（气象、交通、测绘地理、公安等）数据、涉旅企业数据、运营商数据、景区门禁数据、交通车辆数据和旅游团队数据等旅游数据。通过对数据标准化处理打造智慧旅游数据互通共享平台，实现旅游大数据交换共享。建立旅游大数据深度分析与挖掘系统，根据共享旅游数据，构建基于管理者的大数据挖掘分析模型，为政府旅游行业管理提供智能支撑、未来游客增长预测、未来旅游涉及的基础条件（设施）预测等；构建基于景区的大数据分析与挖掘模型，为旅游景区或企业提供智能营销策略推荐、客流量预测预警、涉旅安全隐患分析预测、近几年旅游人数预测等。打造成将管理、景区和游客三位一体的大数据智能旅游解决方案。

一、应用需求

2015 年 8 月，《国务院关于印发促进大数据发展行动纲要的通知》明确要求开展公共服务大数据工程建设，在交通旅游服务大数据方面，重点开展交通、公安、气象、安监、地震、测绘等跨部门、跨地域数据融合和协同创新，共同利用大数据提升协同管理和公共服务能力，建立旅游投诉及评价全媒体交互中心，实现对旅游城市、重点景区游客流量的监控、预警和及时分流疏导等。2017 年，国家交通运输部国家旅游局联合印发《促进交通旅游服务大数据应用实施方案（2016—2018 年）的通知》。该方案明确提出：深化部级监管决策大数据应用；实现与公安、交通、安监、气象等部门的信息共享和协调联动，加快形成国家旅游局数据中心，强化数据分析、决策支持、产业引导等功能。

近年来，中国旅游业蓬勃发展，旅游信息化建设取得了长足的进步，基本实现了各类旅游资源的整合和存储。但同时也存在着不少问题，其中以政府、企业、游客三者之间的信息交互不顺畅特别明显，各个系统之间相对独立、封闭，现行的管理方式影响到了旅游产业运作效率和行业服务水平的提升。

本方案解决的行业实际需求和痛点主要包括以下三个方面。

（一）数据难以整合，政府难以实现有效的监管

旅游产业是一个复杂、多元的产业，监管难度大，传统方式难以满足日常监管及决策的需要；通过利用大数据技术，实现了各类数据的有序汇集、整合、分析挖掘，并基于历史数据进行较为精准的客流预测，满足主管部门产业运行监测，同时为重大的事务决策提供可靠的数据支撑。通过整合共享政府各级涉旅部门、景区信息、涉旅企业信息，实现旅游产业监测、产业管理、决策分析、应急指挥、移动终端应用管理、信息发布等核心功能，并重点利用大数据技术，建立覆盖主要旅游目的地的实时数据和影像采集系统，建立上下联通、横向贯通的旅游网络数据热线，实现对景区、旅游集散地、线路和区域的突发事件应急处理及客流预测预警，实现旅游执法管理、旅行社服务质量监督管理、产业决策分析、舆情监控等，为规范市场秩序、提升旅游服务水平、促进行业管理由被动、事后管理向全程管理及实时管理转型升级提供有力支撑。

（二）涉旅企业营销方式方法单一且效果较差

常规的旅游宣传大多以广告、活动进行营销宣传，但是对象不明确且效果不理想；通过大数据的数据分析挖掘，为管理部门的宣传提供数据支撑服务，为旅游企业的游客需求挖掘、创新产品的打造和精准营销策略的制定提供可靠的数据支撑。以融合交通数据，景区门票预订数据，门禁闸机统计数据，景区、人员、车辆位置信息，运营商手机信息统计数据，WiFi 热点接入数据等多方面数据为基础，通过构建面向不同主体的旅游精准营销分析模型，为景区、酒店、餐饮、娱乐、特产销售等涉旅企业提供基于大数据的旅游产品精准营销服务，促进营销模式由传统营销向精准营销转型升级。

（三）在游客服务方面，服务相对滞后且被动

游客服务方式传统，服务方式单一。通过大数据相关技术，整合游客所需的交通气象、应急救援、景区宣传、“吃、住、行、游、购、娱”等旅游信息，并嵌入基于大数据的旅游产品精准营销服务产品，采用一站式、多终端、多媒体等游客喜闻乐见的先进展示方式，满足游客行前、行中、行后的旅游信息需求，全面提升游客旅游体验，推动传统旅游消费方式向现代旅游消费方式转型升级。

二、平台架构

（一）平台技术架构（见图 9–22）

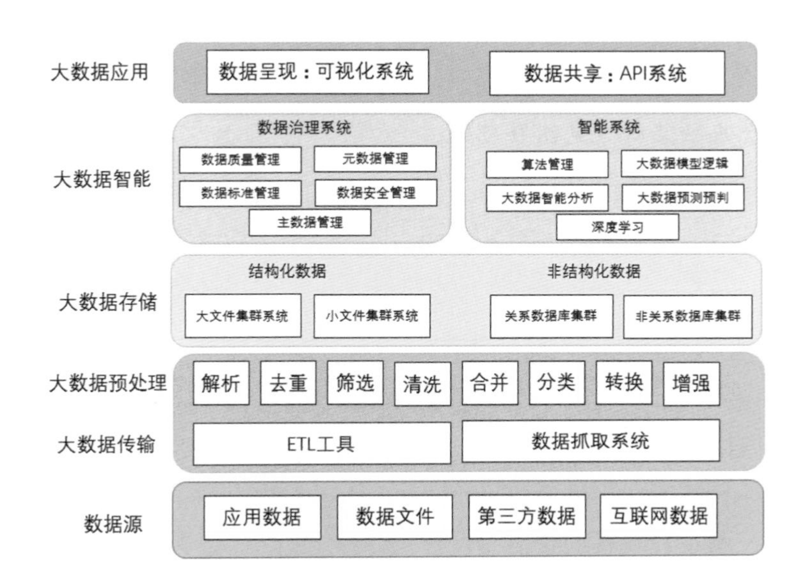

图 9–22　旅游大数据应用解决方案技术架构图

1. 大数据应用

主要用于数据呈现和数据共享及提供标准化数据访问等。

2. 大数据智能

主要由数据治理系统和智能系统组成。数据治理系统主要用于数据标准化、主数据管理、元数据管理、数据质量提升与优化、数据安全、数据血缘追溯、数据全生命周期管理等；智能系统主要用于算法管理、大数据模型逻辑、大数据智能分析、大数据数据预测预判以及深度学习等。

3. 大数据存储

包括结构化存储和非结构化存储，结构化存储包括关系数据库集群存储系统和非关系库集群存储系统；非结构化数据主要是用 Hadoop 分布式系统储存，根据文件大小采用小文件存储集群系统和大文件存储集群系统，同时文件包括音频、视频、图片等类型。无论结构化数据和非结构化数据都采用分布式集群系统。

4. 大数据预处理

对数据进行解析、去重、筛选、清洗、合并、分类、转换等处理过程，使用户拿到的数据始终是放心可使用的数据。

5. 大数据传输

主要包括用户数据的推送和数据抓取两个阶段，ETL 在数据传输中起到了非常重要的作用，主导数据的流动。

6. 数据源为数据提供的源点。为以后传输、处理、储存、分析、展示提供了数据的基础。

（二）平台基础架构（见图 9–23）

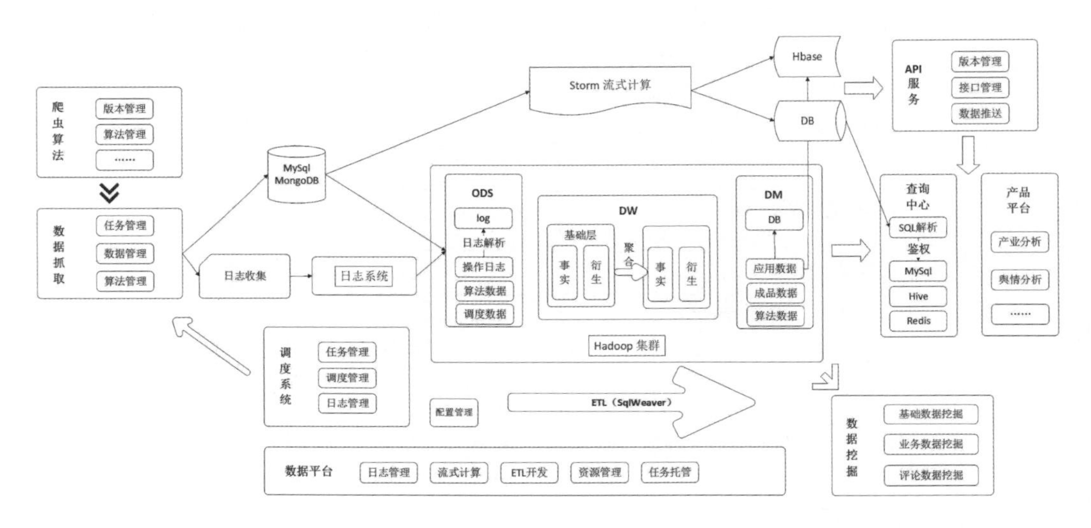

图 9–23　旅游大数据应用解决方案数据流向架构图

系统使用 hadoop 为基础架构，使用 hadoop 来进行基础的数据计算数据存储等功能。其中爬虫算法、数据抓取、调度系统、数据平台作为数据产生、数据清理、数据分析挖掘的数据处理基础部分，并把结果数据放入分布式文件系统或者关系型数据库中，通过查询中心、产品平台和 API 服务把数据展示或者推送给用户，同时产生决策数据给用户。

1. 爬虫算法

主要用于爬虫算法的编写和算法的管理维护。

2. 数据抓取

主要用于使用爬虫算法来抓取数据并把数据存储到结构化系统或非结构化系统中。

3. 调度系统

用于调度相关数据抓取、数据计算、数据智能分析、数据挖掘等任务。

4. 数据平台

用于管理日志、管理计算、管理 ETL 开发、管理元数据、管理数据、数据治理等操作管理。

5. 数据挖掘

用于挖掘基础数据、评论数据、业务数据等中的价值。

6. API 服务和产品平台

用于展示结果数据、同时提供决策数据和日常监管等功能。

三、关键技术

(一) 可伸缩的弹性计算服务

数据获取来自于多个数据源，由于网络等因素影响，大数据中心接受的数据时多时少，因此需要一个可伸缩的弹性存储能力，当数据量多时自动增加存储节点，当数据量少时，减少存储节点；大数据中心为用户提供服务也是类似方式，当用户并发量多时，大数据中心自动生成服务节点，增加访问量，当用户量少时，自动减少服务节点；计算任务也采用同样的可伸缩的弹性计算服务，也就是大家常说的按需资源分配服务。

(二) 深度学习的图像特征提取和识别技术

旅游监控摄像头获取图像数据，通过深度学习包括图像分类、目标检测、图像追踪等技术提取图像中特征，如提取人物特征与公安系统进行匹配，进行罪犯追踪，通过图像追踪技术和目标检测技术获取人体姿态来保护景区动植物、植被等生态环境。

(三) 基于 NLP 自然语言分析的分析与挖掘技术

收集海量互联网舆情、评论、游记等旅游相关数据，采用自然语言处理技术将分词向量化，结合词向量得出句子向量，结合分类方法进行文本的语义、情感等分析，最终挖掘游客旅游满意度、旅游个人推荐、旅游产业健康度分析。

(四) 数据收集技术

使用 Kettle、Sqoop 以及爬虫对数据进行数据抓取，数据收集可以从不同数据源实时地或者及时地收集不同类型的数据并发给存储系统和数据中间件系统进行后续处理。

（五）数据预处理技术

数据预处理分为数据清理、数据集成、数据归约、数据转化等阶段。数据清理实现的双录入对比、数据合并、查找重复值、查找缺失值、查找异常值等对数据的处理，同时使后续数据处理、分析、可视化过程更加容易、有效。最后确保数据的准确性、完整性、一致性、时效性、可信性与可解释性等。

（六）数据存储技术

分为分布式文件系统、文档储存、列式储存、关系数据库、内存储存、键值储存等存储方式。分布式存储与访问具有经济、高效、容错好等特点，主要是用 HDFS 存储，它是大数据领域的最基础、最核心的关键技术之一。

（七）数据分析挖掘技术

从大量的、不完全的、有噪声的、模糊的、随机的数据中提取隐含在其中的、人们事先不知道的、但又是潜在有用的信息和知识的过程。数据分析挖掘能实时和及时计算分析出数据收集得到的数据，并提供给数据展示层进行数据展示和形成数据报表。提取图像特征作为大数据分析挖掘的属性，便于数据深度分析和精度挖掘。

1. 基于 Hadoop 架构的大数据分析与人工智能技术

Hadoop 架构实行分布式文件存储及管理，通过高数据吞吐量的方式访问旅游综合数据管理平台，从而满足旅游行业中超大数据集的运算要求，支持多维度客源地分析、实现精准旅游舆情分析和旅游目的地、景区、游客三级旅游画像、多级旅游画像分析，为游客、旅游管理部门、商户的决策提供数据支撑，针对性地制定营销方案，实现精准营销。

2. 采用分类算法、回归算法、聚类算法、梯度决策树算法、隐马尔科夫链、蚁群等算法为旅游大数据分析和挖掘提供强大智能支撑

例如基于 K-Means 算法的旅游大数据分析技术，首先，从 n 个数据对象任意选择 k 个对象作为初始聚类中心；而对于所剩下其他对象，则根据它们与这些聚类中心的相似度（距离），分别将它们分配给与其最相似的（聚类中心所代表的）聚类；然后再计算每个所获新聚类的聚类中心（该聚类中所有对象的均值）；不断重复这一过程直到标准测度函数开始收敛为止。一般都采用均方差作为标准测度函数。k 个聚类具有以下特点：各聚类本身尽可能地紧凑，而各聚类之间尽可能地分开，

从而在海量的旅游大数据中获取核心的数据要点。

3. 图像特征提取

采用两种方式：一类是基于深度学习中的卷积神经提取图像特征，另外一类是传统图像提取特征，每类根据大数据系统具体需求灵活应用。例如传统的图像特征提取 HOG。作为提取基于梯度的特征，HOG 采用了统计的方式（直方图）进行提取。其基本思路是将图像局部的梯度统计特征拼接起来作为总特征，局部特征在这里指的是将图像划分为多个 Block，每个 Block 内的特征进行联合以形成最终的特征。最后根据图像的特征进行图像分析。

（八）流媒体技术

把从监控摄像头获取实时数据转化为各大系统能够使用的视频等。RLE 算法根据文本不同的具体情况会有不同的压缩编码变体与之相适应，以产生更大的压缩比率。

（九）数据标准化技术

为旅游监管部门的日常监管和重要决策而作出努力，能够定期或者及时为需要的地方一键生成相关报表等。

四、应用效果

目前，该解决方案已经广泛应用到包括四川雅安、攀枝花、新疆乌鲁木齐等多个重点市场区域，通过旅游大数据应用为其打造将管理、景区和游客三位一体的大数据智能旅游解决方案。大大提升了区域其管理、服务、营销水平，促进经济增长，带来良好的社会经济效益（见图 9-24）。

（一）应用案例一：四川省雅安市旅游大数据分析系统

1. 平台实施情况

雅安市旅游大数据分析系统是以项目的方式进行实施的平台，平台基于中国移动和 OTA 评论数据进行分析并进行可视化展示。

（1）通过中国数据的分析，对接待游客的客流量及游客的偏好进行分析，保证了地方旅游主管部门掌握本地更加真实可靠的分析数据，系统支持多个时间维度的数据分析，为重大节假日游客服务、管理提供了可靠的数据保证，将被动服务游客变为主动服务；同时通过数据的分析，帮助旅游主管部门更有针对性地进行旅游营

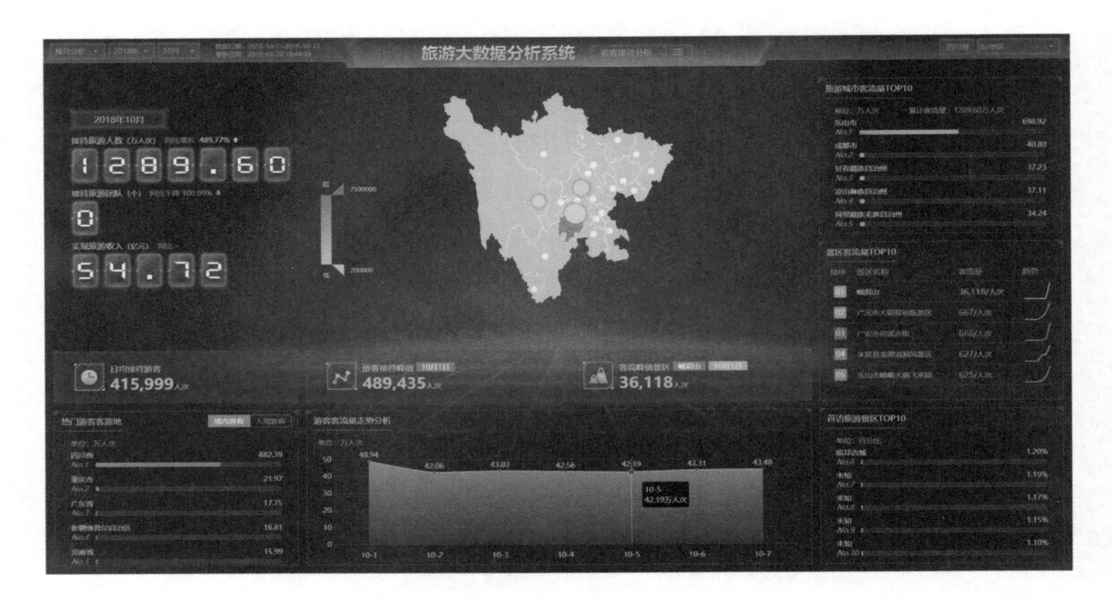

图 9–24　旅游大数据分析系统

销推广，使得营销推广活动的价值扩大化。

（2）通过 OTA 评论数据的分析，帮助旅游监管部门掌握了各个涉旅企业服务质量的真实数据。由于涉旅企业面积广、范围大，旅游主管部门很难以进行有效的监管，即使已有的监管也是非常的盲目，不能解决根本的管理问题；平台基于抓取各个 OTA 平台游客的真实评论数据的分析，对各个涉旅企业的好差评进行排行，对各个维度的游客评论进行分析，帮助旅游主管部门及涉旅企业及时掌握服务质量情况，为主管部门的主动管理提供了数据支撑，同时为涉旅企业改进服务质量提供了依据。

2. 产生的经济效益

通过雅安大数据分析系统建设，大大提升了雅安市旅游管理、服务质量，增加游客数量，提高景区收入水平，促进了区域经济增长。雅安市近两年游客人数和旅游综合收入同比增长均超过 10%。

3. 产生的社会效益

（1）推进精准营销。雅安市充分利用旅游大数据挖掘和分析平台加强对游客量、游客构成以及游客兴趣、轨迹、景区偏好的梳理，掌握雅安旅游市场动态，明确雅安旅游产品市场地位，清楚来雅安游客的消费价值趣向，依托大数据进行科学决策，实现由以往偏重旅游资源禀赋和历史积淀的传统营销向游客、竞争对手、资源三个方面进行精确定位的精准营销转变。

（2）促进旅游服务。当前“注意、兴趣、搜索、购买、分享”循环的消费模式，让我们看到在信息时代，在互联互通的时代，要改变商品主导的逻辑，要把思维转变为服务主导的逻辑，建立大数据为游客服务的理念，用大数据系统与平台构建服务于游客的全生态价值链，利用线上旅游电商平台＋线下实体旅游产品连锁超市、线上营销＋线下营销、线上查询预订支付＋线下旅行行程中和目的地服务，为游客提供更好的立体消费体验。

（3）推动产业融合。利用大数据分析法将雅安整个区域的旅游经济及产业发展、交通区位、旅游资源、游客市场等旅游状况在数据空间内对其进行时空重构，实现合理配置吃、住、行、游、购、娱等相关旅游产品，达到相应接待能力，并有效地疏导和安置游客。

（4）加强旅游监管。为尽量避免与减少游客在“吃、住、行、游、购、娱”各个环节的“负面感受”，提升游客满意度借助于大数据更加准确地了解市场主体需求，提高服务和监管的针对性、有效性。并高效利用现代信息技术、社会数据资源和社会化的信息服务，加强社会监督效率、降低行政监管成本。

（二）应用案例二：新疆乌鲁木齐旅游大数据分析系统

1. 平台实施情况

依托新疆乌鲁木齐旅游大数据平台整合运营商数据、OTA数据、搜索引擎、旅游黄金周数据和当地旅游资源基础数据，对游客客源地、目的地、景区资源等进行多维度的精准分析，为旅游管理部门在进行日常运行监管、安全应急指挥调度提供数据保障。通过对游客海量数据进行挖掘和分析，整合全市旅游资源信息，优化业务流程，发挥系统效能，为实现精细化管理、精准化营销、精到化服务提供支撑；为后期营销宣传提供有力数据支撑和分析决策，也为构建全域旅游打下基础。

2. 产生的经济效益

通过新疆乌鲁木齐大数据分析系统建设，大大提升了新疆旅游管理、服务质量，增加游客数量，提高景区收入水平，促进了区域经济增长。

3. 产生的社会效益

（1）借助大数据推动产业融合。利用旅游大数据分析法将新疆乌鲁木齐整个区域的旅游经济及产业发展、交通区位、旅游资源、游客市场等旅游状况，在数据空间内对其进行时空重构，实现合理配置吃、住、行、游、购、娱等相关旅游产品，达到相应接待能力，并有效地疏导和安置游客。

（2）立足大数据促进旅游服务。全域旅游最终目的是为游客提供更多的服务与体验。乌鲁木齐按照建立大数据为游客服务的理念，用大数据系统与平台构建服务于游客的全生态价值链，利用数据为游客提供更好的立体旅游服务体验。同时借助于大数据更加准确地了解市场主体需求，提高服务和监管的针对性、有效性，并高效利用现代信息技术、社会数据资源和社会化的信息服务，加强社会监督效率、降低行政监管成本。

（3）推进旅游大数据在旅游相关产业的深度应用，推动旅游产业转型升级。通过项目的实施，为新疆乌鲁木齐建立起一种全新的旅游数据共享处理模式，有效推进旅游大数据在传统旅游业及相关产业的深度应用，促进与旅游业相关的传统制造业的生产方式、组织形式、商业模式改革，带动旅游现代化的全面发展，推动旅游产业转型升级。

企业简介

成都中科大旗软件有限公司立足文化和旅游领域，是一家15年专注于文旅信息化建设的国家高新技术企业，是工信部第一批民生领域大数据试点示范企业、四川省成都市第一批“企业上云”服务商。2017年公司通过省级企业技术中心认定，2018年5月列入“成都市新经济百家重点培育企业”，2018年法人及企业被四川省委办公厅、省政府办公厅评为“四川省优秀民营企业家100强”“四川省优秀民营企业100强”。

大旗软件紧跟现代科技发展步伐，研发的面向旅游管理部门的“慧政云”、面向景区等涉旅企业的“浩景云”、面向游客的“文创云”三朵云产品体系在我国智慧文旅产业拥有较高的市场占有率。

专家点评

成都中科大旗软件有限公司利用大数据技术将政府各级涉旅部门、涉旅企业、景区信息进行整合汇聚建立旅游大数据分析平台，实现旅游产业监测、客流预警预测、决策分析等核心功能，打造管理、景区和游客三位一体的大数据智能旅游解决方案，有效打破旅游信息化各环节信息孤岛。该解决方案在多个省市智慧旅游信息化建设中得以成功应用，提升了区域管理、服务、营销水平，为有关部门和景区优化管理和营销决策提供了精准依据。

于浩（理光中国投资有限公司联席总经理）

大数据 39

住房城乡建设行业大数据平台
——武汉达梦数据库有限公司

住房城乡建设行业大数据平台通过整合住建管理部门现有各类业务系统中的企业、人员、房地产、工程项目、信用等数据，实现相关数据物理集中存储管理，并通过自动化的数据采集治理，确保数据共享交换全流程的可监控可追溯。平台建立数据资源目录分类与管理、共享交换服务，保障数据的共享交换与业务的协同管理，纵向上实现上级主管部门和下辖单位的数据对接，横向上与工商、监察委党政部门的数据对接，并为现有业务系统提供标准化数据支撑。平台基于“互联网＋政务服务”的思路，让数据流动代替人工纸质材料传递，有效支撑了政务资源共享以及“放管服”改革工作。同时，平台对外提供企业、人员、工程、房地产、信用等多个方面的数据公示。

一、应用需求

《国务院办公厅关于印发进一步深化“互联网＋政务服务”推进政务服务“一网、一门、一次”改革实施方案的通知》（国办发〔2018〕45号）中提到四大基本原则，其中包括整合共享、优化流程、创新服务。坚持联网通办是原则、孤网是例外，政务服务上网是原则、不上网是例外，加强政务信息资源跨层级、跨地域、跨系统、跨部门、跨业务互联互通和协同共享。因此，住建行业急需建立住建行业数据交换与共享机制，打破部门间信息壁垒，解决信息孤岛问题。

建立全省房地产开发项目和建筑市场监管数据查询展示、分析决策平台，为业务人员、主管领导提供定制化监管窗口，提升监管水平，优化市场诚信体系，为问题早预防、早发现、早处置的业务目标奠定条件。

通过数据，全面改革旧业务流程，为项目监管、市场监管、从业人员管理等提供基础保障。让数据在各部门之间动起来，利用大数据，全面抓好行业风险管理。

二、平台架构

公司的平台架构如图 9–25 所示。

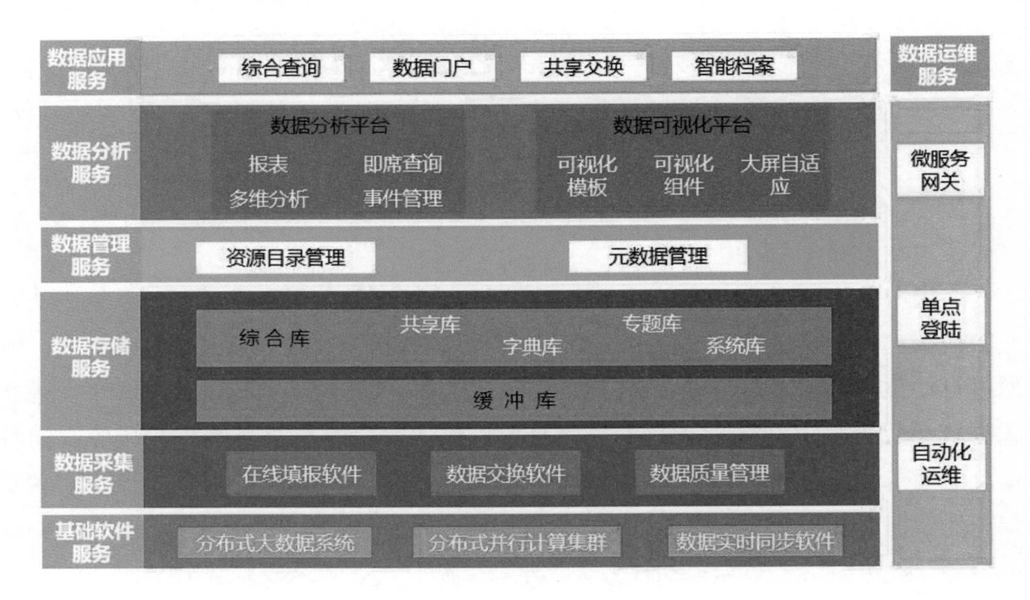

图 9–25　平台架构

（一）基础软件服务

1. 分布式大数据系统

分布式大数据系统基于 Hadoop 架构，结合达梦核心技术，完成多源海量数据的统一承载、统一访问。

2. 分布式并行计算集群

分布式并行计算集群是基于达梦数据库管理系统的完全对等无共享式的并行集群组件，为大数据平台的海量数据分析、实时计算提供了底层支撑。

3. 数据实时同步软件

数据实时同步软件是支持异构环境的高性能、高可靠、高可扩展数据库实时同步复制系统，为大数据平台底层数据提供了容灾备份能力。

（二）数据采集服务

1. 在线填报软件

在线填报工具通过灵活的报表设计器、自动数据库管理机制、报表制度自动调整等技术，优化了绿色建筑节能业务流程，由原来的 Execl 填写数据和人工汇总，升级为无纸化在线填报和自动汇总。

2. 数据交换软件

数据交换软件通过可视化的方式建立数据汇集、共享流程，纵向实现了地市层面数据互联互通、完成住建部对接，横向业务处室系统大部分对接完成，省内对接多个其他厅局，如工商、监察厅等。

3. 数据质量管理

依托数据质量系统发掘原有质量不达标数据，同时提供质量不达标依据，反推业务系统进行数据整改，并定期形成质量报告。

（三）数据存储服务

按照数据采集—转换加工形成标准—最终进入数据中心的思想，逻辑上建设了“2 大 4 小”。2 大库即缓冲库、综合库。4 小库即共享库、字典库、专题库、系统表库。

（四）数据管理服务

1. 资源目录管理

平台采用开放式的技术实现数据资源目录的维护操作，提供一个灵活的目录增删改查及层级管理，实现数据的规范化管理。

2. 元数据管理

依托住建行业特色，遵从国家相关规章制度，梳理形成五类具有住建特色又符合国家标准的元数据，即数据集元数据、文档资源元数据、WS 服务资源元数据、空间元数据、统计指标元数据。

（五）数据应用服务

1. 综合查询

建立住房城乡建设行业数据搜索引擎，通过数据资源中的关键信息，匹配出对应相关结果，同时针对相关设定规则将数据相关信息进行关联展示（见图 9–26）。

2. 数据门户

数据门户系统提供数据信息发布的统一平台，是数据中心的统一访问入口和管理平台，系统实现了单点登陆，集成了应用超市功能。门户作为厅内所有业务系统统一入口，降低了业务人员使用系统的复杂度，降低信息管理部门运维难度（见图 9–27）。

图 9-26 住建云搜

图 9-27 数据门户

3. 共享交换

共享交换系统作为数据流通的核心系统，完成数据资源展示、数据资源共享申请、审核、监控等功能。

4. 智能档案

为了适应快速的业务变化，智能档案系统可多数据统计维度进行自定义配置，无需二次开发，操作简单。按照业务数据梳理形成三大类档案：企业档案、人员档案、工程档案（见图 9-28）。

图 9–28　智能档案

（六）数据分析服务

1. 数据分析平台

依托数据分析工具快速、灵活地进行大数据的统计分析并图形化的显示查询结果，完成了 8 大类、42 小类统计分析。包括住房保障、城乡规划、房地产市场、建筑业与质量安全、城乡建设、综合办公平台、城镇空间信息、双代专题（见图 9–29）。

2015年市政基础设施水平和建筑节能情况表——设区市及省直管县

城市名称	用水普及率（%）	燃气普及率（%）	人均城市道路面积（平方米）	污水处理率（%）		生活垃圾处理率（%）		人均公园绿地面积（平方米）	建成区绿地率（%）	全省绿色建筑面积	全省绿色建筑占新建建筑百分比
					污水处理厂集中处理率（%）		生活垃圾无害化处理率（%）				
石家庄市	100.00	100.00	19.02	95.60	95.60	100.00	95.68	15.57	40.19	507.94	40.8
辛集市	100.00	90.35	16.87	91.46	91.46	100.00	100.00	9.51	31.51	57.22	73.57
唐山市	100.00	100.00	15.67	95.00	95.00	100.00	100.00	15.08	38.66	291.69	30.0
秦皇岛市	100.00	88.56	19.79	96.17	96.17	100.00	100.00	19.73	38.48	172.09	100.0
邯郸市	100.00	100.00	19.91	97.62	97.62	100.00	100.00	18.99	42.98	114.95	32.3

图 9–29　数据分析平台

2. 数据可视化

利用数据可视化平台搭建了领导决策支持系统（见图 9–30）。

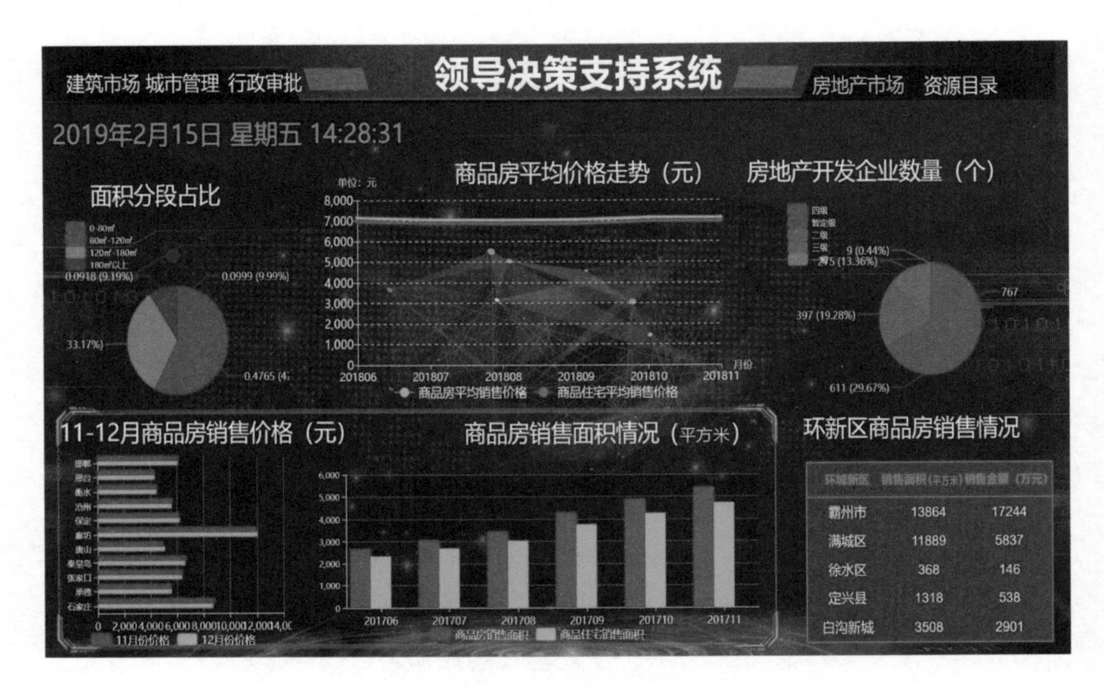

环城新区	销售面积（平方米）	销售金额（万元）
霸州市	13864	17244
满城区	11889	5837
徐水区	368	146
定兴县	1318	538
白沟新城	3508	2901

图 9–30　领导决策支持系统

（七）数据运维服务

1. 微服务网关

建立微服务网关，实现各类 API 资源（微服务资源）的注册、管理、申请、调用、监控。

2. 单点登陆

平台建立了多个业务系统的单点登陆机制，同时采取基于岗位的权限访问控制，实现角色和岗位共同决定主体对客体的访问权限。

3. 自动化运维

平台大部分产品实现容器化，实现一键式部署，集群类产品可根据数据及并发情况一键进行水平扩展。

三、关键技术

（一）利用云原生（Cloud Native）技术实现应用的快速构建和交付

资源目录、数据质量、数据监控等按典型的云原生应用设计和实现。云原生是一种构建和运行应用程序的方法，云原生应用程序专门设计用于运行现代云计算平台所需的弹性和分布式特性，应用程序可以按需伸缩，并采用不可变基础架构的抽象。

（二）通过微服务架构（Micro Service）实现组件的通信和解耦

通过各应用软件（资源目录、数据质量、数据监控等）的微服务化和基础微服务组件（API 网关、统一授权认证、配置中心、发现中心等），各系统间基于微服务架构实现系统间的通信和解耦，应用层面全程无单点故障、支持故障转移、弹性扩容、灰度更新等特性。

（三）平台底层基于容器（Docker）技术进行搭建

API 网关、资源目录、数据监控、数据质量等系统使用 Docker 容器技术发布和运行，让开发者可以打包他们的应用以及依赖包到一个可移植的容器中。

（四）采用容器云 Kubernetes 平台实现容器化部署

住建解决方案中，应用系统的发布和部署均使用容器云平台进行支撑，用于管理云平台中多个主机上的容器化的应用，提供了应用部署、规划、更新、维护的一种机制。

（五）建立开发即运维（Devops）的灵活机制

住建解决方案中应用 Devops 进行软件的部署及运维工作。透过自动化“软件交付”和“架构变更”的流程，来使得构建、测试、发布软件能够更加的快捷、频繁和可靠。

四、应用效果

住房城乡建设行业大数据平台基于武汉达梦数据库有限公司的成熟产品和平台进行构建，目前已经在河北住房和城乡建设厅、湖北住房和城乡建设厅两个省级住建部门以及若干地市住建部门进行了应用，为住房城乡建设信息化提供了有力的数据支撑，得到了用户单位的高度评价。

（一）应用案例一：河北住建数据资源管理平台

1. 面向社会公众政务数据公示

资源管理平台汇集全省企业、人员、工程、信用等数据后，将需要面对社会公众开放的政务数据共享给住房和城乡建设厅官网，官网对数据进行展示，服务社会大众。

2. 优化业务流程，为无纸化办公提供数据基石

通过本平台可实现多部门、跨地域、跨领域信息联享促进简政放权、放管结合、优化服务改革措施落地，让数据“多跑路”，让群众“少跑腿”，有效提升政府服务的标准化、精准化、便捷化、人性化，业务办理的协同化。

3. 构建信用信息共建共享机制全方位推进社会信用体系建设

资源管理平台建立后打通住建厅与信用中国的数据通道，为其提供建筑业行业企业基本信息、企业行政许可、企业行政处罚信息，在企业任职限制、政府采购、工程招投标、荣誉授予等方面开展联合惩戒。

4. 建立省级房地产监测平台，完善楼市监管

系统建立后，摒弃之前的 Excel 及纸质上报方式，通过共享交换机制，每天将各地市房地产市场数据增量数据同步至平台，并进行数据展示及实时汇总计算，达到准实时监管的目的。

（二）应用案例二：湖北省住建厅住房数据中心

湖北省住建厅住房数据中心的建设工作将以总体标准研究作为指引，以数据的合理规范化应用为前提，以各城市房地产业务管理系统为依托，将房地产开发、预售、买卖、租赁登记备案、权属登记、住房保障等环节的城镇个人住房信息有机整合，建立多层次、科学规范的监管体系，实现数据的自动采集，通过建立缓冲库、基础库、历史库、专题库的建设，支撑全省各设区城市房屋（建筑物）信息、房地产市场信息、住房保障信息的统一整理、统一存储，实现对商品房预（销）售的即时监控、房地产交易与权属登记一体化管理、房地产交易信息的统计分析以及住房保障业务的监管与实施，最终采用信息查询、统计分析和政务公开等数据服务形式来支撑不同应用的需要。

企业简介

武汉达梦数据库有限公司是中国电子 CEC 旗下的高新技术企业，公司始终坚持原始创新和独立研发的技术路线，掌握数据管理与数据分析核心前沿技术，基于自主可控的高安全关系数据库管理系统产品和大数据平台，结合各行业单位的业务特点，以用户需求为导向，可提供一整套、一体化、一站式的专业大数据软件技术服务和系统实施解决方案，目前在政法、政务、公安、信用、住建等党政机关重点行业和领域已拥有众多的成功案例。

专家点评

武汉达梦数据库有限公司在住房城乡建设行业大数据平台建设中，从数据采集、管理和应用三个环节出发，通过对企业、人员、房地产、工程项目、信用等数据的融合和分析，建立了纵向贯通、横向联通的数据共享和业务协同体系，实现了住建行业的数据集中化、资源目录化、应用服务化三位一体，解决了数据分散、系统孤立、业务协同难、监管力度弱等问题。该住房城乡建设行业大数据平台解决方案在多个省市主管部门取得了良好的应用效果，为住房城乡建设领域的“互联网+政务服务”体系的建立提供了有价值的技术积累和经验借鉴，具备较好的推广应用价值。

李新社（国家工业信息安全发展研究中心副主任）

大数据

40

司法大数据与人工智能解决方案
——北京华宇信息技术有限公司

北京华宇信息技术有限公司(以下简称“华宇”）作为司法信息化建设龙头企业，依托自身软硬件一体化的优化能力和法院、检察院、司法行政的行业业务能力，打造了司法大数据管理和服务平台，从数据共享、智能服务、科学决策三个方面发挥司法数据效能，打破信息孤岛，实现了司法各部门、各应用、各系统之间信息互联互通，为智能审判提供数据基础；实现了对海量数据的分析挖掘、法律问题的科学预判，从而提升法院工作效率、提高法官的办案能力。

一、应用需求

依托《促进大数据发展行动纲要》《人民法院第四个五年改革纲要（2014—2018)》以及《人民法院信息化建设五年发展规划（2016—2020)》中对大数据的战略要求，着重解决司法面临的以下问题：

（一）缺乏信息资源规划

各部门按自身的业务需要建立应用系统，缺乏统一的规划，形成许多“信息孤岛”。此外，上级部门向下推广应用系统，缺乏统一规划，形成许多纵强横弱的“信息烟囱”。从而导致信息资源共享不畅、无法有效地开展业务协同、信息数据统计不准确等一系列问题。信息资源与人、财、物一样，都是司法的宝贵资源，需要通过司法内外信息流的畅通和信息资源的有效利用，达到数据共享、业务协同、深度利用的目的。

（二）缺乏数据标准规范

统一采集、管理和利用数据，需要有统一的数据标准规范做支撑。不同用户提供的数据可能来自不同的途径，其数据内容、格式和质量千差万别，因而给数据共享、管理和利用带来了很大困难。造成上述现象的原因主要是由于缺乏数据的标准化以及对数据标准的管理，并且缺少对数据标准规范统一管理、反馈、修改的体系。

（三）信息数据质量无法保障

针对各行业业务产生的数据特点，并且数据的完整性、规范性、及时性、一致性、逻辑性等没有严格的检查规则，数据质量不高，所以没有办法确保可以利用的数据是完整的、可靠的。数据的质量对上层应用的展示分析起到至关重要的作用，同样对于这些数据资源的整合利用都需要建立在优质的数据质量基础之上。

（四）信息资源管理不善

优质的大数据服务离不开完善的数据管理。对数据的盘点、监控、检查、安全等都直接影响着大数据服务所能创造的价值。目前各行业的信息资源都处于一种散落、缺少统一盘点以及统一管理的机制。

二、平台架构

司法大数据与人工智能平台架构设计为“一库”“三平台”“一系统”。“一库”为司法信息资源库，“三平台”分别为大数据管理平台、法律认知平台和智能感知平台，“一系统”为共享交换系统。各部分分别负责数据层面、知识层面、感知层面和数据交换层面，实现分层分模块设计，以专业及体系化的设计思路实现从数据到信息，再到知识服务整个处理过程的落地方案，以支撑法院业务数据化、智能化的实现，各模块具体内容如图 9-31 所示。

（一）共享交换系统

共享交换系统是提供统一的数据交换、数据整合、数据服务的平台体系，在这个统一的共享交换机制下，可以实现各类业务系统间的数据整合互通、业务协同。主要由法院专网的共享交换主平台与其外部专网、互联网、移动专网及涉密网各个网系的共享交换子平台构成，在整个共享交换体系下，实现资源的统一融合、互联互通。

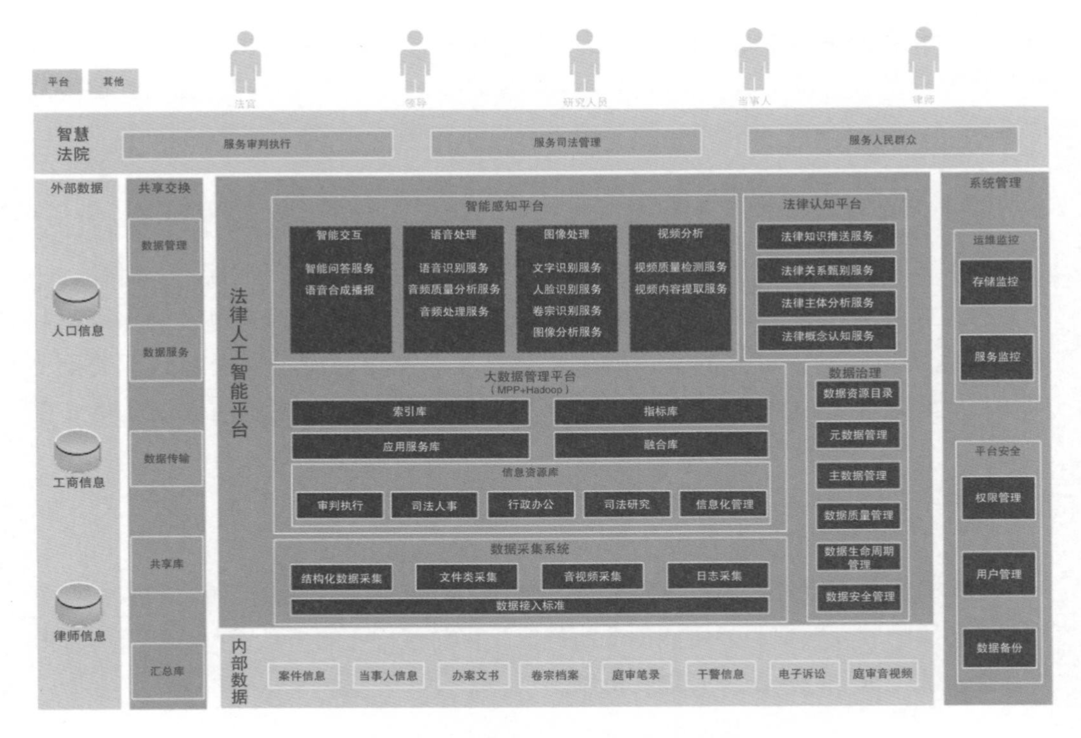

图 9-31　司法大数据与人工智能平台架构图

（二）大数据采集平台

大数据采集平台所包含的司法审判信息资源库、数据采集系统、数据资源目录管理系统、数据标准管理系统、数据质量检查系统、数据生命周期管理系统、数据安全管理系统，可与现有的业务应用系统兼容，实现对不同来源、不同种类、不同格式数据资源的全面采集、分析、融合。大数据采集平台可通过 API 接口、消息队列等实现采集功能，可满足数据采集实时性、准确性。其他数据管理系统可对采集的数据资源进行高效管理，并从多个维度进行实时监控，以保障数据资源的合理利用和处理。同时提供的平台管理模块贯穿整个架构设计，从高可用、任务调度、安全及监控几个方面保障平台的整体运行。

（三）法律认知平台

法律认知平台支持对半结构化文本信息的识别、认知和分析，具备知识图谱核心分析技术，并可为上层可视化框架提供支撑，是人工智能平台中的技术核心，依靠数据管理平台提供高质量的数据，向上层应用提供案件审理环节中对法律概念的认知、法律主体分析、法律关系甄别及法律知识的推送和检索。

（四）感知服务平台

智能感知平台是基于机器学习、语言识别、图像识别、自然语言处理等技术构建的行业 AI 能力平台，提供基于各行业业务场景下的人工智能感知服务能力，构建业务 + 场景 + 用户的全联接体系，全面提升用户的业务感知和体验，平台分为核心能力引擎、平台体验页面、后台管理控制、能力接口服务四大部分。

（五）大数据管理平台

大数据管理平台是基于 MPP+Hadoop 分布式混合技术架构的法院行业数据管理平台，提供依托于法院业务场景下的行业数据管控、数据治理及数据融合计算能力，可对数据的生产、采集、加工、存储、应用、归档、销毁全生命周期进行管理，并通过平台实现法院业务数据的资产化转变，转化后的法院数据资产可达到可控、可信、可用的标准（见图 9–32）。

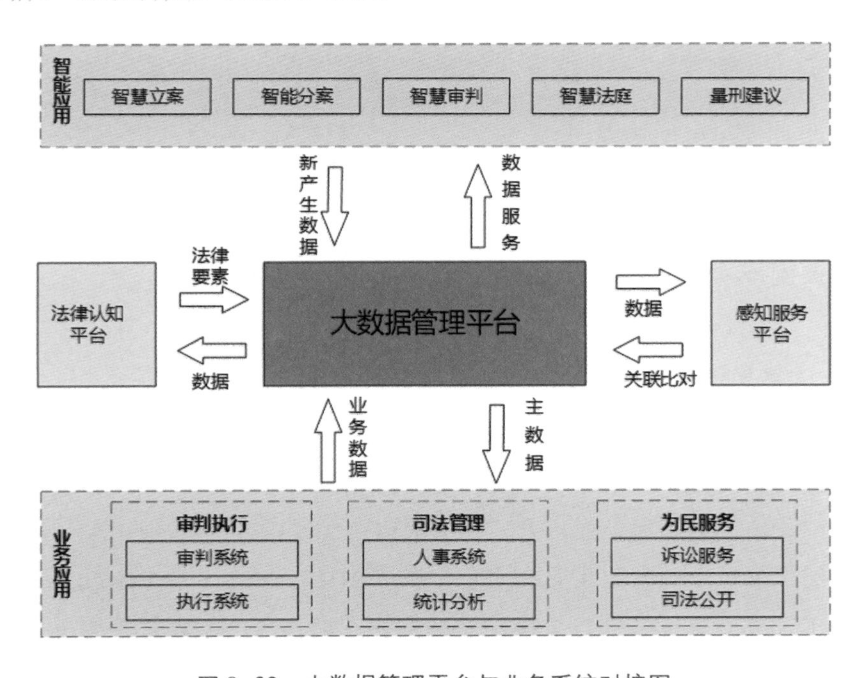

图 9–32　大数据管理平台与业务系统对接图

大数据管理平台从业务应用系统采集业务数据，经过数据治理及融合计算后以高质量的主数据的形势反馈回业务应用，这样所有业务应用系统涉及法院核心业务数据都是最完整的、一致的，并且和其他主数据是互相关联的。

大数据管理平台为法律认知平台和感知服务平台提供数据支撑，并从法律认知平台获取法律要素融合到已有司法数据资源库中，与感知服务平台终端采集的数据进行关联比对，为终端交互更好的体验效果提供数据支撑（见图9–33）。

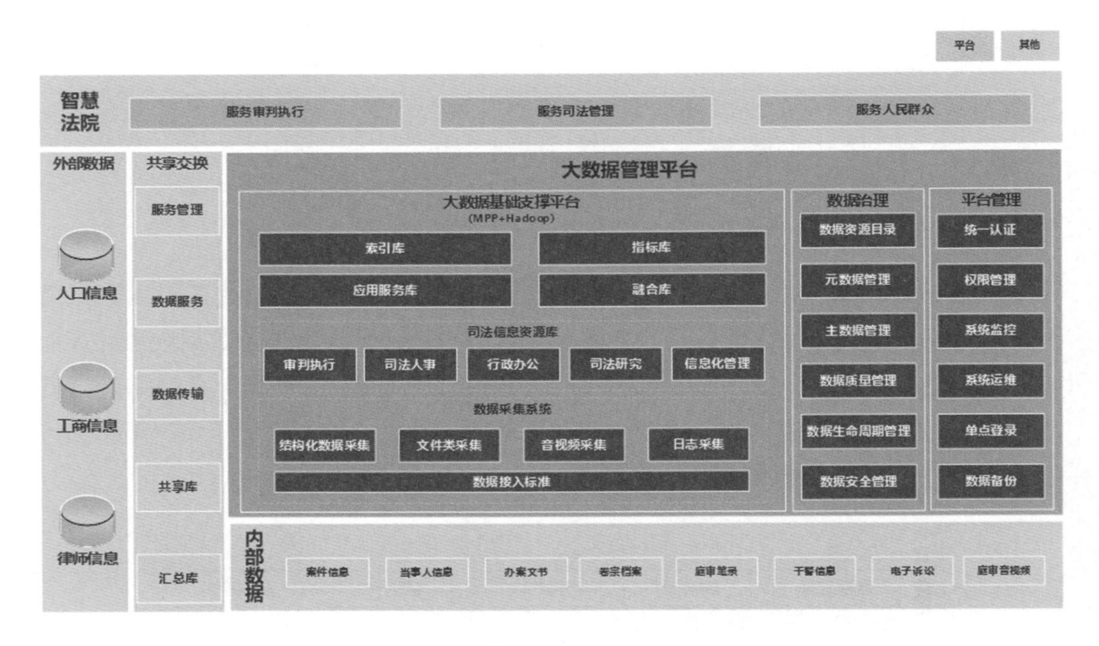

图9–33 大数据管理平台架构图

三、关键技术

（一）法律知识图谱技术

以多元数据融合技术、语义搜索技术、分布式存储和检索技术、机器学习等作为技术基础，利用知识图谱相关算法，研究多源多类型大数据分析技术，多维感知体系下多层次信息融合与处理技术，基于多模态法律信息的知识图谱构建技术、法律知识多层次多粒度动态关联抽取技术，基于RDF、OWL、SPARKQL的知识存储与管理技术，完成基于多模态法律信息的知识图谱构建、知识管理服务平台搭建，实现法律知识认知、审判规律挖掘以及在不同维度和阶段将其体现。通过构建司法知识图谱库，与不同的业务场景下的智能服务应用相结合，全面支撑案由要素分析系统、案件情节精准判定系统、法规与案例搜索系统、人案物关联分析系统等系统的应用，从而实现对法律知识的生产、管理和输出，为更多不同角色的用户提供法律知识辅助。

（二）基于法律要素提取关联及语义识别的类案精准推荐技术

基于文书实体信息项（包含时间信息、人员信息、地域信息等法律要素）提取及特定法律术语的理解和词语关系的分析判定，目前基于中文裁判文书的语义识别准确率达到90%以上，对1300万份裁判文书的关联分析准确率达到95%。

（三）OCR文字识别引擎

在卷宗识别应用中，基于OCR的文字识别已经成为必需的一项能力，它的好坏影响整体的应用成效。传统的OCR常常会对图片进行大量预处理操作，导致速度慢并且依赖于图片的质量。华宇研发的OCR识别引擎结合resnet、googlenet、crnn三种优秀网络结构的优点，设计了一套端到端识别的网络结构，其特点是检测与识别两个分支共享特征提取网络，避免重复计算，使得准确率和识别速度都得到提升。中心的OCR识别引擎通过自己研发的自动数据标注技术获得大量的训练数据，使得模型的鲁棒性较传统OCR有大幅提升，对于有复杂背景、噪声较多、低DPI的图片也可以保持90%以上的准确率。

四、应用效果

（一）应用案例一：某法院大数据管理和服务平台

某法院大数据管理和服务平台运用流式处理、数据分区、分布式存储计算、人工智能等大数据相关技术，实现司法数据综合管理应用。系统架构分为基础设施、大数据计算框架、审判信息资源存储和综合应用四个层级（见图9-34）。

华宇通过承建该平台，建成了世界上最大的案件库，平台目前包含全国法院系统9100万件案件，并以每天5万—6万件的速度递增。实现司法审判大数据智能决策分析，目前大数据决策分析对于审判执行业务的覆盖率达到80%以上，支持5种以上的决策应用集成。在可视化方面，实现了司法公开数据多元多维可视化分析展现，单一可视化对象支持1000数据项表达，单一对象可视化图形加载时间小于1秒，支持千万级案件流程信息公开，基于流程实例引用的司法公开督导提醒响应时间不多于1分钟。

1. 核心价值

（1）法院司法改革的重大突破：司法统计由专项人工（6000多人）变成全自动生成，每月生成报表升级为即时生成报表，报表数据可实时追溯。

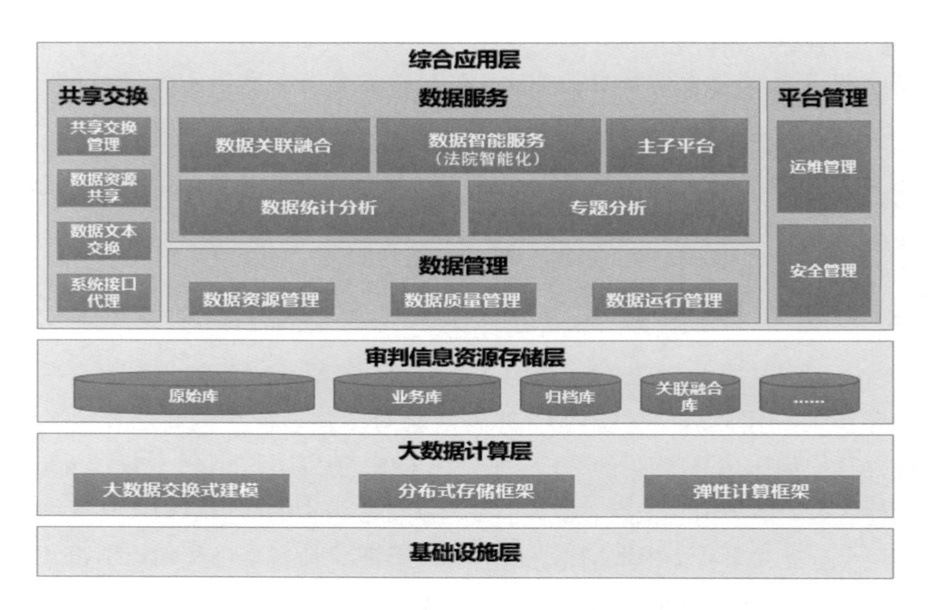

图 9–34　法院大数据管理与服务平台架构图

（2）司法大数据专题分析：法院政策执行效果评估、社会热点问题评估、法院内部问题评估。

（3）推动业务发展：解决数据反映的业务问题，根据问题完善业务流程。

2. 应用成效

（1）汇聚量大：全国已经汇聚 3513 家法院 1.75 亿件案件，文书资源 2.88 亿(其中裁判文书 8800 万)。

（2）速度快：每 5 分钟汇聚收结存信息。

（3）效率高：当日可完成全国约 300 万增量数据汇聚。

（4）准确率高：数据置信度可达到 99.5%。

（二）应用案例二：法院全业务可视化管理平台

《人民法院信息化建设五年发展规划（2016—2020)》要求利用可视化手段，切实提高司法决策和管理科学化水平：高级以上法院以大数据管理和服务平台为基础，拓展建设大数据分析系统，利用商业智能、大数据分析和可视化手段，对司法审判信息资源库中的数据进行挖掘、分析和展现，支持多维分析、关联分析、趋势预测等大数据智能服务；中级以上法院建设可视化运维平台，建立信息系统质效评价指标体系，集成基础设施、应用、数据和安全运维系统，基于运维系统采集的各类信息进行信息系统质效评价，并以可视化方式展现。

华宇推出的法院全业务可视化管理平台是审判信息管理中心的监控平台与管理

分析平台，充分利用可视化平台与大数据分析等主流技术手段，支持全业务数据分析、预警监控、视频影像、系统整合等多类数据整合，为用户提供态势分析、统一管理、预警提示、视频监控等内容的一站式数据监控服务，实现以屏为眼、以督为控的广度与深度的工作需求，转换以往工作管理模式，为执行治理的管、控、分析等提供了更为便捷有力的信息服务。

1. 应用效果

（1）常态化审判信息管理中心工作平台。全业务可视化大屏作为管理工作平台，在保证了可视化分析的固有优势下，结合法院工作管理需求，兼备了界面内容更丰富，监控、预警数据更易读，问题定位更清晰等优势，适用于对外汇报、业务展现、运维管理等多种模式的日常需求。

（2）覆盖全法院业务监控管理。法院业务全量监控管理，打破了系统与系统之间的屏障，便于统一管理；与此同时，又可将本院系统整合至一处，便于灵活调取管理与展示。

（3）打破数据屏障，统一展现模式。支持显示多类型、多维度的数据内容，打破不兼容、数据风格不统一的屏障，提供业务指标呈现集中、数据趋势分析直观、多套系统融合兼容、系统风格统一的可视化管理平台。

2. 主要可视化场景介绍

（1）审判管理可视化。审判可视化主要分为案情监控、审判流程、人员管理三部分展现，从人、案、事务的角度进行整体监控与展示（见图 9–35）。

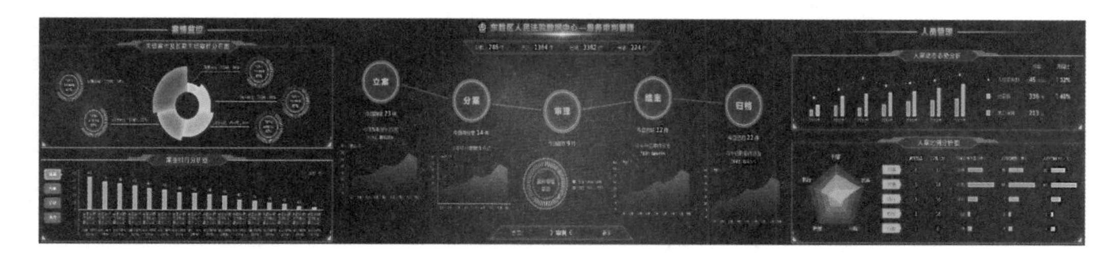

图 9–35 审判管理大屏可视化展示图

案情监控展现模块从未结案件、长期未结、案由三部分对案件进行管理。了解本院目前五大类案件分别占比，以及每月态势变化，监控解决效果，分析案件属性变化，用于宏观掌控，为决策提供数据依据。

审判流程展示已结、未结、新收、旧存四类累计数据以及处于审判流程阶段，案件数量及变化。通过审判流程可视化展现，展示当日各阶段数据量，通过趋势、同比数据分析，动态监控案件变化，以便应对突发态势。

（2）庭审可视化。以庭审视频监控为核心，通过对庭审使用情况分析，分析案件审判规范情况，并结合庭审巡查，实现对庭审过程、庭审数据的质量全量监控，实现对庭审的日常监控与督导管理（见图 9–36）。

图 9–36　庭审管理大屏可视化展示图

（3）执行管理可视化。执行管理可视化作为默认的执行指挥日常工作监控页面，常态化监控本院、本辖区的执行情况，支持从业务事项到责任法官，实现对执行管理的全面掌控，提高内部管理效率（见图 9–37）。

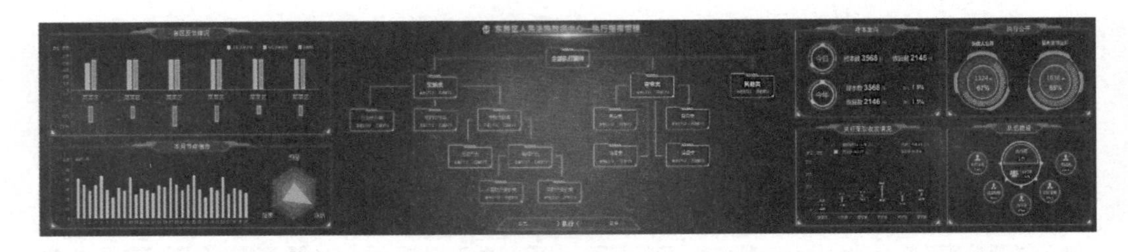

图 9–37　执行管理大屏可视化展示图

（4）人员管理可视化。人员管理部分通过人案比例、人案态势分析两组数据进行宏观分析，了解本院人员分配情况。从五大类案件人员分布、结案率、人均办结数、人均办结时长进行结案效果、效率分析，将人、案、效率进行结合，整体分析审判效率，寻找新的管理突破口（见图 9–38）。

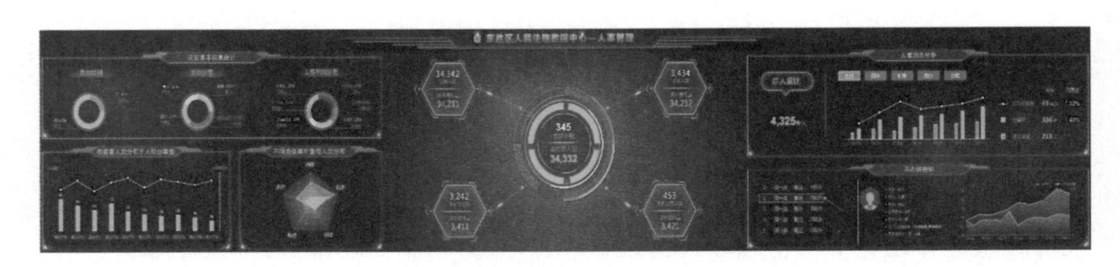

图 9–38　人员管理大屏可视化展示图

（5）运维管理可视化。通过可视化手段，实现对基础设施、信息安全、业务应用、数据中心及运维流程的指标全面量化展现，实时动态更新以及智能化管理，深入促进信息化工作整体质量和服务业务水平、效率，全面提升的电子政务运维管理（见图 9–39）。

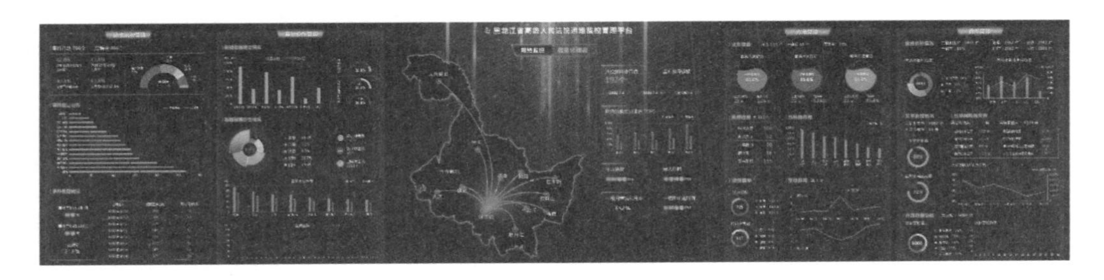

图 9–39　运维管理大屏可视化展示图

企业简介

北京华宇信息技术有限公司在我国司法行业信息化建设领域连续 11 年在法院、检察院行业市场占有率稳居 35%以上；在法院细分行业，用户量占全国法院总数的 92%，是最高人民法院、最高人民检察院、中央政法委、司法部等国家司法机关十多年信息化的核心支撑单位，承担了多个具有行业重大影响力的工程建设，是行业标准顶层设计者，是法院、检察院“十二五”“十三五”规划的核心成员单位，是人民法院信息化标准编制牵头单位。

专家点评

北京华宇信息技术有限公司将大数据技术与司法行业业务进行了融合创新，编制了符合审判业务特征和数据应用所需统一的数据交换标准，进行了系列技术攻关，最终通过可扩展标记语言的离线批量数据同步汇聚技术实现结构化案件和半结构化文书数据的存储及传输，实现了海量数据的同步汇聚、法律文书的实体识别、法律数据的质量检测，建立了全国法院司法信息大数据中心，解决了全国法院数据标准不一、质量不高、覆盖不全、共享困难、实时监管等难题，进一步拓展了司法为民的广度和深度。

李新社（国家工业信息安全发展研究中心副主任）

大数据 41

信用大数据共享分析平台
——金电联行（北京）信息技术有限公司

金电联行（北京）信息技术有限公司（以下简称“金电联行”）“信用大数据共享分析平台”解决方案，融合大数据、云计算、移动互联等现代信息技术，打造“大数据＋信用”的应用服务模式，汇聚整合多维数据，对数据进行处理与挖掘分析，构建各类专题数据库，强化数据支撑，实现信用信息归集共享、信息查询、信用公示、信用监管、联合奖惩、双公示、红黑名单以及智能辅助决策等多种应用服务功能。本解决方案，实现了信用体系的信息化建设与大数据应用，具有跨区域、跨行业、跨部门管理的特点，推动信用信息共享，健全激励惩戒机制，促进社会诚信水平提升。目前应用案例超过 30 个，归集的数据超过 5 亿条，服务的行业已超过 20 个，服务的信用主体超过 500 万个。

一、应用需求

（一）经济社会背景

信用是现代市场经济的基石。建立健全社会信用体系是加快转变经济发展方式、完善社会主义市场经济体制、创新和加强社会管理、构建和谐社会的迫切要求，是深入贯彻落实科学发展观的紧迫任务，对促进经济社会和人文社会的全面健康发展将产生积极而深远的影响。社会信用体系作为一种共享机制和有效的社会机制，根本途径就是通过对失信行为的记录、揭露、信息传播和预警，解决经济社会生活中信用信息不对称的矛盾，从而惩罚和警诫失信行为，褒扬和奖励诚实守信，促进经济和社会健康发展。

在中共中央“十三五”规划中，明确了加快推进政务诚信、商务诚信、社会诚信和司法公信等重点领域信用建设，推进信用信息共享，健全激励惩戒机制，提高全社会诚信水平，要求中重点包括：健全信用信息管理制度、强化信用信息共建共享、健全守信激励和失信惩戒机制、培育规范信用服务市场等多个方面。

应用大数据技术，实现数据的整合和共享，推动大数据创新应用，提高政府工作效率和能力，形成信用监管机制，是本解决方案的应用背景和意义所在。

（二）解决的行业痛点

1. 解决信用信息分散且杂乱的问题

根据建设单位的需要，制定适用于国家级、省级或地市级信用信息管理目录，建设和规范信用信息采集传输系统，实现信用信息共享，提高流程效率和服务能力。

2. 增强法人信息覆盖面

扩大信用平台的信用信息覆盖程度，将所有法人（包括机关法人、事业法人、企业法人、社团法人和其他法人）全部纳入平台管理。

3. 改善缺乏信息管理体系的问题

在核心数据库基础上，形成专题库、信用信息公开目录库、信用信息公开资源库，并完成相应的应用系统功能建设。

4. 解决自然人信用信息不全的问题

通过与建成的人口数据库进行对接，以公民身份证号为索引，利用现有人口基础信息和各部门业务信息系统，通过银行、税务、工商、质监、安监、公安等部门采集违法违纪、失信等不良信息的相关信息形成个人诚信信息专题数据库。

5. 解决部门间的数据共享和联合信用监管问题

通过建设信用信息管理系统，完善信用信息内部核查功能、统计分析功能和业务协同功能，为行政管理机关提供法人的信用监管与核查服务，为各政府部门在项目审批、资金使用等行政决策时提供数据支撑。

6. 实现双公示和信息公开

以核心数据库为基础，建设统一的“诚信 XX”服务门户，对社会公众和政府部门提供更加全面和稳定的信用应用服务，促进行政机关机构改革和职能转变。

7. 解决与工商信用系统数据交换的问题

通过信用平台与工商局企业信用信息公示系统的协同管理，实现信用数据共享和业务流程协同，支持各类业务流程和数据交换的灵活实现。

（三）市场应用前景

金电联行推出的“信用大数据共享分析平台”，致力于运用大数据思想和技术，对跨区域、跨行业、跨部门的信用相关信息进行归集、整合、存储和共享，面向社会公众、企业、金融部门、信用服务机构和政府机关提供多层次信用信息服务，为信用主体创造良好的营商环境。能够为国家发改委、各省/市发改委建设各级信用信息平台提供解决方案，也能为各政府部门如商务部、交通部推出各类行业信用应用服务打下基础、提供支撑，本解决方案适用于各级社会信用体系和信用信息平台建设部门，具有较强的复制性和推广价值。

二、平台架构

（一）平台整体架构

平台整体架构图如图 9-40 所示。

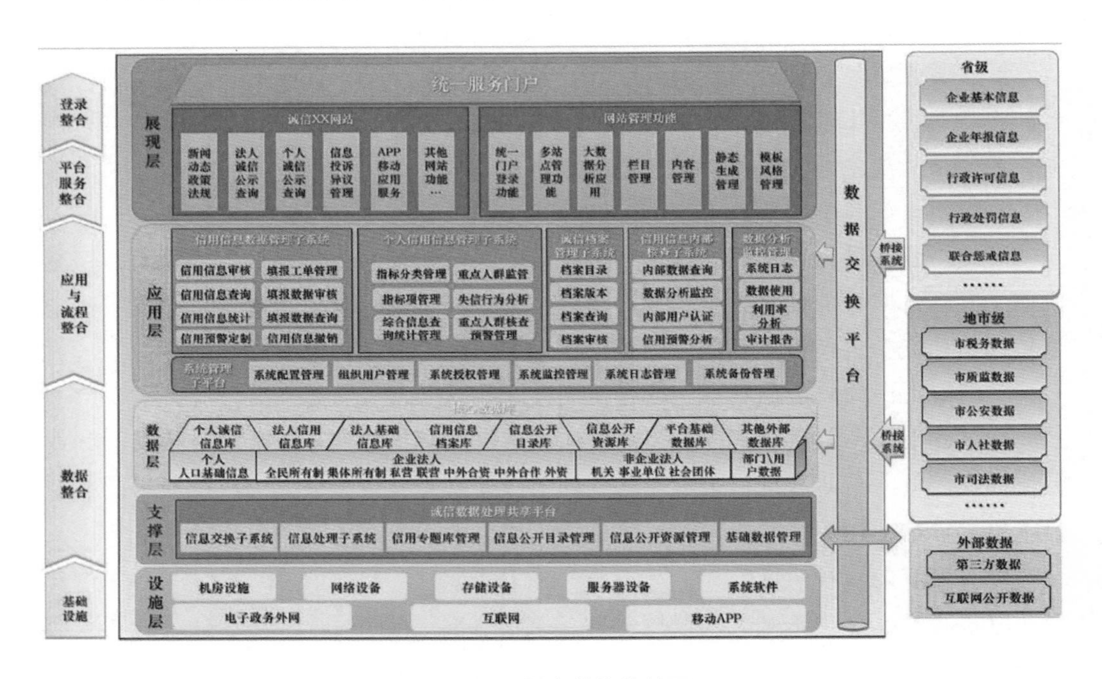

图 9-40　平台整体架构图

1. 设施层

指平台建设所依赖的基础网络环境、服务器、存储、操作系统、开发中间件、数据库等基础软件。

2. 支撑层

是支持平台运行和对外提供信用信息应用的业务支撑层，主要包括底层业务支撑子系统。

3. 数据层

数据层将分为基础数据和信用专题数据，其中基础数据包括法人和个人的基础数据，信用专题数据主要规划为企业信用数据库和以重点人群为核心的个人信用库以及诚信档案库等。

4. 应用层

应用层提供平台基础业务处理、业务管理和应用服务的功能层，主要包括信用信息数据管理子系统、个人信用信息管理子系统、诚信管理档案子系统、信用信息内部核查子系统、数据分析监控管理子系统和数据分析系统管理子系统六个部分。

5. 展现层

主要为“诚信 XX”网站及 APP 移动应用，作为对社会公众（企业 / 个人）提供基础的信用查询服务、投诉举报异议服务以及政府内部服务统一登录门户、大数据分析可视化应用和网站信息管理相关功能。

（二）数据采集传输系统架构

信用数据采集传输系统主要实现省信用信息、各个信源单位业务系统、各级部门与平台的数据统一交换、采集与整合（见图 9–41）。

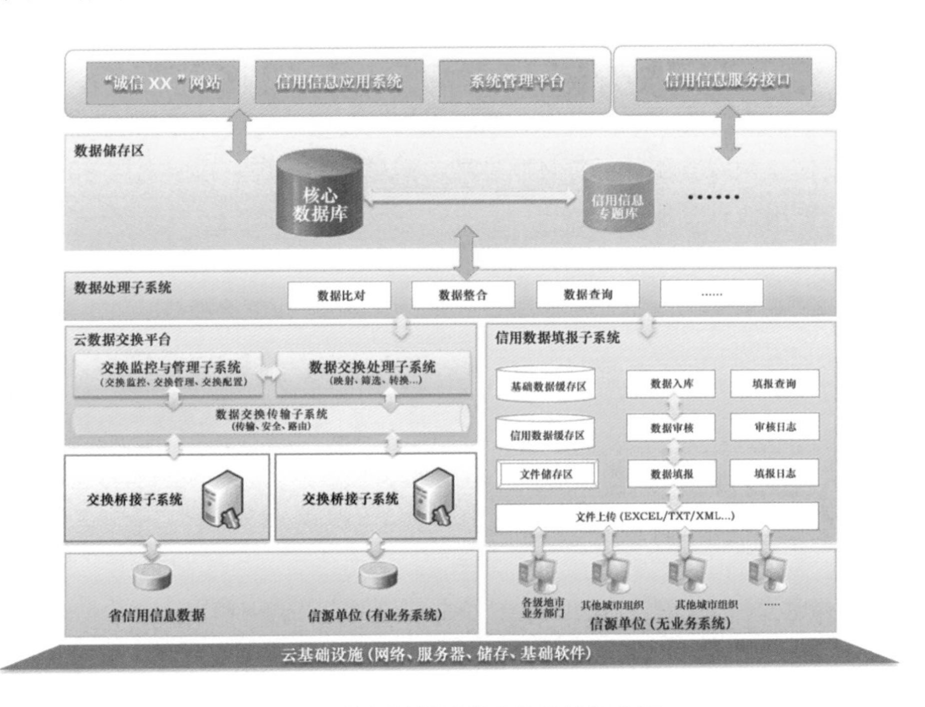

图 9–41　信用数据采集传输系统架构图

信用数据采集传输系统建设内容包括：数据采集传输系统、“诚信 XX”网站、数据传输接口、系统管理。

（三）平台核心功能

平台核心功能包括信用信息交换、信用信息处理、信用信息数据管理、个人信用信息管理、大数据分析监控管理、诚信档案管理、信用信息内部核查、系统管理、“诚信 XX”网站等。

1. 信用信息交换

整体平台的核心部分，其主要功能是：按照统一的数据接口标准和规范，依法归集整合行政机关、司法机关、金融机构、公共事业单位及相关组织掌握的企业、社会组织、事业单位信用信息，实现跨部门信用信息的采集、交换和共享，建成信用信息数据库，并提供交换过程的监控与管理。

2. 信用信息处理

将交换或填报的各类信用主体的信用数据与“信用主体基础信息”的基础信息比对处理后入库到“核心信用数据存储区”，未比对上的信用数据单独存储，可以再进一步进行手工比对。

3. 信用信息数据管理

建立统一规范、统分结合、各司其职的政府信用信息公示制度和相关系统流程。同时，根据政府信息管理要求梳理信用信息目录，按照可公开信息、依申请可公开信息进行分类，为企业、公众、政府提供分等级的综合信息查阅与统计、信息核查管理、信息预警管理、信息订制管理、信息审批管理、指南查询等功能。

4. 个人信用信息管理

个人信用是社会信用的基础，包括指标分类管理、指标项管理、综合信息查阅与统计（有权限限制）、重点人群专题系列、信息核查管理、信息预警管理、信息订制管理等功能。

5. 大数据分析监控管理

将新建各类法人信用数据全生命周期监控管理体系，对每个法人单位的每条信用信息实现全面的日志记录和使用记录。

6. 诚信档案管理

按照个人信用档案、企业信用档案、政府信用档案进行分类，主要梳理与诚信信息相关的资源数据，建立一套完整的信用档案体系。提供档案筛选、查询、管理、备档、删除、审核等功能，通过档案管理子系统让民众更好地了解当前的诚信、失信等情况。

7.信用信息内部核查

包括内部数据追溯、数据分析、数据监控、数据预警等功能。

8.系统管理

包括系统配置管理、系统用户管理、系统授权管理、系统备份管理等功能。

9."诚信 XX"网站

诚信网站实现了诚信文化的弘扬，配合政府打造诚信和谐社会，是信用记录查询的公众平台。

三、关键技术

（一）平台技术架构

平台技术架构如图 9-42 所示。

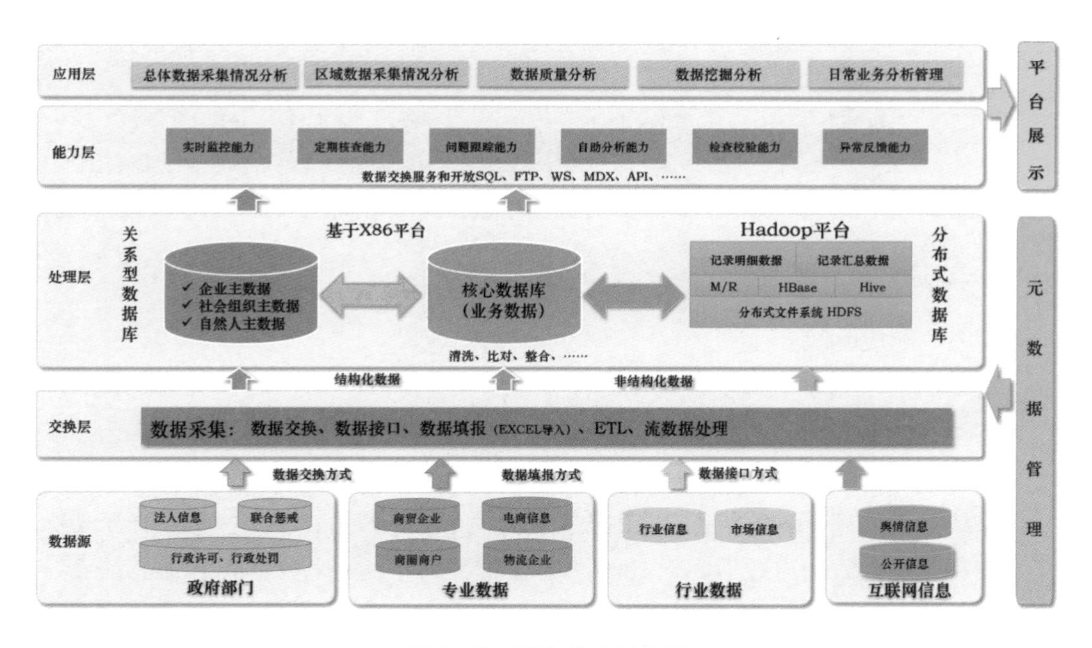

图 9-42 平台技术架构图

平台的核心技术主要包括数据汇聚采集、数据融合、数据存储、数据治理、数据可视化以及数据交换共享等技术，依托"数据工厂"产品，对信用大数据进行采集、处理、清洗、加工、交换共享和应用。

（二）核心技术

应用系统层、应用支撑层和数据层的核心技术如表 9-2 所示。

表 9-2　核心技术

序号	层级	类别	技术名称
1	应用系统层	开发技术	J2EE
2	应用系统层	开发架构	Browser/Server 架构
3	应用支撑层	服务接口	SOAP 协议，Web Service 接口
4	应用支撑层	平台设计	SOA（面向服务架构）
5	应用支撑层	服务构件	基于 XML 的数据交换规范
6	应用支撑层	数据处理	ETL（Extract-Transform-Load）
7	数据层	数据存储分析	Hadoop 平台
8	数据层	数据实时接入	Kafka+Storm 的架构
9	数据层	数据存储	HDFS、HBase、Impala 系统
10	数据层	数据交换	Json 格式、XML 格式、结构化数据库
11	数据层	数据库开发	Kafka+spark 的开发架构；应用 ETL 工具进行数据同步；应用 Map Reduce 的编程模型

（三）达到的性能指标

1. 系统响应时间

页面展示及基本服务功能访问：响应速度＜ 1 秒；综合查询、统计类功能：响应速度＜ 5 秒。

2. 系统处理能力

系统具备处理 TB 级容量的信用数据的能力；支持峰值在线用户数不低于 2000 个，支持平均在线用户数不低于 1000 个，支持平均并发用户数不低于 500 个。

3. 无故障率

系统平均无故障率不低于 99.5%。若发生故障，恢复时间的要求是：一般故障，恢复系统正常运行所需时间不超过 30 分钟；严重故障，不超过 4 小时；特别严重的故障，一般不超过 24 小时。

四、应用效果

（一）应用案例一：广东省商务信用信息平台

广东省商务信用信息平台致力于建设一种有利于规范企事业单位、工商业主的市场经济行为，增大经营透明度，有效防范经济欺诈犯罪活动的信用信息系统。广东省商务信用信息平台的终极目的是保证信用主体交易的安全性，为市场、企业和消费者服务。建立商务信用体系，为信用主体创造良好的市场环境，提高其市场交易的安全性和效率，降低风险和成本（见图 9-43）。

图 9-43　广东省商务信用信息平台

（二）应用案例二：无锡市社会信用平台

无锡市社会信用平台建设致力于制订全市公共信用信息归集、记录、共享、应用等标准规范，依托无锡市电子政务外网、江苏省政务服务网交换平台，利用云计算、大数据等先进技术建设无锡市公共信用平台，对各行业部门信用信息进行归集、记录、整合、存储和共享，面向社会公众、企业、金融部门、信用服务机构和政府机关提供多层次信用信息服务，实现和推进公共信用信息在经济活动、政府决策等领域的广泛应用，推动无锡市企业诚信经营、事业单位和社会组织诚信服务及个人守信自律，为具有无锡特色的诚信社会的全面建设提供良好支撑（见图 9-44）。

图 9–44　无锡市社会信用平台

企业简介

金电联行（北京）信息技术有限公司成立于2007年，集科技创新、金融、产业与政务大数据服务于一体。公司基于大数据理论与云计算技术，创造了客观信用评价体系，是国内较早应用大数据为金融与社会管理提供创新性信用服务的专业机构。具有中国人民银行颁发的征信服务牌照，中国中小企业协会副会长单位，国家发改委首批全国综合信用服务试点机构，工信部、科技部等主管单位认定的中小微企业信用融资服务机构。目前已有三十多个分支机构和科研基地。

专家点评

金电联行（北京）信息技术有限公司推出的“信用大数据共享分析平台”，对跨区域、跨行业、跨部门的信用相关信息进行归集、整合、存储和共享，解决了信用大数据方面的一些关键问题。面向社会公众、企业、金融部门、信用服务机构和政府机关提供多层次信用信息服务，为信用主体创造良好的营商环境，有利于实现和推进公共信用信息在经济活动、政府决策等领域的广泛应用，增加经营透明度，有效防范经济欺诈犯罪活动，为我国诚信社会全面建设提供来自大数据科技的有力支撑。

李新社（国家工业信息安全发展研究中心副主任）

大数据

42

智慧水利一体化应用服务平台
——江苏鸿利智能科技有限公司

智慧水利一体化应用服务平台依托物联网、移动互联网、三维模型、混合云、综合门户等信息化技术，将各水利测站的水情、工情、雨情、流量、水质、墒情、视频等监测数据通过光纤 /VPN 专网 /4G/ 遥测短波 /NB-IOT 等通信网络传输至水利专有云数据中心存储；各水利业务系统（如防汛决策系统、水资源信息系统、河长制协同系统、水利工程建管系统、电子政务系统等）数据通过公共云中心也上传至水利专有云中心存储；采用混合云架构，即融合公共云和水利专有云，核心数据存放在专有云中，同时又可获得公共云的计算资源，将公共云和专有云进行混合和匹配，分布式提供数据服务，并利用混合云技术调用互联网上的大数据分析功能，快速处理相关算法和水利模型，为水利部门日常业务和领导的决策指挥提供快速、准确的支持。

一、应用需求

智慧水利一体化应用服务平台按照部、省水利（水务）信息化发展规划与要点，结合智慧城市建设总体要求，聚焦于政府监管、江河调度、工程运行、水务管理、应急处置、高效便民等方面业务需求，以水利数据共享和流程优化为重点，以大数据、云计算、移动互联网、物联网等新兴技术为支撑，构建多元普惠的民生信息服务体系，积极发展民生服务智慧水利应用，提供更加方便、及时、高效的水利公共服务。

当前形势下，水利部门职能转变，建设服务型水利模式已成为必然趋势，智慧水利一体化应用服务平台的市场需求广泛。

二、平台架构

采用“1+1+1”的建设思路，即 1 个云数据计算中心、1 个综合监管调度中心、

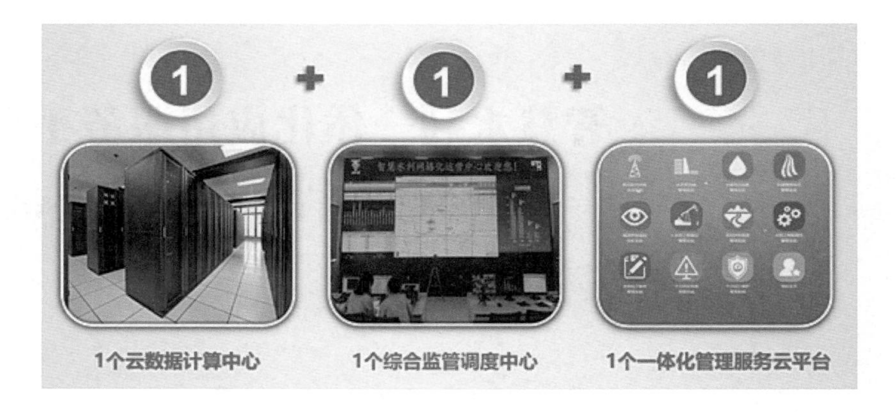

图 9-45　智慧水利一体化应用服务平台系统“1+1+1”的建设思路图

1 个一体化管理服务云平台（见图 9-45）。

网络拓扑，采用混合云模式，既利用了水利专有云的数据存储安全的特点，又利用了公共云强大的计算能力，有效地解决了水利部门的大数据处理问题（见图 9-46）。

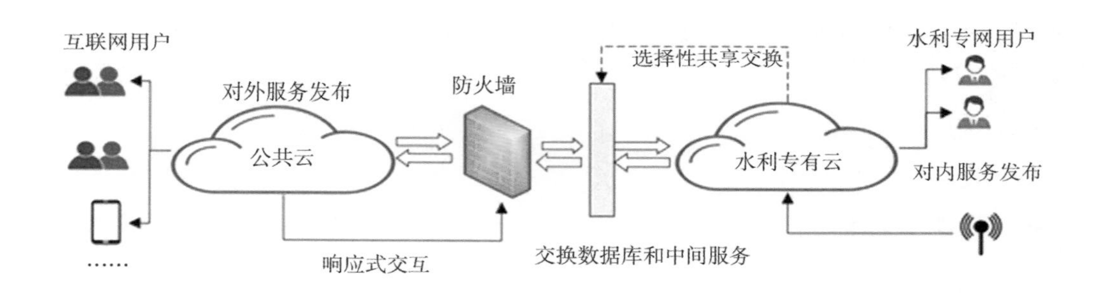

图 9-46　智慧水利一体化应用服务平台系统网络拓扑图

系统简单分为三层：感知层即各种传感器实时传递相关数据，网络传输层即数据通信层，应用服务层即各种具体业务。各种传感器将实时数据传输到云中心的私有云上。用户通过一体化平台，选择各种需要使用的应用，各个应用调取相关运营中心中的功能模块，各个功能模块数据从云中心获取，云中心会根据数据大小选择是否采用大数据技术支持（见图 9-47）。

水利模型，通过专业化的水利模型，系统根据传感器的实时数据，计算相应的洪涝风险，并发布相关预警报告供决策者参考（见图 9-48）。

图 9-47　智慧水利一体化应用服务平台系统架构图

- 全面覆盖中央风险图任务
- 结合洪涝风险管理工作实际
- 基于ICM模拟软件
- 确定计算范围
- 基础资料与外业调查测量
- 洪源分析及分区划分
- 离散化模型构建
- 风险分析及损失评估
- 风险图绘制
- 成果汇总集成
- 动态洪涝风险图管理
- 实时洪涝风险预报预警

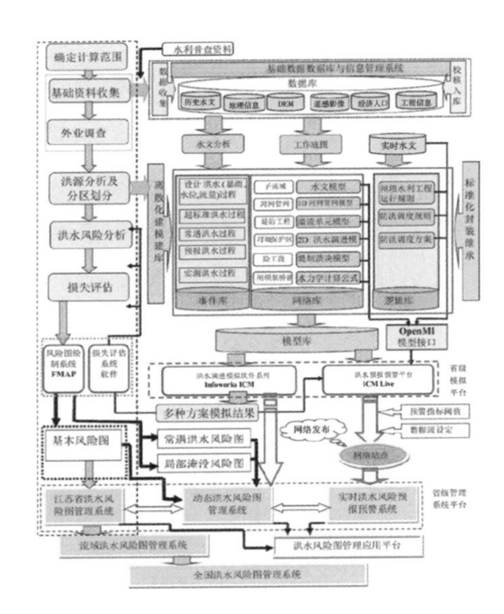

图 9-48　智慧水利一体化应用服务平台水利模型技术路线图

三、关键技术

（一）Hbase

采用大规模非结构化存储集群 Hbase，使用 Hadoop HDFS 作为其文件存储系统，利用 Hadoop Map Reduce 来处理水利的海量数据（见图 9–49）。

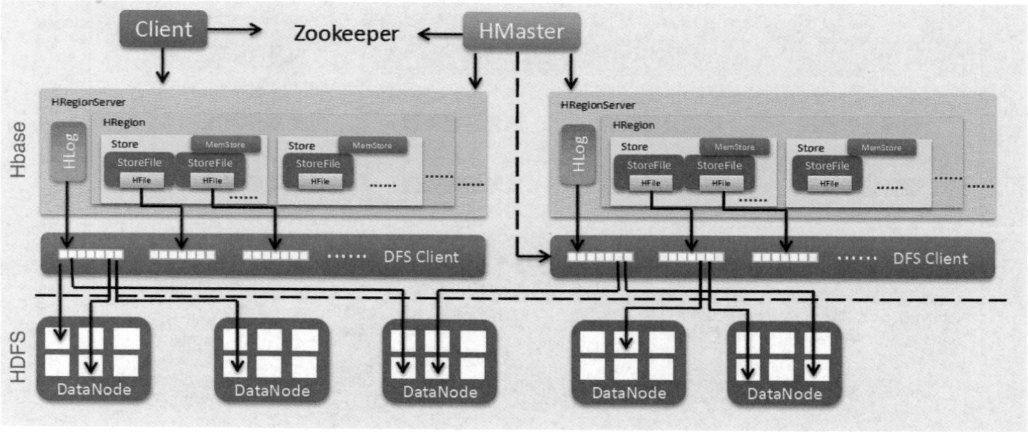

图 9–49　Hbase 逻辑结构图

（二）混合云下大数据分析技术

混合云在构建之后，利用公有云强大的数据计算分析能力，在短时间内对海量数据分析类型的业务输出结果。大数据应用分块结构图如图 9–50 所示。例如：根据 3 年来辖区内水位、雨量和积淹点数据预测强降雨条件下的水位上涨趋势和受积淹影响程度。首先用户将设定的时间段、区域、点位等信息输入系统，

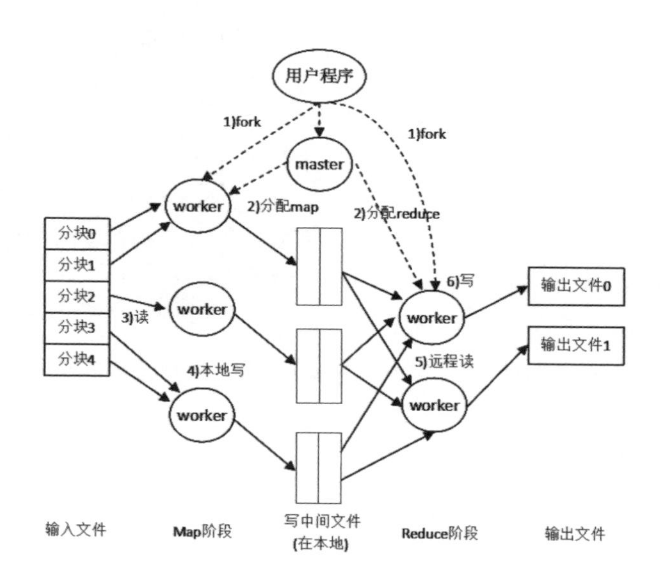

图 9–50　大数据应用分块结构图

系统获取信息后，公有云数据中心判断是否存在对应的数据，若无则立即调取私有云中相应的数据（脱敏后），将数据纳入公有云内嵌的计算模型中，运用Map Reduce技术对各个不同点位的海量数据集并行计算，Map Reduce首先对任务进行分割，使任务被同时分拆在多个虚拟机或运算池中执行，经并行处理后，将运算结果在后台合并，最后把最终结果返回到客户端，为领导决策和科学调度提供有效支持（见图9–50）。

（三）基于混合云下业务分流的分割功能

梳理水利业务应用场景需求，定义各业务类型传输要求和安全要求，开发混合云下公有云和专有云业务数据的分割中间件，对公有云推送基于互联网下能够运行的脱敏数据流，过滤公有云返回数据，清洗后存储中间数据库，供私有云服务抓取同步。

（四）互联网+水利系统业务数据模型组合技术

既要保证针对互联网下水利数据的公开又要保证数据脱敏且更新服务持续安全，对水利数据组合是一个复杂的组合过程。采用目录索引、长数据拼合、视图等技术组成数据源，开发水利系统业务组合数据模型，定义各类关键词，定向向各个业务专题推送相关数据流，选出最相关的数据记录。

四、应用效果

（一）应用案例一：昆山市智慧水利综合管理平台一期项目

在梳理昆山水利信息资源基础上，整合水利信息资源，优化水利信息资源配置，运用华为云大数据平台进行大数据分析运用，围绕“一张地图、一个平台”的建设目标，按照“感知化监测体系、集约化基础支撑、有序化数据共享、智能化应用服务和可靠化安全保障”的水利信息化建设思路，建设昆山市智慧水利综合管理平台。项目规模163万元。通过建设的项目实现了昆山多系统的内容聚合、多平台的单点登录（见图9–51）。

（二）应用案例二：昆山市智慧水利综合管理平台二期项目

在一期综合管理平台的基础上深入研发业务应用系统，改善水利业务传统人工作业模式，建设河湖信息管理系统、节约用水管理系统、排水许可审批系统、娄江

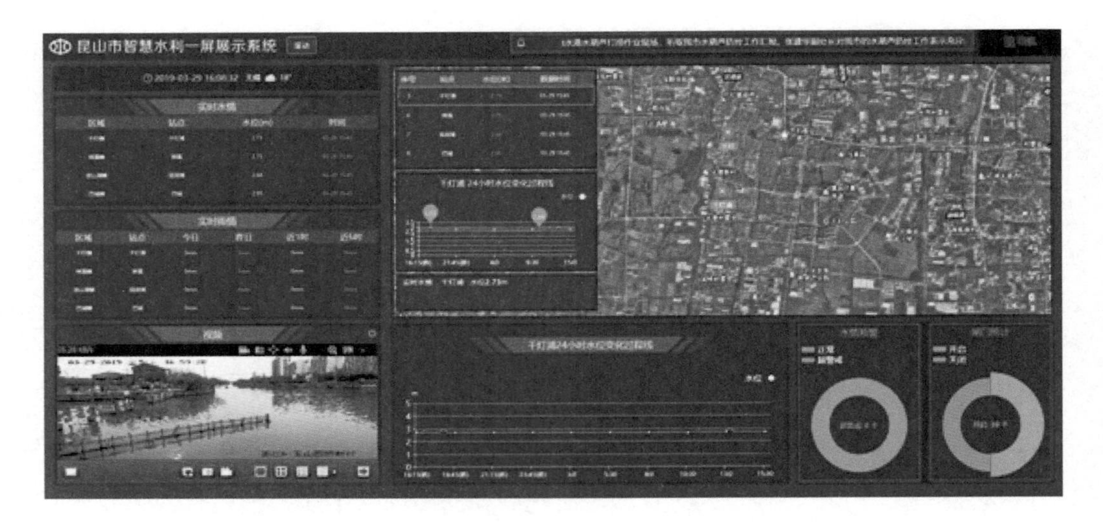

图 9–51　昆山市智慧水利综合管理平台

河面监控系统四套系统。项目规模 88 万元。通过智慧水利二期信息化项目的建设，实现河湖、水资源业务管理数据的高度整合，建立高效数据更新机制，实现业务信息的综合分析与信息提取，转变传统人工作业模式，提高工作管理效率、减少工作失误。

（三）应用案例三：扬中市农村基层防汛预报预警体系建设

主要包括洪涝灾害调查评价（包括调查评价工作底图、洪涝灾害调查和分析评价、调查评价成果数据汇集等），自动监测站点补充完善（包括易涝区水雨情遥测站、易涝区积淹监测站、巡查巡更系统、江港堤防），监测预警平台建设（包括监测预警平台的开发与对接、数据中心拓展和防汛能力提升等），预警设施设备配置（包括无线预警广播、人工预警设备等）等内容。项目规模 130 万元。通过项目的建设，完善符合基层实际的水雨情监测系统、预报预警系统，建立群测群防体系，使基层防汛预报预警体系基本覆盖有防洪排涝任务的乡镇。

（四）应用案例四：扬中市智慧水利一期——农田水利信息化项目

紧紧围绕水利现代化中心任务，加快推进农村农田水利信息化建设，主要包括农村排灌泵站信息采集与工程监控、农田水利信息化基础设施、农水数据资源共享服务中心、农村农田水利信息管理、防汛排涝决策调度等应用系统、信息传输网络与安全标准体系、信息化用房改造与配套设施等。项目规模 420 万元。通过建设的项目优化防汛排涝决策调度，强化信息资源服务化和业务应用智能化，促进资源共享和业务协同，提高行业管理与社会服务水平。

（五）应用案例五：江阴智慧水利暨河长制项目

充分利用云计算、物联网、移动互联网、大数据、智慧城市等新技术、新理念，以现有数据资源、管理流程、业务系统的江阴水利农机信息化管理平台为基础，建设智慧水利一体化管理云服务平台，全面升级原有平台架构与业务系统，数

图 9–52　江阴智慧水利一体化应用门户

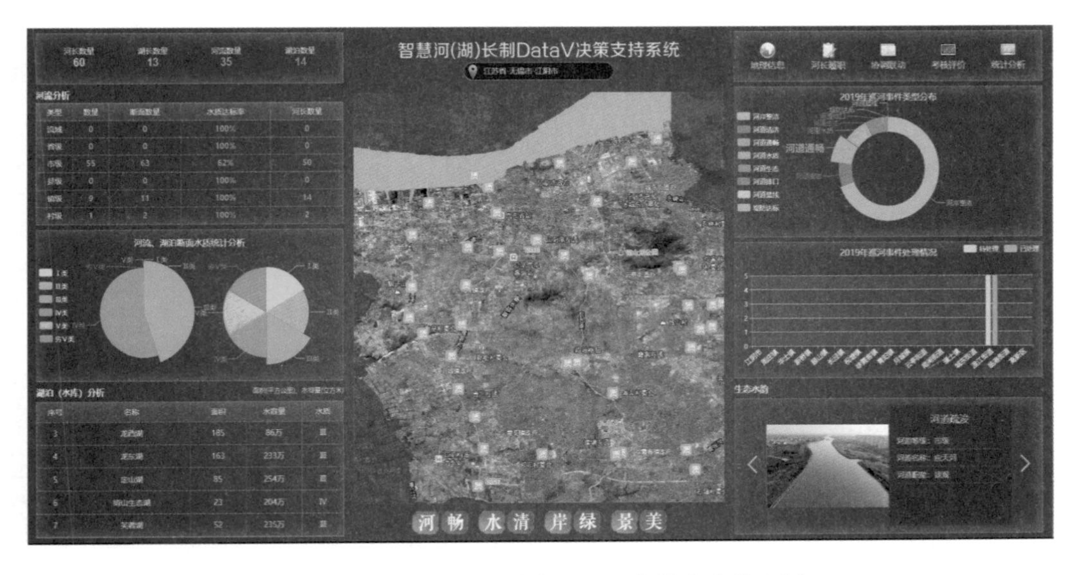

图 9–53　智慧水利一体化应用服务平台应用案例

据中心迁移至政务云中心，实现与智慧城市互联互通、共享交换。项目规模318万元。通过建成的智慧梳理云数据中心、数据源采集平台、一体化应用门户，实现智慧河（湖）长制工作决策的科学化、高效化、精准化、标准化、便捷化、便民化等，同时实时便捷有效地获取河湖等管理的全业务信息，科学规范业务工作流程，提升河长制管理能力和公共服务效能，使群众满意度和获得感明显提高（见图9-52、图9-53）。

（六）应用案例六：江苏省泰州引江河管理处工程管理数据资源整合

将已有系统的基础数据资源进行整合，搭建管理处层面的数据平台框架，建立对内对外的数据交换共享平台。建设引江河管理处综合管理系统，实现对工程管理单位原有信息化系统的统一展示及查询，包括：集成数据库建设、工程综合管理平台（管理信息统一门户，以水利“一张图”为基础的防汛指挥管理系统，包含维修养护、管理考核、安全鉴定等在内的综合工程管理系统，其他已建系统集成等）。项目规模36万元。通过建成的项目实现了多系统的信息资源整合、多平台的统一用户认证和信息化资源目录的管理。

企业简介

江苏鸿利智能科技有限公司先后与中国水利水电科学研究院、中国农业大学、河海大学、中国电信江苏分公司等专业机构进行战略合作，主要经营“智慧水利”“智慧农机”“智慧农业”三大系统产品业务，并具有自主知识产权。公司已获得高新技术企业、软件企业、电信增值业务许可、CMMI3等证书，发明专利2套、软件产品3套、自主研发软件著作权20余套。办公面积620平方米，员工43人(江阴32人，南京11人)，外聘专家若干。2018年公司与中科院夏军院士成立了院士工作站，进一步进行产品的研发应用。

专家点评

江苏鸿利智能科技有限公司利用物联网、移动互联网、三维模型、混合云、综合门户等信息化技术及各水利测站采集的监测数据进行汇聚，建立智慧水利一体化应用服务平台，通过对大数据分析，快速处理相关算法和水利模型，在水利感知、预警等方面提供数据支撑，实现为水利部门日常业务和领导指挥决策提供快速、精准的支持。

李新社（国家工业信息安全发展研究中心副主任）

大数据

43

基于气象大数据的气象智能预报与智慧服务一体化解决方案

——南京恩瑞特实业有限公司

基于气象大数据的气象智能预报与智慧服务一体化解决方案充分融合了新一代云计算、大数据、人工智能和气象科学技术，支撑气象业务智能化开展和服务智慧化提供的新型气象行业一体化解决方案。应用分布式大数据存储和云计算技术解决气象大数据快速处理和并发访问；应用大数据融合处理和人工智能技术解决灾害性天气全生命周期智能识别与风险影响预报预警；应用微服务智慧气象服务云平台架构解决行业影响、城市管理和社会公众预报服务产品专业化和精细化提供，从而使其能够具备自我感知、判断、分析、选择、行动、创新和自适应及进化能力，为行业用户、政府部门提供迅速及时、准确可靠的气象服务和决策支持。

一、应用需求

（一）应用背景

在气象服务领域，先进发达国家气象商业化发展水平较高，在美国、日本、英国、荷兰、德国、加拿大、澳大利亚等国家，政府气象部门除提供公益性气象服务外，还与公司在商业气象服务领域存在竞争。在美国、日本，政府仅提供公益性气象服务，而商业化气象服务完全交由公司运营。在新西兰，国家气象部门直接改组为公司，无论公益服务还是商业服务，均由市场竞争获得，政府通过合同付费购买公益性气象服务。得益于广阔的市场需求，在欧洲、美国、日本均产生了一批规模大、实力强的专业气象公司，如日本天气新闻公司 WNI、欧洲知名气象公司 MeteoGroup、美国知名气象预报公司 AccuWeather、国际商业机器公司（IBM）等，这些公司除在本国提供气象服务外，还为世界其他国家和地区提供气象服务及整体解决方案，目前上述公司在国内公共气象、航空、环保等领域已经开始提供气象信息服务。

目前国内气象行业仍由政府主导，政府提供公益性的气象服务。未来 3 年，国内气象行业将呈现新的变化趋势。在市场层面，用户主体将从传统垂直行业向高度受气象影响的国民经济行业延展，如：航空 / 陆路运输、电力、水利、城市管理等。世界上多数国家按气象服务费用的支付属性，将气象服务分为基本气象服务、有偿气象服务和商业气象服务。商业性气象服务是面向市场的，以营利为目的的气象服务行为。国际上商业气象服务起步于20世纪40年代，随着科技和社会经济的发展，社会气象服务需求的逐步增大，商业气象服务也渐次向宽、广、深全方位发展。同国际发达国家相比，中国的商业性气象服务是在气象有偿服务发展到一定程度和近年来国际商业性气象服务的快速发展的前提下提出来的，目前还处于探索、起步阶段。但是从长远来看，气象预报服务商业化是未来中国气象服务产业发展的必然趋势。

随着国民经济的发展，社会生活水平不断提高，政府、公众、国民经济主要行业对灾害性天气实时监测、天气预报与专业化气象服务的需求迅速提高。以云计算、物联网、大数据分析与人工智能为代表的新一代信息技术发展，可以有效提升气象监测、预报与服务能力。

（二）需求及痛点

行业实际需求和痛点主要存在以下几个方面：

当前气象行业内部缺乏集约化数据环境，不同数据来源不一致，数据种类多，格式不统一，严重影响气象数据应用及时性和完整性，不利于数据的精细化分析，预报与服务产品的智能化制作，以及气象信息快速、准确、及时的发布。

由于缺乏统一的业务开展平台，各类监测资料无法融合显示，重要信息集成度不高，造成使用化程度不够高，工作开展效率低下。

缺乏气象业务开展的协同生态和交互体系，无法实现跨层级、跨地域、跨部门、跨业务的协同。

（三）市场应用前景

未来 3—5 年，根据中国气象局的规划，以及地方政府及国民经济主要行业对灾害性天气精细化预报水平提升的迫切需求，全国各级气象部门将陆续进入新一轮的预报预警服务平台的建设时期。公司将对业已建成的省、市级业务平台进行升级策划，持续深耕公司现有市场，后续将依托中国电科云平台运营和服务能力，向航空、海洋、交通、电力等国民经济主要行业提供专业化的气象服务产品。

二、平台架构

气象智能预报与智慧服务一体化解决方案架构区别于传统的系统建设方式，通过基于统一大数据环境，统一云平台技术架构解决气象行业预报与服务业务开展，实现数据一体、业务一体。自下而上分为四层：气象 IAAS，气象 DAAS，气象 PAAS，气象 SAAS（见图 9–54）。

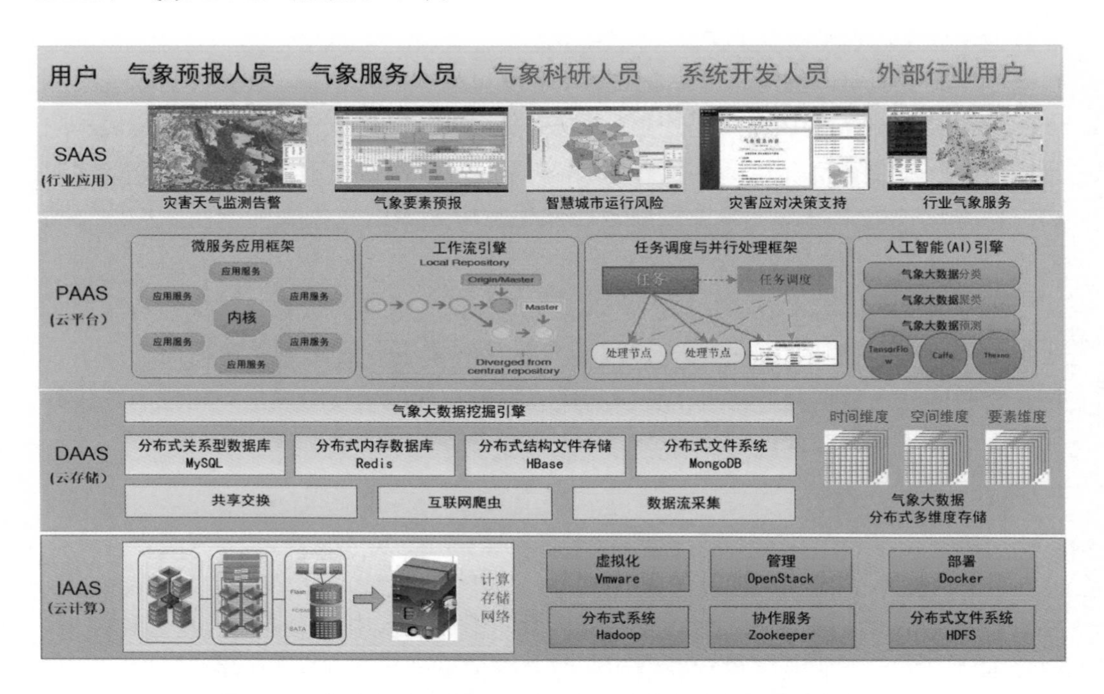

图 9–54　气象智能预报与智慧服务一体化解决方案总体架构图

（一）IAAS 计算平台

基于分布式、虚拟化计算平台框架进行构建，支持处理高达 PB 级别的海量气象数据。底层存储基于 Hadoop HDFS 分布式文件系统，通过 OpenStack 进行实例生命周期管理、计算资源管理，通过 Docker 进行气象应用部署。

（二）DAAS 数据平台

实现各类观探测与预报数据的统一采集、存储、管理，基于 MySQL 存储结构化监测与预测资料，基于 MongoDB 存储非结构化数据、基于 HBase 存储半结构化混合数据，在此之上构建基于时间索引、空间索引和要素索引的大数据 SQL 查询与挖掘引擎。为气象数据处理、算法研制、应用功能开发开展提供统一、规范的数据环境。

（三）PAAS 基础框架

基于企业级微服务应用框架、工作流引擎、分布式任务调度与并行处理框架、人工智能 AI 机器学习库，构建气象数据分析、数据挖掘应用分析处理的基础框架，充分地利用多核多 CPU/GPU 以及服务器集群的计算能力和人工智能的能力，处理海量的气象资料，挖掘新的气象规律，服务气象预报预警与服务需求。

（四）SAAS 业务应用

通过框架提供的云计算、物联网、移动互联、大数据、人工智能等新技术，结合气象预报预警业务进行深入应用，基于标准化的数据、算法和气象图形图像显示接口，实现气象应用功能的快捷构建。

三、关键技术

气象智能预报和智慧服务一体化解决方案所使用的关键技术包括气象大数据存储处理技术、气象智能预报预警技术、气象行业精准服务技术，以下内容为关键技术所实现的核心功能及性能指标。

（一）气象大数据存储处理技术

1. 核心功能

基于分布式大数据存储和云计算技术实现气象大数据并行处理，基于高并发、高吞吐技术实现气象大数据云共享。

2. 性能指标

采用华东 3 千米，网格共 80 万，性能测试可在 0.3 秒内到应用终端，当前网格系统需要 3 秒到应用终端。更新 1 个时效 1 个要素单层数据 101160 个点位，用时 454 毫秒，当前格点系统耗时 10 秒。

（二）气象智能预报预警技术

1. 核心功能

基于气象大数据融合和人工智能外推技术实现临近天气预报预警，基于雷达和卫星资料快速循环同化技术实现客观化智能网格预报预警，基于气象大数据知识挖掘技术实现灾害性天气全生命智能识别与风险影响预报预警。

2. 性能指标

（1）临要素预报（未来 2 小时）。

要素：2 米气温、降水量、风场 U/V 分量、天气现象、雷暴等气象要素。

时间分辨率：逐 10 分钟，每 10 分钟更新一次，空间分辨率：1 千米 ×1 千米。

（2）短时要素预报（未来 6 小时）。

要素：2 米气温、降水量、风场 U/V 分量、气压、湿度等气象要素。

时间分辨率：逐半小时，3 小时更新一次，空间分辨率：3 千米 ×3 千米。

（3）短期要素预报（未来 3 天）。

要素：2 米气温、气压、降水概率（PP）、24 小时降水量、降水量（3 小时）、最高气温、最低气温、风速等气象要素。

时间分辨率：逐 3 小时，每 12 小时更新一次，空间分辨率：3 千米 ×3 千米。

（4）中期要素预报（未来 7 天）。

要素：2 米气温、气压、PP、24 小时降水量、降水量（6 小时）、最高气温、最低气温、风速等气象要素。

时间分辨率：逐 6 小时，每 12 小时更新一次，空间分辨率：3 千米 ×3 千米。

（三）气象行业精准服务技术

1. 核心功能

基于气象大数据与行业大数据深度融合技术实现行业风险影响、城市管理和社会公众预报服务产品，基于微服务架构技术实现智慧气象服务，基于移动互联网 + 虚拟现实技术实现气象服务终端应用。

2. 性能指标

在单个服务终端 1 秒钟内传输和播放的服务图像产品数量不少于 30 幅。

四、应用效果：

（一）应用案例一：江苏省市一体化气象业务平台

1. 商业模式

企业联合政府相关部门通过对权威、精准的气象信息进行深度加工和创新应用，共同拓展和挖掘气象服务领域；气象部门及企业提供全方位的气象数据及专业气象顾问服务；企业提供气象科技成果转化应用系统，以及通过云平台提供专业化的气象服务，并使其成为集团公司智慧城市的有机组成部分。

2. 经济效益

承接江苏省市县一体化气象业务平台建设以来，先后参与研发的强天气省市县一体化联动关键技术、精细化格点预报协调技术、统一数据环境构建等技术在天津、河北、内蒙古、西藏、宁波、温州、吉林等省（自治区、直辖市）一体化的综合气象业务平台应用，近两年合同总额达 9776 万元，新增利润 2388 万元。

3. 社会效益

项目成果提升了江苏省市县三级气象部门的预报准确率和服务能力，通过为政府应急部门提供防汛抗旱、重大社会活动的决策气象服务信息提升社会整体防灾减灾和应急应对能力。通过为公众提供准确的日常天气预报和气象预警，方便群众合理安排生活、出行及生产活动，减少生命财产损失，满足人民对美好生活的追求需要。通过为农业、航空、海洋、电力、水利等行业用户提供特色服务信息，促进国民经济的发展（见图 9–55）。

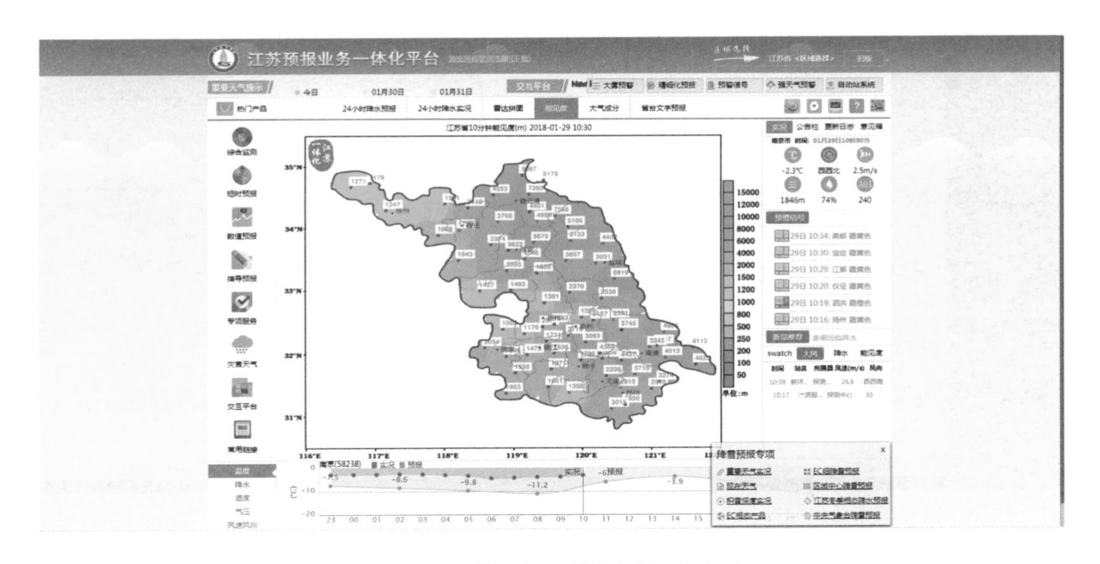

图 9–55　江苏预报一体化平台系统界面

（二）应用案例二：宁波市县一体化智能预报预警平台

1. 商业模式

企业联合政府相关部门通过对权威、精准的气象信息进行深度加工和创新应用，共同拓展和挖掘气象服务领域；气象部门及企业提供全方位的气象数据及专业气象顾问服务；企业提供气象科技成果转化应用系统，以及通过云平台提供专业化的气象服务，并使其成为集团公司智慧城市的有机组成部分。

2. 经济效益

先后研发了宁波、天津、温州、福州、南京、上海等市的城市精细化预报与智慧气象服务平台，近两年合同总额达 3000 万元，新增利润 800 万元。

3. 社会效益

以气象及衍生灾害对城市运营和生活的影响为主题，结合城市气候背景、地形地貌和易发生灾害类型，基于气象大数据分析与人工智能技术，构建面向城市运营的精准化城市气象服务，通过深度挖掘天气与社会、经济活动之间的关系，建立气象要素对行业影响的模型，为城市的交通、电力、旅游及重大活动等提供智慧化的气象服务和智能化的决策辅助。同时，依托移动终端、电子传媒为市民的生活、出行提供可定制化的天气信息、穿衣指数、气象医疗指数、环境气象指数等气象服务信息（见图 9–56）。

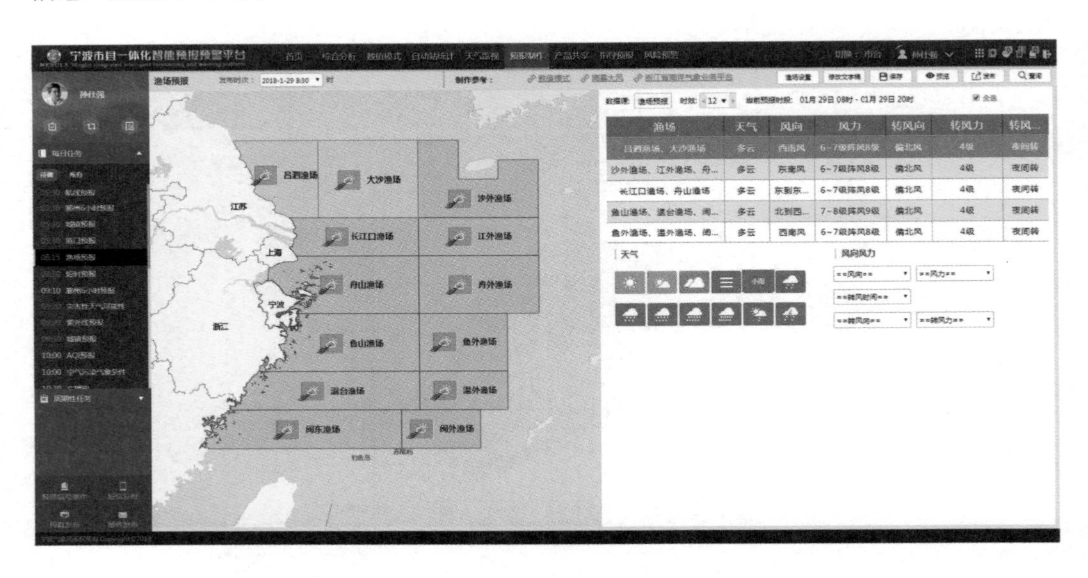

图 9–56　宁波市县一体化智能预报预警平台系统界面

（三）应用案例三：天津一体化气象业务平台

1. 商业模式

企业联合政府相关部门通过对权威、精准的气象信息进行深度加工和创新应用，共同拓展和挖掘气象服务领域；气象部门及企业提供全方位的气象数据及专业气象顾问服务；企业提供气象科技成果转化应用系统，以及通过云平台提供专业化的气象服务，并使其成为集团公司智慧城市的有机组成部分。

2. 经济效益

先后研发了上海、宿迁、南通、福建、内蒙古等省（自治区、直辖市）的气象预报与服务一体化平台，近两年合同总额达 3000 万元，新增利润 800 万元。

3. 社会效益

通过为公众提供准确的日常天气预报和气象预警，方便群众合理安排生活、出行及生产活动，减少生命财产损失，满足人民对美好生活的追求需要。通过为农业、航空、海洋、电力、水利等行业用户提供特色服务信息，促进国民经济的发展（见图 9–57）。

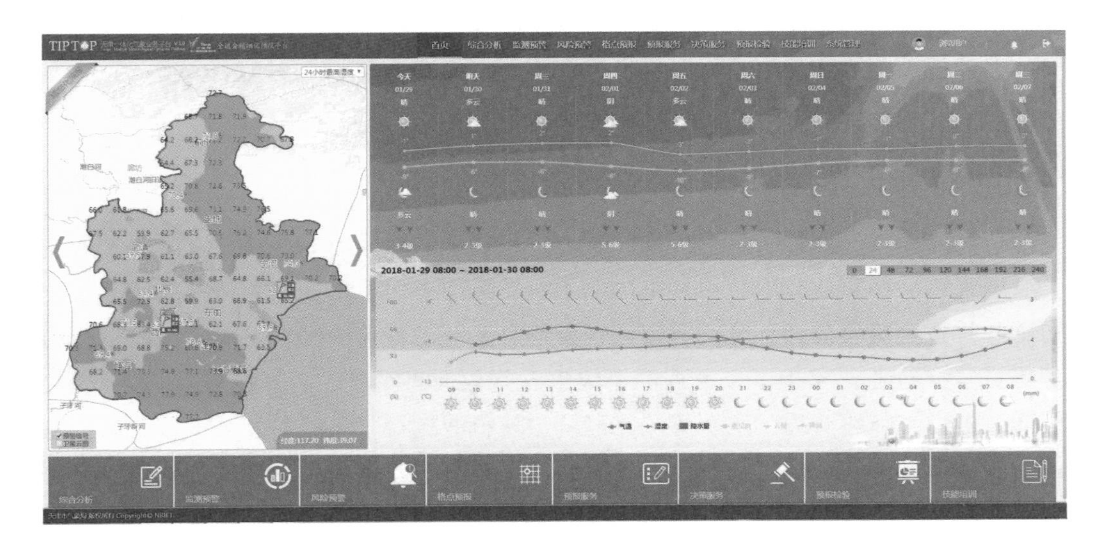

图 9–57　天津一体化气象业务平台系统界面

（四）应用案例四：亚洲危险天气咨询中心工程（应用软件开发）

1. 商业模式

企业联合空管局等航空领域相关部门通过对航空气象信息进行深度加工和行业应用，提升航空气象监测预报与服务能力；航空气象部门及企业为管制、机场、航空公司等提供全方位的气象数据及专业气象咨询服务；企业通过云平台提供专业化的面向航空公司、支线机场及通航的航空气象信息服务，打造智慧航空气象，并使其成为集团公司智慧城市的有机组成部分。

2. 经济效益

承接民航空管局气象中心亚洲危险天气咨询中心应用系统建设以来，先后参与研发的航空危险天气智能识别技术、多源观测资料融合技术、GSI 快速循环同化等技术在华北空管、西南空管、华东空管、长水机场等的航空气象业务平台应用，近两年合同总额达 1655 万元，新增利润 500 万元。

3. 社会效益

航空气象对保障航空运行安全、提升运行效率有重要意义。2018 年，中国民用航空局、中国气象局、香港天文台开始建立亚洲航空气象中心，并正式运行。为了保障中心业务的开展，项目研发了咨询中心应用系统。该系统是咨询中心核心业务平台，可完整覆盖亚洲区域航路，提供智能化的航空危险天气识别与告警、客观化的航路天气预报预警、集约化的航空危险天气咨询产品制作并实现国际业务台站的协同联动。通过项目建设，有力地保障了亚洲区域民航运行安全、巩固了我国民航在亚洲地区的领先地位、提升了民航的国际形象。

企业简介

南京恩瑞特实业有限公司是中国电子科技集团公司第十四研究所控股的上市公司国睿科技全资子公司。公司的智慧气象信息系统已覆盖中国气象局、民航空管局等重点气象行业，承担了一系列国家级重点气象信息系统工程，已经具备为航空、海洋、电力、陆路交通、水利等国民经济主要行业进行气象服务的数据资源、技术能力和产业基础，后续将依托电科云平台，实现从气象信息系统建设商向气象大数据与产品运营商转变。

专家点评

基于气象大数据的气象智能预报与智慧服务一体化解决方案，充分融合了新一代云计算、大数据、人工智能和气象科学技术，建成智能预报与智慧服务的气象大数据应用平台，解决了气象大数据存储与并行处理效率低、预报服务业务平台集约化程度低、气象业务开展的协同生态和交互体系不完善三个难题，为气象业务提供了准确的数据支撑，提升了气象服务及防灾减灾能力，为社会经济发展和气象现代化建设提供了保障，具有较高的应用价值。

李新社（国家工业信息安全发展研究中心副主任）

大数据
44

全息房地产市场监测大数据平台解决方案
——杭州中房信息科技有限公司

全息房地产市场监测大数据平台建设在整合宏观经济、土地、房屋、交易、信贷等宏观、中观、微观的城市房地产数据基础上，通过大数据综合监测、市场分析预警及趋势分析模型实现，以丰富灵活的地理分析、图表分析以及多元数据交互分析等多种形式全方位输出展示，打造城市房地产全息视图，对房地产市场运行情况实施动态监测，加强房地产市场分析和评价，通过对房地产市场大数据的细化监测和研究分析，为房地产业的系统性、前瞻性发展保驾护航，进一步满足城市房地产地价与房价调控的要求。

一、应用需求

房地产业对于推动社会经济发展和城市建设水平，提高人民群众生活水平发挥了重要作用。房地产业关联度高，带动力强，对房地产市场的有效监管有利于城市的繁荣、社会的稳定和人民的安居乐业。近年来，房地产市场出现了发展过热、投机炒作现象，建立房地产市场监测预警机制，是贯彻执行党中央、国务院推行房地产平稳健康发展城市主体责任制，要求各地构建房地产市场平稳健康发展长效机制的重要举措。

通过大数据技术在房地产市场监管中的深入应用，一方面对城市房地产市场作出趋势性判断，能够分析房地产市场运行轨迹并预测其发展趋势，达到控制规模、调整结构、消化空置的目的；另一方面通过系统数据监测和分析，可及时准确地判断房地产运行状况，有效把握市场过热或衰退的程度，引导房地产市场健康有序发展。

通常情况下，房地产市场监管最为关注的问题体现在三个层面：一是宏观层面上，房地产业发展与杭州市宏观经济变量（GDP 增长、城市化与人口增长、金融安全等）是否协调；二是中观层面上，房地产业发展与相关产业的发展是否协调；三是微观层面上，房地产业内部发展是否健康，包括房地产市场供求是否平衡、结构是否匹配，房地产价格分布是否合理、变化是否平稳以及未来的房地产供求变化和价格走势等，而其基础是信息集成化。因此，本平台设计的首要功能就是提供以下重要信息：杭州市房地产业发展与杭州宏观经济和相关产业的协调性状态信息；杭州市房地产市场健康性，特别是房地产金融风险状况信息；杭州市房地产市场未来发展趋势的信息，包括潜在的房地产供应量、需求量（特别是居民对住宅的实际需求量）、供求的时间结构与空间结构以及由此决定的价格变化趋势等。

大数据时代下的数据来源非常丰富且数据类型多样，存储和分析挖掘的数据量庞大，对数据展现的要求较高，并且很看重数据处理的高效性及可用性，传统的数据处理方法已经不能适应大数据的需求，大数据平台需要采用不同的数据处理方式实现对不同类型的海量数据进行批处理计算，满足多种应用场景在不同阶段的数据计算要求，并且能够对计算结果实施直观可视、动态灵活、客户易用的管理和展现。

二、平台架构

平台以云计算、云服务技术为基础，平台总体架构采用基于面向服务的体系结构（Service Oriented Architecture，SOA）、J2EE（Java 2 Platform Enterprise Edition）、基础平台架构、数据标准规范和建设规范。

在架构体系上表现为“四层架构、两大保障”。“四层架构”即支撑层、数据层、运算层和应用层的架构体系；“两大保障”即标准规范体系和安全与运维体系的保障体系（见图 9–58）。

平台架构设计需符合基于 SOA 理论体系要求，需满足应用组件或服务的传输协议透明化（即技术无关性），服务的即时绑定（即服务位置的透明化），支持业务组件或服务的可重复调用和虚拟化集成（即构建虚拟服务总线或强力处理平台），服务接口独立于技术，可以同时集成 J2EE 和 NET 组件或服务（即平台无关性），可以集成原系统遗留的组件、服务或功能，实现业务和技术的分离，达到“随需应变”。

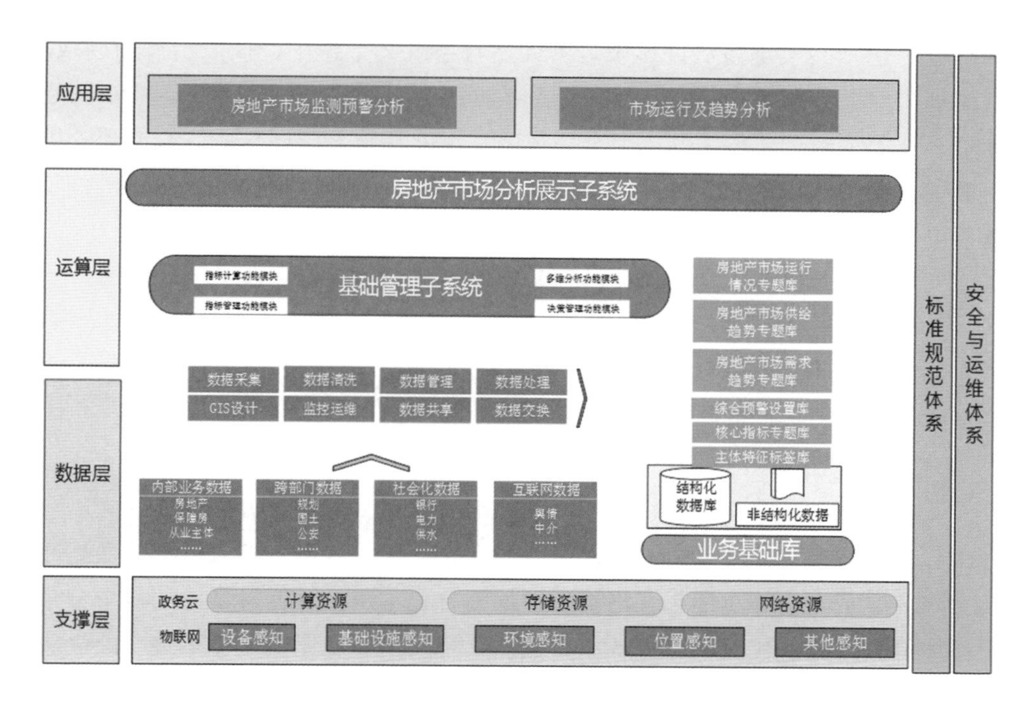

图 9-58 平台架构图

三、关键技术

（一）大数据存储和计算

大数据的管理和存储采用基于或围绕 Hadoop 衍生扩展而出的相关大数据技术，在此基础之上实现采用大规模并行处理（MPP）架构的新型数据库集群，重点面向行业大数据，采用 Shared Nothing 架构，通过列存储、粗粒度索引等多项大数据处理技术，再结合 MPP 架构高效的分布式计算模式，完成对分析类应用的支撑。

（二）数据融合技术

主要利用以下相关技术实现：(1) 处理层技术。地图组件、报表分析组件、多维分析组件、模型组件、业务支撑组件、数据发布组件等。(2) 应用层技术。数据整合、3D 可视化、地理信息系统（GIS）应用、指标展现、模型展现、业务监控与预警等。

（三）数据分析技术

从技术上讲数据分析就是数据仓库、联机分析处理（OLAP）和数据挖掘等技术的综合运用，其关键是从许多来自不同运行系统的数据中，提取出有用的数据，进行清理以保证数据的正确性，然后经过数据融合过程，合并到一个企业级的数据仓库里，从而得到企业数据的一个全局视图，在此基础上利用合适的查询和分析工具、数据挖掘工具、OLAP 工具等对其进行分析和处理，最后将知识呈现给管理者，为其提供决策支持。

（四）SOA

在 SOA 中，服务是封装成用于业务流程的可重用组件的应用程序函数，它提供信息或简化业务数据从一个有效的、一致的状态向另一个状态的转变。

（五）ETL

ETL 过程是本项目建设的关键步骤，利用 ETL 工具实现各业务的异构数据库系统和文本、电子表格等文件系统格式的数据整合和集成，并针对具体的每个分系统编写具体的数据转换代码，完成从原始数据采集、错误和无效数据清理、缺失数据匹配与修正、异构数据整合、数据结构转换、数据转储和数据定期刷新的全部过程。

（六）基于大数据处理的云计算技术

一般的应用系统开发都是一个“把已知业务逻辑转化成应用系统代码”的过程，无论采用何种开发模式和技术都是可以实现的，差别在于开发效率、系统质量及适应变化能力等。结合到信息化应用领域，软件厂商不仅要应对软件产业目前普遍存在的低水平重复劳动的现状，还要面临由于我国政府组织架构特点所引发的巨大挑战。为了有效回避这些问题，大数据平台基于业务云计算公共服务平台来进行，确保项目的成功。

四、应用效果

（一）应用案例一：房地产大数据监测分析可视化

在整合宏观经济、土地、房屋、交易、信贷等数据的基础上，开展大数据综合监测、市场分析预警及趋势研究，以丰富灵活的地理分析、图表分析以及多元数据的交互分析等多种形式，从宏观、中观、微观三个层面全方位输出展示，打造房地产全息视图（见图 9–59）。

第一层：智慧房管平台。设计目标是房地产大数据综合监测专题展示，主要从

图 9–59　房地产大数据平台示意图

住房保障和房产管理局业务职能角度划分为“市场监测、住房保障、住房租赁、房屋安全、物业监管”五大模块，合并“租赁房查询平台”及“业委会资金管理平台”，共同构成“杭州市智慧房管平台”。模块可下钻关联到下一级细分页面。以监测分析为例，点击“监测分析”，下钻到“杭州市房地产市场监测分析平台”页面。

第二层：房地产市场监测分析平台。设计目标是房地产市场监测分析展示，整合宏观经济、土地、房屋、交易、客户等方面数据，从时间和空间两大维度系统评价房地产市场供求关系、房价等相关特征，并利用地图点聚合技术，以上卷、下钻、切块、切片形式直观展示，实现细化监测。监测分析平台建设划分成八大模块，分别是开发建设、商品房供给、商品房交易、土地供应、房地产金融、财政与房地产税收、宏观经济与人口数量以及网签日报，每个模块均可以实现细化专题分析（见图 9–60）。

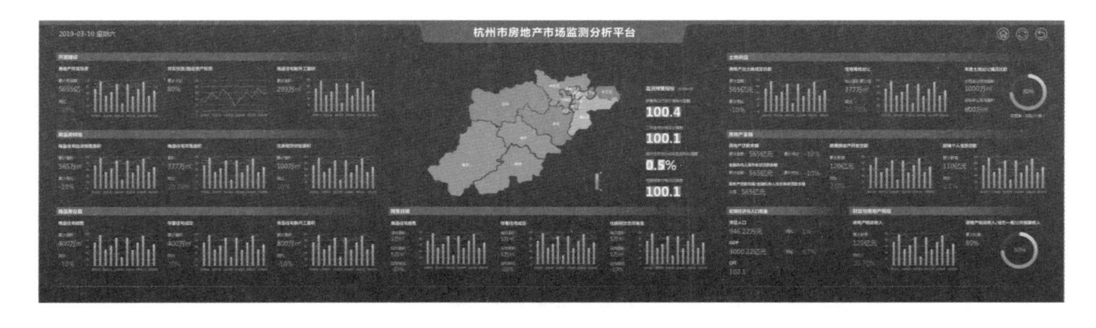

图 9–60　房地产市场监测分析平台示意图

第三层：房地产市场监测分析平台的细分专题。例如商品房交易再细分成商品房成交量价、商品住宅成交量价、平均首付比例、各区县成交情况对比、项目成交排行、成交面积段分布、购房人来源分布等专题分析模块（见图 9–61）。

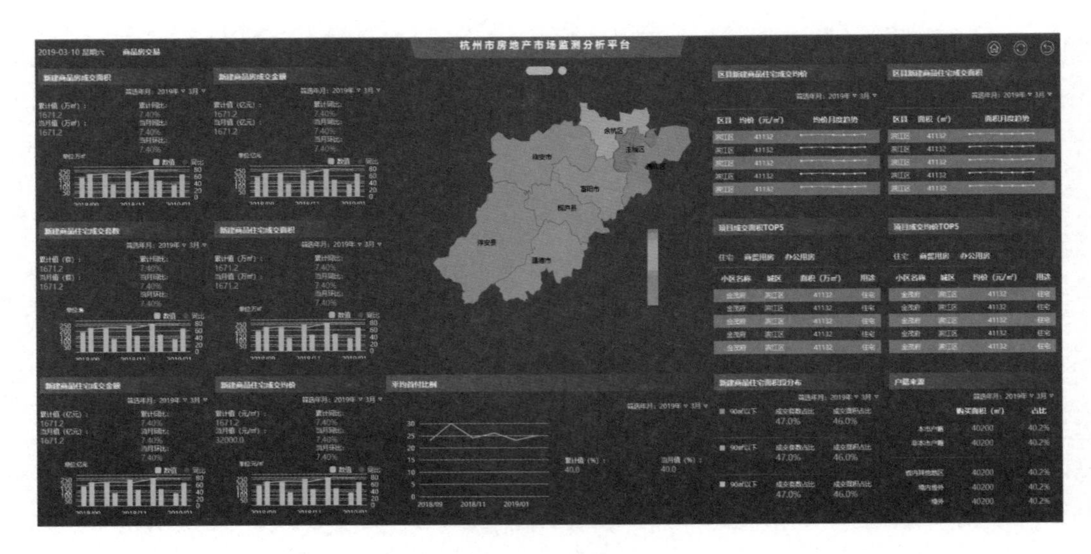

图 9-61　细分专题示意图

（二）应用案例二：房地产市场监测分析统计及报告生成

除打造房地产市场大数据全息视图外，平台还可实现以下功能：常规研究报告自动化生成，包括土地报告、新房报告、二手房报告等；自定义和常规结构统计查询，包括土地中心、新房中心、二手房中心、租赁中心等（见图 9-62）。

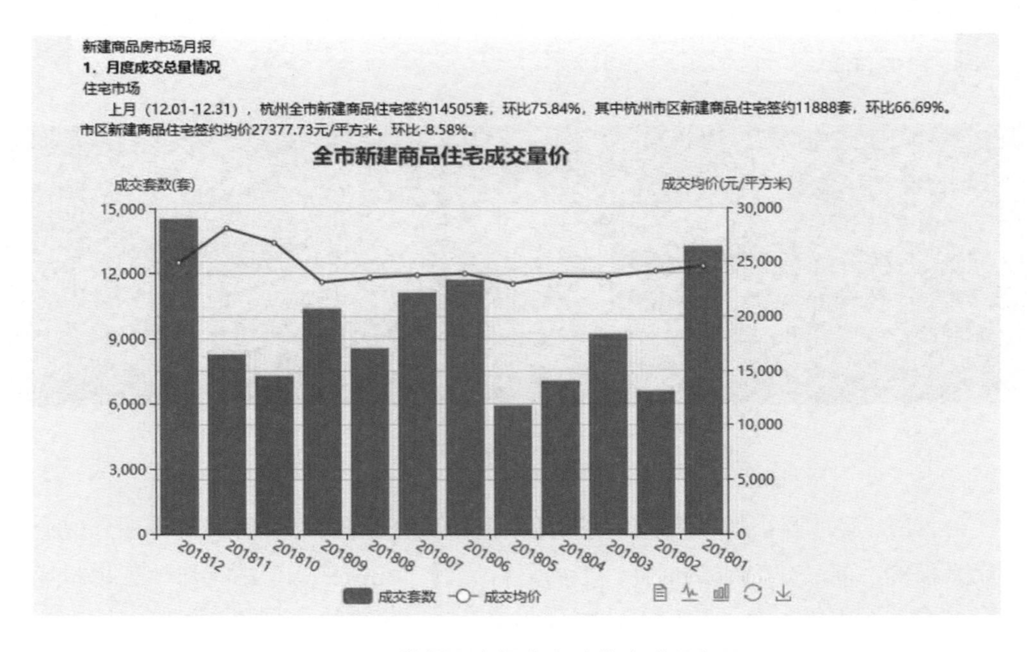

图 9-62　常规研究报告自动化生成示意图

企业简介

杭州中房信息科技有限公司是下属于杭州市住房保障和房产管理局的一家全国资企业，专业从事房地产领域的产品研发和技术服务。公司拥有国家高新技术企业、ISO9001、CMMI5、ISO27001 及乙级测绘资质等多项资质认证，以及 70 多项软件著作权和 5 项技术专利。公司不仅全面参与“智慧城市”“智慧房地产”建设，还致力于将透明传媒产品和房地产大数据产品打造成引领房地产媒体及大数据应用的优秀品牌；为政府、企业和个人提供“深度、专业、精准”的服务，推动建设健康发展的房地产生态。

专家点评

全息房地产市场监测大数据平台解决方案运用大数据存储和计算、数据融合技术等，在整合宏观经济、土地、房屋、交易信贷等数据的基础上，提供数据监测、市场分析预警、趋势研究等服务，以及房地产行业全息视图，用数据治理城市，支撑城市运行环境的改善，提升管理智慧化、服务人性化、应急快速化、决策科学化水平，具有较高应用价值。

李新社（国家工业信息安全发展研究中心副主任）

大数据 45

广西脱贫攻坚大数据平台
——北京国信云服科技有限公司南宁分公司

以习近平扶贫开发战略思想为指导，北京国信云服科技有限公司南宁分公司（以下简称“国信云服”）围绕着“扶持谁、谁来扶、怎么扶、如何退”四个问题，以实现“扶贫对象精准、项目安排精准、资金使用精准、措施到户精准、因村派人精准、脱贫成效精准”为目标，按照“核心是精准，关键在落实，确保可持续”的要求，基于公司自主研发的 GoldenEye BDAP 大数据分析平台，与北京大学陈钟教授技术团队协作，构建了国信云服广西脱贫攻坚大数据解决方案，实现了“用数据说话、用数据决策、用数据管理、用数据创新”的脱贫攻坚业务管理机制，为广西壮族自治区各级扶贫办提供了科学决策依据，提高了脱贫攻坚决策能力，为大数据服务于政府治理、促进和改善民生树立了标杆。

一、应用需求

推动大数据应用，提高政府治理能力，是党中央、国务院作出的重大战略部署，是实施国家大数据战略、实现我国从数据大国向数据强国转变的重要举措。2015 年 8 月 19 日，国务院常务会议审议通过了《关于促进大数据发展的行动纲要》，从国家大数据发展战略全局的高度，对我国大数据发展进行了顶层设计。2017 年 12 月 7 日，中共中央政治局就实施国家大数据战略进行第二次集体学习。习近平总书记在主持学习时强调：要运用大数据促进、保障和改善民生，加强精准扶贫领域的大数据运用，为打赢脱贫攻坚战助力。

在广西扶贫工作的开展过程中，遭遇了诸多困难和问题，举例来说：在帮扶队伍管理方面，基层干部工作繁杂、工作量极大；在帮扶工作开展方面，项目资金管理困难、项目推进慢、监管不到位；在扶贫信息化方面，信息化程度低、数据共享程度低、基础数据维护困难，存在过程数据缺失、脱贫指标认定主观因素重等问题。

聚焦上述扶贫工作中遭遇的困难和问题，围绕党中央、国务院的脱贫攻坚战略部署，广西壮族自治区党委、政府充分认识到并且高度重视大数据技术在扶贫领域的应用。2015 年 12 月，自治区党委印发了《中共广西壮族自治区委员会关于贯彻落实中央扶贫开发工作重大决策部署坚决打赢“十三五”脱贫攻坚战的决定》，该决定要求建立数据集中、服务下延、互联互通、信息共享的广西扶贫大数据管理平台。2016 年 7 月，自治区人民政府办公厅印发了《脱贫攻坚大数据平台建设等实施方案》，进一步要求依托广西电子政务外网基础设施资源，建成全区统一、数据集中、服务下延、互联互通、信息共享、动态管理的脱贫攻坚大数据管理平台，实现市、县、乡、村四级高速接入，为精准扶贫、精准脱贫提供有力支撑。

为此，迫切需要尽快建成广西全区可以实际落地使用的脱贫攻坚大数据平台，把大数据技术运用到精准扶贫领域，以期抓住脱贫攻坚的要害和关键，解决“如何精准”的核心问题，做好数据分析、运用和共享，把“精准”贯穿于识贫、扶贫、脱贫全过程，确保工作务实、过程扎实、脱贫真实，实行差异化、精细化、“滴灌式”帮扶，确保项目、资金、力量精准帮扶到位，坚决打赢广西脱贫攻坚战。

二、平台架构

国信云服广西脱贫攻坚大数据解决方案以脱贫攻坚业务数据采集、数据集成、数据共享与数据服务为中心，在扶贫办系统内部，以数字化业务管理为前提，贯穿省（自治区、直辖市）、市、县三级扶贫办，系统地建立了覆盖扶贫业务落实与执行、监督与考评和决策与领导等环节的数字化业务管理系统；在扶贫办系统之外，以数据交互共享为前提，最大限度地集成全省的厅局委办各级部门已有的脱贫攻坚业务数据资源，基于面向领域的数据工程思想，以公司自主研发的 CMP 云管理平台和 GoldenEye BDAP 大数据分析平台为基础平台，综合运用大数据、人工智能、区块链等相关技术的长处，面向广西全区脱贫攻坚业务需求，建成了一个脱贫攻坚数据中心、一套决策支持系统和十余项业务管理系统，形成了省、市、县、乡、村脱贫攻坚大数据采集、集成、共享与应用体系。国信云服广西脱贫攻坚大数据解决方案实现了扶贫对象精准化、帮扶工作在线化、资源分配可视化、脱贫轨迹可溯化的大数据扶贫格局，主要构成要素如图 9–63 所示。

国信云服广西脱贫攻坚大数据解决方案主要包括一套大数据集成平台；一套外

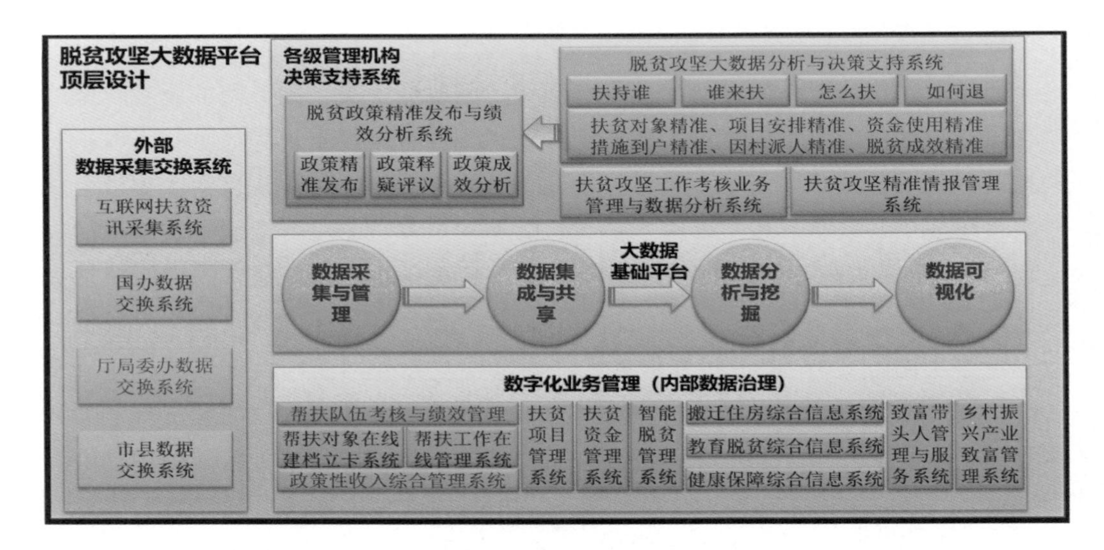

图 9–63　国信云服广西脱贫攻坚大数据解决方案主要构成要素

部数据采集与交换系统，具体包括互联网扶贫资讯采集系统、国扶办数据交换系统和厅局委办、县市数据交换系统；一组数字化业务管理系统，如帮扶队伍考核与绩效管理系统等；一套决策支持系统，包括大数据分析与决策支持系统和情报管理系统等。方案针对广西脱贫攻坚特定的需求，建成实现了全区统一、数据集中、服务下延、互联互通、信息共享、动态管理的脱贫攻坚大数据平台。该平台采用统一身份安全认证管理，实现了集“业务数字化、数据集成化、监管实时化、决策智能化”于一体的脱贫攻坚信息化生态体系，平台总体架构如图 9–64 所示。

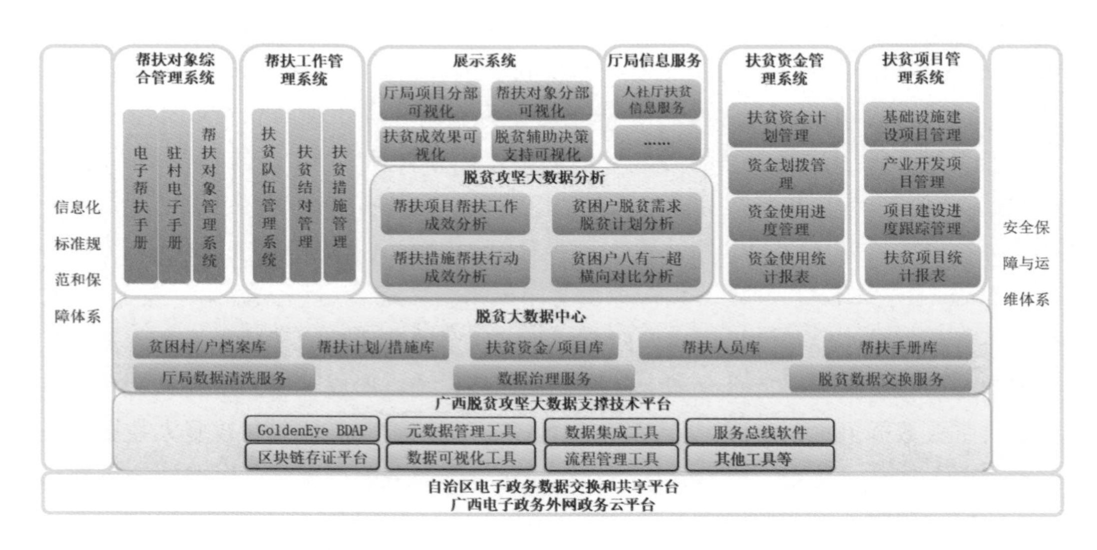

图 9–64　广西脱贫攻坚大数据平台总体架构图

广西脱贫攻坚大数据平台整合了全国扶贫开发信息系统的建档立卡数据，采集了相关行业部门的扶贫业务数据和村户建档立卡数据，构建了广西脱贫攻坚大数据中心，并利用GoldenEye BDAP大数据分析平台对脱贫攻坚数据管理、分析与应用。广西脱贫攻坚大数据平台主要包括脱贫攻坚决策指挥系统、脱贫攻坚移动APP系统、脱贫攻坚业务管理系统和脱贫攻坚数据中心四大模块。

（一）脱贫攻坚决策指挥系统

脱贫攻坚决策指挥系统将微观呈现和宏观规划相结合，可视化展示广西脱贫攻坚工作总体情况和分析结果。首先，通过对扶贫数据的实时统计，多维度呈现扶贫指标数据，实现扶贫对象时空分布可视化、厅局扶贫项目时空分布可视化；其次，采用人工智能、机器学习等先进算法，充分挖掘已有的业务数据价值，为扶贫开发指导的科学决策提供数据支撑，也可以为入户调研提供参考，了解单个建档立卡贫困户的详细信息。脱贫攻坚决策指挥系统提供了广西脱贫攻坚综合指挥和脱贫攻坚决策支持服务，提高了脱贫攻坚挂图作战和决策支持能力（见图9-65）。

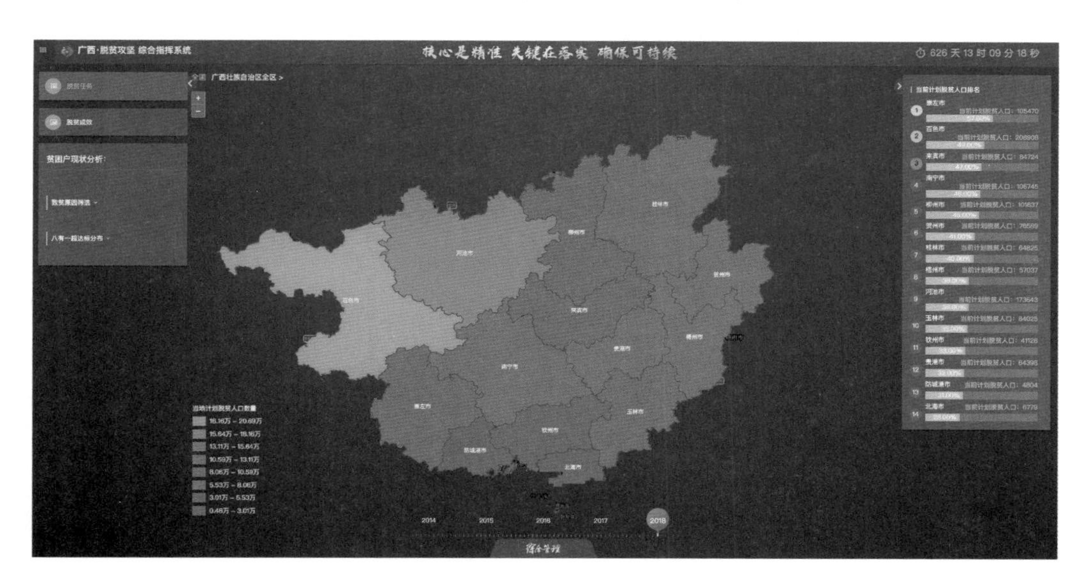

图9-65　广西脱贫攻坚综合指挥系统

（二）脱贫攻坚移动APP系统

脱贫攻坚移动APP系统（见图9-66），包括帮扶手册、建档核查、驻村手册、考核评估、社会帮扶、扶贫考勤、扶贫要闻、政策解读、信息服务等九大功能，利用移动互联网技术，为帮扶干部提供业务数字化与扶贫数据采集工具。通过使用脱贫攻坚 APP，既能让帮扶干部实时了解精准扶贫、精准脱贫政策和工作动态，又能满足在线日常办公和帮扶工作的开展，同时实现扶贫业务数据数字化和数据共享，有力提升脱贫攻坚工作的效率与信息化水平。

图 9-66　广西脱贫攻坚移动 APP 系统

（三）脱贫攻坚业务管理系统

脱贫攻坚业务管理系统的服务对象为全区各级扶贫办的业务管理人员，为其提供业务数字化管理和扶贫业务数据统计分析服务等。针对自治区、市、县三级扶贫办，建立了覆盖扶贫业务落实、执行、监督和考评为主的信息化系统十余套，主要包括帮扶对象管理系统、帮扶工作管理系统、帮扶项目管理系统、帮扶资金管理系统、考核管理系统和贫困户察访系统等，从“扶持谁、谁来扶、怎么扶、如何退”的角度，全面分析各级扶贫办管理辖区内的帮扶对象、帮扶工作和帮扶队伍的情况。以贫困户察访系统为例，如图 9-67 所示，通过广西高清地理影像地图里贫困户的分布情况，脱贫攻坚督察组可在线查看建档立卡贫困户的基础信息、享受政策、帮扶联系人和驻村工作队开展工作的情况等，分析问题线索，利用大数据平台自动导航并精确定位实地抽查抽访建档立卡贫困户。

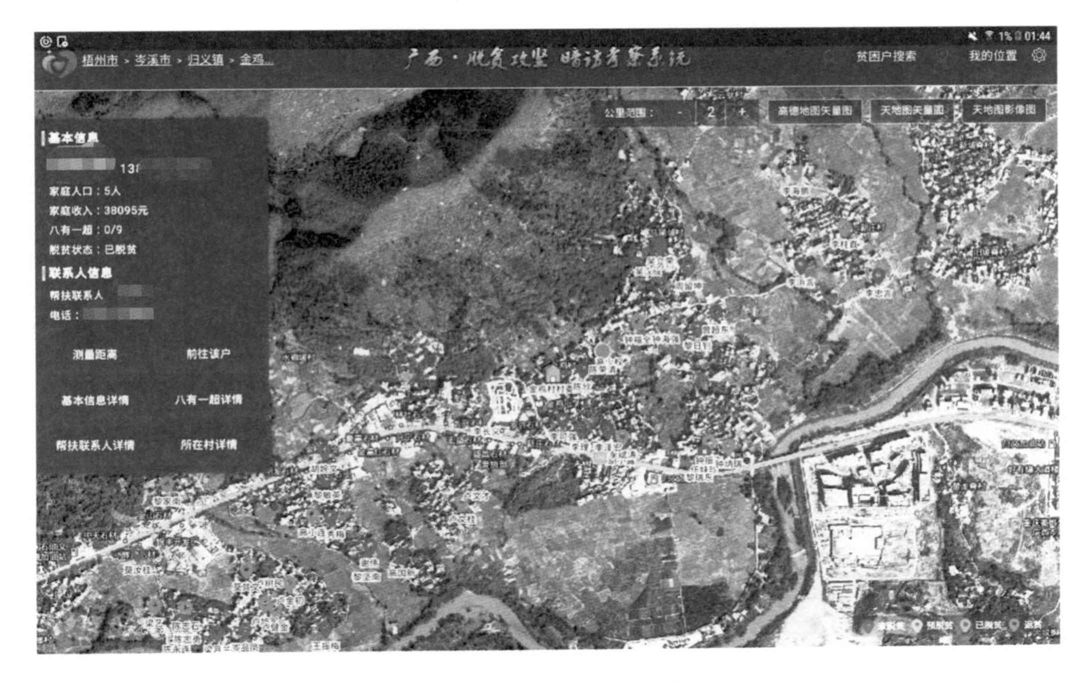

图 9–67　广西脱贫攻坚贫困户察访系统

（四）脱贫攻坚数据中心

脱贫攻坚数据中心充分整合扶贫干部采集、录入的贫困户基本信息，全国扶贫开发信息系统的数据，以及相关行业部门的扶贫业务数据，以贫困人口为主要对象进行数字集成与共享，通过数据加工处理、分布式存储等技术，形成了精准扶贫和精准脱贫大数据中心，是脱贫攻坚大数据平台的基础组成部分。

三、关键技术

基于自主研发的 GoldenEye BDAP 大数据分析平台，国信云服通过综合分析广西全区的脱贫攻坚的领域需求，坚持实用性与先进性相结合的建设原则，整合了北京大学陈钟教授技术团队在数据工程研究方向上所积累的多项理论和技术创新成果，建设实现了一体化的广西脱贫攻坚大数据平台，从数据源管理、数据采集、数据存储、数据处理、数据分析、微服务及业务应用等层面，构建形成了完整的国信云服广西脱贫攻坚大数据解决方案，解决方案的技术架构如图 9–68 所示。

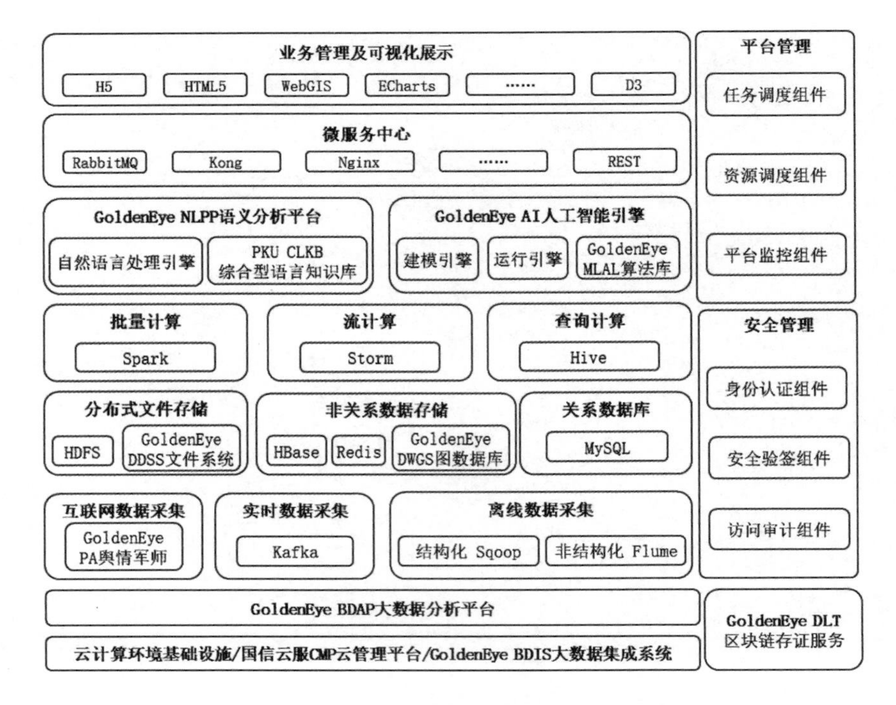

图 9-68　国信云服广西脱贫攻坚大数据解决方案技术架构图

在国信云服广西脱贫攻坚大数据解决方案中，用到的关键技术如下：

（一）数据采集技术

在数据采集技术上，方案采用了国信云服自主研发的 GoldenEye PA 舆情军师服务系统为基础数据主动获取平台，该系统内置面向互联网海量数据的高效采集引擎，具备数据源覆盖全面、采集速度快、系统健壮、可扩展、可配置、能够有效地进行负载均衡等特点，采用不同的数据抽取、爬取技术，实时或定时地从不同数据源，如国扶办业务系统、厅局业务系统、电子政务数据交互平台、扶贫办内部业务系统和互联网等，抽取结构化数据和非结构化数据，并且对数据进行清洗、导入、加载和接入预处理，实现了对数据全面高效的采集。

（二）数据存储技术

在数据存储技术上，方案采用了公司自主研发的 GoldenEye DDSS 分布式文件系统进行数据存储。GoldenEye DDSS 是基于国信云服 GoldenEye BDAP 平台大数据分析框架的分布式并行文件系统，兼容 HDFS，是分布式计算的存储基石。GoldenEye DDSS 面向海量异构数据的存储与分析需求进行设计，针对多源异构数据的写入、存储、读取与数据分析场景进行优化，提供高吞吐量的数据访问。GoldenEye DDSS 在海量异构的数据写入速度和数据读取速度等方面较 HDFS 提高30%以上。

（三）非结构化数据处理及分析技术

在非结构化数据处理及分析技术上，方案采用了公司自主研发的 GoldenEye AI 人工智能引擎进行处理。该引擎适应于成熟高效的批处理、流式计算、内存计算等数据处理组件，基于北京大学陈钟教授团队的“一种用于神经网络输入的大信息量文本表示方法”“一种基于多层 LSTM 模型的并行处理分类方法”等多项研究成果，面向主题数据汇总、应用集市数据挖掘分析等业务需求，提供了中文分词、词法分析、句法分析、中文 DNN 词向量、中文 DNN 语言模型、短文本相似度计算、评论观点抽取、文本分类、命名实体识别、情感分析、敏感信息识别、关键词提取、自动摘要、文本聚类等自然语言处理分析技术。

四、应用效果

截至 2019 年 3 月，广西脱贫攻坚大数据平台已经在全区 14 个地级市 106 个县全面上线。目前平台覆盖 52 万多名帮扶干部、3 万多名驻村队员、5000 多名第一书记和 1.7 万多名扶贫信息员，已经形成了一套基于大数据的脱贫工作模式和经验，取得了明显的成效。

（一）增强了扶贫数据分析与应用的能力

充分利用已有的扶贫数据资源，结合广西的实际需求进行了大数据分析，提高了脱贫攻坚工作的决策能力。例如，帮扶干部通过定期采集贫困户“八有一超”数据进行量化分析，并结合历年脱贫数据，在决策指挥系统上形成贫困人口、贫困村、贫困县的脱贫轨迹，为科学合理地制订全年贫困人口脱贫计划提供决策参考。也能够通过在业务管理系统上分析贫困户“八有一超”未达标情况，及时找出工作薄弱环节，提升帮扶工作的针对性、有效性。

（二）提高了扶贫信息的精准度

将国扶办系统中的贫困户基本信息导入数据仓库中，帮扶干部就可在 APP 上随时查看所联系贫困户的基本信息，并在入户帮扶工作时对信息进行核对。确保信息动态更新、实时准确。

（三）压实了扶贫干部的责任

实现对全区 52 万帮扶干部管理的全覆盖，掌握其开展帮扶工作的动态，对未按时按要求开展帮扶工作的，通过业务管理系统发送信息跟踪督促，有效提高帮扶干部的管理水平。

（四）减轻了基层的工作负担

帮扶干部无需重复填写贫困户基本信息，并实现帮扶过程、动态管理全流程信息化，准确对接贫困户需求。例如，通过业务管理系统，可以将相关行业部门的数据导入大数据平台，实现贫困人口政策收入的自动统计，也避免了因政策不熟而导致的贫困户“应享未享”问题。

另外，广西脱贫攻坚大数据平台的间接经济效益主要体现在高效利用资源上，平台对各个业务系统进行统一规划、统一实施，避免了重复投入，降低了信息化建设的成本；并且通过业务应用系统的部署与应用，逐步实现部分扶贫业务的无纸化办公，降低管理成本。社会效益主要体现在帮扶工作规范，科学管理贫困户、贫困人口、扶贫项目和扶贫资金等方面，提升了脱贫工作管理水平，为脱贫攻坚战提供了有力支撑，为“乡村振兴”创造了有利的条件、奠定了坚实的基础。

企业简介

北京国信云服科技有限公司南宁分公司，是北京国信云服科技有限公司为立足南宁、服务广西、面向全国的国家全面实施乡村战略而设。在技术上，基于自主研发的云计算和大数据基础软件与脱贫攻坚大数据平台、农村电商服务平台、网络舆情监测与分析系统等业务支撑平台，为“三农”信息化、网信资源管理等 SaaS 服务提供软件支撑。在业务上，面向“脱贫攻坚”的政策需求，为各级扶贫办提供精准脱贫攻坚服务；面向“乡村振兴”的政策需求，提供兼轻行政与轻社交的网络乡村运营服务。

专家点评

脱贫攻坚是党中央、国务院一项重大战略部署，国信云服围绕“扶持谁、谁来扶、怎么扶、如何退”四个问题，按照“核心是精准，关键在落实，确保可持续”的要求，设计了脱贫攻坚大数据解决方案，研发了广西脱贫攻坚大数据平台。平台包括一个数据中心、一套决策支持系统和十余套业务管理系统，立足于业务数字化、数据集成共享服务化，建成区、市、县、乡、村脱贫攻坚大数据采集、集成、共享与应用体系，实现扶贫对象精准化、帮扶工作在线化、资源分配可视化、脱贫轨迹可溯化，形成了大数据扶贫格局。国信云服广西脱贫攻坚大数据解决方案把大数据技术运用到精准扶贫领域，有效助力国家打赢脱贫攻坚战，为大数据服务于政府治理、促进和改善民生树立了标杆。

李新社（国家工业信息安全发展研究中心副主任）

附录：“2019年大数据优秀产品和应用解决方案案例”入选名单

1. 大数据产品类（33个）

序号	申报单位	案例名称	所属类别
1	新华三大数据技术有限公司	H3C DataEngine HDP大数据平台	采集存储
2	山东亿云信息技术有限公司	IngloryBDP大数据平台产品	采集存储
3	深圳市腾讯计算机系统有限公司	腾讯大数据处理套件TBDS	采集存储
4	深圳视界信息技术有限公司	八爪鱼数据采集器	采集存储
5	南京普天通信股份有限公司	普天软件定义存储系统软件	采集存储
6	青岛海信网络科技股份有限公司	海信城市云脑	采集存储
7	上海宝信软件股份有限公司	宝信大数据应用开发平台软件xInsight	采集存储
8	石化盈科信息技术有限责任公司	石化盈科大数据分析平台	采集存储
9	京东云计算有限公司	大数据基础服务平台	采集存储
10	中国铁道科学研究院集团有限公司	铁路数据服务平台	采集存储
11	杭州数梦工场科技有限公司	DTSphere Bridge数据集成平台	采集存储
12	威讯柏睿数据科技（北京）有限公司	全内存分布式数据库系统RapidsDB	分析挖掘
13	广州酷狗计算机科技有限公司	基于大数据分析的数字音乐个性化精准推荐平台	分析挖掘
14	山东胜软科技股份有限公司	油气大数据管理应用平台	分析挖掘
15	北京百分点信息科技有限公司	智能安全分析系统DeepFinder	分析挖掘
16	杭州博盾习言科技有限公司	同盾智能风控大数据平台	分析挖掘
17	武大吉奥信息技术有限公司	吉奥地理智能服务平台	分析挖掘
18	苏宁易购集团股份有限公司	苏宁全场景智慧零售大数据平台	分析挖掘
19	国网新疆电力有限公司	基于大数据的电网关键业务协同决策分析平台	分析挖掘
20	中国电信股份有限公司云计算分公司	中国旅游大数据联合实验室旅游大数据平台	分析挖掘
21	顺丰科技有限公司	顺丰大数据平台	分析挖掘
22	杭州绿湾网络科技有限公司	绿湾智子知识图谱智能应用系统	分析挖掘
23	曙光信息产业股份有限公司	XData大数据智能引擎	分析挖掘
24	天筑科技股份有限公司	“信通”——建设行业全过程大数据信息化综合服务平台	分析挖掘
25	成都索贝数码科技股份有限公司	Ficus大数据平台	分析挖掘

续表

序号	申报单位	案例名称	所属类别
26	五八同城信息技术有限公司	面向多领域的可视化数据挖掘平台	分析挖掘
27	成都四方伟业软件股份有限公司	大数据治理与资产管控平台	清洗加工
28	北京云杉世界信息技术有限公司	基于物联网大数据技术的"互联网+"现代农业供应链一体化平台	交易流通
29	广州思迈特软件有限公司	思迈特大数据分析软件	可视化展示
30	浪潮软件集团有限公司	大数据领导驾驶舱数据分析系统	可视化展示
31	中国交通信息中心有限公司	智能交通数据资源交换共享与可视化展示平台	可视化展示
32	北京奇安信科技有限公司	360企业安全威胁情报平台	安全保障
33	杭州安恒信息技术股份有限公司	AiLPHA大数据智能安全平台	安全保障

2. 大数据应用解决方案类（61个）

序号	申报单位	案例名称	所属类别
1	联想（北京）有限公司	联想工业大数据平台 Leap 2.0	工业领域
2	工业和信息化部电子第五研究所	面向工业生产管控及产品质量优化的大数据应用解决方案	工业领域
3	广东亚仿科技股份有限公司	亚仿工业大数据应用支撑平台	工业领域
4	福水智联技术有限公司	基于NB-IoT技术的智慧水务大数据应用平台	工业领域
5	北京瑞风协同科技股份有限公司	瑞风协同装备试验大数据平台解决方案	工业领域
6	浙江文谷科技有限公司	文谷工业大数据解决方案	工业领域
7	安徽六国化工股份有限公司	磷化工行业"工业—环境大脑"项目综合解决方案	工业领域
8	四川长虹电器股份有限公司	长虹大数据产业人工智能（AI4.0）竞争力与应用平台	工业领域
9	紫光测控有限公司	工业企业电力装备可靠性解决方案	工业领域
10	河钢集团有限公司	高炉大数据智能炼铁系统	工业领域
11	江南造船（集团）有限责任公司	面向船舶总装企业运行管控的主数据管理解决方案	工业领域
12	研祥智能科技股份有限公司	基于工业控制设备大数据的健康管理云服务平台	工业领域
13	中船重工第七〇一研究所	面向大型复杂舰船总体设计的产品大数据管理解决方案	工业领域
14	中铁高新工业股份有限公司	TBM混合云管理平台及TBM掘进智能控制软件	工业领域
15	成都飞机工业（集团）有限责任公司	面向航空武器装备研发的生产大数据应用解决方案	工业领域
16	鞍钢集团自动化有限公司	钢铁企业智慧能源管控平台	工业领域
17	江西洪都航空工业集团有限责任公司	基于数据挖掘和大数据分析的决策信息展示平台	工业领域

续表

序号	申报单位	案例名称	所属类别
18	北京航天智造科技发展有限公司	基于精密电子元器件行业场景的工业大数据解决方案	工业领域
19	中科云谷科技有限公司	工业大数据在工程机械行业的典型应用（中联大脑）	工业领域
20	北京工业大数据创新中心有限公司	复杂生产过程的全数字化管理	能源电力
21	中国煤矿机械装备有限责任公司	智慧中煤安全生产运营泛感知大数据云服务平台	能源电力
22	中国核动力研究设计院	基于大数据和互联网的反应堆远程智能诊断平台	能源电力
23	广东电网有限责任公司	智慧能源大数据云平台	能源电力
24	国家电网有限公司客户服务中心	基于客户细分的大型能源企业客户服务能力提升解决方案	能源电力
25	国网信通亿力科技有限责任公司	基于大数据的同期线损计算分析关键技术研究与应用	能源电力
26	深圳市信义科技有限公司	X-Cloud 安防大数据管理应用平台	政府服务
27	北京格灵深瞳信息技术有限公司	基于公安视频资源的全目标大数据解析解决方案	政府服务
28	青岛智慧城市产业发展有限公司	基于大数据的地下综合管廊智慧运行管控平台	政府服务
29	中国船舶重工集团公司第七一八研究所	“分表记电”在线监管平台	政府服务
30	成都中科大旗软件有限公司	旅游大数据应用解决方案	政府服务
31	武汉达梦数据库有限公司	住房城乡建设行业大数据平台	政府服务
32	北京华宇信息技术有限公司	司法大数据与人工智能解决方案	政府服务
33	金电联行（北京）信息技术有限公司	信用大数据共享分析平台	政府服务
34	江苏鸿利智能科技有限公司	智慧水利一体化应用服务平台	政府服务
35	南京恩瑞特实业有限公司	基于气象大数据的气象智能预报与智慧服务一体化解决方案	政府服务
36	杭州中房信息科技有限公司	全息房地产市场监测大数据平台解决方案	政府服务
37	北京国信云服科技有限公司南宁分公司	广西脱贫攻坚大数据平台	政府服务
38	安徽省司尔特肥业股份有限公司	“五库联动”大数据融合创新驱动肥料定制生产和精准农业服务解决方案	农林畜牧
39	网易（杭州）网络有限公司	基于大数据的智慧农业数据中台解决方案	农林畜牧
40	重庆南华中天信息技术有限公司	重庆三农大数据平台	农林畜牧
41	内蒙古赛科星繁育生物技术（集团）股份有限公司	云智能奶牛育种养殖大数据平台	农林畜牧
42	新天科技股份有限公司	基于大数据的智慧农业节水灌溉系统	农林畜牧
43	北京市计算中心	基于高性能计算的生物医药数据服务关键技术及应用	医疗健康
44	浙江远图互联科技股份有限公司	健康医疗大数据平台	医疗健康
45	东软集团股份有限公司	基于大数据的智慧医保服务和解决方案	医疗健康
46	智业软件股份有限公司	区域全民健康信息大数据平台解决方案	医疗健康

续表

序号	申报单位	案例名称	所属类别
47	贵州精英天成科技股份有限公司	精英单采血浆站业务及监督管理系统	医疗健康
48	天津通卡智能网络科技股份有限公司	公交大数据一体化解决方案	交通物流
49	中工服工惠驿家信息服务有限公司	"工惠驿家"大数据应用解决方案	交通物流
50	重庆市城投金卡信息产业（集团）股份有限公司	基于机动车电子标识技术的新型数字交通大数据城市治理应用解决方案	交通物流
51	深圳市鹏海运电子数据交换有限公司	海运物流综合大数据应用解决方案	交通物流
52	中国对外翻译有限公司	陕西省"一带一路"语言服务及大数据平台	商贸服务
53	有米科技股份有限公司	有米移动大数据精准营销一站式服务云平台	商贸服务
54	北京三快在线科技有限公司	美团智慧餐饮管理系统解决方案	商贸服务
55	中育至诚科技有限公司	基于可信教育数字身份的教育卡应用大数据云服务平台	科教文体
56	厦门海彦信息科技有限公司	智慧校园大数据服务平台	科教文体
57	海南易建科技股份有限公司	教育大数据辅助决策平台	科教文体
58	中国软件与技术服务股份有限公司	基于大数据的智慧税务解决方案	金融财税
59	云账户技术（天津）有限公司	云账户自由职业者税务大数据应用解决方案	金融财税
60	恒安嘉新（北京）科技股份公司	基于大数据分析技术的网络空间安全应急服务支撑平台	电信服务
61	联通大数据有限公司	大数据全生命周期安全解决方案	电信服务

丛书总策划：李春生
责 任 编 辑：张　燕
封 面 设 计：汪　莹
责 任 校 对：吕　飞

图书在版编目（CIP）数据

大数据优秀产品和应用解决方案案例集 . 2019 . 产品及政务卷 / 国家工业信息安全发展研究中心 编著 . —北京：人民出版社，2019.5
（大数据优秀产品和应用解决方案案例系列丛书：2019 年）
ISBN 978－7－01－020703－2

I. ①大…　II. ①国…　III. ①数据处理－案例－中国－2019　IV. ① TP274

中国版本图书馆 CIP 数据核字（2019）第 073799 号

大数据优秀产品和应用解决方案案例集（2019）产品及政务卷
DASHUJU YOUXIU CHANPIN HE YINGYONG JIEJUE FANG'AN ANLI JI（2019）
CHANPIN JI ZHENGWU JUAN

国家工业信息安全发展研究中心　编著

人民出版社 出版发行
（100706　北京市东城区隆福寺街 99 号）

北京盛通印刷股份有限公司印刷　新华书店经销

2019 年 5 月第 1 版　2019 年 5 月北京第 1 次印刷
开本：787 毫米 ×1092 毫米 1/16　印张：29.75
字数：566 千字

ISBN 978－7－01－020703－2　定价：198.00 元

邮购地址 100706　北京市东城区隆福寺街 99 号
人民东方图书销售中心　电话（010）65250042　65289539